冶金职业技能培训丛书

特种作业安全技能问答

主编　张天启
主审　杨　金

北　京
冶　金　工　业　出　版　社
2014

内容提要

本书主要针对冶金企业通用的焊接与热切割作业、电工作业、起重机作业、煤气作业、锅炉和压力容器作业等特种作业人员的基本常识、安全技能、事故的预防和救护等知识点进行重点阐述。本书采用一问一答的形式，浅显易懂，细节明确，实用性强，便于读者查阅和掌握。

本书可以作为从事特种作业人员的岗位技能培训教材，也可供企业在职员工阅读参考。

图书在版编目(CIP)数据

特种作业安全技能问答/张天启主编.—北京：冶金工业出版社，2014.5

(冶金职业技能培训丛书)

ISBN 978-7-5024-6101-0

Ⅰ.①特… Ⅱ.①张… Ⅲ.①钢铁冶金—安全生产—问题解答 Ⅳ.①TF4-44

中国版本图书馆 CIP 数据核字(2014)第 083180 号

出版人 谭学余

地 址 北京北河沿大街嵩祝院北巷 39 号，邮编 100009

电 话 (010)64027926 电子信箱 yjcbs@cnmip.com.cn

责任编辑 戈 兰 王志南 美术编辑 彭子赫 版式设计 孙跃红

责任校对 石 静 责任印制 李玉山

ISBN 978-7-5024-6101-0

冶金工业出版社出版发行；各地新华书店经销；北京百善印刷厂印刷

2014 年 5 月第 1 版，2014 年 5 月第 1 次印刷

787mm×1092mm 1/16；19.25 印张；465 千字；284 页

66.00 元

冶金工业出版社投稿电话：(010)64027932 投稿信箱：tougao@cnmip.com.cn

冶金工业出版社发行部 电话：(010)64044283 传真：(010)64027893

冶金书店 地址：北京东四西大街 46 号(100010) 电话：(010)65289081(兼传真)

(本书如有印装质量问题，本社发行部负责退换)

序 1

新的世纪刚刚开始，中国冶金工业就在高速发展。2002 年中国已是钢铁生产的“超级”大国，其钢产总量不仅连续 7 年居世界之冠，而且比居第二位和第三位的美、日两国钢产量总和还高。这是国民经济高速发展对钢材需求旺盛的结果，也是冶金工业从 20 世纪 90 年代加速结构调整，特别是工艺、产品、技术、装备调整的结果。

在这良好发展势态下，我们深深地感觉到我们的人员素质还不能完全适应这一持续走强形势的要求。当前不仅需要运筹帷幄的管理决策人员，需要不断开发创新的科技人员，也需要适应这新变化的大量技术工人和技师。没有适应新流程、新装备、新产品生产的熟练技师和技工，我们即使有国际先进水平的装备，也不能规模地生产出国际先进水平的产品。为此，提高技工知识水平和操作水平需要开展系列的技能培训。

冶金工业出版社根据这一客观需要，为了配合职业技能培训，组织国内有实践经验的专家、技术人员和院校老师编写了《冶金职业技能培训丛书》，以支持各钢铁企业、中国金属学会各相关组织普及和培训工作的需要。这套丛书按照不同工种分类编辑成册，各册根据不同工种的特点，从基础知识、操作技能技巧到事故防范，采用一问一答形式分章讲解，语言简练，易读易懂易记，适合于技术工人阅读。冶金工业出版社的这一努力是希望为更好地发展冶金工业而做出的贡献。感谢编著者和出版社的辛勤劳动。

借此机会，向工作在冶金工业战线上的技术工人同志们致意，感谢你们为冶金行业发展做出的无私奉献，希望不断学习，以适应时代变化的要求。

原冶金工业部副部长

中国金属学会理事长

2003 年 6 月 18 日

序 2

安全生产是构建和谐社会的重要保障，安全是人类永恒的主题。

今天，以人为本、安全发展的理念越来越深入人心，“安全第一，预防为主，综合治理”的方针得到贯彻落实，特别是习近平总书记关于“人命关天，发展决不能以牺牲人的生命为代价，这必须作为一条不可逾越的红线”的指示精神传达后，强化安全生产红线意识，建立健全安全生产责任体系，正在成为企业领导和职工的自觉行动。目前，我国安全生产形势还是相当严峻的，每年因违章指挥、违章作业、违反劳动纪律造成的事故是惊人的。据近3年来的事故统计分析，仅特种作业人员因违规违章操作而造成的事故占到事故总量的近50%。强化管理者和作业人员的安全责任意识，提高技术水平，杜绝“三违”行为势在必行。

冶金工业出版社根据安全生产的需要，及时组织有实践经验的专家、技术人员和院校老师编写了《特种作业安全技能问答》一书，主要是为了对特种作业人员进行科学、系统、规范、实用的培训和指导，以最大程度地杜绝事故，保障安全生产。这是一本专门针对冶金工业领域特种作业的管理及操作人员编写的理论学习和安全实操的书籍，其内容丰富、文字简洁、一问一答通俗易懂，既为不同层级的管理及操作人员提供了学习要点，也可作为在校学生及特种作业人员晋级、取证的参考资料。

希望国内多出一些类似的专业书籍，以满足冶金及各行各业不断发展的专业需求，为我国安全生产的长治久安做出积极贡献。

国务院参事、国务院应急管理专家组组长
原国家安全生产监督管理局副局长

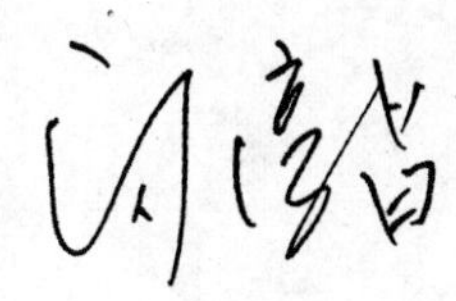

2014年1月2日

前　言

根据《特种作业人员安全技术考核管理规定》，特种作业是指容易发生事故，对操作者本人、他人的安全健康及设备、设施的安全可能造成重大危害的作业，主要包括电工作业、焊接与热切割作业和危险化学品安全作业等，共10大类51个工种。直接从事特种作业的从业人员称为特种作业人员。

根据《特种设备安全监察条例》，特种设备是指涉及生命安全、危险性较大的锅炉、压力容器（含气瓶）、压力管道、电梯、起重机械、客运索道、大型游乐设施、场（厂）内专用机动车辆等8种。特种设备的作业人员及其相关管理人员统称特种设备作业人员。

我国法规明确规定，“生产经营单位的特种作业人员和特种设备作业人员必须按照国家规定经专门的安全作业培训，取得特种作业操作资格证书和特种设备作业人员证，方可上岗作业”，如果违反规定必须承担相应的法律责任。因此，广泛深入地开展安全生产宣传教育和专业培训，做到持证上岗，是一项十分紧迫的任务。

大量的事故和血的教训反复证明，加强职工安全培训，特别是对特种作业人员和特种设备作业人员的安全技能培训，是建立企业安全生产长效机制，从源头上减少安全生产事故，提高安全生产工作水平的根本途径。

本书主要针对钢铁冶金企业通用的焊接与热切割作业、电工作业、起重机作业、煤气作业、锅炉和压力容器作业等特种作业人员的基本常识、安全技能、事故的预防和救护等知识点进行重点阐述。本书采用一问一答的形式，并力求浅显易懂，细节明确，实用性强，便于读者查阅和掌握。

参加编写人员有唐山科技职业技术学院高文、田俊丰、柳成、刘宝勇、王海英、王成；承德技师学院田毅红、隋强、石凤武、张志犇、田悦妍、潘鹏飞、张智慧；河北唐银钢铁有限公司吴广元。

国务院参事、国务院应急管理专家组组长、原国家安全生产监督管理局副局长闪淳昌为本书撰写序言。唐山科技职业技术学院副院长、唐山滨河安全培训公司董事长杨金，承德技师学院院长卜立新、副院长张新启，河北省安全生产监督管理局特聘教授高来明，河北省廊坊市安全生产监督管理局安全科技术中心梁大维、副教授李学英，廊坊市燕安职业培训学校注册安全工程师刘葆红、工程师王学东，中铁隧道集团隧道设备制造有限公司注册安全工程师李晓东等专家对本书进行了审阅。在此一并表示感谢。

在编写过程中，参考了大量的文献资料，在此对文献作者表示衷心的感谢。由于编者水平有限，书中不足之处，敬请读者批评指正。

2013年12月

目　录

1　绪　论

1. 什么叫特种作业？国家规定的特种作业包括哪些工种？ …… 1
2. 什么叫特种作业人员？其应当符合什么条件？ …… 1
3. 特种作业操作证培训、考核、发证等工作由哪些部门负责？ …… 2
4. 特种作业人员的培训有哪些规定？ …… 2
5. 特种作业人员的考核发证有哪些规定？ …… 3
6. 特种作业操作证的复审和不予复审有哪些规定？ …… 3
7. 哪些情形考核发证机关应当撤销、注销特种作业操作证？ …… 4
8. 违规使用特种作业操作证有哪些处罚规定？ …… 4
9. 特种作业人员具有哪些权利和义务？ …… 4
10. 特种设备作业的相关规定有哪些？ …… 5
11. 哪些设备属于特种设备？ …… 5

2　焊接与热切割作业安全技能

2.1　气焊与气割基础知识 …… 7

12. 简述焊接与热切割作业分类及定义。 …… 7
13. 气焊的基本原理是什么？ …… 7
14. 气割的基本原理是什么？ …… 8
15. 进行气割的金属应具备什么条件？ …… 8
16. 为什么铸铁、铜、铝不能进行气割？ …… 9
17. 焊炬的结构及工作原理是什么？ …… 9
18. 割炬的结构及工作原理是什么？ …… 10
19. 减压器、回火器的作用及工作原理是什么？ …… 11
20. 氧气有哪些性质？安全使用注意事项有哪些？ …… 13
21. 什么叫缺氧窒息？人在缺氧和富氧环境下会出现哪些症状？ …… 13
22. 乙炔有哪些性质？安全使用注意事项有哪些？ …… 14
23. 氢气有哪些性质？安全使用注意事项有哪些？ …… 15
24. 液化石油气有哪些性质？安全使用注意事项有哪些？ …… 15
25. 氧气瓶的构造有哪些特征？ …… 16

26. 乙炔气瓶的构造有哪些特征? …… 16
27. 液化石油气瓶的构造有哪些特征? …… 17

2.2 气焊与气割安全操作技能 …… 17

28. 乙炔瓶的使用有哪些安全注意事项? …… 17
29. 氧气瓶的使用有哪些安全注意事项? …… 18
30. 液化石油气瓶的使用有哪些安全注意事项? …… 19
31. 使用减压器有哪些安全注意事项? …… 20
32. 焊炬和割炬的使用有哪些安全注意事项? …… 20
33. 氧气、乙炔胶管的使用有哪些安全要求? …… 21
34. 气瓶发生爆炸的主要原因有哪些? …… 22
35. 防止气瓶剧烈振动或碰撞冲击的措施有哪些? …… 22
36. 防止气瓶受热或着火的措施有哪些? …… 23
37. 气瓶充装前要做好哪些检查工作? …… 23
38. 检查出的不符合充装要求的气瓶应如何处理? …… 24
39. 充装永久气体过程中注意事项有哪些? …… 24
40. 充装液化气体过程中的注意事项有哪些? …… 25
41. 气瓶运输的原则有哪些? …… 26
42. 气瓶库房的安全防护措施有哪些? …… 26
43. 乙炔瓶库房的安全要求有哪些? …… 27
44. 国家对气瓶的定期检验有何规定? …… 27
45. 什么叫回火? 产生原因及处理方法有哪些? …… 28
46. 气焊割炬常见故障的处理措施有哪些? …… 28
47. 胶管爆炸着火事故的原因有哪些? …… 29
48. 处理乙炔、氧气胶管爆炸的安全措施有哪些? …… 29
49. 在密闭容器内进行气焊、气割作业有哪些要求? …… 29
50. 为什么气瓶内要存留些剩余气体? …… 30
51. 气焊与气割安全操作规程有哪些? …… 30
52. 为什么要避免氧气瓶、焊割炬与油脂接触? …… 31
53. 气焊和气割作业有哪些危害和危险? …… 31
54. 进行气焊、气割操作时,怎样预防燃烧和爆炸? …… 31
55. 气焊工和气割工应怎样预防烫伤和烧伤? …… 32
56. 点燃焊炬和割炬的操作要点是什么? …… 32
57. 工作结束后,焊炬、割炬应怎样妥善处理? …… 33

2.3 电弧焊基础知识 …… 33

58. 焊条电弧焊的工作原理是什么? …… 33
59. 常用的焊条有哪些牌号? …… 34
60. 焊条药皮的作用有哪些? …… 34

61. 电焊机的工作原理是什么？…… 35
62. 电焊机出厂的安全要求有哪些？…… 36
63. 电焊机的使用有哪些安全注意事项？…… 36
64. 对电焊机保护性接地与接零有哪些安全要求？…… 37
65. 对电焊机空载自动断电保护装置有哪些要求？…… 37
66. 对电焊钳有哪些安全技术要求？…… 38
67. 对焊接电缆有哪些安全技术要求？…… 38

2.4 焊接与热切割安全操作技能 …… 39

68. 电弧焊的安全特点有哪些？…… 39
69. 电弧切割的安全注意事项有哪些？…… 39
70. 电弧焊作业有哪些安全注意事项？…… 40
71. 电弧焊作业环境如何分类？…… 40
72. 电弧焊作业中的危险因素有哪些？…… 41
73. 焊接作业发生电击事故的原因有哪些？…… 42
74. 为什么在手套、衣服和鞋潮湿时容易触电？…… 42
75. 预防电焊机触电的措施有哪些？…… 43
76. 预防焊工触电事故的安全措施有哪些？…… 43
77. 焊接作业发生火灾和爆炸的原因有哪些？…… 43
78. 焊接作业预防火灾和爆炸的措施有哪些？…… 44
79. 燃料容器、管道焊补时发生爆炸火灾事故的原因有哪些？…… 45
80. 什么是燃料容器、管道的检修置换焊补作业？…… 45
81. 什么是燃料容器、管道的检修带压不置换焊补作业？…… 45
82. 置换焊补作业的安全措施有哪些？…… 45
83. 什么是固定动火区？设置固定动火区必须满足哪些条件？…… 47
84. 动火作业制度、气体分析标准有哪些规定？…… 47
85. 动火作业场所等级如何划分？…… 49
86. 带压不置换焊补作业安全措施有哪些？…… 49
87. 焊接与热切割作业特殊环境如何分类？…… 50
88. 水下焊接与切割作业容易发生哪些事故？…… 51
89. 水下焊割作业准备工作有哪些安全要求？…… 51
90. 水下焊割作业预防爆炸的安全措施有哪些？…… 52
91. 水下焊割作业预防灼烫的要求有哪些？…… 52
92. 水下焊割作业预防触电的安全措施有哪些？…… 53
93. 焊补油箱有哪些防止爆炸的措施？…… 53
94. 焊接时为什么会发生烧伤、烫伤和火灾？如何预防事故的发生？…… 54
95. 焊接作业动火安全措施有哪些？…… 54
96. 焊割盛装过燃料的容器应如何清洗？…… 55
97. 进入设备内部动火时，应注意哪些问题并采取哪些安全措施？…… 55

98. 焊工作业“十不烧”包括哪些内容? …… 55
99. 登高焊割作业有哪些安全要求? …… 56
100. 焊接电光性眼炎主要在哪几种情况下容易发生? …… 56
101. 受到焊接电光性眼炎损伤，对人体有何危害? …… 57
102. 患焊接急性电光性眼炎如何治疗? …… 57
103. 防止电焊弧光损伤和电弧灼伤的措施有哪些? …… 58
104. 焊工防止高温热辐射和有毒气体损伤的防护措施有哪些? …… 58
105. 焊条电弧焊时，为什么会发生锰中毒? …… 59
106. 中暑的原因和表现有哪些? …… 59
107. 中暑的急救措施有哪些? …… 59
108. 对焊工工作服有哪些要求? …… 60
109. 对焊工手套和防护鞋有哪些要求? …… 60
110. 对焊工面罩和护目镜有哪些要求? …… 60

2.5 其他常见的焊接与切割作业 …… 61

111. 埋弧焊的特点和应用范围是什么? …… 61
112. 埋弧焊安全操作规程有哪些规定? …… 62
113. 氩弧焊的特点和应用范围是什么? …… 62
114. 钨极氩弧焊操作有哪些不安全因素? …… 63
115. 钨极氩弧焊安全操作规程有哪些规定? …… 63
116. 碳弧气刨的原理和优缺点有哪些? …… 64
117. 进行手工碳弧气刨时，应怎样安全操作? …… 64
118. 简述二氧化碳气体保护电弧焊工作原理。 …… 65
119. 二氧化碳气体保护焊设备由哪几部分组成? …… 66
120. 二氧化碳气体保护焊安全操作规程有哪些规定? …… 66
121. 二氧化碳气体保护焊安全防护措施有哪些? …… 66
122. 简述等离子弧切割的原理。 …… 67
123. 等离子弧焊接与切割安全防护措施有哪些? …… 67

3 电工作业安全技能

3.1 基础知识 …… 68

124. 在电气作业中高压与低压是怎样划分的? …… 68
125. 额定电压的等级如何确定? …… 68
126. 什么是安全电流? …… 68
127. 电击严重程度与哪些因素有关? …… 69
128. 什么是人体阻抗? 其组成及影响因素有哪些? …… 70
129. 什么是安全电压? …… 70

130. 什么是过电压？产生的原因有哪些？ …… 71
131. 什么是安全距离？ …… 71
132. 关于配电设施的安全距离有哪些规定？ …… 71
133. 关于架空线路安全距离有哪些规定？ …… 72
134. 关于设备检修安全距离有哪些规定？ …… 72
135. 屏护的作用和形式有哪些？ …… 73
136. 什么是短路？电气短路的类型有哪些？ …… 73
137. 电气短路的原因有哪些？ …… 74
138. 电气短路的危害有哪些？ …… 74
139. 什么是漏电保护装置？其作用和使用范围有哪些？ …… 75
140. 什么是过电流保护装置？对其有哪些技术要求？ …… 75
141. 什么是保护接地（IT 系统）？ …… 76
142. 什么是工作接地（TT 系统）？ …… 77
143. 什么是保护接零（TN 系统）？ …… 77
144. 保护接零（TN 系统）分为哪三种类型？ …… 78
145. 什么是重复接地？ …… 79
146. 采用保护接零应注意哪几方面问题？ …… 80
147. 电气设施应接地的部分有哪些？ …… 80
148. 敷设与连接接地装置的安全规定有哪些？ …… 81
149. 绝缘材料有哪些主要的性能指标？ …… 81
150. 绝缘破坏有哪些主要方式？ …… 82
151. 安全用电的基本原则有哪些？ …… 82
152. 安全用电的基本要求有哪些？ …… 82

3.2　工具安全使用技能 …… 84

153. 常用的电工仪表有哪些？ …… 84
154. 使用万用表有哪些安全注意事项？ …… 84
155. 使用钳形电流表有哪些安全注意事项？ …… 85
156. 使用兆欧表有哪些安全注意事项？ …… 85
157. 使用低压验电器有哪些安全注意事项？ …… 86
158. 使用螺丝刀有哪些安全注意事项？ …… 86
159. 电工钳具的种类及安全注意事项有哪些？ …… 86
160. 使用电工刀的安全注意事项有哪些？ …… 87
161. 使用电烙铁的安全注意事项有哪些？ …… 87
162. 使用活扳手的安全注意事项有哪些？ …… 88
163. 使用电工梯的安全注意事项有哪些？ …… 88
164. 使用安全带的安全注意事项有哪些？ …… 89
165. 使用电加热器的安全注意事项有哪些？ …… 89
166. 常用绝缘高压用具试验周期有哪些规定？ …… 90

3.3　安全操作技能 …… 90

167. 什么是电工作业？分为哪几类？ …… 90
168. 对电工作业人员应该有哪些要求？ …… 90
169. 电工作业工作票制度有哪些规定？ …… 91
170. 什么是倒闸操作？执行操作票有哪些要求？ …… 91
171. 电工作业工作许可制度有哪些规定？ …… 92
172. 电工作业工作监护制度有哪些规定？ …… 92
173. 电工作业工作间断和工作转移制度有哪些规定？ …… 93
174. 电工作业工作终结和送电制度有哪些规定？ …… 93
175. 进行电容器操作时应注意哪些安全事项？ …… 93
176. 停电检修应注意哪些安全技术事项？ …… 94
177. 检修时验电应该注意哪些安全事项？ …… 94
178. 电气检修如何装设接地线？ …… 95
179. 电工检修过程中如何使用警示牌和临时遮栏？ …… 95
180. 带电检修工作票中所列人员的任务是什么？ …… 95
181. 检修工作监护制度中的监护人有哪些主要职责？ …… 96
182. 低压带电工作应该注意哪些安全事项？ …… 96
183. 倒闸操作有哪些基本安全要求？ …… 96
184. 操作高压跌落式开关应该注意哪些安全事项？ …… 97
185. 电工作业十五个“不送电”要点是什么？ …… 97
186. 电气设备安全作业二十个“确认”的内容是什么？ …… 98
187. 如何清扫两台并列运行中的变压器？ …… 98
188. 架空线路巡视检查的主要内容有哪些？ …… 98
189. 电缆线路巡视检查的主要内容有哪些？ …… 99
190. 巡视检查配电站时应当注意哪些安全事项？ …… 99
191. 防雷接地装置安全检查的主要内容有哪些？ …… 100
192. 照明配电安装的安全技术要求有哪些？ …… 100
193. 安装刀开关应该注意哪些安全事项？ …… 100
194. 企业对临时用电安全有哪些管理规定？ …… 101

3.4　电气事故的救护、预防技能 …… 101

195. 电气事故分为哪几类？ …… 101
196. 什么是人体触电？人体触电有几种形式？ …… 101
197. 电流对人体的伤害有哪些？ …… 102
198. 电流电击时间及对人体的危害程度有哪些关系？ …… 103
199. 为什么说电伤中电弧烧伤最危险？ …… 103
200. 为什么禁止利用大地作工作中性线（零线）？ …… 103
201. 为什么禁止将暖气管、自来水管等作为保护线使用？ …… 104

202. 发生电烧伤应如何急救？…… 104
203. 低压电源触电如何脱离？…… 104
204. 高压电源触电如何脱离？…… 105
205. 触电者脱离电源后首先进行哪些观察处理工作？…… 105
206. 触电者现场急救的原则和方案有哪些？…… 105
207. 如何进行人工呼吸？…… 106
208. 如何进行胸外心脏按压操作？…… 106
209. 心脏按压与人工呼吸如何协调进行？…… 108
210. 直接触电的预防措施有哪些？…… 109
211. 间接触电的预防措施有哪些？…… 110
212. 引起电气火灾的原因有哪些？…… 110
213. 预防电气火灾的措施有哪些？…… 111
214. 电气火灾或爆炸的引燃源分哪几种？…… 111
215. 电气装置及电气线路发生燃爆的形式有哪些？…… 112
216. 电线绝缘老化为什么会引起火灾？如何避免电线绝缘老化？…… 113
217. 电气线路过载为什么会引起火灾？…… 113
218. 断电灭火应注意哪些安全事项？…… 113
219. 带电灭火应注意哪些安全事项？…… 114
220. 带电灭火的安全技术要求有哪些？…… 114
221. 带电灭火使用的灭火器材有哪些？…… 114
222. 什么是雷电？其种类有哪些？…… 115
223. 静电的危害形式和造成的事故后果有哪些？…… 115
224. 人身防雷两个“八不要”有哪些内容？…… 116
225. 常见的防雷保护装置有哪些？…… 117
226. 发生雷击事故时如何急救？…… 118
227. 接地装置的检查内容和检查周期有哪些要求？…… 119
228. 为防止变压器失火应采取哪些措施？…… 119
229. 配电室防鼠有哪些要求？…… 119
230. 电缆防火“封、堵、涂、隔、包”五项措施有哪些内容？…… 120

4　起重作业安全技能

4.1　通用部件 …… 121

231. 起重机械的工作特点有哪些？…… 121
232. 起重机械分为哪几类？各有什么特点？…… 121
233. 卷筒的构造形式有哪些？…… 121
234. 钢丝绳尾端在卷筒上的固定方式及要求有哪些？…… 122
235. 制动器的作用与种类有哪些？…… 123

236. 制动器的调整方法有哪些？ …… 124
237. 制动器的安全技术检验标准有哪些？ …… 125
238. 起重机常用的减速器类型有哪些？ …… 126
239. 减速器的安全技术检验内容有哪些？ …… 126
240. 起重机联轴器的类型和安全技术要求有哪些？ …… 127
241. 起重机吊钩的种类有哪些？ …… 127
242. 吊钩的安全使用及安全检查要求有哪些？吊钩的报废标准是什么？ …… 128
243. 滑轮的种类有哪些？ …… 129
244. 滑轮组的安全技术要求有哪些？ …… 129
245. 起重机车轮的种类和安全检查要求有哪些？起重机车轮的报废标准是什么？ …… 130
246. 轨道的安装、调整、检验要求有哪些？ …… 130

4.2　安全防护装置 …… 131

247. 常见的起重机安全防护装置有哪些？ …… 131
248. 限位器的类型和作用有哪些？ …… 132
249. 缓冲器的类型和作用有哪些？ …… 133
250. 防碰撞装置的作用和类型有哪些？ …… 133
251. 防偏斜和偏斜指示装置的作用和类型有哪些？ …… 134
252. 夹轨器和锚定装置的作用和类型有哪些？ …… 134
253. 超载限制器的安装要求及调整设定时要考虑的因素有哪些？ …… 135
254. 力矩限制器的作用和类型有哪些？ …… 135

4.3　钢丝绳和吊索 …… 135

255. 影响钢丝绳寿命的因素有哪几方面？ …… 135
256. 什么是钢丝绳的安全系数？怎样选取钢丝绳的安全系数？ …… 136
257. 起重机用钢丝绳为什么要有绳芯？钢丝绳绳芯有哪几种？ …… 136
258. 钢丝绳的安全连接方法有哪几种？ …… 137
259. 如何合理选择与正确使用钢丝绳？ …… 137
260. 吊运熔化及炽热金属时对钢丝绳的选择有哪些要求？ …… 138
261. 更换钢丝绳应注意的事项有哪些？ …… 138
262. 钢丝绳的日常检查、维护和保养有哪些要求？ …… 138
263. 进行钢丝绳外部检查的方法有哪些？ …… 139
264. 如何保管钢丝绳？ …… 139
265. 钢丝绳在使用中出现“走油”现象怎么办？ …… 140
266. 钢丝绳的报废标准包括哪些内容？ …… 140
267. 起重作业中捆绑用钢丝绳的使用规则是什么？ …… 141
268. 使用钢丝绳吊索的注意事项有哪些？ …… 141
269. 钢丝绳吊索的报废标准有哪些？ …… 142

4.4　通用安全常识 …… 142

270. 起重机安全操作技术要求有哪些？ …… 142
271. 起重机作业中，安全生产的隐患有哪些？ …… 144
272. 司索工安全操作技术要求有哪些？ …… 145
273. 为什么起重机严禁超载作业？ …… 146
274. 为什么起重作业中不能“斜拉歪拽”？ …… 146
275. 起重机司机在作业过程中应当注意的“七字方针”是什么？ …… 146
276. 起重机操作中“十不吊”、“两不撞”内容包括什么？ …… 147
277. 起重工在吊运危险物品时“一辨二看三慢”操作要领的含义是什么？ …… 147
278. 在什么情况下，司机应发出警告信号？ …… 147
279. 地面人员发出紧急停车信号时，司机该怎么办？ …… 148
280. 起重工交接班检查要点有哪些？ …… 148
281. 起重机作业必备的安全条件和安全设施有哪些？ …… 148
282. 起重机械检验类别、周期有哪些规定？ …… 149
283. 起重机械检验内容包括哪些？ …… 149
284. 起重机械检验前的准备工作有哪些？ …… 150
285. 起重机械检修前的准备工作有哪些？ …… 150
286. 起重机械设备检修中的安全要求有哪些？ …… 151
287. 起重机电气设备检修的安全要求有哪些？ …… 151

4.5　桥式起重机安全技能 …… 152

288. 简述桥式起重机的构成。 …… 152
289. 对桥式起重机司机室有哪些要求？ …… 152
290. 起重机金属结构的维护及其报废标准有哪些？ …… 153
291. 起升机构由哪些部分组成？其特点是什么？ …… 153
292. 起升机构操作的安全操作要领有哪些？ …… 154
293. 大车、小车运行机构的安全操作要领有哪些？ …… 155
294. 桥式起重机稳钩操作的技术要领有哪些？ …… 155
295. 起重机在作业前为什么要试吊？怎样试吊？ …… 156
296. 什么是“溜钩”？产生“溜钩”的主要原因是什么？ …… 156
297. 消除“溜钩”的方法有哪些？ …… 157
298. 吊钩发生落地事故的原因有哪些？ …… 157
299. 起升机构制动器失效的突发事故如何操作？ …… 157
300. 什么是小车“三条腿”运行状态？其危害有哪些？ …… 158
301. 小车运行时打滑的原因和排除方法有哪些？ …… 158
302. 什么是起重机“啃轨”，其危害和产生的原因有哪些？ …… 159
303. 起重工如何进行紧急事故停车操作？ …… 159
304. 吊运中起重机突然停电，应该怎么办？ …… 159

305. 接触器粘连，造成吊物下降或上升失控应如何处理？ …… 160
306. 行车在降落重物过程中，制动器打不开应如何处理？ …… 160
307. 如何维护起重设备的制动器？ …… 160
308. 起重作业中对绑扎物件的安全有哪些要求？ …… 160
309. 司索工如何选择吊点？ …… 161
310. 司索工捆绑、吊挂物件的要求有哪些？ …… 161
311. 设备吊装的安全要点有哪些？ …… 162
312. 在桥式起重机上为什么要特别注意防止发生触电事故？ …… 162
313. 桥式起重机上防止触电的安全措施有哪些？ …… 162
314. 起重机防触电接地安全要求有哪些？ …… 162
315. 起重机检修时应注意什么？ …… 163
316. 天车制动轮固定螺帽松动的危害与预防措施有哪些？ …… 163
317. 如何确保吊运“地下埋藏物”的操作安全？ …… 163
318. 用两台起重机同时起重、吊运同一物件时，如何确保安全？ …… 164
319. 桥式起重机有哪些检查制度？ …… 164
320. 起重机司机在工作完毕后的主要职责有哪些？ …… 165

4.6 其他起重设备 …… 165

321. 汽车式起重机的基本操作要求有哪些？ …… 165
322. 汽车式起重机作业条件有哪些规定？ …… 166
323. 汽车式起重机支腿的作用是什么？有何安全技术要求？ …… 166
324. 汽车起重机作业前应做哪些准备工作？ …… 167
325. 汽车起重机的吊臂若触到高压线无法脱离怎么办？ …… 167
326. 简述起重电磁铁工作原理，其使用中有哪些技术要求？ …… 167
327. 使用电磁吸盘应注意哪些安全事项？ …… 168
328. 简述双绳抓斗的结构及工作原理。 …… 169
329. 抓斗使用注意事项及其安全检验方法有哪些？ …… 169
330. 使用电动卷扬机有哪些安全注意事项？ …… 170
331. 电动卷扬机安装技术要求有哪些？ …… 170
332. 葫芦式起重机开始作业前的注意事项有哪些？ …… 171
333. 葫芦式起重机安全操作规程包括哪些内容？ …… 171
334. 使用环链手动葫芦式起重机有哪些安全要求？ …… 172
335. 使用环链手拉葫芦的安全事项有哪些？ …… 173

5 煤气作业安全技能

5.1 基础知识 …… 174

336. 《工业企业煤气安全规程》哪年颁布？适用范围有哪些？ …… 174

337. 钢铁企业煤气的种类有哪些？…… 174
338. 煤气为什么会使人中毒？…… 175
339. 急性煤气中毒的症状有哪些？…… 176
340. 慢性煤气中毒的症状有哪些？…… 176
341. 简述发生燃烧所必须的条件，燃烧的类型有哪些？…… 176
342. 什么叫爆炸？爆炸可分为哪几类？…… 177
343. 什么叫可燃物质的爆炸极限、爆炸上限和爆炸下限？…… 177
344. 煤气管理机构及其职责有哪些？…… 178
345. 煤气安全管理内容有哪些？…… 178
346. 煤气设施安全管理内容有哪些？…… 179

5.2 安全操作技能 …… 180

347. 进入煤气区域应注意什么？…… 180
348. 在煤气设施内作业有哪些安全要求？…… 180
349. 进入煤气设备内作业人员应遵守哪些取样要求？…… 181
350. 进行煤气置换有哪几种方法？…… 181
351. 送煤气作业应具备哪些安全条件？…… 182
352. 煤气的送气操作有哪些步骤？…… 182
353. 煤气的停气操作有哪些步骤？…… 183
354. 带煤气作业前有哪些检查项目？…… 184
355. 带煤气抽堵盲板作业有哪些安全要求？…… 185
356. 抽堵盲板作业中为什么要求接地线？…… 186
357. 煤气管道盲板抽堵时发生故障事故如何处理？…… 186
358. 什么叫动火？动火分析合格判定标准是什么？…… 186
359. 在停产的煤气设备上置换动火有哪些安全要求？…… 187
360. 动火作业许可证有哪些审批制度？…… 187
361. 动火作业许可证有哪些办理程序和要求？…… 188
362. 动火作业相关人员的职责要求有哪些？…… 188
363. 运行的煤气管道出现孔洞如何焊补？…… 189
364. 煤气管道脱水器定期检查清理内容有哪些？…… 189
365. 水封及排水器漏气处理方法有哪些？…… 189
366. 煤气阀门如何检修和维护？…… 190
367. 煤气补偿器如何检修和维护？…… 190
368. 煤气管道法兰漏煤气时应如何处理？…… 190
369. 排水器出现跑冒煤气的原因及其处理措施有哪些？…… 190
370. 为什么室内煤气管道必须定期用肥皂水试漏？…… 191
371. 煤气管网的巡检内容包括哪些？…… 191
372. 煤气管网的定期维护工作包括哪些？…… 192

5.3　煤气安全设施 …… 192

373. 煤气吹扫放散管装置的安装有什么要求? …… 192
374. 煤气冷凝排水器的安装有什么要求? …… 193
375. 煤气管道蒸汽管、氮气管的安装有什么要求? …… 193
376. 煤气管道补偿器、泄爆阀的安装有什么要求? …… 194
377. 煤气管道人孔、手孔和检查管的安装有什么要求? …… 194
378. 对煤气管道标志、警示牌和安全色有什么规定? …… 194
379. 何谓煤气隔离水封? …… 195
380. 煤气管道上安装的水封有哪几种类型? …… 195
381. 煤气水封有哪些优缺点? …… 195
382. 为什么煤气水封不能单独作为可靠的隔断装置? …… 196
383. 使用煤气隔离水封的安全要求有哪些? …… 196
384. 为什么说煤气管道排放的冷凝水有毒? …… 196
385. 为什么要及时将煤气管道中的冷凝水排放掉? …… 197
386. 煤气管道上的排水点如何布置? …… 197

5.4　事故预防和救护 …… 197

387. 发生煤气中毒事故应如何处理? …… 197
388. 预防煤气中毒事故的制度有哪些? …… 198
389. 防止煤气中毒有哪些安全作业规定? …… 199
390. 在煤气区域内工作关于CO含量的规定有哪些? …… 200
391. 如何预防煤气着火事故? …… 200
392. 常用灭火器的类型及用途有哪些? …… 201
393. 煤气生产区域如何配备灭火器? …… 201
394. 发生煤气泄漏和着火事故后的首要工作有哪些? …… 201
395. 处理煤气泄漏着火事故有哪些程序? …… 202
396. 着火烧伤应如何救治? …… 203
397. 发生煤气爆炸事故的原因有哪些? …… 203
398. 如何预防煤气爆炸事故? …… 204
399. 什么叫爆发试验?怎样做爆发试验? …… 204
400. 如何处理煤气爆炸事故? …… 205
401. 煤气防爆板有何功能?其选用安装维护要求有哪些? …… 205
402. 空气呼吸器气瓶使用注意事项有哪些? …… 206
403. 空气呼吸器的报警哨起到哪些作用? …… 207
404. 空气呼吸器的减压阀、供气阀、面罩和压力表有何作用? …… 207
405. 如何正确佩戴和使用空气呼吸器? …… 207
406. 如何使用CO-1A型便携式CO报警仪? …… 208
407. 便携式煤气检测仪有哪些维护保养措施? …… 209

408. 使用固定式CO检测报警器时应注意哪些事项？ …… 210

6　锅炉、压力容器安全技能

6.1　基础知识 …… 211

409. 什么是压力容器？ …… 211
410. 为什么将压力容器定为特殊设备？ …… 211
411. 压力容器应同时具备哪些条件？ …… 211
412. 按生产工艺用途如何对压力容器进行划分？ …… 212
413. 按压力等级如何对压力容器进行划分？ …… 212
414. 按安装方式如何对压力容器进行划分？ …… 213
415. 按制造许可级别如何对压力容器进行划分？ …… 213
416. 移动式压力容器如何分类？ …… 213
417. 固定式压力容器的结构形式有哪些？ …… 214
418. 压力容器的基本组成有哪些？ …… 214
419. 压力容器的主要参数有哪些？ …… 216
420. 压力容器设计上应满足哪些要求？ …… 217
421. 压力容器的安全装置有哪些？ …… 217
422. 压力容器安全附件及要求有哪些？ …… 217
423. 压力容器安全装置的安装有哪些原则？ …… 218
424. 压力容器的安全泄放量如何确定？ …… 219
425. 简述有关容器压力的概念。 …… 219
426. 什么是锅炉？ …… 220
427. 锅炉的工作特性有哪些？ …… 220
428. 如何对锅炉进行分类？ …… 221
429. 锅炉压力容器安全附件及要求有哪些？ …… 221
430. 锅炉的安全保护装置起到哪些作用？ …… 222
431. 锅炉安全阀的安装技术要求是什么？ …… 223
432. 什么是省煤器？其构造和作用有哪些？ …… 224

6.2　安全附件 …… 225

433. 安全泄压装置的类型及特点有哪些？ …… 225
434. 安全阀与爆破片装置的组合应遵循哪些原则？ …… 225
435. 安全阀的作用有哪些？ …… 226
436. 安全阀的基本结构及工作原理有哪些？ …… 226
437. 安全阀的种类有哪些？ …… 226
438. 对安全阀的基本技术要求有哪些？ …… 227
439. 对安全阀质量的基本要求是什么？ …… 228

440. 安全阀的选用有哪些注意事项？ …… 228
441. 安全阀中有哪些保险装置？ …… 229
442. 安全阀安装时应注意哪些事项？ …… 229
443. 必须单独装设安全泄放装置的压力容器有哪些？ …… 229
444. 安全阀泄漏的原因是什么？ …… 230
445. 如何对安全阀进行校验与定压？ …… 231
446. 安全阀有哪些常见故障及消除方法？ …… 232
447. 如何对安全阀进行维护？ …… 233
448. 安全阀的检验期限有哪些规定？ …… 233
449. 压力表的作用和类型有哪些？ …… 234
450. 简述单弹簧管压力表的结构和工作原理。 …… 234
451. 压力表的选用有哪些要求？ …… 235
452. 压力表的安装要求有哪些？ …… 235
453. 压力表的维护和检查工作有哪些？ …… 235
454. 压力表的校验有哪些规定？ …… 236
455. 简述液位计的作用、类型和工作原理。 …… 236
456. 液位计选用的原则有哪些？ …… 237
457. 液位计的安装有哪些要求？ …… 237
458. 液位计的使用维护有哪些规定？ …… 237
459. 安装锅炉水位计应符合哪些安全要求？ …… 238
460. 锅炉使用水位计应注意哪些事项？ …… 238
461. 什么是爆破片？爆破片的作用及适用范围是什么？ …… 239
462. 爆破片的选用必须遵循哪些原则？ …… 239
463. 对爆破片的装设有哪些要求？ …… 240
464. 爆破片的更换有哪些规定？ …… 240
465. 截流止漏装置的作用有哪些？ …… 241
466. 紧急切断装置的作用和设置原则有哪些？ …… 241
467. 简述紧急切断装置的工作原理。 …… 241
468. 对紧急切断装置有哪些要求？ …… 242
469. 简述减压阀的作用及原理。 …… 242
470. 压力容器上其他常用阀门还有哪些？ …… 243

6.3 锅炉事故预防措施 …… 246

471. 锅炉发生事故有哪些特点？ …… 246
472. 锅炉容易发生哪些事故？ …… 246
473. 锅炉发生事故的应急措施有哪些？ …… 246
474. 锅炉爆炸事故有哪些类型？ …… 247
475. 锅炉爆炸的特征是什么？ …… 247
476. 防止锅炉爆炸的措施有哪些？ …… 248

477. 什么是锅炉缺水事故？缺水事故有何现象？ …… 248
478. 常见的锅炉缺水事故的原因有哪些？ …… 249
479. 发生锅炉缺水事故后应如何处理？ …… 249
480. 如何进行“叫水”操作？ …… 249
481. 什么是锅炉满水事故？满水事故有何现象？ …… 250
482. 常见的满水事故的原因和处理办法有哪些？ …… 250
483. 什么是汽水共腾事故？如何处理和预防？ …… 250
484. 什么是锅炉爆管事故？ …… 251
485. 什么是省煤器损坏事故？ …… 251
486. 什么是过热器损坏事故？原因有哪些？如何处理？ …… 252
487. 什么是水击事故？原因有哪些？如何预防与处理？ …… 252
488. 什么是炉膛爆炸事故？原因有哪些？如何预防？ …… 253
489. 什么是尾部烟道二次燃烧事故？原因有哪些？如何预防？ …… 254
490. 什么是锅炉结渣事故？原因有哪些？如何预防？ …… 254

6.4 锅炉安全操作技能 …… 255

491. 锅炉启动步骤的注意事项有哪些？ …… 255
492. 锅炉点火升压阶段的安全注意事项有哪些？ …… 255
493. 锅炉正常运行中的监督调节措施有哪些？ …… 256
494. 锅炉正常运行中应注意的事项是什么？ …… 257
495. 锅炉进行排污操作时应注意哪些事项？ …… 257
496. 锅炉停炉操作及停炉期间保养注意事项有哪些？ …… 258
497. 什么状况下必须进行紧急停炉？停炉操作步骤有哪些？ …… 259
498. 锅炉定期检验类别和周期有哪些规定？ …… 259
499. 锅炉定期检验内容有哪些？ …… 260
500. 锅炉检验检修前应做好哪些准备工作？ …… 260
501. 锅炉检验检修中的安全注意事项有哪些？ …… 261

6.5 压力容器事故及预防 …… 261

502. 压力容器事故有哪些特点？ …… 261
503. 压力容器事故的主要原因有哪些？ …… 261
504. 发生压力容器事故后应采取哪些应急措施？ …… 262
505. 预防压力容器事故的措施有哪些？ …… 263
506. 压力容器事故和故障处理的原则有哪些？ …… 263
507. 压力容器事故和故障处理的一般方法有哪些？ …… 263

6.6 压力容器安全操作技能 …… 264

508. 压力容器安全操作规程应包括哪些基本内容？ …… 264
509. 对压力容器操作人员有哪些安全要求？ …… 264

510. 压力容器在投用前的准备工作有哪些？ …… 265
511. 压力容器运行中的检查工作有哪些？ …… 265
512. 压力容器运行期间的维护保养工作有哪些？ …… 266
513. 压力容器紧急停运的情况有哪些？ …… 266
514. 压力容器停用期间的维护保养工作有哪些？ …… 267
515. 压力容器定期检验类别、周期有哪些规定？ …… 267
516. 压力容器定期检验内容有哪些？ …… 268
517. 压力容器检验检修前的准备工作有哪些？ …… 268
518. 锅炉压力容器检验检测技术有哪些？ …… 269

复习题 …… 270

复习题答案 …… 282

参考文献 …… 284

1 绪论

根据《特种作业人员安全技术培训考核管理规定》和《特种设备作业人员监督管理办法》规范特种作业人员的安全技术培训考核工作，提高特种作业人员的安全技术水平，防止和减少伤亡事故。

1. 什么叫特种作业？国家规定的特种作业包括哪些工种？

答：特种作业是指容易发生事故，对操作者本人、他人的安全健康及设备、设施的安全可能造成重大危害的作业。

根据2010年7月1日起施行的《特种作业人员安全技术培训考核管理规定》（国家安全生产监督管理总局第30号令）的特种作业目录，特种作业主要包括以下10大类51个小类：

（1）电工作业，指对电气设备进行运行、维护、安装、检修、改造、施工、调试等作业（不含电力系统进网作业），包括高压电工作业、低压电工作业和防爆（适用于除煤矿井下以外的防爆电气作业）电气作业3种。

（2）焊接与热切割作业，指运用焊接或者热切割方法对材料进行加工的作业（不含《特种设备安全监察条例》规定的有关作业），包括熔化焊接与热切割作业、压力焊作业和钎焊作业3种。

（3）高处作业，指专门或经常在坠落高度基准面2m及以上有可能坠落的高处进行的作业，包括登高架设作业和高处安装、维护、拆除作业2种。

（4）制冷与空调作业，指对大中型制冷与空调设备运行操作作业和安装修理作业2种。

（5）煤矿安全作业，指从事煤矿井下机电设备的安装、调试、巡检、维修和故障处理，保证本班机电设备安全运行的作业，共10种。

（6）金属非金属矿山安全作业，共8种。

（7）石油天然气安全作业，司钻作业1种。

（8）冶金（有色）生产安全作业，煤气作业1种。

（9）危险化学品安全作业，指从事危险化工工艺过程操作及化工自动化控制仪表安装、维修、维护的作业，共16种。

（10）烟花爆竹安全作业指从事烟花爆竹生产、储存中的药物混合、造粒、筛选、装药、筑药、压药、搬运等危险工序的作业，共5种。

2. 什么叫特种作业人员？其应当符合什么条件？

答：特种作业人员是指直接从事特种作业的从业人员，其应当符合下列条件：

（1）年满18周岁，且不超过国家法定退休年龄。

（2）经社区或者县级以上医疗机构体检健康合格，并无妨碍从事相应特种作业的器质性心脏病、癫痫病、美尼尔氏症、眩晕症、癔症、震颤麻痹症、精神病、痴呆症以及其他疾病和生理缺陷。

（3）具有初中及以上文化程度（危险化学品特种作业人应当具备高中或者相当于高中及以上文化程度）。

（4）具备必要的安全技术知识与技能。

（5）相应特种作业规定的其他条件。

特种作业人员必须经专门的安全技术培训并考核合格，取得《中华人民共和国特种作业操作证》（以下简称特种作业操作证）后，方可上岗作业。

3. 特种作业操作证培训、考核、发证等工作由哪些部门负责？

答：特种作业人员的安全技术培训、考核、发证、复审工作实行统一监管、分级实施、教考分离的原则。

国家安全生产监督管理总局（以下简称国家安监总局）指导、监督全国特种作业人员的安全技术培训、考核、发证、复审工作；省、自治区、直辖市人民政府安全生产监督管理部门负责本行政区域特种作业人员的安全技术培训、考核、发证、复审工作。

国家煤矿安全监察局（以下简称煤矿安监局）指导、监督全国煤矿特种作业人员（含煤矿矿井使用的特种设备作业人员）的安全技术培训、考核、发证、复审工作；省、自治区、直辖市人民政府负责煤矿特种作业人员考核发证工作的部门或者指定的机构负责本行政区域煤矿特种作业人员的安全技术培训、考核、发证、复审工作。

省、自治区、直辖市可以委托辖区的市级安全监管部门或者指定的机构实施特种作业人员的安全技术培训、考核、发证、复审工作。

4. 特种作业人员的培训有哪些规定？

答：特种作业人员的培训有以下规定：

（1）特种作业人员应当接受与其所从事的特种作业相应的安全技术理论培训和实际操作培训。

（2）已经取得职业高中、技工学校及中专以上学历的毕业生从事与其所学专业相应的特种作业，持学历证明经考核发证机关同意，可以免予相关专业的培训。

（3）跨省、自治区、直辖市从业的特种作业人员，可以在户籍所在地或者从业所在地参加培训。

（4）从事特种作业人员安全技术培训的机构（以下统称培训机构），必须按照有关规定取得安全生产培训资质证书后，方可从事特种作业人员的安全技术培训。

（5）培训机构开展特种作业人员的安全技术培训，应当制定相应的培训计划、教学安排，并报有关考核发证机关审查、备案。

（6）培训机构应当按照国家安监总局、煤矿安监局制定的特种作业人员培训大纲和煤矿特种作业人员培训大纲进行特种作业人员的安全技术培训。

5. 特种作业人员的考核发证有哪些规定?

答: 特种作业人员的考核包括考试和审核两部分。考试由考核发证机关或其委托的单位负责；审核由考核发证机关负责。

国家安监总局、煤矿安监局分别制定特种作业人员、煤矿特种作业人员的考核标准，并建立相应的考试题库。

考核发证机关或其委托的单位应当按照国家安监总局、煤矿安监局统一制定的考核标准进行考核。

参加特种作业操作资格考试的人员，应当填写考试申请表，由申请人或者申请人的用人单位持学历证明或者培训机构出具的培训证明向申请人户籍所在地或者从业所在地的考核发证机关或其委托的单位提出申请。

特种作业操作资格考试包括安全技术理论考试和实际操作考试两部分。考试不及格的，允许补考1次。经补考仍不及格的，重新参加相应的安全技术培训。

特种作业操作证有效期为6年，在全国范围内有效，由国家安监总局统一式样、标准及编号。特种作业操作证遗失的，应当向原考核发证机关提出书面申请，经原考核发证机关审查同意后，予以补发。

特种作业操作证所记载的信息发生变化或者损毁的，应当向原考核发证机关提出书面申请，经原考核发证机关审查确认后，予以更换或者更新。

6. 特种作业操作证的复审和不予复审有哪些规定?

答:（1）特种作业操作证复审的规定:

1）特种作业操作证每3年复审1次。

2）特种作业人员在特种作业操作证有效期内，连续从事本工种10年以上，严格遵守有关安全生产法律法规的，经原考核发证机关或者从业所在地考核发证机关同意，特种作业操作证的复审时间可以延长至每6年1次。

3）特种作业操作证需要复审的，应当在期满前60日内，由申请人或用人单位向考核发证机关提出申请，并提交下列材料:

①社区或者县级以上医疗机构出具的健康证明。

②从事特种作业的情况。

③安全培训考试合格记录。

4）特种作业操作证有效期届满需要延期换证的，应当按照前款的规定申请延期复审。

5）特种作业操作证申请复审或者延期复审前，特种作业人员应当参加必要的安全培训并考试合格。安全培训时间不少于8个学时，主要培训法律、法规、标准、事故案例和有关新工艺、新技术、新装备等知识。

（2）特种作业操作证不予复审的规定。特种作业人员有下列情形之一的，复审或者延期复审不予通过:

1）健康体检不合格的。

2）违章操作造成严重后果或者有2次以上违章行为，并经查证确实的。

3）有安全生产违法行为，并给予行政处罚的。

4）拒绝、阻碍安全生产监管监察部门监督检查的。

5）未按规定参加安全培训，或者考试不合格的。

6）发证单位撤销或本人申请注销的。

特种作业操作证复审或者延期复审时存在上述第2）、3）、4）、5）项情形的，按照本规定经重新安全培训考试合格后，再办理复审或者延期复审手续。

再复审、延期复审仍不合格，或者未按期复审的，特种作业操作证失效。

7. 哪些情形考核发证机关应当撤销、注销特种作业操作证?

答：有下列情形之一的，考核发证机关应当撤销特种作业操作证：

（1）超过特种作业操作证有效期未延期复审的。

（2）特种作业人员的身体条件已不适合继续从事特种作业的。

（3）对发生生产安全事故负有责任的。

（4）特种作业操作证记载虚假信息的。

（5）以欺骗、贿赂等不正当手段取得特种作业操作证的。

（6）特种作业人员违反第（4）、（5）项规定的，3年内不得再次申请。

有下列情形之一的，考核发证机关应当注销特种作业操作证：

（1）特种作业人员死亡的。

（2）特种作业人员提出注销申请的。

（3）特种作业操作证被依法撤销的。

离开特种作业岗位6个月以上的特种作业人员，应当重新进行实际操作考试，经确认合格后方可上岗作业。

8. 违规使用特种作业操作证有哪些处罚规定?

答：违规使用特种作业操作证的处罚规定有：

（1）生产经营单位未建立健全特种作业人员档案的，给予警告，并处1万元以下的罚款。

（2）生产经营单位使用未取得特种作业操作证的特种作业人员上岗作业的，责令限期改正；逾期未改正的，责令停产停业整顿，可以并处2万元以下的罚款。

（3）煤矿企业使用未取得特种作业操作证的特种作业人员上岗作业的，依照《国务院关于预防煤矿生产安全事故的特别规定》的规定处罚。

（4）生产经营单位非法印制、伪造、倒卖特种作业操作证，或者使用非法印制、伪造、倒卖的特种作业操作证的，给予警告，并处1万元以上3万元以下的罚款；构成犯罪的，依法追究刑事责任。

（5）特种作业人员伪造、涂改特种作业操作证或者使用伪造的特种作业操作证的，给予警告，并处1000元以上5000元以下的罚款。

（6）特种作业人员转借、转让、冒用特种作业操作证的，给予警告，并处2000元以上10000元以下的罚款。

9. 特种作业人员具有哪些权利和义务?

答：特种作业人员在安全生产方面具有以下权利：

（1）获得安全防护用具和安全防护用品的权利。

（2）了解工作现场和工作岗位存在的危险因素、防护措施及事故应急措施的权利。

（3）了解危险岗位的操作规程和违章操作的危害的权利。

（4）对安全生产工作中存在的问题提出批评、检举和控告的权利。

（5）有权拒绝违章指挥和强令冒险作业。

（6）在作业中发生危及人身安全的紧急情况时，有权立即停止作业或在采取必要的应急措施后撤离危险区域。

（7）获得意外伤害保险的权利。

（8）享有工伤保险的权利。

（9）享有获得工伤赔偿的权利。

特种作业人员在安全生产方面具有以下义务：

（1）遵守有关安全生产的法律、法规和规章的义务。

（2）遵守安全作业的强制标准、本单位的规章制度和操作规程的义务。

（3）正确使用劳动防护用品、机械设备的义务。

（4）接受安全生产教育培训，掌握所从事工作应具备的安全生产知识的义务。

（5）发现事故隐患或者其他不安全因素，立即报告的义务。

10. 特种设备作业的相关规定有哪些？

答：新修改的《特种设备作业人员监督管理办法》2010 年 11 月 23 日国家质量监督检验检疫总局局务会议审议通过，自 2011 年 7 月 1 日起施行。

（1）根据《特种设备安全监察条例》，特种设备是指涉及生命安全、危险性较大的锅炉、压力容器（含气瓶）、压力管道、电梯、起重机械、客运索道、大型游乐设施、场（厂）内专用机动车辆等 8 种。

（2）《特种设备作业人员监督管理办法》明确规定：特种设备的作业人员及其相关管理人员统称特种设备作业人员。从事特种设备作业的人员应当按照本办法的规定，经考核合格取得“特种设备作业人员证”，方可从事相应的作业或者管理工作。

（3）国家质量监督检验检疫总局（以下简称国家质检总局）负责全国特种设备作业人员的监督管理，县以上质量技术监督部门负责本辖区内的特种设备作业人员的监督管理。

（4）申请“特种设备作业人员证”的人员，应当首先向省级质量技术监督部门指定的特种设备作业人员考试机构（以下简称考试机构）报名参加考试。

（5）对特种设备作业人员数量较少不需要在各省、自治区、直辖市设立考试机构的，由国家质检总局指定考试机构，如安全生产监督管理局。

（6）特种设备生产、使用单位（以下统称用人单位）应当聘（雇）用取得“特种设备作业人员证”的人员从事相关管理和作业工作，并对作业人员进行严格管理。

（7）申请“特种设备作业人员证”的人员应具备的条件，培训、发证、复审等程序同特种作业操作证基本相同。

11. 哪些设备属于特种设备？

答：《中华人民共和国特种设备安全法》自 2014 年 1 月 1 日起施行。特种设备具有在高压、高温、高空、高速条件下运行的特点，易燃、易爆、易发生高空坠落等，对人身和财产安全有较大危险性。

《特种设备安全法》突出了特种设备生产、经营、使用单位的安全主体责任，明确规定：在生产环节，生产企业对特种设备的质量负责。《特种设备安全法》规定的特种设备具体如下：

（1）锅炉，是指利用各种燃料、电或者其他能源，将所盛装的液体加热到一定的参数，并对外输出热能的设备，其范围规定为容积大于或者等于30L的承压蒸汽锅炉；出口水压大于或者等于0.1MPa（表压），且额定功率大于或者等于0.1MW的承压热水锅炉；有机热载体锅炉。

（2）压力容器，是指盛装气体或者液体，承载一定压力的密闭设备，其范围规定为最高工作压力大于或者等于0.1MPa（表压），且压力与容积的乘积大于或者等于2.5MPa·L的气体、液化气体和最高工作温度高于或者等于标准沸点的液体的固定式容器和移动式容器；盛装公称工作压力大于或者等于0.2MPa（表压），且压力与容积的乘积大于或者等于1.0MPa·L的气体、液化气体和标准沸点等于或者低于60℃液体的气瓶；氧舱等。

（3）压力管道，是指利用一定的压力输送气体或者液体的管状设备，其范围规定为最高工作压力大于或者等于0.1MPa（表压）的气体、液化气体、蒸汽介质或者可燃、易爆、有毒、有腐蚀性、最高工作温度高于或者等于标准沸点的液体介质，且公称直径大于25mm的管道。

（4）电梯，是指动力驱动，利用沿刚性导轨运行的箱体或者沿固定线路运行的梯级（踏步），进行升降或者平行运送人、货物的机电设备，包括载人（货）电梯、自动扶梯、自动人行道等。

（5）起重机械，是指用于垂直升降或者垂直升降并水平移动重物的机电设备，其范围规定为额定起重量大于或者等于0.5t的升降机；额定起重量大于或者等于1t，且提升高度大于或者等于2m的起重机和承重形式固定的电动葫芦等。

（6）客运索道，是指动力驱动，利用柔性绳索牵引箱体等运载工具运送人员的机电设备，包括客运架空索道、客运缆车、客运拖牵索道等。

（7）大型游乐设施，是指用于经营目的，承载乘客游乐的设施，其范围规定为设计最大运行线速度大于或者等于2m/s，或者运行高度距地面高于或者等于2m的载人大型游乐设施。

（8）场（厂）内专用机动车辆，是指除道路交通、农用车辆以外仅在工厂厂区、旅游景区、游乐场所等特定区域使用的专用机动车辆。

特种设备包括其所用的材料、附属的安全附件、安全保护装置和与安全保护装置相关的设施。

2 焊接与热切割作业安全技能

在金属焊接、氧气切割操作过程中，操作工需要接触各种可燃易爆气体和高压气瓶，具有一定的危险性，容易发生火灾、爆炸。本章主要讲述氧气-乙炔切割和焊接作业，焊条电弧焊的基础知识和安全操作技能，以及其他常见的焊接和切割作业知识。

2.1 气焊与气割基础知识

12. 简述焊接与热切割作业分类及定义。

答： 焊接与热切割作业指运用焊接或热切割方法对材料进行加工的作业，主要分为以下几种：

（1）熔化焊接与热切割作业，指使用局部加热的方法将连接处的金属或其他材料加热至熔化状态而完成焊接与切割的作业，适用于气焊与气割、焊条电弧焊与碳弧气刨、埋弧焊、气体保护焊、等离子弧焊、电渣焊、电子束焊、激光焊、氧熔剂切割、激光切割、等离子切割等作业。

（2）压力焊作业，指在焊接时施加一定压力而完成的焊接作业，适用于电阻焊、气压焊、爆炸焊、摩擦焊、冷压焊、超声波焊、锻焊等作业。

（3）钎焊作业，指使用比母材熔点低的材料作钎料，将焊件和钎料加热到高于钎料熔点，但低于母材熔点的温度，利用液态钎料润湿母材，填充接头间隙并与母材相互扩散而实现连接焊件的作业，适用于火焰钎焊作业、电阻钎焊作业、感应钎焊作业、浸渍钎焊作业、炉中钎焊作业。

13. 气焊的基本原理是什么？

答： 气焊是利用可燃气体和氧气在焊炬中混合后，由焊嘴中喷出，点火燃烧，产生热量来熔化被焊件接头处与焊丝形成牢固的接头，如图 2-1 所示。气焊主要用于薄钢板、有色金属、金属铁件、刀具的焊接以及硬质合金等材料的堆焊和磨损件的补焊。

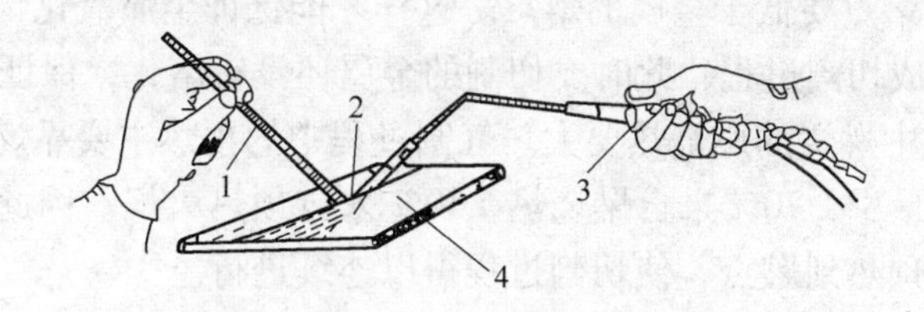

图 2-1　气焊作业示意图

1—焊丝；2—氧-乙炔焰；3—焊炬；4—焊件

（1）气焊应用的设备和器具。气焊所用的设备包括氧气瓶、乙炔瓶、焊炬、减压器、回火防止器及胶管等。

（2）气焊丝（填充材料）。气焊用的焊丝起填充金属的作用，与熔化的母材一起组成焊缝金属，因此，应根据母材材质的化学成分选择成分类型相同的焊丝。焊丝可分为碳素结构钢、不锈钢、铜及铜合金、铝及铝合金、铸铁气焊丝等，也可以用被焊材料切下的条料作焊丝。

（3）气焊熔剂（气焊粉）。气焊过程中被加热的金属极易生成氧化物，使焊缝产生气孔及夹渣等缺陷。为了防止氧化及消除已形成的氧化物，在焊接有色金属、铸件以及不锈钢等材料时，通常需要加气焊熔剂。在气焊过程中，将熔剂直接加到熔池内，使其与高熔点的金属氧化物形成熔渣浮在上面，将熔池与空气隔离，防止熔池金属在高温时被继续氧化。

14. 气割的基本原理是什么？

答：气割是利用预热火焰将被切割的金属预热到燃点（即该金属在氧气中能剧烈燃烧的温度），再向此处喷射高纯度、高速度的氧气流，使金属燃烧形成金属氧化物，即熔渣。熔渣被高速氧气流吹掉，与此同时，燃烧热和预热火焰又进一步加热下层金属，使之达到燃点，并进行燃烧。这种预热→燃烧→去渣的过程重复进行，即形成切口，移动割炬就能把金属逐渐割开，这就是气割过程的基本原理。由此可见，金属的气割过程实质上是金属在纯氧中燃烧的过程。

普通低碳钢、中碳钢和低合金钢气割性能较好；高碳钢及含有易淬硬元素（如铬、钼、钨、锰等）的中合金和高合金钢，可气割性较差。不锈钢含有较多的铬和镍，易形成高熔点的氧化膜（如 Cr_2O_3），铸铁的熔点低，铜和铝的导热性好（铝的氧化物熔点高），它们属难于气割或不能气割的金属材料。

15. 进行气割的金属应具备什么条件？

答：进行气割的金属应具备的条件为：

（1）金属的燃点要低于熔点。这样才能保证先加热到燃点，使金属燃烧，实现切割过程。低碳钢的燃点约为 1350℃，熔点约为 1500℃，具备金属气割最基本的条件。当碳钢含碳量为 0.7% 时，其燃点和熔点差不多都等于 1300℃；当含碳量大于 0.7% 时，燃点就比熔点高了，所以高碳钢不能气割。铸铁的燃点比熔点高，所以不能用氧气切割方法进行切割。

（2）金属氧化物熔点要低于金属的熔点。这样才能保证金属氧化物被燃烧热熔化，再被气流吹掉，从而完成切割过程；此时要切割的金属还没有熔化，保证割口窄小整齐。

（3）金属在氧气中燃烧的燃烧热要大。气割过程中的预热主要靠燃烧热，例如，低碳钢气割时，预热的热量中，70% 来自燃烧热，30% 来自预热火焰。因此燃烧热大，才能立即将割口邻近的金属预热到燃点，使切割过程得以连续进行。

（4）金属导热（散热）不能太快。这样才能迅速地预热到燃点。铜和铝导热快，这是铜和铝不能气割的原因之一。

（5）阻碍气割的元素和杂质要少。如碳不能多，因为碳燃烧生成的 CO 和 CO_2 会降低氧气纯度，从而严重影响气割速度，同时增加氧气消耗量。

16. 为什么铸铁、铜、铝不能进行气割?

答: 低碳钢、中碳钢和合金钢气割性能好，广泛应用气割。而铸铁、不锈钢、铝和铜不具备气割条件，均不能用一般气割方法进行切割。

(1) 铸铁不能气割的原因是:

1) 铸铁含碳、硅多，熔点低（1200℃左右），以至燃点高于熔点。

2) 铸铁的氧化物（氧化硅等）熔点高于铸铁熔点。

3) 碳燃烧生成 CO 和 CO_2，降低了切割氧流纯度。

(2) 含铬镍多的不锈钢不能气割的原因主要是金属氧化物熔点（氧化铬熔点 1990℃，氧化镍熔点 1900℃）高于金属熔点。

(3) 铜、铝及其合金不能进行气割的原因是:

1) 铜、铝及其合金导热太快。

2) 金属燃点高于熔点。

3) 金属氧化物熔点高于金属熔点，氧化铝熔点 2050℃，而铝熔点 658℃；氧化铜熔点 1236℃，而铜熔点 1083℃。

4) 燃烧放出的热量少。

不锈钢和铝、铜及其合金需要进行热切割时，可采用等离子弧切割。等离子弧是能量密度很高的压缩电弧，弧柱中气体几乎可全部达到离子状态，电弧温度可高达 15000 ~ 30000℃。能使金属等物体迅速熔化，并把熔渣吹掉，获得窄而整齐的割口。由于等离子弧切割是熔化过程，金属都可以用等离子弧切割。

17. 焊炬的结构及工作原理是什么?

答: 焊炬又称焊枪，焊炬的作用是使可燃气体与氧气按需要的比例在焊炬中混合均匀，并以一定的速度从焊嘴喷出，进行燃烧，形成一定能量和性质稳定的焊接火焰。焊炬按可燃气体进入混合室的方法不同，可分为射吸式和等压式两种。最常用的射吸式焊炬如图 2-2 所示。

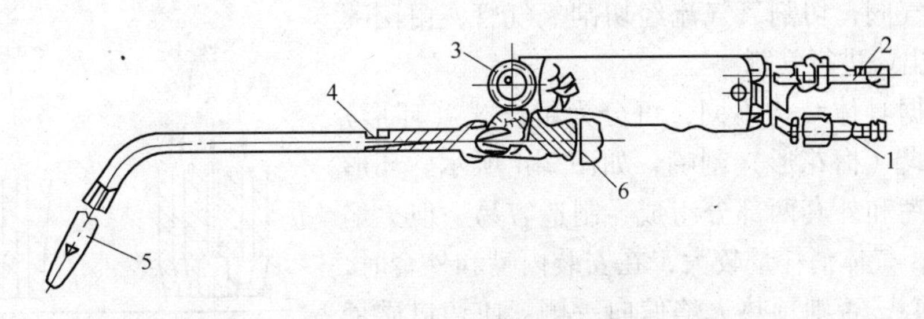

图 2-2 H01-6 型射吸式焊炬

1—氧气导管；2—乙炔导管；3—乙炔调节手轮；4—混合气管；5—焊嘴；6—氧气调节手轮

射吸式焊炬的原理是：当打开氧气调节手轮后，具有一定压力的氧气经氧气导管，并以高速喷入混合气管，使喷嘴周围空间形成真空，将乙炔导管中的乙炔（此时需先打开乙炔调节手轮）吸入混合气管，并经混合气管充分混合后，由焊嘴喷出，点燃即成焊接火焰。

射吸式焊炬的优点是：由于乙炔是靠氧气的射吸作用进入焊炬的，不论使用低压乙炔还是中压乙炔均可正常工作。其缺点是：在焊接过程中焊炬温度升高，使混合气管内的混合气体的温度和压力也升高，引起喷嘴周围的真空度降低，使乙炔流入量减少，造成氧-乙炔的混合比增加，火焰变为氧化焰，使焊接质量降低。因而这种焊炬工作一段时间后，需要重新调节火焰，或是将焊嘴和混合气管浸入水中，使其冷却才行。

18. 割炬的结构及工作原理是什么？

答：气割割炬又称割枪或割把，是气割的主要工具。它的作用是使可燃气体与氧气混合，点燃后形成有一定热能和形状的预热火焰，并能在预热火焰中喷射切割氧气流，以便进行气割。割炬的种类很多，在此着重介绍氧-乙炔切割割炬和氧-液化石油气切割割炬。

（1）氧-乙炔切割割炬：这种割炬形成预热火焰所用的可燃气体是乙炔。和焊炬一样，按形成预热的工作原理，氧-乙炔切割割炬可分为射吸式和等压式两种，其中射吸式割炬最为普遍。射吸式割炬的结构如图 2-3 所示。

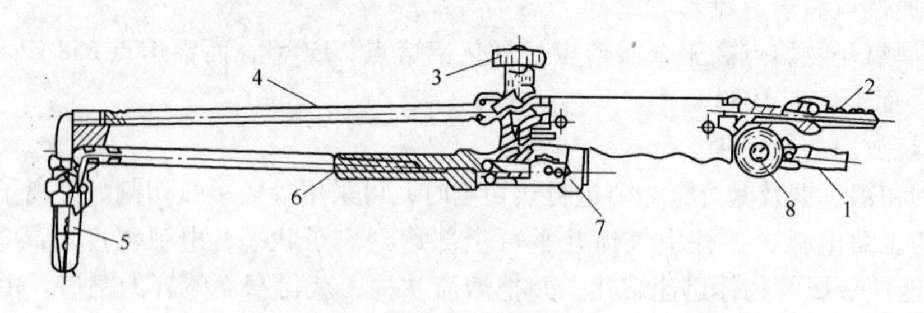

图 2-3 射吸式割炬

1—乙炔接头；2—氧气接头；3—切割氧调节手轮；4—切割氧气管；5—割嘴；6—混合气管；7—预热氧调节手轮；8—乙炔调节手轮

射吸式割炬的结构是以射吸式焊炬为基础，增加了切割氧的气路和阀门，并采用专门的割嘴，割嘴的中心是切割氧的通道，预热火焰均匀地分布在它的周围。进行气割时，先开启预热氧气阀和乙炔阀，点燃并调节预热火焰为中性焰，将被割金属加热到燃点，随即开启切割氧气阀，切割氧气流经切割氧气管，由割嘴的中心孔喷出，进行气割。

割嘴根据具体结构不同，可分为组合式（环形）割嘴和整体式（梅花形）割嘴，如图 2-4 所示。环形割嘴是由内嘴和外套两部分组成，制造容易，但火焰稳定性较差，气体消耗量较大，在安装内嘴和外套时，必须保证同心，否则预热火焰偏向一侧，使切口质量变坏；梅花形割嘴没有上述缺点，火焰力量较大，但制造较困难。

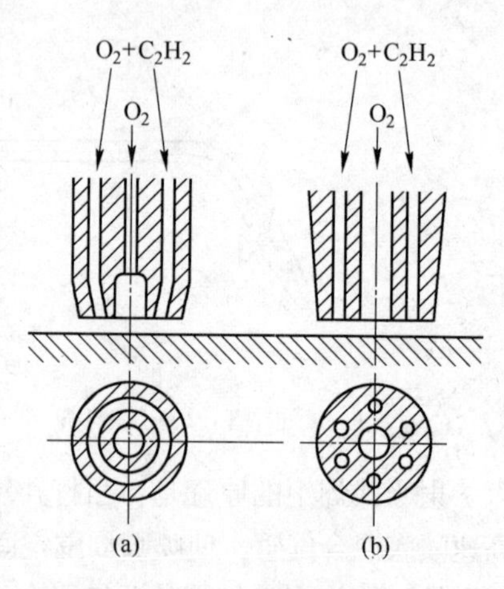

图 2-4 割嘴的形状

（a）环形；（b）梅花形

射吸式割炬可用中压乙炔，也可用低压乙炔，因而在我国应用较普遍。

（2）氧-液化石油气切割割炬：液化石油气的燃烧性和乙炔不同，因此，用于气割时，必须制作专门的割炬或对原有氧-乙炔割炬进行改制。若采用原有的氧-乙炔割炬进行氧-液化石油气切割，虽然也可以切割一般厚度的钢板，但火焰不够集中，切割速度慢，特别是点火、调节都比较困难。

19. 减压器、回火器的作用及工作原理是什么?

答：减压器按用途不同可分为氧气减压器和乙炔减压器等；按构造不同可分为单级式和双级式两类；按工作原理不同可分为正作用式和反作用式两类。目前，国内生产的减压器主要是单级反作用式和双级混合式两类。

（1）减压器的作用。减压器的作用主要是进行减压、稳压和调压。

1）减压：把贮存在气瓶内较高压力的气体减压到所需要的工作压力。使用减压器时，顺时针方向把调压螺钉旋入，调压弹簧即受压缩产生向上的压力，并通过弹性薄膜由减压活门顶杆传递到减压活门上，克服副弹簧的压力后将减压活门拉开，此时高压氧气就从间隙中流入低压气室内。高压气体从高压气室流入低压气室时，由于体积的膨胀而使压力下降，这就是减压器的减压。

2）稳压、调压：减压器有自动调节作用，使低压室内气体的压力稳定地保持为工作压力。

（2）氧气减压器工作原理。现以 QD-1 型氧气减压器（俗称氧气表，如图 2-5 所示）为例说明减压器的基本结构及工作原理。减压器主要是由罩壳、调压螺钉、调压弹簧、弹性薄膜、减压活门与活门座、安全阀、进出口接头以及高压表与低压表等部分组成。在减压器非工作状态时，调压螺钉向外旋出，此时调压弹簧处于松弛状态，当氧气瓶阀开启时，高压氧气通过进气口流入高压气室，由于减压活门被副弹簧压在活门座上，高压气体不能流入低压气室内。

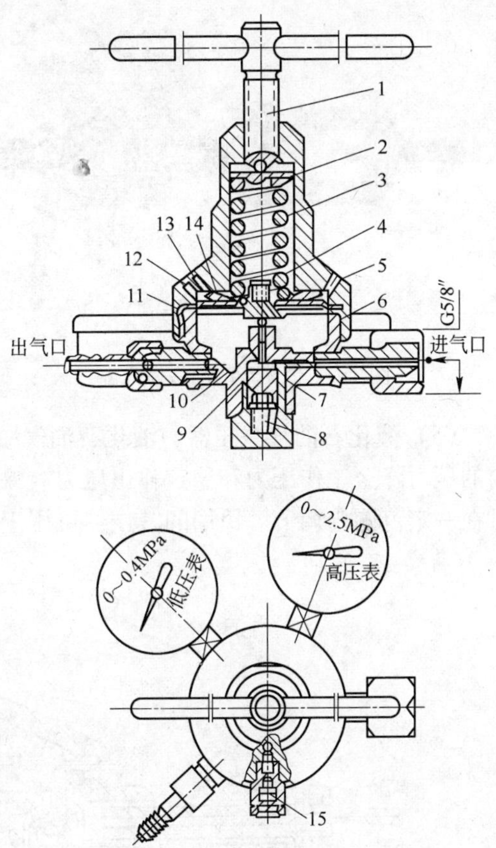

图 2-5 QD-1 型减压器的结构简图

1—调压螺钉；2—罩壳；3—调压弹簧；4—螺钉；5—活门顶杆；6—本体；7—高压气室；8—副弹簧；9—减压活门；10—活门座；11—低压气室；12—耐油橡胶平垫片；13—薄膜片；14—弹簧垫片；15—安全阀

减压器上的高压表和高压气室相通，指示高压气室即气瓶内的气体压力。低压表与低压气室相通，指示低压气室即工作压力。此外，在减压器上还装有与低压气室相通的安全阀。当减压器发生故障使低压气室的压力超过安全阀泄气压力时，气体从安全阀逸出。这样不但可以保护低压表不受压力过高的气体冲击而损坏，而且也不会因为超过工作压力的气体流出而造成其他事故。

（3）乙炔减压器工作原理。乙炔所用的减压器，其作用原理和使用方法与氧气减压器基本相同，只是零件尺寸、形状和材料有所不同。

但由于乙炔瓶阀的阀体旁侧没有连接减压器的接头，必须使用带夹环的乙炔减压器，如图 2-6 所示。转动紧固螺钉时，能使乙炔减压器的连接管压紧在乙炔瓶阀的出气口上，使乙炔通过减压器供焊、割用。

（4）干式乙炔回火防止器。氧-乙炔焰使用过程中会出现回火现象，即混合气体火焰倒流进入焊、割嘴。为防止火焰倒流进入气瓶发生爆炸的危险，在乙炔的通路上要安装干式乙炔回火防止器。

干式乙炔回火防止器主要由单向阀、火焰消除器、壳体等部件组成，其基本结构见图 2-7。单向阀是仅允许气体向一个方向流动的阀。火焰消除器是利用微孔散热熄灭火焰的装置，例如微孔烧结粉末金属管。乙炔回火防止器的最高工作压力为 0.15MPa，工作环境温度为 -20～60℃。用于乙炔回火器部件的铜合金的含铜量必须小于 70%。

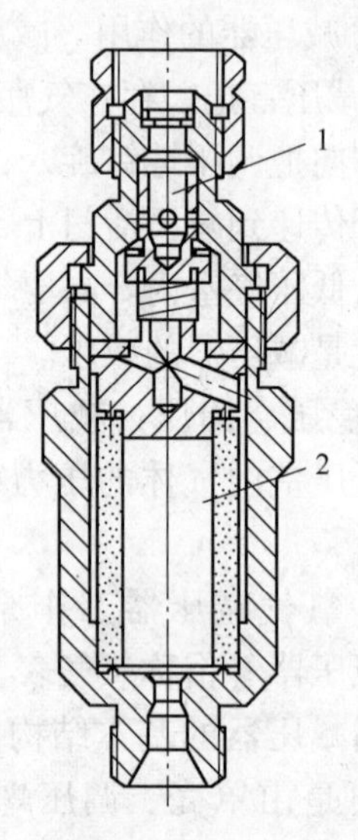

图 2-7　干式乙炔回火防止器结构图

1—单向阀；2—火焰熄灭器

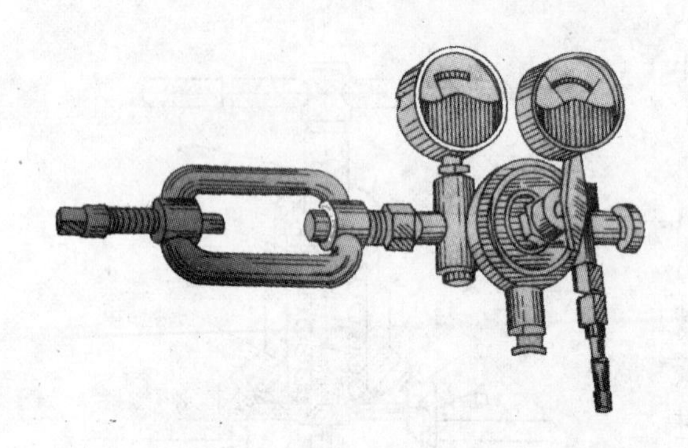

图 2-6　带夹环的乙炔减压器

（5）液化石油气减压器。液化石油气减压器的构造如图 2-8 所示。其作用也是将气体内的压力降至工作压力和稳定输出压力，保证供气量均匀。液化石油气减压器的输出压力可在一定范围内调节。民用的减压器可用于切割一般厚度的钢板，民用减压器只要更换一

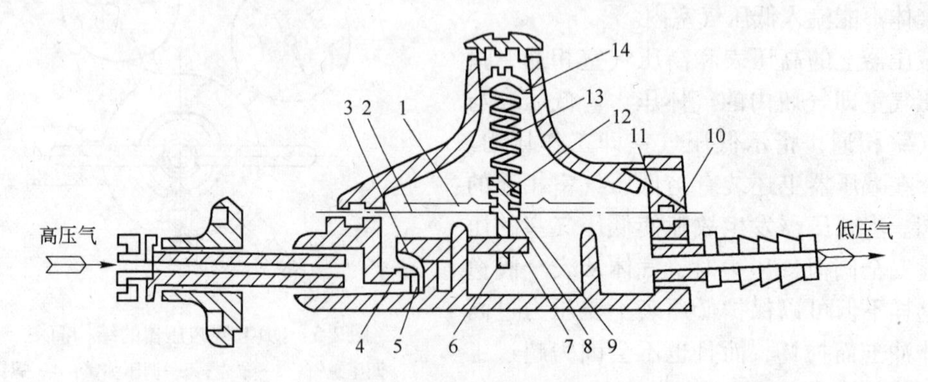

图 2-8　液化石油气减压器

1—压隔膜的金属片；2—橡胶隔膜；3—阀垫（橡胶）；4—喷嘴；5—支柱轴；6—滚柱；7—横阀杆；8—纵阀杆；9—安全阀座；10—网；11—安全孔；12—安全阀弹簧；13—调压弹簧；14—调整螺钉

下弹簧，其输出压力即可提高，但在改制时必须保证安全阀弹簧处不漏气，具体办法是拧紧安全阀弹簧。实践证明，用稍加改制后的民用减压器完全可以切割 200 ~ 300mm 的铸钢。

另外，液化石油气减压器也可以直接使用丙烷减压器。

20. 氧气有哪些性质？安全使用注意事项有哪些？

答：氧气的性质：空气中氮气占 78.1%，氧气占 20.9%，氩气、水蒸气、二氧化碳等其他微量气体占 1%。氧气在常温常压下为无色无味的气体，液化后呈蓝色或淡蓝色。氧气本身不燃烧，但能助燃，为Ⅰ类火灾危险物质。氧的化学性质活泼，能与多种元素化合产生光和热，即燃烧。有的金属在空气中不能燃烧，但与压缩纯氧气流作用能够燃烧。

氧气的安全使用注意事项有：

（1）在氧气生产、充装、贮运和使用场所，要求其空气中的含氧量小于23%。在氧气容易集聚的地方应设置通风设备，并对氧气浓度进行监测，要求远离热源和禁火。检修时需用空气置换，方可工作。

（2）氧气的化学性质极为活泼，它几乎能与所有的可燃性气体、蒸汽、可燃粉尘混合而形成爆炸性混合物，这种混合物具有较宽的爆炸极限范围。多孔性有机物质，如炭、羊毛纤维等，浸透了液态氧（所谓液态炸药），在一定的冲击力下，就会发生剧烈的爆炸。

（3）富氧环境还容易引起火灾。被氧饱和的衣服见火就着。在富氧环境不得吸烟，即使离开了富氧环境，由于衣服已吸饱了氧，在 1.5h 内也不能吸烟。

（4）人正常生活环境中，空气的含氧量应为18% ~20.9%。低于 18% 则为缺氧，低于16% 会导致人窒息死亡。而吸入纯氧或高浓度氧后，会损伤人的肺毛细血管内皮和肺泡上皮，出现肺水肿、出血、透明膜形成等症状，出现呼吸窘迫综合征，即氧中毒，严重者直至死亡。

（5）低温液氧滴落在皮肤上，应立即用水洗掉；发生冻伤时，立即对损伤部位做40 ~ 45℃温水浴，绝对不要烘烤或使用46℃以上的水洗，否则加重皮肤组织的损伤。

21. 什么叫缺氧窒息？人在缺氧和富氧环境下会出现哪些症状？

答：（1）缺氧窒息的概念。有些气体不会使人中毒，但却对人有害。从安全角度而言，氮气便是一种无毒有害的气体。当人进入充满氮气的受限空间中，会迅速窒息死亡。人的生存离不开氧气，空气中氧气约占空气的 20.9% 左右，当受限空间内氧气含量（按体积）小于 16% 时就能使人窒息死亡。

（2）氧气不足时（各种浓度）的症状。空气中的氧气正常含量为 20.9%；含氧量为 19.5% ~12% 时，人的判断力变差，呼吸脉搏加速，疲劳，失去协调性；含氧量为 12% ~ 10% 时，在几秒到几分钟之内就会发生呼吸受阻、循环变差、非常疲劳等症状；含氧量为 10% ~6% 时，出现恶心、呕吐、无法行动、失去意识、甚至死亡；含氧量为 6% ~0% 时，立即产生抽搐、无法呼吸、呼吸暂停、心脏衰竭，心跳停止等症状，数分钟内死亡。

（3）氧气含量过高也会引起中毒，氧中毒的发生主要取决于氧分压。人如果在大于 0.05MPa（半个大气压）的纯氧环境中，氧气对所有的细胞都有毒害作用，吸入时间过长，就可能发生“氧中毒”。肺部毛细管屏障被破坏，导致肺水肿、肺淤血和出血，严重影响呼吸功能，进而使各脏器缺氧而发生损害。在0.1MPa（1个大气压）的纯氧环境中，人只能存活24h，就会发生肺炎，最终导致呼吸衰竭、窒息而死。人在0.2MPa（2个大气压）高压纯氧环境中，最多可停留1.5～2h，超过了会引起脑中毒，生命节奏紊乱，精神错乱，记忆丧失。如加入0.3MPa（3个大气压）甚至更高的氧，人会在数分钟内发生脑细胞变性坏死，抽搐昏迷，导致死亡。

22. 乙炔有哪些性质？安全使用注意事项有哪些？

答：乙炔的性质：乙炔是不饱和的碳氢化合物，分子式 C_2H_2，又名电石气，密度为 $1.17kg/m^3$。工业用乙炔因含硫化氢（H_2S）和磷化氢（PH_3）等杂质，故具有特殊的臭味。乙炔是可燃气体，自燃点为305℃，容易受热自燃，点火能量小（0.019mJ）。它与空气混合燃烧时所产生的火焰温度为2350℃，而与氧气混合燃烧时所产生的火焰温度可达3300℃。

乙炔的安全使用注意事项有：

（1）乙炔是一种具有爆炸危险的气体，爆炸的危险性随压力和温度升高而增大。当乙炔压力超过0.147MPa或温度超过305℃时，遇火就会爆炸。当压力超过0.147MPa和温度超过580℃时就会自爆。我国规定乙炔工作压力禁止超过0.147MPa。

（2）乙炔与空气混合爆炸极限范围为2.2%～81%，乙炔与氧气混合爆炸极限范围为2.8%～93%，在常压下，遇到明火就会立刻发生爆炸。安全规则规定，乙炔距离火源不得小于10m。

（3）在使用、运输中温度不得超过40℃，装盛乙炔的容器和管道需保持良好的冷却条件，不得在夏季烈日下曝晒等。

（4）乙炔与氮气、水蒸气等不与乙炔发生反应的气体混合，会降低爆炸危险性。乙炔溶解在液体里会大大降低爆炸性。

（5）乙炔与铜或银长期接触就会产生一种爆炸性化合物，即乙炔铜和乙炔银，当它们受到摩擦、剧烈振动或加热到110℃时，就会引起爆炸。因此，我国规定严禁纯铜、银等及其制品与乙炔接触。必须使用合金器具或零件时，合金含铜量不超过70%。

（6）乙炔与氯、次氯酸盐等化合，在日光照射下或加热就会发生燃烧爆炸，所以乙炔着火时严禁用四氯化碳灭火器救火。此外，乙炔不能与氟、溴、碘、钾、钴等能起化学反应和发生燃烧危险的元素接触。

（7）由于乙炔受压会引起爆炸，不能加压直接装瓶储存。可以利用乙炔能大量溶解在丙酮中的特性进行储存，1L丙酮可溶解25L乙炔。工业上将乙炔灌装在盛有丙酮和多孔物质的容器中，称为溶解乙炔（瓶装乙炔）进行储运，既方便又经济。

（8）乙炔的爆炸与储存乙炔的容器管道形状大小有关。容器管道直径越小，越不容易爆炸。乙炔储存在毛细管中，即使乙炔压力增高到2.65MPa时，也不会爆炸。因此，乙炔瓶就是利用乙炔的特性，将乙炔溶解在丙酮里，储存在多孔性填料中。安全规则规定：工作压力0.02～0.15MPa的中压乙炔管道，应采用内径为 ϕ80mm 以下的无缝钢管；工作压力0.15～0.25MPa的高压乙炔管道，应采用内经 ϕ20mm 以下的无缝钢管。使用中不得随意更换大管径管道。

（9）乙炔中毒现象比较少见，它主要表现为中枢神经系统损伤。其症状轻度的表现为精神兴奋、多言、嗜睡、走路不稳等；重度的表现为意识障碍、呼吸困难、发呆、瞳孔反应消失、昏迷等。也有表现为狂躁、无故哭笑等精神症状。

23. 氢气有哪些性质？安全使用注意事项有哪些？

答：氢气的性质：氢气是一种无色无味的气体，在已知气体中最轻，是空气的1/14。它具有最快的扩散速度和很高的导热性，极易漏泄。氢氧火焰的温度可达2770℃，氢气具有很强的还原性。在高温下，氢气可以从金属氧化物中夺取氧而使金属还原。氢气被广泛地应用于水下火焰切割，以及某些有色金属的焊接和氢原子焊等。

氢气的安全使用注意事项：

（1）氢气在空气中的自燃点为560℃，在氧气中的自燃点为450℃。点火能力低，被公认是一种极危险的易燃易爆气体。

（2）氢气与空气混合可形成爆炸气体，其与空气混合爆炸极限为4.1%～75%，氢与氧混合气的爆炸极限为4.65%～93.9%，氢与氯气的混合物为（1∶1）时，见光即行爆炸，当温度达240℃时即能自燃。氢与氟化合时能发生爆炸，甚至在阴暗处也会发生爆炸，因此它是一种很不安全的气体。

（3）氢气的还原性很强，在高温下与金属氧化物、金属氯化物反应游离出金属，所以它一般没有腐蚀性。

24. 液化石油气有哪些性质？安全使用注意事项有哪些？

答：液化石油气的性质：液化石油气是裂化石油的副产品，其主要成分是丙烷（C_3H_8）占50%～80%，其余是丙烯（C_3H_6）、丁烷（C_4H_{10}）和丁烯（C_4H_8）等碳氢化合物。在常温常压下，组成液化石油气的这些碳氢化合物以气体状态存在。但只要加上不大的压力（一般为0.8～1.5MPa）即变成液体。

液化石油气的安全使用注意事项：

（1）液化石油气与空气混合的爆炸极限范围为1.5%～9.5%，而与氧气混合有较宽的爆炸极限范围为3.2%～64%。液化石油气易挥发，闪点低，与氧气燃烧温度可达到2000～2850℃，比乙炔低。

（2）液化石油气密度为1.8～2.5kg/m^3，比空气重约1.5倍，因此漏泄出来的液化石油气容易存积在低洼处。液化石油气容易挥发，如果从气瓶中滴漏出来，会扩散成350倍气体。使用和贮存液化石油气的车间和库房地面要平坦，不应同外界地沟（坑）或地漏孔连通。室内必须设有通风换气孔，使室内下部不滞留液化石油气。室内照明必须采用防爆型灯具和开关，严禁明火采暖。

（3）液化石油气会使普通橡胶导管和衬垫膨胀和腐蚀，造成胶管和衬垫穿孔或破裂，所以必须采用耐油性强的橡胶导管和衬垫。

（4）液化石油气瓶内压力与温度成正比，在20℃时为0.7MPa，在40℃时为2.0MPa。所以气瓶要与热源、暖气等保持1.5m以上距离，更不许用明火烘烤。

（5）液化石油气有一定的毒性，空气中含量很小时，不会中毒。当浓度较高时，就会引起人的麻醉，在浓度大于10%的空气中停留3min，就会使人头脑发晕。

（6）液化石油气点火时，要先点燃引火物后再开气，不要颠倒次序。

25. 氧气瓶的构造有哪些特征？

答：氧气瓶是用来储存和运输氧气的高压容器，氧气瓶属于压缩气瓶。氧气瓶外表面漆成天蓝色，并用黑漆喷上明显的“氧气”字样。氧气瓶的结构如图2-9所示，氧气瓶由瓶体、瓶阀、瓶箍及瓶帽等组成。

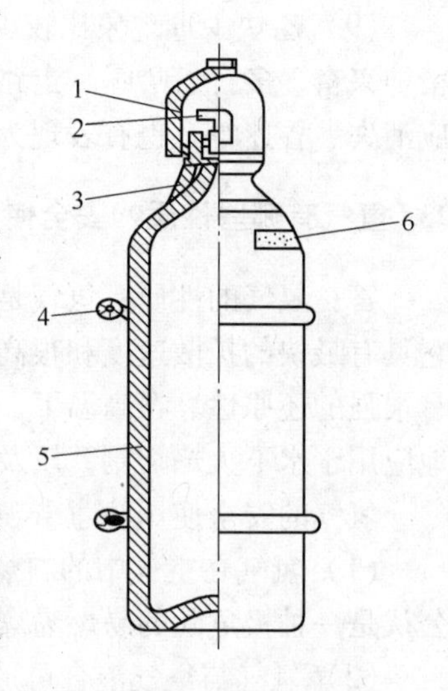

图2-9　氧气瓶

1—瓶帽；2—瓶阀；3—瓶箍；4—防振圈；5—瓶体；6—标识

氧气瓶通常用优质碳素钢或低合金钢制成无缝圆柱形。瓶体的上部瓶口内壁攻有螺纹，用以旋上瓶阀，瓶口外部还套有瓶箍，用以旋装瓶帽，以保护瓶阀免受意外的碰撞而损坏。防振橡胶圈用来减轻振动冲击，瓶体的底部呈凹面形状或套有方形支底座，使气瓶直立时保持平稳。

目前，工业中最常用的氧气瓶规格是瓶体外径为219mm，瓶体高度约为1370mm，容积为40L，瓶壁厚度为5～8mm。当工作压力为15MPa时，可储存6m^{3}氧气。

瓶阀是控制瓶内氧气进出的阀门。使用时，将手轮逆时针方向旋转，则可开启瓶阀；顺时针旋转则关闭瓶阀。氧气瓶的安全是由瓶阀中的金属安全膜来实现的。一旦瓶内压力达18～22.5MPa时，安全膜即自行爆破泄压，确保瓶体安全。

按瓶阀的构造不同，氧气瓶阀可分为活瓣式和隔膜式两种，目前主要采用活瓣式氧气瓶阀。

26. 乙炔气瓶的构造有哪些特征？

答：乙炔气瓶（又称溶解乙炔瓶），它是储存和运输乙炔的压力容器，其外形与氧气瓶相似，比氧气瓶矮，但略粗一些。

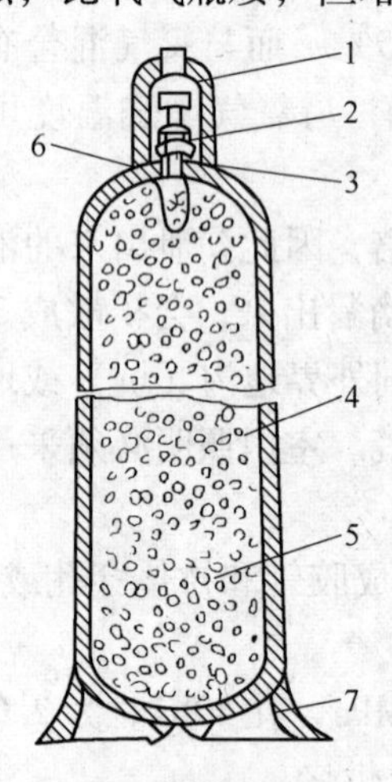

图2-10　乙炔气瓶

1—瓶帽；2—瓶阀；3—石棉；4—瓶体；5—多孔性填料；6—瓶口；7—瓶座

乙炔瓶主要由瓶体、多孔性填料、丙酮，瓶阀、石棉、瓶座等组成，如图2-10所示。瓶内装有浸满了丙酮的多孔性填料。使用时，溶解在丙酮内的乙炔就分解出来，而丙酮仍留在瓶内。

乙炔瓶用优质气瓶专用钢制造成型。常用乙炔瓶的工作压力1.47MPa，设计压力3MPa。瓶外径250mm，气瓶容积约40L，每瓶溶解乙炔5～7kg，瓶重约60kg。

乙炔瓶阀与氧气瓶阀不同，它没有旋转手轮，活门的开启和关闭均利用方孔套筒扳手转动阀杆上端方形头，使嵌有尼龙密封垫料的活门向上（或向下）移动而达到开启（或关闭）的目的。方形套筒扳手逆时针旋转，活门向上移动，瓶阀开启，相反则关闭乙炔瓶阀。

为了保证安全使用，在靠近收口处装有易熔塞，一旦气瓶温度达到100℃左右时，易熔塞即熔化，使瓶内气体外逸，起到泄压作用。另外瓶体装有两道防震胶圈。

瓶体外表面漆白色，并标注“乙炔”和“不可近火”的红色字样。

27. 液化石油气瓶的构造有哪些特征？

图 2-11 液化石油气瓶

答：液化石油气瓶如图 2-11 所示，钢瓶的壳体采用 16Mn 及优质碳素钢焊接而成，根据钢瓶大小，瓶体中间有一道或两道焊缝。

气瓶贮存量分别为 10kg、15kg、30kg、50kg 等，如果用量很大，还可制造容量为1.5～3.5t 的大型贮罐。一般民用多为 15kg，工业上目前常采用 30kg。气瓶最大工作压力 1.6MPa，水压试验的压力为 3MPa。

气瓶漆银灰色，并用红色喷写上“液化石油气”字样，液化石油气瓶可并联使用。

2.2 气焊与气割安全操作技能

28. 乙炔瓶的使用有哪些安全注意事项？

答：乙炔瓶必须是国家定点厂家生产，新瓶的合格证必须齐全，并与钢瓶肩部的钢印相符。使用过程中除必须遵守《溶解乙炔瓶安全监察规程》及《气瓶安全监察规程》外，还应当注意以下事项：

（1）乙炔气瓶在使用、运输和贮存时，环境温度一般不得超过 40℃，若超过应采取降温措施。不能靠近热源和电气设备，与明火的距离一般不小于 10m。瓶阀冻结时，绝对不能用火烘烤，必要时用 40℃以下的温水暖化。乙炔胶管要专用，不准与氧气管混用。乙炔瓶与氧气瓶使用距离不得低于 5m。

（2）乙炔瓶严禁卧倒存放和使用，严禁敲击或碰撞；搬运要轻装轻卸，严禁抛、滑、滚、碰钢瓶。严禁用电磁吊吊装搬动。汽车装运乙炔瓶应横向排放，瓶头朝同一方向，且不得超过车厢栏板高度；如直立摆放，车厢栏板高度不得低于瓶高的三分之二。

（3）在短距离内移动乙炔瓶时，可将气瓶稍倾斜，用手来移动。要将气瓶移动到另外场所，可装在专用的胶轮车上。对已经卧倒的乙炔气瓶不准直接开气使用，必须先直立，静置 20min 后才能接乙炔减压器使用。

（4）所有与乙炔相接触的部件（包括仪表、管路、附件等）不得由铜、银以及铜（或银）含量超过 70% 的合金制成。

（5）在使用乙炔瓶时必须装有减压器和回火防止器；确认后稍微打开主阀，以冲击充装口的杂物。开启瓶阀时，焊工应站在阀口侧后方，开启的动作要轻缓，阀门打开不要超过一转半，一般情况只开启 3/4 转。

（6）阀门上要安装容器的开、闭手柄，保证偶然发生事故时能关闭阀门，避免事故扩大。操作时，瓶阀一定要全开，以免乙炔从瓶阀上部泄漏。

（7）在使用过程中，火焰发黄或者有效火焰缩短，说明瓶内压力过低，或已没有气体，应当立即停止使用。暂时停用时，必须关闭瓶阀，以防泄漏。停止作业取下减压器时，必须关闭气瓶主阀，在确认无泄漏时，方可离开工作地点。

（8）在室内或密闭的环境下使用乙炔要杜绝泄漏，加强通风，避免发生燃爆事故。

（9）发现安全阀或瓶阀上部有泄漏，应立即停止使用，并搬到室外的安全场所，贴上封条，标明原因及时送回充装单位处理。

（10）使用压力不允许超过0.5MPa，输气流速1.5～2.0m^3/h。不得将瓶内乙炔全部用尽，必须留有0.05MPa以上剩余表压，并将阀门拧紧，防止空气进入，并写上“空瓶”标记。

（11）进行焊接的作业现场，乙炔气瓶不得超过5瓶。若为5～20瓶时，应在现场或车间内用耐火材料隔成单独的贮存间。若超过20瓶，应放置乙炔瓶库。贮存间与明火的距离不得小于10m。

（12）当乙炔瓶与电焊一起使用时，如果地面是铁板，在乙炔瓶的下面应垫木板绝缘，以防乙炔瓶带电。

（13）乙炔瓶应贮存在通风良好的库房内，必须将瓶竖立放置，要有防滚落、翻倒的措施。库内应注明防火、防爆标志，并贮备干粉或二氧化碳灭火器，禁止使用四氯化碳灭火器。

（14）乙炔瓶的瓶阀、易熔塞等处不得有漏气现象。在检验是否漏气时，应使用肥皂水检验，严禁使用明火检验。

29. 氧气瓶的使用有哪些安全注意事项？

答：氧气瓶的使用安全注意事项有：

（1）氧气瓶在使用过程中必须按照国家《气瓶安全监察规程》的要求，严格定期检验，使用期满或送检不合格的气瓶禁止继续使用。且色标明显，瓶帽、防震胶圈齐全。

（2）特别注意氧气瓶不能与其他气体气瓶混淆使用。氧气瓶应与其他易燃气瓶、油脂和其他易燃物品分开保存、分车运输，必须保持规定的安全距离。

（3）充装氧气瓶时必须首先进行外部检查，使用时还要化验鉴别瓶内气体，不得随意充装。气瓶充装时应严格按安全操作规程作业，气体流速不能过快，否则会使气瓶过热或产生静电火花，使压力剧增或发生燃烧，从而造成危险。

（4）装卸运输时，瓶嘴阀门必须朝同一方向，应轻装轻卸，不能把氧气瓶放在地上滚动或从高处滑下，防止碰撞、损坏和爆炸。禁止用电磁吊、叉车运输氧气瓶。

（5）要防止氧气瓶直接受热，夏季运输和室外使用时，应加以覆盖，避免阳光曝晒。储存和气瓶使用时，不得超过40℃。距离作业地点、明火源、熔融金属飞溅物和易燃易爆物质等一般规定应相距10m以上。

（6）使用时，首先检查瓶阀、接管螺纹和减压器等是否有缺陷。如发现漏气、滑扣、表针动作不灵或爬高等，应及时报请维修，切忌随便处理。

（7）禁止带压拧紧瓶阀的阀杆、调整垫圈等。检查是否漏气时应用肥皂水，不得使用明火。禁止使用没有减压器的氧气瓶。

（8）安装减压器之前要稍打开氧气瓶阀，吹出瓶嘴污物，以防灰尘和水分带入减压器，气瓶嘴阀开启时应将减压器调节螺栓放松。安装减压器时，必须防止管接头螺纹滑扣，以免旋装不牢而射出伤人。

（9）开启氧气阀门时，要用专用工具，不得用手掌满握手柄开启瓶阀，开启速度要缓慢，人体和面部应避开出气口及减压器的表盘，应观察压力表指针是否灵活正常。

（10）使用中的氧气瓶应距离乙炔瓶大于5m，并尽可能垂直立放，或放置到专用的瓶架上，以免碰倒发生事故。环境有局限时氧气瓶也可以卧放使用。

（11）氧气瓶中的氧气不允许全部用完，必须留有0.1～0.2MPa剩余表压，并将阀门拧紧，防止空气进入，并写上“空瓶”标记。

（12）与电焊作业在同一工作地段，如果地面是铁板，在氧气瓶的下面应垫绝缘物，以防气瓶带电。

（13）气瓶不得沾有油脂。焊工不得用沾有油脂的工具、手套或油污工作服去接触氧气瓶阀、减压器等。

（14）当气瓶冻住时，不得在阀门保护帽下面用撬杠撬动气瓶，同时禁止用明火烤，必要时可用40℃以下的温水解冻。

（15）禁止用氧气代替压缩空气吹净工作服、乙炔管道；禁止将氧气用作试压和气动工具的气源。禁止用氧气对局部焊接部位通风换气。

30. 液化石油气瓶的使用有哪些安全注意事项?

答: 液化石油气瓶的使用安全注意事项有：

（1）液化石油气瓶的制造应符合《液化石油气钢瓶》的规定。瓶阀必须密封严实，瓶座、护罩齐全。使用过程中应定期做水压试验。

（2）液化石油气不得充灌过满，必须按规定留出20%的汽化空间。

（3）冬季使用液化石油气瓶时，可用低于40℃的温水加热，但严禁用火烤或沸水加热，不得靠近加热炉或暖气片等热源，也不得为增加汽化面积而将气瓶横躺卧放。

（4）液化石油气瓶距离明火和飞溅火花必须在10m以上。气瓶应与暖气管道设备保持1.5m以上距离。夏天使用时，瓶体应避免日光直晒。

（5）液化石油气瓶连接软管应采用耐油胶管，胶管的爆破压力不应小于最大工作压力的4倍，胶管的长度要尽量短。

（6）液化石油气瓶应加装减压器，禁止用胶管直接同气瓶阀连接。

（7）液化石油气瓶内的气体不得用尽，必须留有剩余压力或重量，应留有不少于0.5%～1.0%规定充装量的剩余气体；液化石油气瓶内剩余残液应退回充气站处理，不得自行倒出液化石油气残液以防造成火灾。

（8）点火时应先点燃引火物而后开启焊、割炬的石油气调节手轮，不能颠倒次序。

（9）液化石油气比空气重，易于向低处流动聚集。使用液化石油气瓶的车间和气瓶室内必须设有通风换气孔，使室内下部不滞留液化气。室内地面要平整，下水道、电缆沟、暖气沟进出口均应封闭，防止液化石油气进入，发生火灾爆炸事故。

（10）液化石油气使用场地及贮气室必须有充足的灭火设备。

（11）液化石油气瓶着火时，应立即关闭瓶阀。如无法靠近可用大量冷水喷射，使瓶体降温，然后关闭瓶阀，切断气源灭火，同时防止着火的瓶体倾倒。

（12）在使用和贮存过程中，如发现漏气而又无法制止时，应立即把瓶体移至室外安全地带，让其逸出，直到瓶内气体排尽为止。有缺陷的气瓶和瓶阀应标明，并送专门的修理部门，经修理和试验合格后，才能重新使用。

（13）要经常注意检查气瓶阀门及连接管接头等处的密封情况。气瓶用完后要关闭全部阀门，严防漏气。

31. 使用减压器有哪些安全注意事项？

答：氧气和乙炔气瓶专用的减压器俗称氧气表和乙炔表，这种减压器是将气瓶内的高压气体调节至实用压力的装置，是保证安全切割和焊接的重要部件，其使用中应注意以下几点：

（1）减压器应选用符合国家标准规定的产品。如果减压器存在表针指示失灵、阀门泄漏、表体含有油污未处理等缺陷，禁止使用。

（2）氧气瓶、溶解乙炔瓶、液化石油气瓶等都应使用各自专用的减压器，不得自行换用。

（3）安装减压器前，应稍许打开气瓶阀吹除瓶口上的污物。瓶阀应慢慢打开，不得用力过猛，以防止高压气体冲击损坏减压器。焊工应站立在阀口的另一侧。

（4）减压器应牢固地安装在气瓶上。采用螺纹连接时要拧紧5个螺距以上；采用专用夹具压紧时，装夹具应平整牢靠，防止减压器使用中脱落造成事故。

（5）打开气瓶瓶阀前，应检查调压螺钉是否已经松开。开启瓶阀时，操作者应避开瓶嘴正面，缓慢地用手轮或扳手开启瓶阀。检查减压器连接部位是否漏气，压力表显示是否正常。如发现螺扣连接漏气，应先关闭瓶阀，再检查螺扣连接，排除漏气。禁止在气瓶瓶阀打开时，带压拧紧螺扣。

（6）当发现减压器发生自流现象和减压器漏气时，应迅速关闭气瓶阀，卸下减压器，送专业修理点检修，不准自行修理后使用。修好的减压器应有检修合格证明。

（7）同时使用两种气体进行焊接时，不同气瓶减压器的出口端应各自装有单向阀，防止相互倒灌。

（8）禁止用棉、麻绳或一般橡胶等易燃材料作为氧气减压器的密封垫圈。

（9）必须保证用于液化石油气、溶解乙炔的减压器位于瓶体的最高部，防止瓶内液体流入减压器。

（10）冬季使用减压器应采取防冻措施。如果发生冻结，应用40℃以下的温水或水蒸气解冻。严禁火烤、锤击和摔打。

（11）减压器卸压的顺序是：首先关闭高压气瓶的瓶阀，然后放出减压器内的全部余气，最后放松压力调节螺钉使表针降至零位。

（12）工作结束应及时将减压器从气瓶上拆除，并妥善保管，避免撞击和振动，并且不要存放在有腐蚀性介质的场合。

32. 焊炬和割炬的使用有哪些安全注意事项？

答：目前国内广泛应用射吸式焊炬，如果使用不当，同样会造成火灾和爆炸事故。除符合《射吸式焊炬》（JB/T 6969—1993）的要求外，还必须了解和掌握焊（割）炬的安全使用要点：

（1）焊炬、割炬的内腔要光滑，气路通畅，阀门严密，调节灵敏，连接部位紧密而不泄漏。

（2）在使用焊（割）炬前应检查射吸能力。检查的方法是：将氧气胶管接到焊（割）

炬的氧气接头上；开启氧气，调节至工作压力；拔掉乙炔管，将手指放在乙炔管接头处，检查乙炔进口是否有向内的吸力。如果乙炔口有足够的吸力并随着氧气流量的增大而增强，说明焊（割）炬有射吸能力，是合格的；如果开启氧气阀后，乙炔气入口处无内吸力或有氧气流出，说明焊（割）炬没有射吸能力，是不合格的。严禁使用没有射吸能力的焊（割）炬。

（3）检查合格后才能点火。点火时应先把氧气阀稍微打开，然后打开乙炔阀。点火后立即调整火焰，使火焰达到正常情况。或者可在点火时先开乙炔阀点火，使乙炔燃烧并冒烟，此时立即开氧气阀调节火焰。这种方法的缺点是有烟灰；优点是当焊炬不正常，点火并开始送气后，发生有回火现象便于立即关闭氧气阀，防止回火爆炸。

（4）停止使用时，应先关乙炔阀，然后关氧气阀，以防止火焰倒流和产生烟灰。当发生回火时，应先迅速关闭切割氧气阀，再关乙炔阀，最后关闭预热氧气阀。等回火熄灭后，应将焊嘴放在水中冷却，然后打开氧气阀，吹除焊炬内的烟灰，再点火使用。

（5）禁止在使用中把焊炬、割炬的嘴在平面上摩擦来清除嘴上的堵塞物。不准把点燃的焊炬、割炬放在工件或地面上。

（6）焊炬、割炬上均不允许沾染油脂，以防遇氧气产生燃烧和爆炸。

（7）焊嘴和割嘴温度过高时，应暂停使用或放入水中冷却。

（8）进行切割时，飞溅出来的金属微粒与熔渣微粒容易堵塞割嘴的喷孔，因此，应该经常用通针通，以免发生回火。

（9）输气软管与焊炬、割炬的接头，应连接牢固且不漏气。避免在焊接与气割作业过程中，乙炔气管接头漏气或脱开，乙炔气着火伤人或引起火灾。

（10）焊炬、割炬暂不使用时，不可将其放在坑道、地沟或空气不流通的工件以及容器内。防止因气阀不严密而漏出乙炔，使空间内存积易爆炸混合气，遇明火发生爆炸。

（11）使用完毕后，应将焊炬连同胶管一起挂在适当的地方，或将胶管拆下，将焊炬放在工具箱内。

33. 氧气、乙炔胶管的使用有哪些安全要求？

答：根据国家标准规定，氧气胶管为蓝色或黑色，由内外胶层和中间纤维层组成，胶管内径8mm，外径18mm，工作压力为2.0MPa，爆破压力6.0MPa；乙炔胶管为暗红色，胶管内径10mm，外径16mm，工作压力为1.0MPa，爆破压力3.0MPa。具体安全使用要求如下：

（1）胶管应具有足够的耐油、抗压和阻燃特性。

（2）新胶管在使用时，必须先把胶管内壁的滑石粉吹除干净，防止焊割炬的通道被堵塞。在使用中应避免受外界挤压和机械损伤，不得将管身折叠。

（3）氧气与乙炔胶管不准混用，不准用氧气吹除乙炔胶管里的堵塞物。同时应随时检查和消除焊割炬的漏气、堵塞等缺陷，防止在胶管内形成氧气与乙炔的混合气体。

（4）胶管应避免曝晒、雨淋和其他有机溶剂（酸、碱、油）接触，存放温度为-15~40℃，距离热源应不小于10m。

（5）工作前应检查胶管有无磨损、扎伤、刺孔、老化裂纹等，发现有上述情况应及时修理或更换。禁止使用回火烧损的胶管。

（6）胶管长度一般以 15～20m 为宜，过长会增加气体流动的阻力。氧气胶管两端接头用夹子夹紧或用软钢丝扎紧。乙炔胶管只要能插上不漏气便可，不要连接过紧。

（7）乙炔胶管使用中发生脱落、破裂、着火时，应先将焊炬或割炬的火焰熄灭，然后停止供气。氧气胶管着火时，应迅速关闭氧气瓶阀门，停止供氧。不准用弯折的办法来消除氧气胶管着火，乙炔胶管着火可用弯折前面一段胶管的办法来将火熄灭。

（8）禁止把橡胶管放在高温管道或电线上，禁止把沉重或高温物体压在橡胶管上，也不准将胶管与焊接用的导线敷设在一起。使用时应防止割破。若胶管经过车行道时，应加护套或盖板。

34. 气瓶发生爆炸的主要原因有哪些？

答：发生气瓶爆炸的主要原因是：

（1）气瓶的材质、结构或制造工艺不符合安全要求。例如：所使用的金属材料不合格，冲击值低，瓶体严重腐蚀，瓶壁薄厚不匀，有夹层等。

（2）由于保管和使用不善，受日光曝晒、火烤、热辐射等作用，使气瓶温度过高，压力剧增，直到超过瓶体材料强度极限，发生爆炸。

（3）在装卸气瓶时，气瓶从高处坠落、倾倒或滚动等，发生了剧烈的碰撞冲击。

（4）在开放气瓶内的气体时，由于放气速度太快，气体迅速流经阀门产生静电火花。

（5）氧气瓶瓶阀、阀门杆或减压器等上沾油脂，在输送氧气时急剧氧化，发生爆炸。

（6）气瓶阀没有瓶帽保护，受振动或使用方法不当等，造成密封不严，甚至瓶阀损坏，使气瓶发生漏气。

（7）乙炔瓶内填充的多孔物质下沉，产生净空间，使乙炔瓶处于高压状态。

（8）乙炔瓶处于卧放状态，或大量使用乙炔时，出现气瓶内的丙酮随乙炔一同流出。

（9）气瓶充灌过满，受热时瓶内压力过高。

（10）气瓶没有定期做技术检验。

35. 防止气瓶剧烈振动或碰撞冲击的措施有哪些？

答：防止气瓶剧烈振动或碰撞冲击的措施有：

（1）除集装运输外，气瓶均应戴好瓶帽和配置符合要求的防振圈。装卸气瓶时，必须做到轻装轻卸，避免气瓶相互碰撞及与其他坚硬物体碰撞，严禁抛滑和撞击。

（2）气瓶运输工具应能保证气瓶在运输过程中不窜动和不坠落。禁止用吊车、叉车等运输气瓶。

（3）使用汽车装运气瓶，应妥善加以固定。一般应横向放置，头部朝向与汽车运行的方向相反。装车高度除不得超过车厢高度外，同时一般不得超过 5 层。

（4）近距离搬运气瓶时，允许采用徒手倾斜滚动的方法运输，但距离较远或路面不好时，应使用小车搬运，并用绳索等妥善固定。

（5）禁止用肩扛、拖拉和手脚并用同时滚动两只气瓶，以及其他容易造成气瓶跌倒、碰撞的办法搬运气瓶。

（6）采用集装箱运输的气瓶，装卸时不准碰撞气瓶及其连接管道和压力表。有损伤的应及时修理或更换。装车后应使用专用工具加以固定。

36. 防止气瓶受热或着火的措施有哪些?

答: 防止气瓶受热或着火的措施有:

(1) 气瓶运输时不能长时间在烈日下曝晒，夏季气温达到35℃时，运输的气瓶要有遮阳设施。车上禁止烟火。运输可燃、有毒气体气瓶时，车上应备有与气瓶内气体相适应的灭火器材和防毒面具。

(2) 不准使用被油脂污染的车辆运输氧气和强氧化剂气瓶。

(3) 可燃物、易燃品、油脂和带有油污的物品，不得与氧气瓶或强氧化剂气瓶同车运输。

(4) 所装介质相互接触后能引起爆炸的气瓶不得同车运输。

(5) 运输氢气等可燃气体的车辆，排气口应有阻火器，保证发动机不产生明火。

(6) 储存、使用气瓶的环境必须保证良好的通风，环境温度不可超过40℃。

37. 气瓶充装前要做好哪些检查工作?

答: 气瓶充装前应由专人负责逐瓶进行检查。检查内容主要包括以下几方面:

(1) 气瓶来历必须可靠，必须符合下列要求:

1) 气瓶必须是具有“气瓶制造许可证”的单位生产的产品。

2) 气瓶必须是合格品。气瓶的原始标志必须符合标准和规程的要求，钢印字迹清晰可辨。

(2) 气瓶的性能或状况必须与所装气体的要求相符，必须满足下列要求:

1) 气瓶的材质不能与所装气体有相容性。例如氯、溴化氢、氯甲烷等气体不能用铝合金制气瓶充装。

2) 气瓶的结构必须符合盛装气体压力的要求。

3) 气瓶外表的颜色和标记（包括字样、字色、色环）必须与所装气体的规定标记相符。

4) 气瓶内若有残余气体，残余气体必须与所充装气体相符（通过定性分析鉴别）。

(3) 气瓶不能存在表面缺陷或其他隐患，至少应检查下列几项内容:

1) 气瓶表面应无裂纹、无严重腐蚀、无明显变形及其他外部损伤缺陷。

2) 盛装氧气或强氧化性气体的气瓶，其瓶体、瓶阀等不能沾染油脂或其他可燃物，溶解乙炔气瓶的瓶阀出气口处不能有炭黑等异物。

3) 气瓶原始标志或检验标志上标示的公称压力必须与所充装的压力相符。

4) 气瓶内不能混入水、铁屑或其他杂物。

5) 气瓶必须仍处于规定的检验期限内。

(4) 气瓶的附件必须齐全可靠，必须符合安全要求，主要检查下列几项:

1) 气瓶的安全附件（包括瓶帽、防振圈、护罩、易熔塞等）必须符合规定，没有残缺不全或其他缺陷。

2) 气瓶瓶阀的出口螺纹必须与所装气体的规定螺纹相符，即可燃性气体用的瓶阀，出口螺纹应是左旋的；非可燃性气体用的瓶阀，出口螺纹应是右旋的。

3) 瓶阀的材质必须与所装气体相容。例如，氧气瓶阀应用铜阀而不用钢阀，液氨瓶阀应用钢阀而不用铜阀，溶解乙炔瓶阀应用含铜量低于70%的铜合金阀。

38. 检查出的不符合充装要求的气瓶应如何处理？

答：检查中发现的不符合充装要求的气瓶可作如下处理：

（1）颜色或其他标记以及瓶阀出口螺纹与所装气体的规定不相符的气瓶，除不予充气外，还应查明原因，报上级主管部门或当地质量技术监督部门进行处理。

（2）对无剩余压力的气瓶，充装前应将瓶阀卸下，进行内部检查，经确认瓶内无异物，并按规定置换、检验合格后方可充气。

（3）新投入使用或经内部检查后首次充气的气瓶，除压缩空气气瓶外，充气前都应按规定置换、检验。

（4）检验期限已过的气瓶应先进行检验。对外观检查发现有重大缺陷或对内部状况有怀疑的气瓶，应先送检验单位按规定进行技术检验与评定。

（5）气瓶的安全附件不齐全、损坏或不符合规定时，应予配齐或修理、更换。

（6）发现氧气瓶或强氧化性气体瓶的瓶阀及其附件沾染油脂时，严禁充气，并送交气瓶检验单位按规定进行处理。在发现瓶肩以下瓶体沾有油脂时，在确认瓶阀及其附近无油脂的情况下，可以用清洁的棉布稍蘸酒精、丙酮将其擦洗干净。

（7）发现氧气瓶内有积水时，充气前应将气瓶倒置，开启瓶阀完全排除积水后方可充气。

（8）经检查不合格（包括待处理）的气瓶，应分别存放，并作出明显标记，防止与合格气瓶混淆。

39. 充装永久气体过程中注意事项有哪些？

答：充装永久气体（包括氧气、氮气和氩气）过程中，要注意以下事项：

（1）充装系统用的压力表，应按有关规定进行定期校验，且压力表的精度应不低于1.5级，表盘直径应不小于150mm。

（2）充装气瓶气体中的杂质含量应符合相应气体标准的要求，出现下列情况的气体，禁止装瓶：

1）在氧气中的乙炔、乙烯及氢的总含量达到或超过2%（按体积计）或易燃性气体的总含量达到或超过4%者；

2）氢气中的氧含量达到或超过0.5%者；

3）其他易燃性气体中的氧含量达到或超过4%者。

（3）充气前必须认真检查气瓶，并确认气瓶是经过检查合格或妥善处理的。

（4）用卡子代替螺纹连接进行充装时，必须仔细检查确认瓶阀出气口的螺纹与所装气体规定的螺纹形式相符。

（5）开启瓶阀时应缓慢操作，并注意监听瓶内有无异常声响。

（6）充装易燃气体的操作过程中，禁止用扳手等金属器具敲击瓶阀或管道。

（7）充气过程中，在瓶内气体压力达到充装压力的1/3以前，应逐只检查气瓶的瓶体温度是否大体一致，瓶阀的密封是否良好。发现异常时应及时妥善处理。

（8）向气瓶内充气，速度不得大于$8m^3/h$(标准状态气体)且充装时间不应少于30min。

(9) 用充气排管按瓶组充气瓶时，在瓶组压力达到充装压力的10%以后，禁止再插入空瓶进行充装。

(10) 气瓶的充装量应严格控制，确保气瓶在最高使用温度（国内使用的，定为60℃）下，瓶内气体的压力不超过气瓶的许用压力。根据GB5099的规定，国产气瓶的许用压力为水压试验压力的0.8倍。

(11) 凡充装氧气或强氧化性介质的人员，其手套、服装、工具等均不得沾有油脂，也不得使油脂沾染到阀门、管道、垫片等一切与氧气接触的装置物件上。

(12) 应由专人负责填写气瓶充装记录。持证操作人员和充气班长均应在记录上签字或盖章。充气单位应负责妥善保管气瓶充装记录，保存时间不应少于半年。

(13) 气瓶充装后必须在每只气瓶上粘贴符合"气瓶警示标签"的警示标签和充装标签，以方便识别每只气瓶及瓶内气体，同时提供如易燃、有毒、腐蚀性等危险警示。

40. 充装液化气体过程中的注意事项有哪些?

答: 充装液化气体时，需注意以下事项:

(1) 充装计量用的称重衡器应保持准确，其最大称量值不得大于气瓶实重（包括自重与装液重量）的3倍，不小于1.5倍。称重衡器按有关规定定期进行校验，并且至少在每天使用前对衡器标定一次。称重衡器必须设有超装报警和自动切断气源的装置。

(2) 液化气体的充装量必须严格控制和精确计量，严禁过量充装。充装量包括瓶内原有余气（余液），不得把余气（余液）的重量忽略不计。充装时，严禁用储罐减量法（即根据气瓶充装前后储罐存液量之差）来确定充装量。应实行充装量逐瓶复检制度，发现充装过量的气瓶，必须及时将超装部分抽出。

(3) 严禁从液化石油储罐或罐车直接向气瓶灌装，不允许瓶对瓶直接倒气。

(4) 充装前必须检查确认气瓶是经过检查合格或妥善处理的气瓶。气瓶的重量标志、标注不清或已经腐蚀磨损而难以确认的不准充装。

(5) 易燃液化气体中氧含量达到或超过下列规定值时，禁止装瓶:

1) 乙烯中的氧含量≥2%（按体积计，下同）;

2) 其他易燃气体中的氧含量≥4%。

(6) 用卡子连接代替螺纹连接进行充装时，必须认真检查确认瓶阀出口螺纹与所装气体所规定的螺纹形式（旋向）是否相符。

(7) 充装易燃气体的操作过程中，禁止用扳手等金属器具敲击瓶阀或管道。

(8) 在充装过程中，应加强对充装系统和气瓶密封性的检查。根据所装气体的特性，采用相应的检漏方法检查充装系统及气瓶（包括瓶体焊缝、瓶阀、阀杆、阀根等部位）有无泄漏或渗漏，发现泄漏或渗漏时，应停止充装，进行妥善处理。

(9) 操作人员应相对稳定，由企业考核后持证上岗，并定期进行安全教育。

(10) 充装单位由专人负责填写气瓶充装记录。记录内容至少应包括充装日期、气瓶编号、气瓶容积、室温、气瓶标记重量、实际充装量、有无发现异常情况、检查者、充装者和复称者姓名或代号等。充装记录应妥善保存、备查，保存时间不少于1年。

41. 气瓶运输的原则有哪些？

答：气瓶运输的原则有：

（1）运输工具、车辆上应挂有明显的安全警示标志，如运输可燃、易爆和有毒气体气瓶的车辆尾部左下方应挂上“危险品”标志等。

（2）气瓶运输装卸时，必须配备好瓶帽或防护罩，并配置好符合要求的防振圈。装卸气瓶时，必须轻装轻卸避免气瓶相互碰撞或与其他坚硬物体碰撞，严禁用抛、滑、滚、摔等方式装卸气瓶。

（3）气瓶搬运中如需吊装时，严禁使用电磁起重机。用机械起重机吊运气瓶时，必须将气瓶装入集装箱或坚固的吊笼内，并固定垫稳，方可吊运。严禁使用链绳、钢丝绳捆绑或钩吊瓶帽等方式吊运气瓶，以免吊运过程中出现气瓶滑脱、坠落而造成事故。

（4）两种或两种以上不同气体介质的气瓶，若有可能出现气体介质相互接触能引起燃爆或产生毒物，严禁同车（厢、船）运输；易燃、易爆、腐蚀性物品或与瓶内的气体起化学反应的物品，不得与气瓶一起运输。

（5）气瓶在运输车辆上的放置必须平稳，并固定牢靠。气瓶在车厢上水平放置（横卧放）时，气瓶的瓶阀端应全部朝向同一方，垛高不得超过车厢高度，且不能超过5层；气瓶在车厢上垂直放置（立放）时，车厢高度应在瓶高的2/3以上。

（6）若气瓶的运送地点在城市的繁华地区，应避免白天运输。在夏季运输气瓶时，运输车辆应有遮阳设施，避免气瓶在运输途中受到太阳曝晒。

（7）可燃气体气瓶的运输、装卸场所严禁烟火。运输可燃或有毒气体气瓶时，运输车辆上应配备与气瓶内的气体介质相适应的灭火器材和防毒面具等安全防护用品。

（8）运输气瓶的车、船不得在繁华市区，人员密集的学校、剧场、大商店等附近停靠。停靠时，驾驶与押运人员不得同时离开。

（9）装有液化气体的气瓶，严禁运输距离超过50km。

（10）充气气瓶的运输应严格遵守危险品运输条例的规定。

（11）运输企业应制定事故应急处理措施，驾驶员和押运员应会正确处理。

42. 气瓶库房的安全防护措施有哪些？

答：在冶金生产中广泛使用如氧气、氢气、氮气、氩气、氦气等各种气体，有些气体易燃易爆很危险。因此，应重视对气瓶库房的安全防护，避免引起爆炸伤害事故。气瓶库房的安全防护措施有：

（1）气瓶应置于专用仓库储存，气瓶仓库应符合《建筑设计防火规范》的有关规定。气瓶的库房不应建于建筑物的地下或半地下室内，库房与明火或其他建筑物应有适当的安全距离。

（2）气瓶库房的安全出口不得少于2个，库房的门窗必须做成向外开启，门窗玻璃应采用磨砂玻璃，或采用普通玻璃刷白漆，以防气瓶被阳光直晒。储存环境温度不得超过40℃。

（3）库房应有运输和消防通道，设置消防栓和消防水池，在固定地点备有专用灭火器、灭火工具和防毒面具。储存可燃性气体的库房，应装设灵敏的泄漏气体监测警报装置。

（4）储存可燃气体气瓶的库房内，不得存放易燃易爆危险品，其照明、换气装置等电气设备，必须采用防爆型的，电源开关和熔断器都应设在库外。

（5）库房应设置自然通风或人工通风装置，以保证空气中的可燃气体或毒性气体的浓度不能达到危险的界限。

（6）库房内不得有暖气、水、煤气等管道通过，也不准有地下管道或暗沟通过。严禁使用煤炉、电热器或其他明火取暖设备。库房周围应有排放积水的设施。

（7）气瓶储存时必须与可燃物、易燃液体隔离，并且远离引燃的材料（诸如木材、纸张、油脂）至少6m以上，或用至少1.6m高的不可燃隔板隔离。

（8）气瓶库房应设置防倒装置，每个气瓶都应安设防倒环。

（9）盛装有毒气体的气瓶或所装气体相互接触能引起燃烧、爆炸的气瓶必须分室储存，并设有防毒用具和灭火器材。

43. 乙炔瓶库房的安全要求有哪些？

答：用于存贮乙炔瓶的库房，应严格遵守以下安全要求：

（1）乙炔瓶库房与其他建筑物的防火间距应满足下面规定：

1）乙炔瓶存贮量小于1500个，民用建筑和变配电站与乙炔库房的间距不应小于25m；其他建筑依据其耐火等级一级、二级、三级及四级，间距分别不小于12m、15m、20m。

2）乙炔瓶存贮量大于1500个，民用建筑和变配电站与乙炔库房的间距不应小于30m；其他建筑依据其耐火等级一级、二级、三级及四级，间距分别不小于15m、20m和25m。

（2）乙炔瓶库房的气瓶总贮量不应超过3000个，并应以防火墙分隔开，每个隔离间内的气瓶贮量不得超过1000个。

（3）乙炔瓶库内严禁采用明火采暖。集中采暖时，其热管道和散热器表面温度不得超过130℃，库房内的采暖温度应不大于10℃。

当气瓶与散热器之间的距离小于1.0m时，应采取隔热措施，设置遮热板以防止气瓶局部受热，遮热板与气瓶之间、遮热板与散热器之间的距离均不得小于100mm。

（4）乙炔瓶库可与氧气瓶库布置在同一座建筑物内，但必须用无门窗的防火墙隔开，且分别设立通风装置。

44. 国家对气瓶的定期检验有何规定？

答：气瓶在使用过程中必须根据国家有关标准要求进行定期技术检验。

（1）定期检验的周期为：

1）盛装腐蚀性气体的气瓶，每2年检验1次。

2）盛装一般气体的气瓶，每3年检验1次。

3）液化石油气钢瓶，使用未超过20年的，每5年检验1次；超过20年的，每2年检验1次。

4）盛装惰性气体的气瓶，每5年检验1次；盛装溶解乙炔气瓶每3年检验1次。气瓶在使用过程中如发现有严重腐蚀、损伤或有怀疑时，可提前进行检验。

（2）定期检验项目包括：

1）无缝气瓶定期检验的项目包括外观检查、内部检查、瓶口螺纹检查、声响检查（仅适用于钢质气瓶）、质量与容积测定、水压试验、瓶阀检验。

2）焊接气瓶定期检验的项目包括内外表面检验、焊缝检验、瓶重测定、水压试验、主要附件检验。

3）液化石油气钢瓶定期检验的项目包括外观检查、壁厚检验或瓶重测定、阀座检验、水压试验或残余变形率测定、瓶阀检验。

4）溶解乙炔气瓶定期检验的项目包括瓶体与焊缝的外观检查、瓶阀、阀座与塞座检验、瓶体厚度测定、填料检验、气瓶气压试验。

45. 什么叫回火？产生原因及处理方法有哪些？

答：回火是在气焊、气割作业中，氧气与乙炔气体在焊、割炬的混合气室燃烧，并向输送乙炔气的胶管扩散倒燃的现象。轻则在焊炬发生啪啪的爆炸声，重则会烧化焊割炬或导致爆炸。

（1）使用焊炬时应当注意尽可能防止产生回火。引起回火的主要原因有：

1）由于熔融金属的飞溅物、碳质微粒及乙炔的杂质等堵塞焊嘴或气体通道。

2）焊嘴过热，混合气体受热膨胀，压力增高，流动阻力增大；焊嘴温度超过400℃时，部分混合气体即在焊嘴内自燃。

3）焊嘴过分接近熔融金属，焊嘴喷孔附近的压力增大，混合气体流动不通畅。

4）胶管受压、阻塞或打折等，致使气体压力降低。

5）当氧气瓶内的氧气快要用完时压力降低，无法将乙炔带出来，火焰也会烧进去。

上述五种原因造成混合气体的流动速度低于燃烧速度而发生回火。

（2）处理办法。如果操作中发生回火，应首先急速关闭切割氧气调节阀，再关闭乙炔调节阀，最后关闭预热氧调节阀。待回火熄灭后，将焊嘴放入水中冷却，然后打开氧气吹除焊炬内的烟灰，再重新点火。此外，在紧急情况下可将焊炬上的乙炔胶管打折或拔下来。所以，一般要求氧气胶管必须与焊炬连接牢固，而乙炔胶管与焊炬接头连接以不漏气并容易接上或拔下为准。

46. 气焊割炬常见故障的处理措施有哪些？

答：气焊割工在作业中使用割炬经常出现一些故障，应注意处理好以下几方面问题：

（1）选择合适的割嘴。在作业前，应根据切割工件的厚度来选择合适的割嘴。装配割嘴时，必须使内嘴和外嘴保持同心，以保证切割氧射流位于预热火焰的中心。在安装割嘴时应注意将紧固割嘴的螺母拧紧。

（2）检查射吸情况。使用射吸式割炬要进行射吸检查，情况正常后方可把乙炔胶管接上，以不漏气并容易插上、拔下为准。在使用等压式割炬时，应保证乙炔有一定的工作压力。

（3）火焰熄灭的处理。点火后，当拧预热氧调节阀调整火焰时，若火焰立即熄灭，其原因是气体通道内存有脏物或射吸管喇叭口接触不严，以及割嘴外套与内嘴配合不当。此时，应将射吸管螺母拧紧；若无效时，应拆下射吸管，清除气体通道内的脏物及调整割嘴外套与内套之间的间隙，并将其拧紧。

（4）割嘴芯漏气的处理。将预热火焰调整正常后，割嘴头便发出有节奏的“叭、叭”声，但火焰并不熄灭，若将切割氧放大时，火焰就会立即熄灭，其原因是割嘴芯处漏气。此时，应拆下割嘴外套，轻轻地拧紧嘴芯；如果这样做仍然无效，可拆下割嘴外套，并用石棉线垫上。

（5）割嘴头和割炬配合不严的处理。点火后，被点燃的火焰虽然正常，但在打开切割氧调节阀时，火焰就立即熄灭，其原因是割嘴头和割炬配合面不严。此时，应将割嘴拧紧，若此办法无效应将割嘴拆下，用细砂纸轻轻地研磨割嘴头配合面，直到配合严密。

（6）回火的处理。当发生回火时，应立即关闭切割氧调节阀，然后关闭乙炔调节阀及预热氧调节阀。在正常工作停止时，应先关切割氧调节阀，再关乙炔调节阀和预热氧调节阀。

47. 胶管爆炸着火事故的原因有哪些？

答： 胶管的作用是向焊割炬输送氧气和乙炔气。它由优质橡胶内、外胶层和中间棉织纤维层组成，整个胶管需经过特殊的化学加工处理，以增强其阻燃性。胶管是气割和气焊中的重要工具。胶管发生爆炸着火的原因如下：

（1）由于回火而引起着火爆炸。

（2）胶管里形成乙炔与氧气或乙炔与空气的混合气。

（3）由于磨损、挤压、腐蚀或保管、维护不善，使胶管老化变质，强度降低或漏气。

（4）胶管的制造质量不符合安全要求。

（5）氧气胶管上有油脂或高速气流产生的静电火花等。

48. 处理乙炔、氧气胶管爆炸的安全措施有哪些？

答： 从事焊接作业当乙炔胶管突然发生爆炸燃烧时，应立即关闭乙炔瓶阀门，切断乙炔的供给。

乙炔瓶的减压器爆炸燃烧时，同时应立即关闭乙炔瓶阀门。

氧气胶管燃烧爆炸时，应立即关紧氧气瓶阀门，同时把氧气胶管从氧气减压表上取下。这是因为：

（1）在焊炬氧气压力低于乙炔压力的同时，又发生焊、割炬嘴堵塞且乙炔、氧气阀门未关闭，使乙炔倒入氧气胶管内，点火前尚未放净氧气胶管内的乙炔与氧气混合气体。

（2）乙炔胶管作为氧气胶管使用。在点火之前没有放净胶管内的乙炔与氧气混合气体。

49. 在密闭容器内进行气焊、气割作业有哪些要求？

答： 在密闭性的容器中进行气焊、气割作业，除了应严格遵守焊、割作业一般的安全操作要求外，还要特别注意以下几点：

（1）注意容器要有良好的通风，一方面使在焊、割作业过程中所产生的废气能顺利地排出容器，另一方面可使作业人员能呼吸到新鲜的空气。

（2）为避免作业人员出现呼吸困难、头晕等症状，工作 1 ~ 2h 就应换人，出容器休息。

（3）在容器内作业所使用的照明必须是12V以下的安全电压。

（4）严禁将漏气的焊炬带入容器内，以免混合气体遇到明火后引发爆炸。

50. 为什么气瓶内要存留些剩余气体？

答：气瓶储存的气体种类很多，但不管是什么样的气瓶，储存何种气体，使用完毕都必须留有一定压力的剩余气体，避免其他气体进入。例如，氧气瓶应留有0.1～0.2MPa表压，乙炔瓶内应留有0.05MPa以上表压。如果已经用到这样的压力，应立即将瓶阀关紧，不让余气漏掉。

如果气瓶不留余气，可能侵入性能相抵触的气体。例如，用氢氧焰切割钢板时，如果氢气瓶或氧气瓶不留余压，则往往会发生氢气灌入氧气瓶，或氧气灌入氢气瓶的情况，从而导致爆炸事故。在氢氧焰熄火形成的倒灌，即使当时未爆炸，混有氢气的氧气瓶或混有氧气的氢气瓶再次充气后，下一次使用时仍有发生爆炸的危险。同理，在用乙炔焰焊割时，如果氧气瓶全部放空，不留余压，乙炔气就会倒灌进氧气瓶内，在下次动火使用时也会出现氧气瓶爆炸事故。

气瓶充气前，充气单位对每一只气瓶都要做余气检查，不留余气的气瓶不能充气。

51. 气焊与气割安全操作规程有哪些？

答：气焊与气割安全操作规程有：

（1）气焊工、气割工必须经培训合格，持有特种作业操作证上岗。上岗前必须按规定穿戴好劳护用品，在切割、焊接时，必须戴好防护眼镜。

（2）在作业中应严格按各种设备及工具的安全使用规程操作设备和使用工具。

（3）所有气路、容器和接头的检漏应使用肥皂水，严禁明火检漏。

（4）乙炔瓶严禁卧放，应放在水平地面直立使用。瓶内气体不得用尽，乙炔应留有0.05MPa以上表压。氧气必须留有0.1～0.2MPa表压。氧气瓶和乙炔瓶距明火必须保持10m以上，两瓶距离不得小于5m。

（5）气焊、气割作业人员应备有开启各种气瓶的专用扳手。

（6）禁止使用各种气瓶做登高支架或支撑重物的衬垫。

（7）作业前应检查工作场地周围的环境，如果有易燃、易爆物品，应将其移至10m以外。要注意熔渣喷射方向上是否有他人在工作，要安排他人避开后再进行切割。

（8）焊接切割盛装过易燃易爆物或强氧化物的器具和煤气管道前，必须先进行检查、置换、冲洗等处理，动火前半个小时进行采样安全分析，合格后再进行工作。

（9）在狭窄和通风不良的地沟、坑道、检查井等半封闭场进行作业时，应在地面调节好焊割炬混合气，并点好火焰，再进焊接场所。焊炬、割炬应随人进出，严禁放在工作地点。

（10）在密闭容器、舱室中进行作业时，应先打开施工处的孔口，使内部空气流通。必要时要有专人监护。工作完毕或暂停时，焊割炬及胶管必须随人进出，严禁放在工作地点。

（11）禁止在带压力或带电的容器、设备上进行焊接和切割作业。在特殊情况下需从事上述工作时，应向上级主管安全部门申请，经批准并做好安全防护措施后，操作方可进行。

(12) 禁止将气体胶管与焊接电缆、钢绳绞在一起。焊接切割胶管应妥善固定，禁止缠绕在身上作业。

(13) 禁止焊接与切割悬挂在起重机上的工件。不得直接在水泥地面上切割金属，以防爆炸伤人和引起火灾。

(14) 在已停止运转的机器中进行焊接与切割作业时，必须彻底切断机器的电（包括主机、辅助机、运转机构）和气源，锁住启动开关，并设置明确安全标志，由专人看管。

(15) 切割工件应垫高 100mm 以上并支架稳固，对可能造成烫伤的火花飞溅进行有效防护。

(16) 气焊、气割所有设备上禁止搭架各种电线、电缆。

(17) 露天作业时遇有 6 级以上大风或下雨时应停止焊接或切割作业。

52. 为什么要避免氧气瓶、焊割炬与油脂接触?

答: 氧气瓶各部件不得沾有油脂。焊工不得用沾有油脂的工具、手套或油污工作服去接触氧气瓶阀、减压器等，否则容易发生爆炸和引起火灾。

虽然氧气本身不会燃烧，但是它是一种活泼的助燃气体。气焊与气割就是利用乙炔和氧气的燃烧作为热源，但是氧气的助燃作用也有不利的一面，即在压缩状态下（由氧气瓶里出来）与油脂接触时，能够强烈燃烧，常成为失火或爆炸的原因。因此，使用氧气时，尤其在压缩状态时必须特别地注意。不要使它与易燃的物质相接触，特别是氧气瓶的瓶嘴、氧气表、氧气胶管、焊炬、割炬等不可沾染油脂。

53. 气焊和气割作业有哪些危害和危险?

答: 气焊和气割常用可燃气体为乙炔或液化石油气，作业常见主要危害和危险如下:

(1) 火灾和爆炸。用来加热金属的主要能源乙炔、液化石油气等，都是属于可燃易爆的危险物品；主要设备氧气瓶、乙炔瓶和液化石油气瓶属于压力容器；在焊补盛装燃料容器与管道时，还会遇到许多其他可燃气体。由于气焊与气割操作中需要与危险物品和压力容器接触，同时又使用明火，如果焊接设备或安全装置有缺陷，或者违反安全操作规程，就容易构成火灾和爆炸的条件而发生事故。

(2) 有色金属引起中毒。有色金属如铅、铜、镁及其合金气焊时，在火焰高温作用下会产生金属烟尘，黄铜、铅的焊接过程中会放散铜铅或氧化物蒸气等有毒的金属蒸气。此外，焊粉和钎剂还会散发出氯盐和氟盐的燃烧产物。在检修焊补操作中，还会遇到来自容器和管道里的其他生产性毒物与有害气体，尤其是在锅炉、舱室、密闭容器与管道、地沟或门窗关闭等室内或作业空间狭小的地方，可能造成焊工的急性中毒。

54. 进行气焊、气割操作时，怎样预防燃烧和爆炸?

答: 由于气焊和气割都是高温的明火作业，使用的氧气和乙炔等可燃气体又都具有爆炸、燃烧性能，在操作中必须特别注意防火、防爆。

(1) 工作前要检查周围环境，防止飞溅的熔化金属落在可燃物上引起火灾，在未清除掉易燃危险品之前不能动火。在大风天气进行室外操作时，要注意增设挡风设备。

（2）操作位置要与可燃物保持10m以上的距离。

（3）在固定的工作场所，应备有防火器材。如遇乙炔气泄漏燃烧，应首先制止气体逸出，然后用二氧化碳、干粉或石棉毯灭火。

（4）可燃气体与空气混合达到爆炸临界点，一旦遇到明火就会引起爆炸，因此对各种装置、输气管道和器具都要进行漏气检查，所有现象都要查明原因，采取措施，加以消除。

（5）不能在有压力或密闭的容器及管道上进行气割。容器内残存的油脂、可燃气体在清除后，还要用蒸汽吹洗或用热碱水冲洗干净后才能动火。

（6）严禁把漏气的橡胶管和焊炬（或割炬）带到容器内。在容器或厂房内工作结束时，要把焊炬（或割炬）和橡胶管全部拿出来，不准留在容器内，以防漏气引起爆炸。

（7）不准将已点燃的焊炬（或割炬）随便卧放在工件或地面上。停止作业时，需立即关紧乙炔阀和氧气阀，防止漏气。

（8）在操作过程中产生的回火，很容易引起燃烧和爆炸。

（9）遇到必须在易燃、易爆危险区域或靠近易燃、易爆物品附近工作时，要事先办理动火证，采取相应措施，或者取得消防部门的同意和配合。

（10）工作完毕或下班时，应关掉氧气瓶阀和乙炔瓶阀，拆除减压阀和胶管、割炬。检查现场，确认无隐患后才能离开。

55. 气焊工和气割工应怎样预防烫伤和烧伤？

答：气焊工和气割工预防烫伤和烧伤的措施有：

（1）为了防止被飞溅的熔渣、铁液或火星烧伤、烫伤和强光灼伤，气焊工和气割工操作时个人护具应穿戴整齐，扣好纽扣，不要裸露皮肤。室外操作时，尽可能站在上风位置。

（2）点火要用点火器，不能随意取用点燃的纸张点火，要把喷嘴朝向前方。

（3）要避免身体接触气焊或气割后的高温部位，或接触割下的红热金属与焊丝头等，防止被烫伤。

（4）气割已腐蚀的物体时，事先要敲击掉铁锈、脏物，否则会爆溅烫伤皮肤。

（5）已经点燃的焊炬（或割炬）不能乱挥动，要注意周围工人的安全。

（6）进行仰割时，要在耳内塞上耳塞，防止火星溅入耳内。

（7）操作光电跟踪气割机时，要避免用手接触高温光源。

56. 点燃焊炬和割炬的操作要点是什么？

答：点燃焊炬和割炬的操作要点是：

（1）点火前，急速开启焊炬（或割炬）阀门，用氧吹风，以检查喷嘴的出口是否畅通，无风时不得使用，但不要对准脸部试风。

（2）进入容器内焊接时，点火和熄火都应在容器外进行。

（3）对于射吸式焊炬（或割炬），先逆时针开启预热氧气调节阀，再打开乙炔调节阀，并立即进行点火，然后增大预热氧的流量，一旦发生回火时，必须立即关闭乙炔和氧气，防止回火爆炸或点火时鸣现象。

（4）使用乙炔切割机时，应先放乙炔气，再放氧气引火。

（5）使用氢气切割机时，应先放氢气，后放氧气引火。

（6）熄灭火焰时，焊炬应先关乙炔阀，再关氧气阀；割炬应先关切割氧，再关乙炔和预热氧气阀门；当回火发生后，若胶管或回火防止器上出现喷火，应迅速关闭焊炬上的氧气阀和乙炔阀，再关闭瓶氧气阀和瓶乙炔阀，然后采取灭火措施。

（7）氧氢并用时，先放出乙炔气，再放出氢气，最后放氧气，再点燃。熄灭时，先关氧气，后关氢气，最后关乙炔气。

（8）操作焊炬和割炬时，不准将橡胶管背在背上操作。禁止使用焊炬（或割炬）的火焰来照明。

（9）使用过程中，如发现气体通路或阀门有漏气现象，应立即停止工作。消除漏气后才能继续使用。

（10）气源管路通过人行通道时，应加罩盖，注意与电气线路保持安全距离。

（11）气焊（割）场地必须通风良好，容器内焊（割）时应采用机械通风。

57. 工作结束后，焊炬、割炬应怎样妥善处理？

答：工作结束后，焊炬、割炬停止使用，应挂在适当的地方，或拆下胶管并将焊炬存放在工具箱内。应当指出，禁止为工作方便而不卸下胶管，将焊割炬、胶管和气源做永久性连接。焊接操作现场的情况表明，这种做法使得点火时经常发生回火，或在工具箱内发生爆炸。其原因是：焊、割炬阀门关闭不严或漏气，切不断气源，以至互相窜气，结果导致：

（1）混合气体外逸滞留在周围局部空间。

（2）压力较高的乙炔气进入氧气胶管。

（3）点火时未排放胶管内滞留的混合气等。

2.3 电弧焊基础知识

58. 焊条电弧焊的工作原理是什么？

答：焊条电弧焊是利用焊条和焊件之间的电弧热使金属和母材熔化形成焊缝的一种焊接方法，如图2-12所示。焊接过程中，在电弧高热作用下，焊条和被焊金属局部熔化。由于电弧的吹力作用，在被焊金属上形成了一个椭圆形充满液态金属的凹坑，这个凹坑称为熔池。同时熔化了的焊条金属向熔池过渡。焊条药皮熔化过程中产生一定量的保护气体和液态熔渣。产生的气体充满在电弧和熔池周围，起隔绝空气的作用。液态熔渣浮起盖在液体金属面上，也起着保护液体金属的作用。熔池中液态金属、液态熔渣和气体间进行着复杂的物理、化学反应，称为冶金反应，这种反应起着精炼焊缝金属的作用，能够提高焊缝的质量。

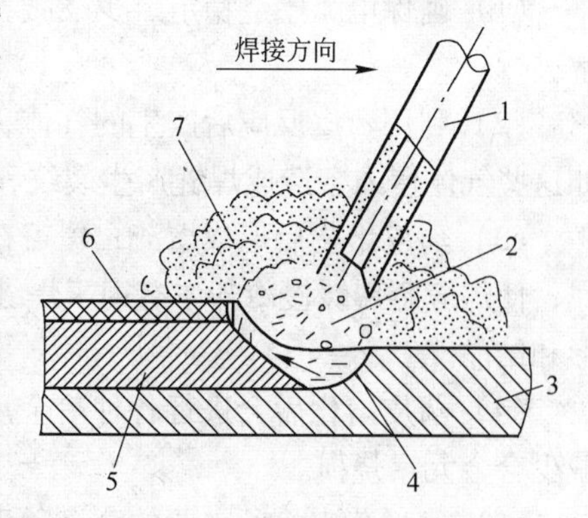

图2-12 电弧焊过程示意图
1—焊条；2—熔滴；3—母材；4—焊接熔池；5—焊缝；6—熔渣；7—保护气体

随着电弧的前移，熔池后方的液体金属温度逐渐下降，渐次冷凝形成焊缝。

59. 常用的焊条有哪些牌号？

答：涂有药皮供焊条电弧焊用的熔化电极称为焊条（见图 2-13），焊条由焊芯和药皮组成。焊芯是焊条的金属芯部，由专用金属丝制成。焊接过程中，焊芯的作用是传导焊接电流，与焊件产生电弧，并且本身熔化作为填充金属和熔化的母材金属熔合而形成焊缝。焊条药皮主要由矿物质、铁合金、有机物和水玻璃等四类物质组成。

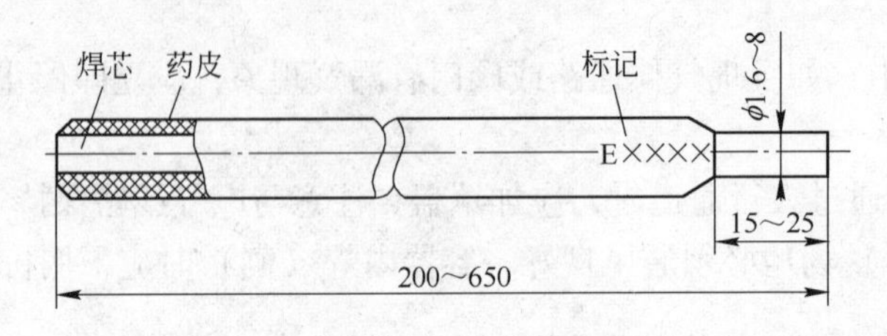

图 2-13　焊条的结构图

焊条牌号按其用途分为结构钢焊条、不锈钢焊条、铸铁焊条、合金焊条、堆焊焊条和特殊用途焊条等 10 类，在各类焊条中，根据主要性能或化学成分的不同，再分成若干型号。

焊条牌号通常以一个汉语拼音字母（或汉字）与 3 位数字表示。拼音字母（或汉字）表示焊条种类，后面的 3 位数字中，前两位数字表示各类中的若干型号，第三位数字表示焊条的药皮类型及焊接电源种类。

以结构钢焊条 J507 为例：“J”表示结构钢焊条，牌号中前两位数字表示熔敷金属抗拉强度的最低值为 490MPa（$50kgf/mm^2$），第三位数字“7”表示药皮类型为低氢钠型（药皮的主要成分钙、镁的碳酸盐和萤石），焊接电源为直流反接。

60. 焊条药皮的作用有哪些？

答：焊条药皮的作用是：

（1）确保电弧燃烧稳定、少飞溅，焊缝成形好，易脱渣，熔敷效率高，使焊接过程正常进行。

（2）利用药皮反应后产生的气体，保护电弧和熔池，防止空气中的氮、氧侵入熔池，如这些气体侵入会造成焊缝产生裂纹和气孔等，使焊接达不到理想效果。

（3）药皮熔化后形成熔渣，覆盖在焊缝表面上隔离空气中的氧气、氮气，保护焊缝金属，使焊缝金属缓慢冷却，有助于焊缝金属中的气体逸出，防止产生气孔，改善焊缝的成形和结晶。

（4）药皮熔化后会进行各种冶金反应，如脱氧、去硫、去磷等，从而提高焊缝质量，减少合金元素烧损。

（5）通过药皮将所需要的合金元素掺加到焊缝金属中，改进和控制焊缝金属的化学成分，以获得希望的力学性能。

（6）药皮在焊接时形成套管，增加电弧吹力，集中电弧热量，促进熔滴过渡到熔池，有利于完成焊接过程。

61. 电焊机的工作原理是什么？

答：弧焊电源是电弧焊机（简称电焊机或弧焊机）的主要组成部分，它实质上是一种特殊的降压变压器。弧焊电源的空载电压愈高，引弧愈容易，电弧燃烧的稳定性就愈好。但是为了操作的安全，在满足焊接工艺的前提下，空载电压尽可能地要低些。我国焊条弧焊电源的空载电压为：交流手弧焊机 65 ~ 85V，直流手弧焊机 55 ~ 90V。钢铁企业常用的交流电焊机工作原理及外形如图 2-14 所示。

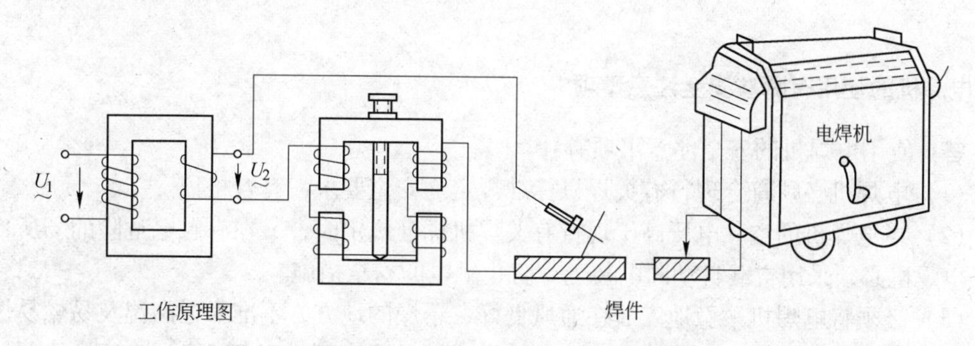

图 2-14 电焊机工作原理图及外形

电焊机接负载时电压下降主要是通过调节磁通和串联电感的电感量来实现的。因为电路是闭合的，使得电流在整个闭合电路中处处相等；但各处的电阻是不一样的，特别是在不固定接触处的电阻最大，这个电阻在物理中称为接触电阻。根据电流的热效应定律（也称焦耳定律）$Q=I^2Rt$ 可知，电流相等，则电阻越大的部位发热越高，焊接时焊条与被焊接的金属的接触电阻最大，则在这个部位产生的电热也就最多，焊条又是熔点较低的合金，容易熔化，熔化后的合金焊条芯粘合在被焊物体上，经过冷却，就把焊接对象粘合在一起。

引弧后，此时由于焊条提起的瞬间间隙极小，焊条和焊件之间的电压又较高（65 ~ 85V），再加上预热使焊条端点和焊件被焊处容易发射电子，结果间隙处的空气被击穿而导电，同时产生耀眼的火花，这就是弧光放电。弧光放电处的温度能达到6000℃以上，使焊条和焊件被熔化，从而实现了焊接。弧光放电开始后，焊条端点和焊件的电压降（简称电弧电压或称工作电压）约为30V，电弧形成的负载是电阻性负载。常用电焊机的技术参数见表 2-1。

表 2-1 常用电焊机技术参数

参数 型号	额定输入电压/V	相数	额定焊接电流/A	空载电压/V	电流调节范围/A	额定负载持续率/%	转入功率/kVA
BX1-400-2	380	单项	400	72	80 ~ 400	35	29.5
BX1-500-2	380	单项	500	73	100 ~ 500	35	37.0
BX1-630-2	380	单项	630	72	125 ~ 630	35	47.1
BX3-400-2	380	单项	400	70 ~ 76	50 ~ 400	60	31.0
BX3-500-2	380	单项	500	70 ~ 76	70 ~ 500	60	39.0
BX3-630-2	380	单项	630	70 ~ 76	70 ~ 630	60	43.0
BX6-300-2	380/220	单项	300	60	125 ~ 300	20	27.3
BX3-500-2	380/220	单项	500	66	125 ~ 500	50	34.2

62. 电焊机出厂的安全要求有哪些?

答: 电焊机各导电部分之间要有良好的绝缘。一次与二次回路之间的绝缘电阻值不得小于5MΩ,带电部分与机壳、机架之间的绝缘电阻不得低于2.5MΩ。电焊机的电源输入线及二次输出线的接线柱必须有完好的隔离防护罩等,且接线柱应牢固不松动。电焊机外壳应有良好的保护接地(或接零)装置,其螺栓不得小于M8,并有明显的接地(或接零)标志。

调节焊接电流、电压表手柄或旋钮等必须与焊机的带电体有可靠的绝缘,且调节方便、灵活。

63. 电焊机的使用有哪些安全注意事项?

答: 使用电焊机的安全注意事项有:

(1) 电焊机必须符合现行有关焊机标准规定的安全要求,有合格证。

(2) 当电焊机的空载电压高于现行有关焊机标准规定时,又在有触电危险的场所作业时,电焊机必须采用空载自动断电装置等防止触电的安全措施。

(3) 必须将电焊机平稳地安放在通风良好、干燥的地方,不准靠近高温及易燃易爆危险物。电焊机的工作条件为:温度-25~40℃;相对湿度不大于90%(在25℃的环境温度时)。特殊环境下,如气温过低或过高、气压过低以及有腐蚀或爆炸危险的环境中,应使用符合环境要求的特殊性能的电焊机。电焊机受潮,应采用人工方法干燥处理,受潮严重的必须进行检修。

(4) 焊接设备应有良好的隔离防护装置,避免人与带电导体接触。各焊机设备之间及焊机与墙之间,至少应留1m宽的通道。注意防止焊机受到碰撞或剧烈振动。在室外使用的焊机必须有防雨雪的防护措施。

(5) 焊机必须装有独立的专用电源开关,其容量应符合要求,不允许超负荷使用。电源开关应装在电焊机附近便于操作的地方,周围留有安全通道。电焊机运行时的温升不应超过标准规定的温升极限。禁止多台电焊机共用一个电源开关。电焊机二次线禁止带两个以上焊钳作业。

(6) 焊机的电源与插座连接的电源线电压较高,触电危险性大,接线端应在防护罩内。一般情况下,电焊机的一次电源线长度宜在2~3m。当有临时任务需要较长电源线时,应沿墙布线,高度必须距地面2.5m以上,并在焊机近旁加设专用开关,不允许将电源线拖在地面上。

(7) 使用插头插座连接的电焊机,插销孔的接线端应用绝缘板隔离,并安装在绝缘板平面内。

(8) 禁止用建筑物金属构架和设备等作为焊接电源的连接回路。

(9) 电焊机外露的带电部分应设有完好的防护(隔离)装置,电焊机裸露接线柱必须设防护罩。

(10) 特别注意对整流式电焊机硅整流器的保护和冷却。采用连接片改变焊接电流的电焊机,在调节焊接电流前应先切断电源。采用电磁启动器启动的电焊机,必须先闭合电源开关,然后再启动电焊机。

（11）禁止在电焊机上放置任何物件和工具，启动电焊机前，焊钳与焊件不得短路。

（12）电焊机必须经常保持清洁，清扫时必须断电。焊接现场有腐蚀性、导电性气体或粉尘时，必须对电焊机进行隔离保护。

（13）电焊机每半年应进行一次维修保养。当发生故障时，应立即切断电焊机的电源，及时进行检修。

（14）经常检查和保持电焊机电缆与电焊机的接线柱接触良好，保持螺帽紧固。

（15）工作完毕或临时离开工作现场时，必须及时切断电焊机的电源。

64. 对电焊机保护性接地与接零有哪些安全要求？

答：电焊机保护性接地与接零的安全要求有：

（1）接地电阻。根据《焊接与切割安全》（GB 9448—1999）安全规程的规定，电焊电源接地装置的接地电阻不得大于4Ω。这里有个误区，有人认为电焊机4个铁轮子接触地面就是接地，其实大错特错。经实测，铁轮子的接地电阻为300Ω，这样大的接地电阻一旦触电是不能保证人身安全的。

（2）接地。电焊电源的接地极可以用打入地里深度不小于1m，接地电阻小于4Ω的铜棒或无缝钢管。

（3）接地或接零的部位。所有交流、直流弧焊电源和焊接整流器的外壳，均必须装设保护性接地或接零装置；弧焊变压器的二次线圈与焊件相接的一端也必须接地（或接零）。当一次线圈与二次线圈的绝缘击穿，高压窜到二次回路时，这种接地（或接零）装置能保证焊工及其助手的安全。

（4）不得同时存在接地或接零。在有接地或接零线的焊件上进行焊接时，应将焊件上的接地或接零线暂时拆除，焊后再恢复。

（5）接地或接零的导线要有足够的截面积。接地线截面积一般为相线截面的1/2～1/3；接零线截面积的大小，应保证其容量（短路电流）大于距离弧焊电源最近处的熔断器额定电流的2.5倍，或者大于相应的自动开关跳闸电流的1.2倍。接地或接零线必须用整根的，中间不得有接头。连接必须牢靠，用螺栓、弹簧垫圈、防松螺母等拧紧。固定电焊机，连接应采用焊接。

（6）所有电焊设备的接地（或接零）线，都不得串联接入接地体或零线干线。

（7）接线顺序。连接接地线或接零线时，应先将导线接到接地体上或零线干线上，然后将另一端接到电焊设备外壳上。拆除时顺序则恰好与此相反。

（8）在三相四线制电网中，不允许在零线回路上装设熔断器。

（9）严禁用氧气、乙炔管道等易燃易爆气体管道作为接地装置的自然接地极，防止由于产生电阻热或引弧时冲击电流的作用产生火花而引爆。

65. 对电焊机空载自动断电保护装置有哪些要求？

答：焊接时，焊工更换焊条需要在电源处于空载电压的条件下进行，这是一件经常性的操作。为避免焊工在更换焊条时接触二次回路的带电体造成触电事故，安全规程规定，电焊电源一般都应该装设空载自动断电保护装置，还特别规定，凡是在高空、水下、容器管道内或船舱等处的焊接作业，电焊电源必须安装空载自动断电装置。

（1）电焊电源空载自动断电保护装置线路原理如图2-15所示。

1）引弧时，继电器的K_2线圈接通，闭合接触器KM，弧焊电源T_1接通。

2）熄弧时，K_1释放，接触器断电，同时接通至焊钳（12V）。再引弧时则重复上述过程，从而保证在安全电压下更换焊条。

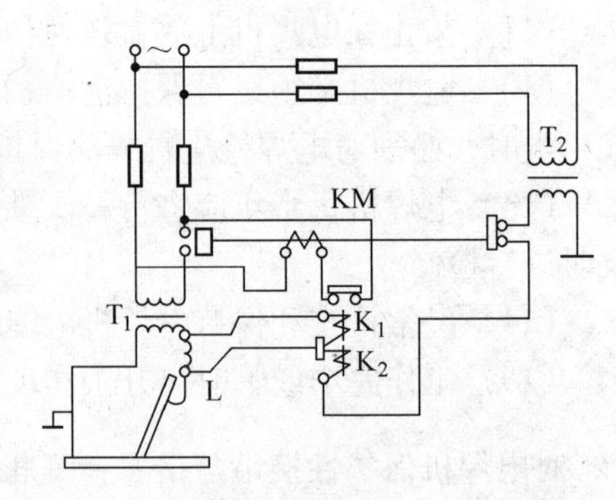

图2-15 弧焊电源空载自动断电线路原理
KM—接触器；L—电抗器；K_1，K_2—继电器

（2）空载自动断电保护装置应满足下列基本要求：

1）对电焊机引弧无明显影响。

2）保证电焊机空载电压在安全电压范围内。

3）最短断电时间能达到(1±0.3)s，并且灵敏度高。

4）空载损耗降至10%以下。

66. 对电焊钳有哪些安全技术要求？

答：电焊钳（规格有300A和500A两种）的作用是夹持焊条和传导电流，是焊条电弧焊的主要工具，它与焊工操作安全有着直接关系，因此，必须符合下列要求：

（1）电焊钳的结构轻便，容易操作，重量不得超过600g。

（2）焊钳的导电部分应采用纯铜材料制成，焊钳与焊接电缆的连接必须简便可靠，接触良好。

（3）要有良好的隔热性能和绝缘能力，手柄要有良好的绝缘层。

（4）焊条位于水平、45°、90°等方向时，焊钳应都能夹紧焊条，且更换方便。可使焊工不必接触带电部分即可迅速更换焊条。

（5）禁止将过热的电焊钳放入水中冷却和继续使用。

（6）禁止使用绝缘损坏或没有绝缘的电焊钳。

67. 对焊接电缆有哪些安全技术要求？

答：焊接的电源线、焊机与焊钳电缆的作用是传导电流，它对焊接安全作业至关重要，许多事故都是因使用导线不当所致。因此焊接导线必须符合下列安全要求：

（1）焊机电缆线应采用多股细铜线电缆，其截面要求应根据焊接需要载流量和长度，按焊机配用电缆标准的规定选用，电缆上的电压降不超过4V。电缆应轻便柔软，能任意弯曲或扭转，便于操作。

（2）电缆外皮必须完整、绝缘良好，绝缘电阻不得小于1MΩ，电缆外皮破损时应及时修补完好。

（3）电源线是焊机与电网的连接导线（即一次线），电压较高，危险较大，因此其长度不得超过3m。确需使用长导线时，必须将其架高距地面2.5m以上，尽可能沿墙布设，并在焊机近旁加设专用开关。不允许将导线随意拖于地面。

（4）连接焊机与焊钳的导线（即二次线），其长度一般以20～30m为宜。若没有软芯电缆，可用相同导电能力的硬导线代替，但在焊钳连接端至少要用3m长的软线连接，否则不便于操作。

（5）安装电弧焊电源时，必须装有单独使用的电源开关，其位置应在近处，便于操作，并保持周围通道没有障碍物。当开关电路超负荷时，电源应能够自动切断。电弧焊电源的接线柱等带电部分不得外露，应有良好的接地或接零等安全防护。

（6）电焊机安放要平稳，使用环境要干燥。在使用、运输中要注意防止碰撞、剧烈振动。在露天使用必须防尘沙、雨雪。

（7）焊机的电缆线应使用整根导线，中间不应有接头。当工作需要接长导线时，应使用接头连接器牢固连接，连接处应保持绝缘良好，而且接头不要超过 2 个。

（8）在作业时不得将电缆放在电弧附近或炽热的焊缝旁，避免高温烧坏绝缘层。

（9）严禁利用厂房的金属结构、气瓶、易燃易爆介质管道和容器搭接作为导线使用。

（10）导线需横穿马路、通道或门窗时，必须采取加装护套等保护措施。

（11）严禁导线与易燃、腐蚀性物品接触。焊机电缆的绝缘应定期进行检验，一般为半年检查一次。

2.4 焊接与热切割安全操作技能

68. 电弧焊的安全特点有哪些？

答：电弧焊的安全特点有：

（1）电焊机的空载电压一般为 55～90V。而人体所能承受的安全电压为 30～45V，当电焊工更换焊条时，有可能发生触电事故，尤其在容器和管道内操作，四周都是金属导体，触电危险性更大。因此电焊工在操作时应戴手套，穿绝缘鞋。

（2）焊接电弧中心的温度高达 6000℃。电焊时，焊条、焊件和药皮在电弧高温作用下，发生蒸发、凝结并产生气体和大量烟尘。同时，电弧周围的空气在弧光强烈辐射作用下，还会产生臭氧、氮氧化物等有毒气体，在通风不良的情况下，长期接触会引起危害电焊工健康的多种疾病。因此焊接环境应通风良好。

（3）焊接时人体直接受到弧光辐射（主要是紫外线和红外线的过度照射），会引起焊工眼睛和皮肤的疾病，因此在操作时应戴防护面具和穿工作服。

（4）电焊操作过程中，由于电焊机线路故障或者飞溅物引燃可燃易爆物品，以及燃料容器管道补焊时防爆措施不当等，都会引起爆炸和火灾事故。

69. 电弧切割的安全注意事项有哪些？

答：电弧切割时，除应知道焊条电弧焊的安全特点外，还应注意以下几点：

（1）电弧切割过程中，由于有压缩空气存在，露天操作时，应注意顺风方向进行操作，以防吹散的熔渣烧坏工作服和灼伤皮肤，并要注意周围场地的防火。

（2）在容器或舱室内部操作时，内部空间尺寸不能过于窄小，并要加强抽风及排除烟尘措施。

（3）切割时应尽量使用带铜皮的专用碳棒。

（4）电弧切割时使用电流较大，连续工作时间较长，要注意防止焊机超载，以免烧毁焊机。

70. 电弧焊作业有哪些安全注意事项?

答: 电弧焊作业的安全注意事项有:

(1) 焊工必须经过安全技术培训、考核，持证上岗。

(2) 作业时应穿戴工作服、绝缘鞋、电焊手套、防护面罩和护目镜等防护用品。高处作业时系安全带。

(3) 焊接作业现场周围10m范围内不得堆放易燃易爆物品。

(4) 雨、雪、风力六级以上（含六级）天气不得露天作业。雨、雪后应消除积水、积雪后方可作业。

(5) 作业前后应检查焊机、线路、焊机外壳保护接零等，确认安全后方可作业。

(6) 严禁在易燃易爆气体或液体扩散区域内、运行中的压力管道和装有易燃易爆物品的容器内以及受力构件上焊接和切割。

(7) 焊接储存过易燃、易爆物品的容器时，应根据介质性质进行多次置换及清洗，并打开所有孔口，经检测确认安全后方可作业。

(8) 在密封容器内施焊时，应采取通风措施。间歇作业时焊工应到外面休息。容器内照明电压不得超过12V。焊工身体应用绝缘材料与焊件隔离。焊接时必须设专人监护，监护人应熟知焊接操作规程和抢救方法。

(9) 焊接铜、铝、锌等合金金属时，必须佩戴防护用品，作业环境通风要良好。在有害场所进行焊接时，应采取防毒措施，必要时进行强制通风。

(10) 施焊地点潮湿，焊工应在干燥的绝缘板或胶垫上作业。

(11) 焊接时临时接地线头严禁浮搭，必须固定、压紧、用胶布包严。

(12) 工作中遇下列情况应切断电源：改变电焊机接头、移动二次线、转移工作地点、检修电焊机、暂停焊机作业。

(13) 高处作业时，必须符合下列条件：与电线的距离不得小于2.5m；必须使用标准的防火安全带，并系在可靠的构架上；必须在作业点正下方外设置护栏，并设专人看守。必须清除作业点下方区域易燃、易爆物品；必须使用盔式面罩。焊接电缆应绑紧在固定处，严禁绕在身上或搭在背上作业；必须在稳固的平台作业。

(14) 焊接时二次线必须双线到位，严禁用其他金属物作二次线回路。

(15) 焊接电缆通过道路时，必须架高或采取其他保护措施。

(16) 焊接电缆不得放在电弧附近或炽热的焊缝旁，应有采取防止焊接电缆被碾轧、被利器物损伤的措施。

(17) 清除焊渣时应佩戴防护眼镜或面罩，焊条头应集中堆放。更换焊条时，一定要戴干焊工手套，以免触电。

(18) 在人多的地方焊接时，应设遮栏挡住弧光。无遮拦时应提醒周围人员不要直视弧光。

(19) 焊接暂停时，焊钳必须与焊件分开放置，避免短路。作业完成后或下班后必须拉闸断电，必须将地线和焊把线分开。

71. 电弧焊作业环境如何分类?

答: 按照触电的危险性，考虑到工作环境如潮气、粉尘、腐蚀性气体或蒸汽、高温等条件，电弧焊作业环境可分为以下三种：

（1）普通环境。这类环境的触电危险性较小，应具备的条件为：

1）干燥（相对湿度不超过75%）；

2）无导电粉尘；

3）有木料、沥青或瓷砖等非导电材料铺设的地面；

4）金属占有系数，即金属物品所占面积与建筑物面比小于20%。

（2）危险环境。凡具有下列条件之一者，均属危险环境：

1）潮湿（相对湿度超过75%）；

2）有导电粉尘；

3）有泥、砖、湿木板、钢筋混凝土、金属等材料或其他导电材料制成的地面；

4）金属占有系数大于20%；

5）炎热、高温；

6）人体能同时接触接地导体和电气设备的金属外壳。

（3）特别危险环境。凡具有下列条件之一者，均属特别危险环境：

1）作业场所特别潮湿（相对湿度超过100%）；

2）作业场所有腐蚀性气体、蒸汽、煤气或游离物存在；

3）锅炉房、化工厂的大多数车间；

4）机械厂的铸工、电镀车间和酸洗车间等，以及在容器、管道内和金属构架上的焊接操作环境，均属特别危险环境。

72. 电弧焊作业中的危险因素有哪些？

答：电弧焊作业中的危险因素有：

（1）触电事故。焊机电源是与（220/380V）电网连接的，如果焊机电源的输入线路中出现电缆线或电气元件破损，人体一旦接触漏电处，就会触电，很难摆脱。国产电焊机空载电压一般在55~90V左右。电压不是很高，容易使人忽视；另一方面，人与这部分电气线路接触机会较多。所以，触电是电弧焊的主要危险之一，造成触电事故的原因如下：

1）在更换焊条、电极和焊接操作中，手或身体某部位接触到电焊条、焊钳或焊枪的带电部分，而脚或身体其他部位对地和金属结构之间无绝缘保护；在金属容器、管道、锅炉、船舱内或金属结构上，或当焊工身上大量出汗，或在阴雨天、潮湿的地点焊接，尤其容易发生这种事故。

2）在接线、调节焊接电流和移动焊接设备时，手或身体某部位碰触到接线柱、极板带电体而发生触电。

3）电焊设备的罩壳漏电，人体碰触罩壳而触电。

4）由于电焊设备接地错误而引起的事故。例如，焊机的火线与零线接错，使外壳带电，人体碰触壳体而触电。

5）在电焊操作过程中，人体触及绝缘破损的电缆、破裂的胶木盒等。

6）由于利用厂房的金属结构、管道、轨道、天车吊钩或其他金属物体搭接作为焊接回路而发生的触电事故。

（2）电气火灾、爆炸和灼烫等事故。焊机和线路的短路、超负荷等能引起电气火灾。

在操作地点附近或高处作业点下方存放有可燃、爆炸物品时，可能引起火灾和爆炸；压缩钢瓶及保护气体的爆炸和着火；特别需要强调指出，燃料容器和管道的检修焊补，大多采用电弧焊，当防爆措施不当时，容易发生火灾爆炸和灼烫等严重事故；操作过程中的火花飞溅也会造成灼烫伤害事故。

（3）二次事故。登高电焊作业，除可能发生直接从高处坠落伤亡事故外，还可能发生因触电失控，从空中坠落的二次事故。

（4）电焊烟尘和弧光辐射。电焊烟尘是由于焊条（焊芯和药皮）及焊件金属在电弧高温作用下熔融时蒸发、凝结和氧化而产生的。它是电弧焊的一种有害因素，尤其是黑色金属涂料焊条电弧焊、CO_2 气体保护焊以及自保护焊丝电弧焊比较突出，是防护的重点。

电焊烟尘的成分比较复杂。烟尘中的主要毒物是锰，低氢型普通钢焊条中，主要毒物还有氟，特别是可溶性氟。

各类焊条发生尘量可采用静电柜集尘和抽气滤膜或静电滤膜集尘法测定，前者设备费用较大，测定方法比较费时；后者设备较简单，是目前通常采用的测定焊条烟尘的方法。

电焊烟尘的危害主要会造成焊工尘肺、锰中毒、焊工金属热等。

73. 焊接作业发生电击事故的原因有哪些？

答：焊接作业发生电击事故的原因有：

（1）直接电击是指人体直接接触焊接设备的带电体或靠近高压电网而发生的触电事故。发生直接电击主要有以下原因：

1）操作中，手或身体某部位接触到焊条、电极、焊钳或焊钳的带电部分，两脚或身体其他部位对地和金属结构之间又无绝缘防护。在金属容器、管道锅炉里及金属结构上的焊接，或阴雨天、潮湿地的焊接，比较容易发生这种触电事故。

2）在接线或调节焊接电流时，手或身体碰触接线柱、极板等带电体。

3）登高焊接作业触及或靠近高压网路引起的触电事故。

（2）间接电击是指人体触及意外带电体而发生的触电事故。所谓意外带电体是指正常情况下不带电，因绝缘损坏或电器线路发生故障时才带电的带电体。如漏电的电焊机外壳、绝缘损坏的电缆等。发生间接电击的主要原因如下：

1）人体接触漏电的焊机外壳或绝缘损坏的电缆。

2）电焊变压器的一次绕组对二次绕组之间的绝缘损坏时，变压器反接或错接在高压电源时，手或身体某部位触及二次回路的裸导体。

3）操作过程中触及绝缘破损的电路、胶木闸盒破损的开关等。

4）由于利用厂房的金属结构、轨道、天车、吊钩或其他金属物体代替焊接电缆而发生的触电事故。

74. 为什么在手套、衣服和鞋潮湿时容易触电？

答：焊接用电大多数超过安全电压，焊工在操作过程中接触焊钳、焊件、电缆等机会较多，用电安全不可忽视。

通常焊工使用的焊机空载电压都在 55 ~ 90V，手与焊钳接触，脚穿绝缘鞋，两脚着地的电阻为 5000Ω，加上人体电阻 1000Ω，则通过的人体电流为 12mA，这时，焊工手部会有麻木感觉。

但是，如果在手套、衣服和鞋潮湿的情况下操作，此时，电阻降为1600Ω，手一旦接触焊钳，通过人体的电流为44mA（人体允许电流一般可按30mA考虑），这时，焊工的手部会发生痉挛，不能摆脱焊钳，这是很危险的。所以，焊工在手套、衣服和鞋潮湿的情况下，应禁止焊接作业。

75. 预防电焊机触电的措施有哪些？

答：预防电焊机触电的措施有：

（1）电焊机应有良好的隔离防护装置。伸出箱体外的接线端应用防护罩盖好；有插销孔接头的设备，插销孔的导体应隐蔽在绝缘板平面内。

（2）电焊机应设有独立的电器控制箱，箱内应装有熔断器、过载保护开关、漏电保护装置和空载自动断电装置。

（3）在电焊机上安装自动断电装置，使电焊机引弧时电源开关自动闭合，停止焊接时电源开关自动断电，以保证焊工在更换焊条时避免触电。

（4）电焊机的外壳、电器控制箱的外壳等应设保护接地或保护接零装置。

（5）焊接设备和线路带电导体与地或外壳间，或相与相、线与线间，都必须有符合标准的绝缘，绝缘电阻不得小于1MΩ。

76. 预防焊工触电事故的安全措施有哪些？

答：预防焊工触电事故的安全措施有：

（1）使用前对电焊机彻底检查，按规范对电焊机进行有效的绝缘、接地接零。

（2）加强个人防护，应穿戴好防护用品，如绝缘手套、鞋等。

（3）在金属容器内或狭小工作场地焊接金属构件时，必须采取专门绝缘和屏护。如采用绝缘橡胶衬垫，穿绝缘鞋、戴绝缘手套，以保证焊工身体与带电体绝缘。

（4）在光线不足的环境下焊接作业时，必须使用手提工作行灯，电压不超过36V。在潮湿、金属容器内等危险环境下使用的行灯，电压不得超过12V。

（5）在更换焊条或焊丝时，焊工必须使用焊工手套，焊工手套应保持干燥，绝缘可靠。

（6）对于焊接电压较高以及在潮湿环境下操作时，焊工应使用绝缘胶衬垫，确保焊工与焊件绝缘。特别是在夏天，焊工由于身体出汗后衣服潮湿，要注意不得靠在焊件、工作台上。

（7）电焊机的安装、检查和修理，必须由持证电工来完成，焊工不得自行检查或修理。

77. 焊接作业发生火灾和爆炸的原因有哪些？

答：焊接作业发生火灾和爆炸的原因有：

（1）焊接前工作场地周围有易燃、易爆物品，焊接时向四周飞溅火花，熔渣将易燃易爆物品引燃。

（2）电焊机本身和电源线绝缘损坏，造成短路发热而起火灾。

（3）焊接时，焊接电缆乱接乱搭引发火灾。

（4）焊接未经安全处理的容器和管道，如油箱、煤气管道等，容器受热而发生爆炸。

（5）在有压力的容器和管道上施焊，特别是化工厂中易燃、易爆、有毒的容器、管道上施焊。

（6）在进入容器内部工作时，将焊、割炬放在容器内而焊工擅自离去，引起了混合气体燃烧和爆炸。

（7）焊条头及焊后的焊件随便乱扔，特别是扔在易燃、易爆品的附近，极有可能引起火灾。

（8）下班时未检查工作场地附近是否有引起火灾的隐患，未等焊完的焊件冷却后就离开工地。

（9）露天作业时，风力超过6级以上进行焊接作业。

（10）在储存易燃易爆物品的仓库内施焊，没有采取预防措施，也易酿成爆炸事故。

78. 焊接作业预防火灾和爆炸的措施有哪些？

答：焊接作业预防火灾和爆炸的措施有：

（1）焊接作业附近10m以内不得有易燃易爆物品；在高空施焊时，应清除下方的易燃易爆物品，防止飞溅物引发火灾和爆炸。工作地点通道的宽度不得小于1m。

（2）电焊机软线应尽量避免在地上拖拉，以防止软线被坚硬物划破。发现软线绝缘层破损或老化，应及时包扎或更新。电焊机回路线不可乱接乱搭。若发现电焊机本身绝缘损坏，应及时修换。

（3）焊接容器时，首先应弄清容器内是否盛装过易燃易爆物品，若盛装过，则应彻底清洗置换后方可施焊。严禁焊接带有液体压力、气体压力及带电的容器和设备。

（4）不得在储存易燃易爆物品的房间和场地进行焊接，若需焊接，必须先将易燃易爆物品移出，有困难的应采取严格隔离措施，防止焊接火花飞溅而引发火灾爆炸。

（5）不准直接在木板、木砖地上进行焊接。如必须焊接时，应用铁板把工作物垫起，并须携带防火水桶，以防火花飞溅造成火灾。

（6）焊接管子时，要把管子两端打开，不准堵塞，同时管子两端不准接触易燃物或有他人工作。

（7）焊完之后，焊工须待工作物冷却、火种熄灭，并确认没有焦味和烟气之时，方准离开工作场所。使用完的工作服及防护用具，应经检查确无带火迹象及燃烧煳味时再存放起来。

（8）在锅炉内、管道中、地坑及其他狭窄的地点进行焊接时，必须事先检查内部有无可燃、有害气体及其他易燃易爆物质等。如有，则必须采取措施消除，并装设局部通风装置后，方准进行焊接。

（9）任何受压容器，不允许在内压小于大气压力的情况下进行焊修。用焊接修理锅炉、储气筒、乙炔管路时，必须首先将其内部的气体全部排尽，并打开其全部盖及阀门，方可施焊；乙炔罐还应用氮气冲洗或注满清水，使内部残余乙炔全部排出，才能焊接。

（10）使用各种气瓶焊接时，应遵守《气瓶安全监察规程》。

79. 燃料容器、管道焊补时发生爆炸火灾事故的原因有哪些?

答: 燃料容器、管道焊补时发生爆炸火灾事故的原因有以下几个方面:

(1) 焊接动火前对容器内的可燃物置换不彻底，取样化验和检测数据不准确，取样化验检测部位不适当等，造成在容器管道内或动火点的周围存在爆炸性混合物。

(2) 在焊补操作过程中，动火条件发生了变化未引起及时注意。

(3) 动火检修的容器未与生产系统隔绝，致使易燃气体互相串通，进入动火区段；或是一面动火，一面生产，互不联系，在放料排气时遇到火花。

(4) 在具有燃烧和爆炸危险的车间、仓库等室内进行焊补检修。

(5) 焊补未经安全处理或未开孔洞的密闭容器。

80. 什么是燃料容器、管道的检修置换焊补作业?

答: 置换焊补就是在焊接动火前实行严格的惰性介质置换，将原有的可燃物排出，使设备及管道内的可燃物含量达到安全要求，经确认不会形成爆炸性混合物后，才动火焊补的方法。

置换焊补方法的优点是比较安全。其缺点是需焊补的容器或管道必须暂时停止运行；同时，由于需要使用惰性介质将可燃物排除干净，焊补后，还要再置换回来，耗时较长；此外，死角多的部位不易置换干净，因而隐藏危险性。

81. 什么是燃料容器、管道的检修带压不置换焊补作业?

答: 带压不置换焊补作业目前主要用于可燃液体和可燃气体容器管道的焊补。此方法要求严格控制氧的含量，使工作场所不形成达到爆炸极限范围的混合气，在燃料容器或管道处于正压条件下进行焊补。具体方法是：通过对含氧量的控制，使可燃气体含量大大超过爆炸极限，然后使它以稳定不变的速度，从设备或管道的裂缝处逸出，与周围空气形成一个燃烧系统。点燃可燃性气体，并以稳定的条件保持这个燃烧系统，在焊补时，控制气体在燃烧过程中不致发生爆炸危险。

带压不置换焊补方法的优点是可以在不停产运行的情况下，对容器或管道焊补，利于生产，程序简便，费时少。其缺点是需焊补的容器或管道内的气体必须连续保持稳定的正压状态；此外，对取样分析氧含量的准确性要求高。这种方法适用于在容器或管道外面进行焊补。

带压不置换焊补在理论和技术上都是可行的，只要严格遵守安全操作规程，同样也是安全可靠的，但与置换焊补比较，其安全性较差。

82. 置换焊补作业的安全措施有哪些?

答: 置换焊补具有较好的安全性，并有长期积累的经验，所以被广泛采用。但是如果系统和设备的弯头、死角、支叉多，往往不易被置换干净而留下隐患。置换不彻底及其他因素也还是有发生爆炸的危险。为确保安全，必须采取以下有效技术措施，才能防止爆炸火灾事故的发生：

(1) 可靠隔离。燃料容器与管道停止工作后，通常采用盲板将与之联结的管路截断，使焊补的容器管道与生产的部分完全隔离。同时在焊补作业点周围形成隔离区。

（2）实行彻底置换。焊补前，通常采用蒸气蒸煮并用置换介质吹净等方法，将容器内部的可燃物质和有毒物质置换排除。

在置换过程中要不断取样分析，严格控制容器内的可燃物含量，以保证符合安全要求，这是置换焊补防爆的关键。在可燃容器上焊补，操作者不进入容器内时，其内部的可燃物含量不得超过爆炸下限的1/4～1/2；如果需进入容器内工作，除保证可燃物不超过上述含量外，由于置换后的容器内部是缺氧环境，还应保证含氧量达到18%～23%，毒物含量应符合《工业企业设计卫生标准》（GB Z1—2010）的规定。

常用的置换介质有氮气、二氧化碳、水蒸气或水等。置换方法应考虑被置换介质与置换介质之间的密度关系，当置换介质比被置换介质的密度大时，应由容器的最低点送进置换介质，由最高点向室外放散。以气体作为置换介质时，其需用量不能按经验以超过被置换介质容积的几倍来计算，因为某些被置换的可燃气体或蒸气具有滞留性质。在与置换气体密度相差不大时，还应注意到置换不彻底的可能性及两相间的互相混合现象。某些情况下必须采用加热气体介质来置换，才能将潜存在容器内部的易燃易爆混合气赶出来。因此，置换作业必须以气体成分化验分析达到合格为准。容器内部的取样部位应是具有代表性的部位，并以动火前取得气体样品分析值是否合格为准。以水作为置换介质时，将容器或管道灌满即可。

未经置换处理，或虽已置换但尚未分析化验气体成分是否合格的燃料容器，均不得随意动火焊补，以免造成事故。

（3）严格清洗工作。检修动火前，设备管道内外均应仔细清洗。有些易燃易爆介质吸附在容器或管道内表面的积垢或外表面的保温材料中，由于温差和压力变化的影响，置换后也还能陆续散发出来，导致操作中气体成分发生变化，造成爆炸火灾事故发生。

油类容器、管道的清洗，可以用10%（重质分数）的氢氧化钠（即火碱）水溶液洗数遍，也可以通入水蒸气进行蒸煮，然后再用清水洗涤。配制碱液时应先加冷水，然后才分批加入计算好的火碱碎块（切忌先加碱块后加水，以免碱液发热涌出而伤害焊工），搅拌溶解。有些油类容器如汽油桶，因汽油较易挥发，故可直接用蒸汽流吹洗。

酸性容器壁上的污垢、黏稠物和残酸等，要用木质、铝质或含铜70%以下的黄铜工具手工清除。

盛装其他介质的设备管道的清洗，可以根据积垢的性质，采取酸性或碱性溶液。例如清除铁锈等，用浓度为8%～15%的硫酸比较合适，因为硫酸可使各种形式的铁锈转变为硫酸亚铁。

为了提高工作效率和减轻劳动强度，可以采用水力机械、风动或电动机械以及喷丸等清洗除垢法。喷丸清理积垢，具有效率高、成本低等优点。禁止用喷沙除垢。

在无法清洗的特殊情况下，在容器外焊补动火时应尽量多灌装清水，以缩小容器内可能形成爆炸性混合物的空间。容器顶部必须留出与大气相通的孔口，以防止容器内压力的上升。在动火时应保证不间断地进行机械通风换气，以稀释可燃气体和空气的混合物。

（4）空气分析和监视。通过置换和清洗后，应从容器内外的不同部位取样进行化验、分析气体成分，必须合格后才可以开始焊补工作。

在焊补过程中，应用仪表监测并随时取样分析，以防焊补操作时，保温材料中或桶底死角处，还有可能陆续散发出可燃气体而引起爆炸。

开始焊补前，应把容器的人孔、手孔及放空管等打开，严禁焊补未开孔洞的密封容器。

切忌在密闭、不通风的状态下进行焊补工作，以免出现危险。

使用气焊焊补时，点燃及熄灭焊枪，均应在容器外部进行。

（5）采取的安全组织措施有：

1）在检修焊补前必须制订计划，应包括进行检修焊补作业的程序、安全措施和施工草图。施工前应与生产人员和救护人员联系，并通知厂内消防人员做好准备。

2）在工作地点10m内停止其他用火工作，电焊机二次回路线及气焊设备要远离易燃物，防止操作时因线路发生火花或乙炔漏气造成起火。

3）检修动火前除应准备必要的材料、工具外，在黑暗处或夜间工作，应有足够的照明，使用带有防护罩的安全电压行灯和其他安全照明灯具。

4）必须设监护人。监护的目的是保证安全措施的认真执行。监护人应由有经验的人员担任。监护人应明确职责、坚守岗位。

5）进入容器或管道进行焊补作业时，触电的危险性最大，必须严格执行有关安全用电的规定，采取必要的防护措施。

83. 什么是固定动火区？设置固定动火区必须满足哪些条件？

答：固定动火区系指允许正常使用电气焊（割）、砂轮、喷灯及其他动火工具从事检修、加工设备及零部件的区域。在固定动火区域内的动火作业，可不办理动火许可证，设置固定动火区必须满足以下条件：

（1）固定动火区域应设置在易燃易爆区域全年最小频率内的上风方向或侧风方向。

（2）距易燃易爆的厂房、库房、罐区、设备、装置、阴井、排水沟、水封井等不应小于30m，并应符合有关规范规定的防火间距要求。

（3）室区固定动火区应用实体防火墙与其他部分隔开，门窗向外开，道路要畅通。

（4）生产正常放空或发生事故时，能保证可燃气体不会扩散到固定动火区，在任何气象条件下，动火区域内可燃气体的浓度都必须小于爆炸下限的20%。

（5）固定动火区不准存放任何可燃物及其他杂物，并应配备一定数量的灭火器材。

（6）固定动火区应设置醒目、明显的标志。其标志应包括“固定动火区”的字样；动火区的范围（长×宽）；动火工具、种类；防火责任人；防火安全措施及注意事项；灭火器具的名称、数量等内容。

除以上条件外，在实际工作中还应注意固定动火区与长期用火的区别。如在某一化工生产装置中，因生产工艺需要设有明火加热炉，那么在其附近不是固定动火区，而是长期用火作业区。

84. 动火作业制度、气体分析标准有哪些规定？

答：检修过程中，常常涉及动火作业、进入设备内作业等，应严格执行各有关规定，填写各种作业票证和进行有害气体分析，以保证检修工作顺利进行。

（1）动火作业及分类。在禁火区进行焊接与切割作业及在易燃易爆场所使用喷灯、电钻、砂轮等进行可能产生火焰、火花或赤热表面的临时性作业均属动火作业。

动火作业分特殊动火、一级动火和二级动火三类。

动火作业必须经动火分析，合格后方可进行。

（2）动火安全作业证制度的内容包括：

1）在禁火区进行动火作业应办理“动火安全作业证”，严格履行申请、审核和批准手续。“动火安全作业证”上应清楚标明动火等级、动火有效日期、动火详细位置、工作内容（含动火手段）、安全防火、动火监护人措施以及动火分析的取样时间、地点、结果，审批签发动火证负责人必须确认无误方可签字。

2）动火作业人员在接到动火证后，要详细核对各项内容，如发现不符合动火安全规定，有权拒绝动火，并向单位防火部门报告。动火人要随身携带动火证，严禁无证作业及手续不全作业。

3）动火前，动火作业人员应将动火证交现场负责人检查，确认安全措施已落实无误后，方可按规定时间、地点、内容进行动火作业。

4）动火地点或内容变更时，应重新办理审证手续；否则不得动火。

5）高处进行动火作业和设备内动火作业时，除办理“动火安全作业证”外，还必须办理“高处安全作业证”和“设备内安全作业证”。

（3）动火分析标准。动火作业必须经动火分析，合格后方可进行。动火分析应符合下列规定：

1）取样要有代表性，特殊动火的分析样品要保留到动火作业结束。

2）取样时间与动火作业的时间不得超过30min，如超过此间隔时间或动火停歇时间超过30min以上，必须重新取样分析。

3）动火分析标准：使用测爆仪时，被测对象的气体或蒸汽的浓度应小于或等于爆炸下限的20%（体积比，下同）。使用其他化学分析手段时，当被测气体或蒸汽的爆炸下限大于或等于10%时，其浓度应小于1%；当爆炸下限小于10%、大于或等于4%时，其浓度应小于0.5%；当爆炸下限小于4%、大于或等于1%时，其浓度应小于0.2%。若有两种以上的混合可燃气体，应以爆炸下限低者为准。

4）进入设备内动火，同时还须分析测定空气中有毒有害气体和氧含量，有毒有害气体含量不得超过《工业企业设计卫生标准》（GB Z1—2010）中规定的最高容许浓度，氧含量安全值保证在18%~23%以内。当受限空间内氧气含量（按体积）小于16%时，能使人窒息死亡。

（4）动火作业“六大禁令”包括：

1）动火工作许可证未经批准，禁止动火。

2）不与生产系统可靠隔离，禁止动火。

3）不清洗、不置换，禁止动火。

4）不消除周围易燃物，禁止动火。

5）不按时做动火分析，禁止动火。

6）没有消防措施，禁止动火。

85. 动火作业场所等级如何划分?

答: 动火作业场所分为特级动火、一级动火和二级动火三级。特级动火是指在处于运行状态的易燃易爆生产装置和罐区等重要部位的具有特殊危险的动火作业。特殊危险是相对的，不是绝对的。如果有绝对危险，必须坚决执行生产服从安全的原则，绝对不能动火。特级动火的作业一般是指在装置、厂房内包括设备、管道上的作业。凡是在特级动火区域内的动火必须办理特级动火证。

一级动火是指在甲、乙类火灾危险区域内动火的作业。甲、乙类火灾危险区域是指生产、储存、装卸、搬运、使用易燃易爆物品或挥发、散发易燃气体、蒸汽的场所。凡在甲、乙类生产厂房、生产装置区、贮罐区、库房等与明火或散发火花地点的防火间距内的动火，均为一级动火。其区域为30m半径的范围，所以，凡是在这30m范围内的动火，均应办理一级动火证。

二级动火是指特级动火及一级动火以外的动火作业。即指工厂区内除一级和特级动火区域外的动火和其他单位的丙类火灾危险场所范围内的动火。凡是在二级动火区域内的动火作业均应办理二级动火许可证。

以上分级方法只是一个原则，但若企业生产环境发生了变化，其动火的管理级别亦应做相应的变化。如全厂、某一个车间或单独厂房的内部全部停车，装置经清洗、置换分析都合格，并采取了可靠的隔离措施后的动火作业，可根据其火灾危险性的大小，全部或局部降为二级动火管理。若遇节假日或在生产不正常的情况下动火，应在原动火级别上作升级动火管理，如将一级升为特级，二级升为一级等。

固定动火区和禁火区的划分，工业企业应当根据本企业的火灾危险程度和生产、维修、建设等工作的需要，经使用单位提出申请，企业的消防安全部门登记审批，划定出固定的动火区和禁火区。

86. 带压不置换焊补作业安全措施有哪些?

答: 燃料容器带压不置换焊补技术操作时，引起爆炸的危险要比置换焊补大。因此，施工时应采取一切必要措施，加强管理。要严格控制系统内含氧量和焊补点周围的可燃物，使之达到安全要求，并在保持正压的条件下作业。具体措施包括:

(1) 严格控制含氧量。带压动火焊补前，必须进行容器内气体成分的分析，以保证含氧量不超过安全值。安全值就是在混合气中，当氧的含量低于某一极限值时，不会形成达到爆炸极限的混合气，也就不会发生爆炸。目前某些部门规定：氢气、一氧化碳、乙炔等的极限含氧量以不超过1%作为安全值，这个数据具有一定的安全系数。

在动火前和整个焊补操作过程中，都要始终稳定控制系统中含氧量低于安全值，加强气体分析（可安装氧气自动分析仪），发现系统中氧气含量增高时，应尽快查出原因及时排除。氧含量超过安全值时应立即停止焊接。

(2) 正压操作。在焊补操作过程中，设备、管道必须连续保持稳定的正压，这是带压不置换焊补安全程度的关键。一旦出现负压，空气进入焊补的设备或管道，就可能发生爆炸。所以必须保证正压。压力一般控制在1500~5000Pa为宜。压力太大，气体流量、流速大，喷出的火焰猛烈，焊条熔滴易被气流冲走，给焊接造成困难。另外，穿孔部位的钢板在火焰高温下易产生变形或裂孔扩大，从而喷出更大的火焰，造成事故。压力太小，易造成压力波动，使空气漏入设备或管道，形成爆炸性混合气体。所以应派专人看守，内部压力低于200Pa，严禁动火。

（3）严格控制动火点周围可燃气体含量。在进行容器带压不置换焊补时，还必须分析动火点周围滞留空间的可燃物含量，以小于爆炸下限的1/3~1/4为合格。取样部位应考虑到可燃气体的性质（如密度、挥发性）和厂房建筑的特点等正确选择。注意检测数据的准确可靠性，确认安全、可靠时再动火焊补。

（4）焊接操作的安全要求：

1）焊接前要引燃从裂缝逸出的可燃气体，形成一个稳定的燃烧系统。在引燃和动火操作时，工作人员不可正对动火点，以免出现压力突增，火焰急剧喷出烧伤工作人员。

2）焊接电流大小要适当，特别是压力在0.1MPa以上和钢板较薄的设备，过大的焊接电流易将金属烧穿，在介质压力下会产生更大的孔。

3）当动火条件发生变化，如系统内压力急剧下降到所规定的限度或含氧量超过允许值时，应立即停止动火，查明原因并采取相应措施后，方可继续进行焊补工作。

4）焊接操作中如遇着火，应立即采取灭火措施。在火未熄灭前，不得切断可燃气体来源，也不得降低或消除系统的压力，以防设备管道吸入空气形成爆炸性混合气体。

5）焊补前要先弄清待焊部位的情况，如穿孔裂纹的位置、形状、大小及补焊的范围等。采取相应措施，如较长裂纹先采用打止裂孔的办法，再补焊等。

（5）安全组织措施。除与置换焊补的安全组织措施相同外，尚需注意以下几点：

1）防护器材的准备。现场要准备几套长管式防毒面具或空气呼吸器。还应准备必要的灭火器材，最好是二氧化碳灭火器。

2）做好严密的组织工作，要有专人统一指挥，各重要环节均应有专人负责。

3）焊工要有较高的技术水平和丰富的焊接经验，焊接工艺参数、焊条选择要适当，操作时准确快速，不允许技术差、经验少的焊工带压焊接。

燃料容器的带压不置换焊补是一项新技术，爆炸因素比置换焊补时变化多，稍不注意会给国家财产和人身安全带来严重后果。操作时需多部门紧密配合。应当指出，在企业生产、安全、技术等部门未采取有效措施前，任何人不得擅自进行带压不置换焊补作业。

87. 焊接与热切割作业特殊环境如何分类?

答：根据各行业的生产特点、工艺条件、现场的作业环境及焊接与热切割作业可能发生事故的性质不同，焊接与热切割作业的特殊环境大致可分为以下五类：

（1）火爆毒害烫焊接与热切割作业环境。凡进行焊接与热切割作业时，容易引发火灾、爆炸、中毒、窒息、灼烫等事故的环境，称为火爆毒害烫焊接与热切割作业环境，化工、石化企业的生产区，多属这类环境。具有窒息危险的环境是有害焊接与热切割作业环境，有害环境不一定有毒，但能使人窒息致死。例如充满氮气的环境或缺氧环境，这种环境导致伤亡事故的原因主要是缺氧窒息。

（2）受限空间焊接与热切割作业环境。受限空间是指半封闭设备、半封闭容器或隐蔽工程等空间狭小、危险性较大的场所。这类环境的焊接与热切割作业容易发生触电、中毒、窒息、中暑等事故。

（3）高处焊接与热切割作业环境。符合高处作业条件的焊接与热切割操作环境统称为高处焊接与热切割作业环境，这类环境的焊接与热切割作业容易发生坠落、触电、火灾、爆炸等事故。

（4）水下焊接与热切割作业环境。水下焊接与热切割是潜水和焊接与热切割的综合性作业，焊工必须潜入水中，并直接在水中完成全部的焊接与热切割作业。这种作业环境十分复杂和恶劣，比陆地上的焊接与热切割作业具有更大的危险性。水下焊接与热切割作业容易发生溺水和触电等事故。

（5）恶劣气象条件焊接与热切割作业环境。在大雨、大雾、大风、暴雪、高温、严寒、深冷等气象条件下的焊接与热切割作业环境称为恶劣气象条件焊接与热切割作业环境。这种环境下的焊接与热切割作业容易发生触电、坠落、烫伤、冻伤、中暑、雷击和交通伤害等事故。

通过采用随机取样的方法，对不同行业特殊环境焊接与热切割作业中的重大伤亡事故进行了统计，其统计分析结果见表2-2。

表2-2 特殊环境焊接与热切割作业伤亡事故类别与起数统计

事故类别	爆炸	火灾	中毒	坠落	灼烫	物击	触电	窒息	合计
起　数	28	12	3	3	2	2	1	1	52
所占比例/%	53.85	23.10	5.77	5.77	3.85	3.85	1.92	1.92	100

88. 水下焊接与切割作业容易发生哪些事故？

答：水下焊接与切割的热源目前主要采用电弧热（如水下电弧焊、电弧熔割、电弧氧气切割等）和化学热（水下氧氢焰气割）。使用易燃易爆气体和电焊设备本已具危险性，在水下特殊条件下，危险性更大，需特别强调安全。水下焊割作业的容易发生以下事故：

（1）爆炸。被焊、割构件存有化学危险品、弹药等，焊割未经安全处理的燃料容器与管道，焊割过程中形成爆炸性混合气等是引起爆炸事故的主要原因。

（2）灼伤。炽热金属熔滴或回火易造成烧伤、烫伤；烧坏气管、潜水服等潜水装具易造成潜水病或窒息。

（3）电击。由于绝缘损坏漏电或直接触及带电体引起触电，触电痉挛可引起溺水二次事故。

（4）物体打击。水下结构物件的倒塌坠落，导致挤压、碰、砸等机械伤亡事故。

（5）其他作业环境的不安全因素，如风浪等引起溺水事故等。

89. 水下焊割作业准备工作有哪些安全要求？

答：水下焊接与热切割之前，必须充分做好以下准备工作：

（1）了解被焊接与热切割工件的性质、结构和特点，并采取安全对策。

（2）查明作业区水深、水文、气象参数及周围环境的状况和特征，经综合分析后全面落实安全措施。当水面风力超过6级，作业区水流速度超过0.1m/s时，禁止水下焊接与热切割作业。

（3）潜水焊工不得悬浮在水中作业，应在安全位置设置可靠的操作平台。

（4）应采取可靠的监控措施，潜水焊工与水面工作人员之间应有可靠的通讯联络装置或快速信息传递措施。

（5）所有使用器具都要严格认真检查。焊接与热切割割炬要做绝缘、水密性试验和工艺性能检查。氧气管要用1.5倍工作压力的蒸汽或热水清洗，胶管内外不得有油脂，气管与电缆每隔0.5m要捆扎牢固，特别是入水后要整理好供气管、电缆、设备、工具和信号绳等，使其处于安全位置，不得混乱堆放在一起。任何情况下，不得让熔渣溅落在潜水装置上，或将这些装置砸坏。

作业时要移去周围的障碍物，使操作者处于安全位置。焊前一切准备工作就绪，安全措施全面落实，能够确保安全，此时可向有关部门报告并经正式批准后，方可作业。

90. 水下焊割作业预防爆炸的安全措施有哪些？

答：水下焊割工作前，必须清除被焊割结构内部的可燃易爆物质，这类物质即使在水下已若干年，遇明火或熔融金属也会一触即发，引起爆炸。

水下气割是利用氢气或石油气与氧气的燃烧火焰进行的，水下气割操作中燃烧剂的含量比例，一般很难调整合适，所以往往有未完全燃烧的剩余气体逸出水面，遇阻碍则会积留在金属结构内，形成达到爆炸极限浓度的气穴。因此，潜水气焊工开始作业时应慎重考虑切割部位，以避免未燃气穴的形成。最好先从距离水面最近点着手，然后逐渐加大深度。对各类割缝来说，凡是在水下进行立位气割时，无论气体的上升是否有阻碍物，都应从上向下进行切割。这样可以避免火焰经过未燃气体可停留聚集处，减少燃爆的危险。水面协助人员和水下切割潜水员在任何时候都要注意，防止液体和气体燃料的泄漏在水面聚集，引起水面着火。

进行密闭容器、贮油罐、油管、贮气罐等水下焊割工程时，必须预先按照燃料容器焊补的安全技术要求采取相应措施后，方可进行焊割作业。任何情况下都禁止利用油管、船体、缆索或海水等作为焊接回路。

91. 水下焊割作业预防灼烫的要求有哪些？

答：潜水焊割工应避免在自己头顶上方作业，以防坠落的金属熔滴灼伤及烧坏潜水装具。焊割作业时有炽热熔化金属滴落，这种熔滴可溅落约1m左右的距离，虽然有水的冷却作用，但由于其有相当的体积和很高的温度，一旦落在潜水服折叠部位或供气软管上可能造成烧损。此外，有可能把操作时裸露的手面烧伤，对此类危险，应有所警惕。

与普通割炬相比，水下切割炬火焰明显加大，以弥补切割部位消耗于水介质中的大量热量，焊接电极端头也具有很高温度，因此，潜水焊割工必须格外小心，避免由于自身活动的不稳定而使潜水服或头盔被火焰或炽热电极灼烧。在任何情况下都不允许水下焊割工将割炬、割枪或电极对准自身和潜水装具。

除得到特殊许可外，潜水切割工不得携带点燃的切割炬下水。即使特殊需要，亦应注意，割炬点燃后要垂直携入水下，并应特别留意割炬位置与喷口方向，以免在潜水过程和越过障碍时，烧坏潜水服。

防止气割时发生回火。为防止因回火可能造成的伤害，除在供气总管处安装回火防止器外，还应在割炬柄与供气管之间安装防爆阀。此外，更换空瓶时，如不能保持压力不变，应将割炬熄灭，待换好后再点燃，避免发生回火。

92. 水下焊割作业预防触电的安全措施有哪些?

答：水下焊接与热切割作业，可采取以下防止触电的安全措施：

（1）水下电弧焊接或切割的电源必须使用直流电，禁止使用交流电。直流电焊机空载电压一般在55～90V之间。

（2）与潜水焊工直接接触的控制电器必须使用可靠的隔离变压器，并有过载保护，其使用电压工频交流时不得超过12V，直流时不得超过36V。

（3）焊接回路应设置切断开关，一般可用单刀闸刀开关，亦可选用专用的水下焊接和切割自动切断器。

（4）所有设备、工具要具有良好的绝缘和防水性能。绝缘电阻不得小于1MΩ（焊接与热切割钳不小于2.5MΩ），要有防海水、大气和盐雾腐蚀措施。

（5）潜水焊工进行操作时，必须穿专用防护服，戴专用手套。

（6）更换焊条或剪断焊丝时，必须先发出信号，待切断电源后，方可操作。严禁带电更换焊条和剪断焊丝。

（7）引弧、续弧过程中，应避免双手接触工件、地线和焊条。

（8）应注意接地线位置，潜水焊工应面向接地点，严禁背向接地点，且不要使自己处于工作点和接地线之间。

（9）在带电结构（有外加电流保护的结构）上进行水下焊接与热切割操作时，应先切断结构上的电源。

93. 焊补油箱有哪些防止爆炸的措施?

答：机动车燃油箱油桶长期使用后，易产生裂纹和损伤，在焊修时须注意防止爆炸。据测定，如果一只200L的油桶内存有16～24g汽油，在汽油蒸发成气体充满油桶时，遇到火星就会发生爆炸。事实上，用过的200L油桶内的残油一般有500～1000g，在装过汽油的油箱内同样充满了汽油与空气的混合气，如果除油不干净，一旦焊修的火星点燃了这些油气，就会发生爆炸事故。

避免焊修油箱时发生爆炸应采取以下措施：

（1）彻底清洗油箱。先要尽量清除油箱内的余油，之后在油箱内加注半箱10%的氢氧化钠溶液，有热碱水更好，这样能使余油和残渣溶化在热碱水中。同时来回晃动油箱，以增强清洗效果。也可以用金属清洗剂反复冲洗。油垢过厚时，应增加清洗次数。

（2）驱除油气。打开放油螺塞盖和浮子口，用自来水连续冲洗，并且加水至油箱口，倒出后再加入清水，重复几次，以此来驱除油箱内的油料蒸气。在未清除残油前，不宜使用压缩空气冲刷，避免汽油与空气剧烈碰撞。

（3）敞口散气。用清水驱气后，将油箱所有的大小盖口打开，放置在通风处，时间不少于24小时，直到嗅不出油味时，才可焊修油箱。

（4）充水焊补。在油箱内注入半箱冷水，将需要焊修的位置于水的上方再施焊；也可以将油箱浸入水池中，露出待焊部位，再进行焊补。

94. 焊接时为什么会发生烧伤、烫伤和火灾？如何预防事故的发生？

答：违章操作开关产生的开关电弧、焊接电弧和飞溅的金属熔滴，红热的焊条头、灼热的药皮熔渣和红热焊件，这些都是可能造成灼伤事故的热源。

当焊接回路闭合（焊钳与地线相接）时合闸，或电弧正在燃烧时拉闸，都将造成开关电弧，即开关的接点产生电弧。这种电弧现象是很危险的。

为防止灼伤事故的发生，应采取以下措施：

（1）完好的工作服及防护用具是保护焊工身体免受灼伤的必需品。为了避免飞溅金属进入裤内致伤，短上衣不应塞在裤里，同时裤脚应散开。裤脚也不应塞在靴子里。工作服的口袋应盖好，绝缘手套应完好。

（2）焊接电弧产生高温，用手套防护可以避免灼伤手臂，但在使用大电流时，尤其是粗丝二氧化碳保护焊时，焊钳上应有防护罩。

（3）红热的焊条头，扔在地上会烫伤别人的脚，扔在别人身上则会烫伤身体，故在高空作业更换焊条时，严禁乱扔焊条头。

（4）为防止操作开关时发生电弧灼伤，合开关时应将焊钳挂起或放在绝缘板上，拉开关时必须先停止焊接。总之，应当在焊接线路完全断开，没有电流的情况下，方可操作开关。

（5）在预热焊件时，为避免灼伤，烧热的焊件部分应用石棉板盖起来，只露出焊接的一部分。

（6）仰焊和横焊时，飞溅会很严重，应加强防护。

（7）为防止清渣时灼热的药皮烫伤眼睛，焊工应戴防护眼镜。防护眼镜应充分透明，不妨碍视力。

95. 焊接作业动火安全措施有哪些？

答：焊接作业动火安全措施有：

（1）切断与动火设备相连通的设备管线，必须采取盲板切断。

（2）将动火设备（如塔、容器、油罐、换热器、管线等）内的油品、溶剂、油气等可燃性物质彻底清理干净，并有足够时间进行蒸汽吹扫和水洗等置换，然后做爆炸分析和含氧量测定，合格后方可动火。动火前人在外边进行设备内打火试验，工作时人孔外应有人监护。

（3）动火附近的下水井、地漏、地沟、电缆等处应清除易燃物并予以封闭。

（4）塔内动火，可用石棉布或毛毡用水浸湿，铺在相邻两层塔盘，进行隔离。

（5）焊接回路线应接在焊件上，不得穿过下水井或其他设备搭火。

（6）高空动火不许火花四处飞溅，应以石棉布进行围接。

（7）动火过程中，遇有跑油、串油和易燃气体，应立即停止动火。动火现场，应备灭火工具（如蒸汽管、灭火器、沙子、铁锹等）。

（8）室内动火，应将门窗打开，将周围设备遮盖，封闭下水漏斗，清除油污，附近不得用汽油等易燃物质清洗设备零件。

（9）下水井动火，应将易燃物吹扫干净，封闭进出口。如向内接管线，而不在井内动火，则应将井内管子一端封闭予以隔离。

（10）上班开始工作前和下班后，均应认真检查条件是否有变化，不得留有余火，动火部位或部件应予以冷却。

96. 焊割盛装过燃料的容器应如何清洗？

答：焊割燃料容器时，即使容器内有极少量的残液，也必须进行彻底清洗。清洗方法有以下几种：

（1）一般燃料容器可用1L水加100g苛性钠或磷酸钠水溶液仔细清洗，时间可视容器的大小而定，一般约15~30min，洗后再用强烈水蒸气吹刷一遍方可施焊。

（2）当洗刷装有不溶于碱液的矿物油的容器时，可采用1L水加2~3g水玻璃或肥皂的溶液。

（3）汽油容器的清洗可采用水蒸气吹刷，吹刷时间视容器大小而定，一般2~24h。

如清洗不易进行时，把容器装满水以减少可能产生爆炸混合气体空间，但必须使容器上部的口敞开，防止容器内部压力增高。某些容器虽然停用很长时间，看似不用清洗和吹扫，但是动火后，粘在壳壁上的易燃易爆物质遇高温挥发，也会引起中毒、着火或爆炸。

97. 进入设备内部动火时，应注意哪些问题并采取哪些安全措施？

答：进入设备内部动火时，应注意及要采取的安全措施有：

（1）进入设备内部前，先要弄清设备内部的情况。

（2）该设备和外界联系的部件，都要进行隔离和切断，如电源和带在设备上的水管、料管、蒸气管、压力管等均要切断并挂牌。有污染物的设备应按要求进行清洗后才能进行内部焊割。

（3）进入容器内部焊割要实行监护制，派专人进行监护。监护人不能随便离开现场，并与容器内部的人员经常取得联系。

（4）设备内部要通风良好，不仅要驱除内部的有害气体，而且要向内部送入新鲜空气，严禁使用氧气、氮气作为通风气源，防止窒息或爆炸。

（5）氧-乙炔焊割炬要随人进出，不得任意放在容器内。

（6）在内部作业时，做好绝缘防护工作，防止发生触电等事故。

（7）做好人体防护，减少烟尘等对人体的侵害，目前多采用静电口罩。

98. 焊工作业“十不烧”包括哪些内容？

答：焊工作业“十不烧”包括：

（1）焊工没有操作证，且没有正式焊工在场指导，不能焊割。

（2）凡属特级、一级、二级动火范围的作业，未经审批不得擅自焊割。

（3）不了解作业现场及周围情况，不能盲目焊割。

（4）不了解被焊割件的内部是否安全，不能焊割。

（5）盛装过易燃易爆、有毒物质的各种容器，未经彻底清洗，不能焊割。

（6）用可燃性材料做保温层的部位及设备未采取可靠的安全措施，不能焊割。

（7）有压力或密封的容器、管道在没有采取有效安全措施之前，不能焊割。

（8）作业地点附近堆有易燃易爆物品，在未彻底清理或未采取安全措施之前，不能焊割。

（9）作业部位与外单位有接触，在未弄清楚对外单位有无影响或明知危险而未采取安全措施，不能焊割。

（10）作业地点附近有与明火相抵触的工种作业时，不能焊割。

99. 登高焊割作业有哪些安全要求?

答: 焊工在离地面2m以上的地点进行焊接与切割操作，即称为登高焊割作业。登高焊割作业必须采取安全措施防止发生高处坠落、火灾、电击和物体打击等工伤事故。

登高焊割作业的安全要求有:

（1）登高焊割人员必须经过健康检查合格。患有高血压、心脏病、恐高症、精神病和癫痫病等，酒后以及医生证明不能登高作业者一律不准登高操作。

（2）登高作业时，禁止把焊接电缆、气体胶管及钢丝绳等混绞在一起，或缠在焊工身上操作。在高处接近10kV高压线或裸导线排时，水平、垂直距离不得小于3m；在10kV以下高压线的水平、垂直距离不得小于1.5m，否则必须搭设防护架或停电，并经检查确无触电危险后，方准操作。电源切断后，应在开关上悬挂“有人工作，严禁合闸”的警示牌。

（3）登高焊割作业应设有监护人，电弧焊电源开关应在监护人近旁，遇有危险征象时立即拉闸。

（4）凡登高作业必须戴好安全帽，衣着要灵便，穿胶底鞋。要使用标准的防火安全带，不能用耐热性差的尼龙安全带，且安全带应牢固可靠。绳钩应挂在牢固的无尖锐棱角的构件上，要高挂低用，安全绳长度不可超过2m。

（5）焊工登高作业时，应使用符合安全要求的梯子，梯脚需包橡皮防滑，单人梯与地面夹角不应大于60°，上下端均应放置牢靠。使用人字梯时，其夹角在40±5°为宜，应用限跨铁钩挂牢，且高度不应超过2.5m，不准两个人在一个梯子上（或人字梯一侧）同时作业。

（6）登高作业的焊条、工具和小零件等必须装在牢固无孔洞的工具袋内，工作过程及工作结束后，应随时将作业点周围的一切物件清理干净，防止落下伤人。

（7）不得在空中投掷材料或物件，焊条头不得随意下扔，否则不仅能砸伤、烫伤地面人员，甚至能引燃地面可燃物品。

（8）登高焊割作业点周围及下方地面上火星所及的范围内，应彻底清除可燃易爆物品。一般在地面10m之内应用栏杆挡隔。工作过程中需有专人看护，要铺设接火盘接火。焊割结束后必须检查是否留下火种，确认合格后才能离开现场。

（9）有6级以上的大风、雨雪和雾天等条件下禁止登高焊割作业。

100. 焊接电光性眼炎主要在哪几种情况下容易发生?

答: 进行焊接作业时，为了防止强烈弧光和高温对眼睛和面部的伤害，应戴上配有特殊护目玻璃的防护面罩或专用护板。以下情况容易出现电光性眼炎:

（1）初学焊接者由于技术不熟练而违反操作规程，点燃电弧时还未戴好防护面罩，在熄灭电弧前过早揭开面罩，或在操作过程中看焊缝而受到弧光直接照射。

（2）辅助工在辅助焊接时未戴防护眼镜或不必要地注视弧光而受到不同程度的损害。

（3）无关人员通过焊接场地，受到临近光的突然强烈照射。

（4）同一场地内几部焊机联合作业，且距离太近，中间又缺少防护屏，弧光四射。

（5）工作场所照明不足，看不清焊缝，以致有先引弧，后戴面罩的情况。

（6）在狭小容器内焊接时，弧光通过容器内壁的反射，造成对操作人员的间接照射。

（7）防护面罩的镜片破裂而漏光。

101. 受到焊接电光性眼炎损伤，对人体有何危害？

答：一般电光性眼炎损伤程度与照射时间和电流强度成正比，与照射源的距离成反比。例如距离2m，受弧光照射20s，即可发生电光性眼炎。如果距离15m，则17min可发病。另外也与弧光的投射角度有关，弧光与角膜成直角照射时的作用最大，反之，角度越偏斜，作用也就越小。

电光性眼炎发病有一段潜伏期。一般在受到紫外线照射后6～8h发病，如果照射量过大，可短至30min后即发病。但潜伏期最长不大超过24h。

电光性眼炎恢复后，一般无后遗症，但少数可并发角膜溃疡、角膜浸润以及角膜遗留色素沉着。

轻症早期仅有眼部异物感和不适。重症则有眼部烧灼感和剧痛、流泪、眼睑痉挛、视物模糊不清，有时伴有鼻塞、流涕症状。检查可发现眼睑充血水肿，球结膜混合充血、水肿、瞳孔痉挛性缩小，眼睑和四周皮肤呈红色，可有水泡形成。角膜上皮有点状或片状剥脱。荧光素染色后可见角膜有弥漫性点状着色。

轻症患者大部分症状约12～18h后可自行消退，1～2天内即可恢复正常。重症患者病情持续时间较久，可长达3～5天。

屡次重复照射可引起慢性睑缘炎和结膜炎，甚至产生类似结节状角膜炎的角膜变性，使视力明显下降。个别情况还可影响视网膜。短暂而重复的紫外线照射，可产生累积作用，其结果与一次较久的照射无本质的差异。

102. 患焊接急性电光性眼炎如何治疗？

答：发现弧光灼伤眼睛，患焊接电光性眼炎后，要在第一时间马上用大量清水冲洗眼睛，或服用2片安乃近片剂，这样可减少疼痛感，并且痊愈快。电光性眼炎的救治注意事项如下：

（1）不要揉眼睛，以免加重损伤。

（2）用新鲜人奶或牛奶滴眼，每分钟1次，每次4～5滴，数分钟后症状即可减轻。

（3）用冷湿毛巾冷敷眼部。

（4）口服止痛药和镇静药。

（5）用抗菌眼药水或眼膏，以防止眼部感染；可用0.5%地卡因眼药水，严重者可用0.5%地卡因眼药膏，此药膏不宜过多使用，不痛时应即停用。不要用散瞳药物。

（6）电光性眼炎严重，症状又不缓解时，应及时到医院治疗。

（7）平时可配备电光眼药水和安乃近片剂，以备急用。

（8）急性期治疗应卧床闭目休息，并戴墨镜，以避免光线对眼睛的刺激。

103. 防止电焊弧光损伤和电弧灼伤的措施有哪些？

答：防止电焊弧光损伤的防护措施有：

（1）电焊工在施焊时，电焊机两极之间的电弧放电，将产生强烈的弧光，这种弧光能够伤害电焊工的眼睛，造成电光性眼炎。为了预防电光性眼炎，电焊工应使用符合劳动防护要求的面罩。面罩上的电焊护目镜片，应根据焊接电流的强度选择，用符合作业条件的遮光镜片。

（2）为了保护焊接工地其他人员的眼睛，一般在小件焊接的固定场所和有条件的焊接工地都要设立不透光的防护屏，屏底距地面应留有不大于300mm的间隙。

（3）合理组织劳动和作业布局，以免作业区过于拥挤。

（4）注意眼睛的适当休息。焊接时间较长，使用规模较大时，应注意中间休息。如果已经出现电光性眼炎，应到医务部门治疗。

防止电弧灼伤的措施有：

（1）焊工在施焊时必须穿好工作服，戴好电焊用手套和脚盖。绝不允许卷起袖口，穿短袖衣以及敞开衣服等进行电焊工作，防止电焊飞溅物灼伤皮肤。

（2）电焊工在施焊过程中更换焊条时，严禁乱扔焊条头，以免灼伤别人和引起火灾事故。

（3）为防止操作开关和闸刀时发生电弧灼伤，合闸时应将焊钳挂起来或放在绝缘板上，拉闸时必须先停止焊接工作。

（4）在焊接预热焊件时，预热好的部分应用石棉板盖住，只露出焊接部分进行操作。

（5）仰焊时飞溅严重，应加强防护，以免发生被飞溅物灼伤事故。

104. 焊工防止高温热辐射和有毒气体损伤的防护措施有哪些？

答：防止高温热辐射的防护措施有：

（1）电弧是高温强辐射热源。焊接电弧可产生3000℃以上的高温。手工焊接时电弧总热量的20%左右散发在周围空间。电弧产生的强光和红外线造成对焊工的强烈热辐射。红外线虽不能直接加热空气，但在被物体吸收后，辐射能转变为热能，使物体成为二次辐射热源。因此，焊接电弧是高温强辐射的热源。

（2）通风降温措施。焊接工作场所加强通风设施（机械通风或自然通风）是防暑降温的重要技术措施，尤其是在锅炉等容器或狭小的舱间进行焊割时，应向容器或舱间送风和排气，加强通风。在夏天炎热季节，为补充人体内的水分，给焊工供应一定量的含盐清凉饮料，也是防暑的保健措施。

防止有毒气体损伤的措施有：

（1）在焊接过程中，为了保护熔池中熔化金属不被氧化，在焊条药皮中有产生大量保护气体的物质，其中有些保护气体对人体是有害的。为了减少有毒气体的产生，应选用高质量的焊条，焊接前清除焊件上的油污，有条件的要尽量采用自动焊接工艺，使焊工远离电弧，避免有害气体对焊工的伤害。

（2）利用有效的通风设施，排除有毒气体。车间内应有机械通风设施进行通风换气。

在容器内部进行焊接时，必须对焊工工作部位送新鲜空气，以降低有毒气体的浓度。

（3）加强焊工个人防护，工作时戴防护口罩。定期进行体检，以预防职业病。

105. 焊条电弧焊时，为什么会发生锰中毒？

答：在焊接过程中，产生大量烟气，其主要成分为氧化的金属气体，主要是二氧化锰、氧化铁、氧化铬等，以及由于伴随的碳元素燃烧和在强烈的紫外线照射下，产生的一氧化碳、氮氧化物和臭氧等气体。

因此，在露天或通风良好的场所进行焊接时，不致形成高浓度，而在通风不良的场所，如船舱、锅炉或罐内进行焊接操作时，若缺乏相应的防护措施，由于烟尘不易驱散，长期吸入锰的烟尘，会发生锰中毒。

电弧焊锰中毒是个慢性过程。发病很慢，可在接触锰后3~5年，甚至长达10余年才逐渐发病。这与劳动条件及焊工本人体质的敏感性有一定关系。

近年来锰中毒的发病率已显著下降，一方面是焊接安全预防工作的加强，另一方面是淘汰了高锰焊条（含锰40%）。目前所使用焊条的含锰量，酸性型为10%~18%，碱性型为6%~8%，因而焊接烟尘中的锰含量较明显下降。

106. 中暑的原因和表现有哪些？

答：中暑的原因：正常人体温恒定在37℃左右，是通过下丘脑体温调节中枢的作用，使产热与散热取得平衡。当周围环境温度超过皮肤温度时，散热主要靠出汗，以及皮肤和肺泡表面的蒸发。人体的散热还可以通过血液循环，将深部组织的热量带至上下组织，通过扩张的皮肤血管散热，因此经过皮肤血管的血流越多，散热就越快。如果产热大于散热或散热受阻，体内有过量的热蓄积，即产生高热中暑。

中暑的表现：中暑的表现分为先兆中暑、轻症中暑和重症中暑三种。

（1）先兆中暑。在高温作业场所工作一定时间后，出现大量出汗、口渴、头晕、耳鸣、胸闷、心悸、恶心、全身疲乏、四肢无力、注意力不集中、动作不协调等症状，体温正常或略有升高（不超过37.5℃）。此时如能及时离开高温环境，经休息后短时间内即可恢复正常。

（2）轻症中暑。除有先兆中暑症状外，尚有下列症状之一而被迫停止劳动者，为轻症中暑：体温在38.5℃以上；面色潮红、胸闷、皮肤灼热；有呼吸、循环衰竭的早期症状，如面色苍白、恶心、呕吐、大量出汗、皮肤湿冷、血压下降、脉搏细弱而快等情况。轻症中暑处理得当，在4~5小时内可以恢复。

（3）重症中暑。除具有轻症中暑的症状外，在工作中突然昏倒或痉挛，或皮肤干燥无汗，体温在40℃以上。对重症中暑必须及时进行抢救治疗。

107. 中暑的急救措施有哪些？

答：中暑的急救措施有：

（1）搬移。迅速将患者抬到通风、阴凉、干爽的地方，使其平卧并解开衣扣，松开或脱去衣服，如衣服被汗水湿透应更换衣服。

（2）降温。患者头部可捂上毛巾，用50%酒精、白酒、冰水或冷水进行全身擦拭，然后用电风扇吹风，加速散热，当体温降至38℃以下，停止一切强制降温措施。

(3) 补水。患者仍有意识时，可给一些清凉饮料，在补充水分时，可加入少量盐或小苏打。不可急于补充大量水分，否则会引起呕吐、腹痛、恶心等症状。

(4) 促醒。人若已失去知觉，可指掐人中、合谷等穴位，使其苏醒。若停止呼吸，应立即实施人工呼吸。

(5) 转送。重症中暑病人，必须立即送医院救治。搬运病人时，应用担架运送，不可让患者步行，同时运送途中要注意，尽可能用冰袋敷于病人额头、枕后、胸口等部位，积极进行物理降温，以保护大脑、心肺等重要器官。

108. 对焊工工作服有哪些要求？

答：对焊工工作服的要求有：

(1) 焊工的工作服应该根据焊接与切割的工作特点选用。

(2) 棉帆布的工作服广泛用于一般的焊接、切割工作，工作服的颜色为白色。

(3) 气体保护焊在电弧紫外线的作用下，能产生臭氧等气体，应穿用粗毛呢或皮革等面料制成的工作服，以防焊工在操作中被烫伤或体温增高。

(4) 从事全位置焊接工作的焊工，应该配备用皮革制成的工作服。

(5) 在仰焊、气割时，为防止火星、焊渣从高处溅落到焊工的头部和肩上，焊工应在颈部围毛巾，穿着用防燃材料制成的护肩、长袖套、围裙和鞋盖等。

(6) 焊工穿用的工作服不应潮湿，工作服的口袋应有袋盖，上身应遮住腰部，裤长应罩住鞋面，工作服不应有破损、孔洞和缝隙，不允许沾有油脂。

(7) 焊接与切割作业用的工作服，不能用一般合成纤维织物制作。

109. 对焊工手套和防护鞋有哪些要求？

答：对焊工手套和防护鞋的要求有：

(1) 焊工使用的手套应选用耐磨、耐辐射的皮革或棉帆布和皮革合制材料制成的，其长度不应小于300mm，要缝制结实。

(2) 焊工在可能导电的焊接场所工作时，所用手套应由具有绝缘性能材料制成，并经5000V耐电压试验合格后方能使用。

(3) 焊工手套不应沾有油脂。不应戴有破损和潮湿的手套。

(4) 焊工的防护鞋应具有绝缘、抗热、不易燃、耐磨损和防滑的性能。

(5) 焊工穿用的防护鞋橡胶鞋底，应经过5000V耐电压试验合格，如果在易燃易爆场合焊接时，鞋底不应有鞋钉，以免产生摩擦火星。

(6) 在有积水的地面焊接与切割时，焊工应穿用经过6000V耐电压试验合格的防水橡胶鞋。

110. 对焊工面罩和护目镜有哪些要求？

答：对焊工面罩和护目镜的要求有：

(1) 电焊面罩。电焊面罩是保护电焊工面部免受弧光损伤的防护用具。同时，还能防止被飞溅的金属灼伤，减轻烟尘和有害气体对呼吸器官的伤害。

焊接面罩的滤光片、保护片性能要求表面质量及内在疵病、保护片可见光透射比、滤光片颜色、滤光片透射比、屈光度偏差、平行度和强度性能等与焊接防护眼镜要求一致。

（2）气焊时使用的护目镜主要是保护焊工的眼睛不受火焰亮光的刺激，以便在焊接过程中既能够仔细观察熔池金属，又可防止飞溅金属微粒溅入眼睛内。

护目镜的镜片颜色的深浅，根据焊工的需要和焊接电流进行选用。颜色太深或太浅都会妨碍对熔池的观察，影响工作效率。一般宜用3～7号的黄绿色镜片。

2.5　其他常见的焊接与切割作业

111. 埋弧焊的特点和应用范围是什么？

答：埋弧焊是电弧在焊剂层下燃烧进行焊接的方法。埋弧焊时电弧是在一层颗粒状的可熔化焊剂覆盖下燃烧，电弧不外露，埋弧焊因此而得名。所用的金属电极是不间断送进的裸焊丝。

目前主要应用的是埋弧自动焊，与焊条电弧焊相比，埋弧自动焊有以下优点：

（1）生产率高。

（2）焊缝质量好且稳定。

（3）节省焊接材料和电能。

（4）工人劳动条件得到改善。

（5）对焊工操作技术要求较低。

埋弧自动焊的缺点：

（1）焊接设备较复杂，设备投资较大。

（2）只适用于平焊和平角焊。

（3）对坡口精度、组装间隙等要求较严格。

埋弧自动焊主要用于中厚板的平焊和平角焊、有规则的长焊缝，适用于焊接低碳钢、低合金钢、不锈钢等。

埋弧焊机一般包括弧焊电源、控制箱和机头（或自动焊车）三部分，如图2-16所示。

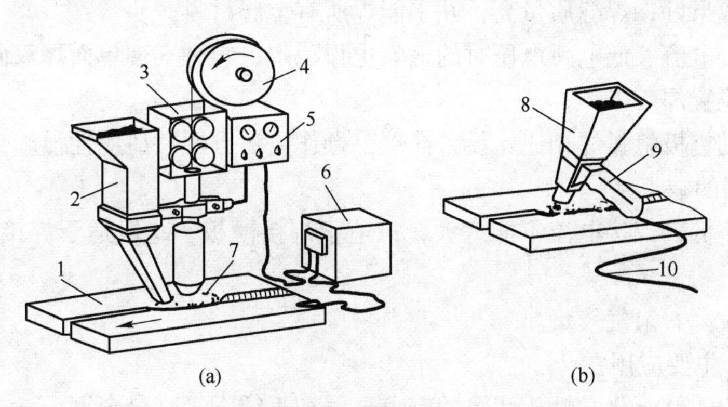

图2-16　埋弧焊示意图

（a）自动埋弧焊；（b）半自动埋弧焊

1—工件；2，8—焊剂盒；3—送丝轮；4—焊丝盘；5—操作面板；6—控制箱；7—焊剂；9—手把；10—电缆

112. 埋弧焊安全操作规程有哪些规定?

答: 埋弧焊安全操作规程有:

(1) 埋弧焊焊接电缆应符合焊接电源额定焊接电流的容量，连接部分要牢固。经常检查导线的绝缘情况，电源及控制箱应良好接地，经常检查接地电阻，以保证安全。

(2) 焊接过程中应始终保持焊剂连续覆盖，以免焊剂中断出现强烈弧光，伤害眼睛。

(3) 焊接电源、控制箱和接线板上的防护罩必须盖好。焊接过程中要理顺导线，防止被熔渣烧损。如发现电缆破损要及时处理，以保证绝缘良好，以免触电。

(4) 操作时应穿戴绝缘鞋、手套和护目镜。对于固定台位，可加绝缘挡板隔热，并有良好的通风设施。

(5) 要求焊接小车周围无障碍物，焊剂要干燥。若焊剂潮湿，应进行烘干处理，否则会产生大量的蒸汽，从而加大熔渣飞溅，造成烫伤。

(6) 在埋弧焊焊剂成分中，含有氧化锰等对人体有害的物质，所以焊接过程中，要加强通风。

(7) 在调整送丝机构及电焊机工作时，手指不得触及送丝轮，以防挤伤。

(8) 当埋弧焊机发生电气部分故障时，应立即切断电源，以防事故扩大，并及时通知电工修理。

113. 氩弧焊的特点和应用范围是什么?

答: 氩弧焊是氩气保护电弧焊。氩弧焊有钨极氩弧焊和熔化极氩弧焊两种。钨极氩弧焊是用钨棒作电极，属不熔化极，但钨棒有烧损。钨极氩弧焊需另加填充焊丝。熔化极氩弧焊是用焊丝作电极，属熔化极。焊丝既作为电极，又作为填充金属，其作用与焊条芯、埋弧焊焊丝一样。

钨极氩弧焊的优点主要有:

(1) 保护效果好，焊缝质量高，几乎能焊所有金属材料。

(2) 小焊接电流、低电弧电压时的电弧也很稳定，容易实现单面焊双面成形。

(3) 可全位置焊。

(4) 与自动钨极氩弧焊相比，设备简单，操作灵活方便，适应性强。

钨极氩弧焊的缺点是:

(1) 生产率低，焊接电流不能太大，只适于焊接薄板，一般适于焊接6mm以下的焊件。

(2) 成本较高，氩气较贵。

钨极氩弧焊主要应用在:

(1) 焊接铝、钛等化学性质活泼的有色金属和不锈钢等高合金钢。

(2) 接头性能质量要求高的单面焊的打底焊，例如高压管道的打底焊等。

(3) 焊接薄板，例如厚度不大于6mm的焊件，必要时还可采用脉冲钨极氩弧焊。

钨极氩弧焊可分为手工钨极氩弧焊和自动钨极氩弧焊。目前应用较广泛的是手工钨极氩弧焊方法。手工钨极氩弧焊设备包括弧焊电源、控制箱、焊枪和供气系统等部分，如图 2-17 所示。

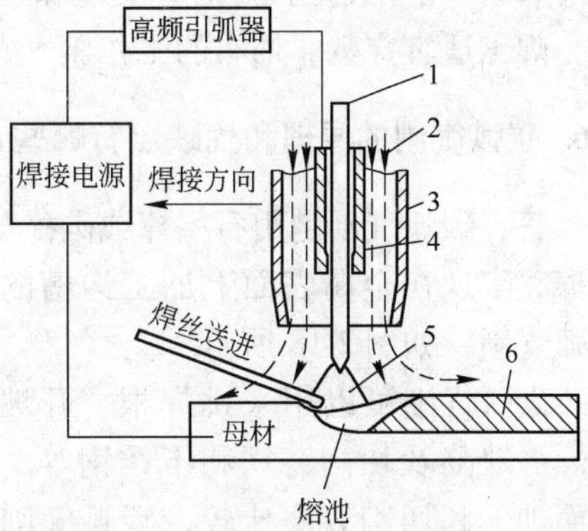

图 2-17 钨极氩弧焊原理图

1—钨电极；2—惰性气体（氩气）；3—气体喷嘴；4—电极夹；5—电弧；6—焊缝金属

114. 钨极氩弧焊操作有哪些不安全因素?

答: 气体保护焊由于使用的电流密度大、弧光强烈，应用高压气瓶，因此，存在着触电、弧光灼伤、烫伤、有毒气体及粉尘中毒，甚至发生火灾、爆炸等危险，具体表现在：

（1）操作过程中，电焊机接地或绝缘出现故障时，有可能造成焊工触电事故。

（2）氩弧焊时产生大量的臭氧及氮氧化物，是对人体健康有害的。

（3）磨削钍钨棒时，所产生的粉尘带有放射性，如果进入人身体内将造成危害。

（4）在使用高频引弧焊机或装有高频引弧装置进行氩弧焊时，在引弧的极短时间内，会在局部工位产生高频电磁场（频率 1MHz，电压 2500 ~ 3000V），其磁场强度超过国家卫生标准 2 ~ 5 倍。长期接触较强的高频电磁场，将造成焊工植物性神经紊乱和神经衰弱。

（5）使用的高压气瓶在贮存、运输和操作使用过程中都存在爆炸危险性。

115. 钨极氩弧焊安全操作规程有哪些规定?

答: 钨极氩弧焊安全操作规程有：

（1）在移动电焊机时，应取出机内易损电子器件单独搬运，以防止焊机内的电子元器件损坏。

（2）电焊机应有可靠接地。电焊机内的接触器、继电器等元件，焊枪夹头的夹紧力以及喷嘴的绝缘性能等，应定期检查。

（3）高频引弧焊机或装有高频引弧装置时，焊接电缆都应有铜网编织屏蔽套，并可靠接地。

（4）穿戴好个人防护用品，应在通风良好的作业条件下工作。工作场地严防潮湿和存有积水，严禁堆放易燃易爆物品。

（5）应防止磕碰焊枪，严禁把焊枪放在工件或地上。焊接作业结束后，禁止立即用手触摸焊枪导电嘴，以免烫伤。

（6）盛装保护气体的高压气瓶应小心轻放，竖立固定，氩气瓶与热源距离一般应大于 10m。

（7）排除施焊中产生的臭氧、氮氧化物等有害物质，应采取有效的通风措施。

（8）氩弧焊用的钨极应有专用的保管地点且放在铅盒内保存，并由专人负责发放，焊工随用随取，报废的钨极要收回集中处理。

（9）焊工打磨钍钨极，应在专用的有良好通风装置的砂轮上或在抽气式砂轮上进行，并穿戴好个人防护用品。打磨完毕，立即洗净手和脸。

(10) 由于在氩弧焊时，臭氧和紫外线的作用较强烈，对焊工的工作服破坏较大，所以，焊工适宜穿戴非棉布的工作服（如耐酸呢、柞丝绸等）。

116. 碳弧气刨的原理和优缺点有哪些?

答：碳弧气刨是用石墨棒或碳极与工件间产生的电弧将金属熔化，并用压缩空气将其吹掉，实现在金属表面上加工沟槽的方法叫碳弧气刨，如图 2-18 所示。

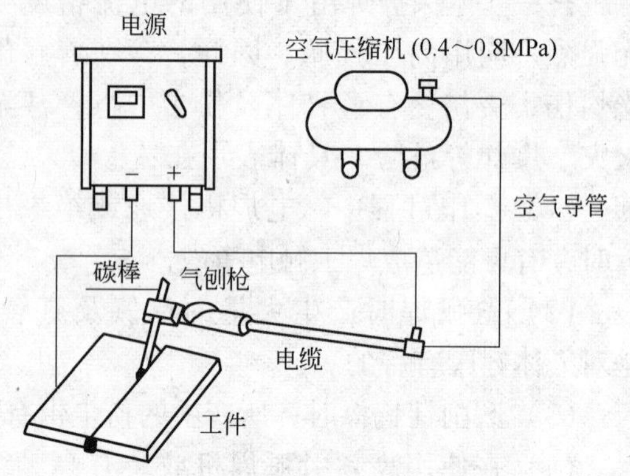

图 2-18 碳弧气刨设备示意图

碳弧气刨可以用来挑焊根、开坡口、返修焊缝缺陷及切割铸铁和不锈钢等。与其他表面加工和切割方法比较，碳弧气刨具有如下优点：

(1) 与风铲相比，在开坡口及挑焊根时，碳弧气刨可以提高工效 4 倍以上，尤其是在开 U 形坡口时，效果更加显著。

(2) 与风铲相比，碳弧气刨能减轻劳动强度，减少噪声，改善劳动条件。

(3) 与风铲相比，碳弧气刨在刨除焊缝缺陷时，操作者可直接用肉眼观察是否被刨净，焊补后的合格率很高。

(4) 与氧气切割相比，碳弧气刨能切割氧气切割难以切割的材料，如不锈钢、铸铁、铜和铝等。

(5) 碳弧气刨工具设备简单，操作方便，最适于金属缺陷的清除工作。

碳弧气刨的缺点是气刨过程中会产生烟尘，对环境造成污染，对操作者健康有一定影响，并且需要采用功率较大的直流电源，费用较高。

117. 进行手工碳弧气刨时，应怎样安全操作?

答：进行手工碳弧气刨时，安全操作要求有：

(1) 准备工作：

1) 清理工作场地，去除易燃、易爆物品。

2) 调整碳弧气刨的工艺参数包括：选择电源极性、刨削电流与电极直径、压缩空气的流量等。

3) 检查电源接线是否良好，气刨枪是否正常。佩戴好安全防护用具。

(2) 安全技术要求：

1) 在雨雪和大风天不得进行露天气刨和切割。

2) 露天作业时，应尽可能顺风向操作，防止被吹散的铁水及熔渣烧伤，并注意场地的防火。

3) 在容器或舱室内部作业时，内部尺寸不能过于狭小，必须加强通风，并采取排除烟尘措施，并设专人监护安全。

4) 手工碳弧气刨和切割时，使用的电流较大，应注意防止电源过载或长时间连续使用发热而损坏，注意防止触电事故。

5）碳弧气刨和切割操作现场15m半径以内不准有易燃易爆物品存在。

6）碳弧气刨和切割过程中，大量的高温铁液被电弧吹出，容易引起烫伤和火灾事故。

7）气刨枪通常使用0.5MPa的压缩空气，以增强其喷射压力。检查气刨枪故障时，不要将人的面部直对喷口，必须关闭气阀后再进行检查。

8）更换或移动热碳棒时，必须由上往下插入夹钳内。严禁用手抓握引弧端，以防炽热的碳棒烧焦手套或烫伤手掌。

9）碳弧气刨和切割时的噪声较大，尖锐、刺耳的噪声容易危害人体的健康。

10）碳弧气刨和切割的电流比焊接电流大得多，弧光更强烈，弧光的伤害也最大，应注意防护。

118. 简述二氧化碳气体保护电弧焊工作原理。

答：利用CO_2气体在焊丝熔化极电弧焊中对电弧及熔化区母材进行保护的焊接方法称为二氧化碳气体保护电弧焊（简称CO_2焊），其工作原理如图2-19所示。CO_2焊是熔化极气体保护焊的一种，广泛用于低碳钢和低合金钢等黑色金属的焊接。

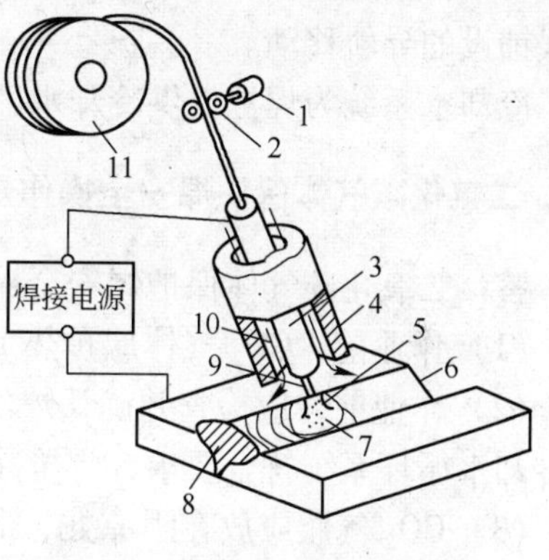

图2-19 CO_2电弧焊工作原理

1—送丝电机；2—送丝轮；3—电击夹；4—喷嘴；5—电弧；6—母材；7—熔池；8—焊缝金属；9—电击焊丝；10—保护气；11—焊丝盘

（1）CO_2气体保护焊优点：

1）焊接生产率高。利用CO_2焊焊接中厚板时，可以选择较粗焊丝，使用较大焊接电流实现细颗粒过渡，焊丝熔化速度快，熔敷率高。

2）焊接成本低。CO_2焊焊丝能大量生产，CO_2气体在工业中大量使用，与氩气、氦气相比，其价格便宜，具有经济性。

3）焊接能耗低。与焊条电弧焊和钨极氩弧焊相比，对相同厚度、相同长度的焊缝进行焊接，CO_2焊对焊丝和母材的熔化效率更高，焊接速度更快，消耗的电能更低，是一种较好的节能焊接方法。

4）适用范围广。CO_2焊可以采取自动或半自动焊法，对任何位置、任何角度、任何长度及复杂的曲面焊缝都可进行焊接。

5）CO_2焊是一种低氢型或超低氢型焊接方法，焊缝含氢量少，抗裂性能好。

6）焊后不需清渣，明弧焊接便于监视，有利于机械化操作。

7）焊接保护效果良好。CO_2气体密度较大，并且受电弧加热后体积膨胀也较大，在隔离空气保护焊接电弧和熔池方面效果较好。

（2）CO_2气体保护焊缺点：

1）CO_2气体具有氧化性，不能焊接化学性质活泼的金属。

2）CO_2焊产生很大的烟尘，操作环境不好。

3）CO_2焊抗风能力差。

4）CO_2焊熔滴过渡不稳定，飞溅量较大。

119. 二氧化碳气体保护焊设备由哪几部分组成？

答：二氧化碳气体保护焊设备由焊接电源、焊丝送给装置、焊枪、行走台车和冷却水循环系统组成。

目前我国半自动 CO_2 焊应用最为广泛，其焊接电源多为平特性的硅整流、晶闸管整流及逆变整流弧焊电源，其空载电压为16~70V。CO_2 焊接电源的控制系统，通常要求具有提前送气、滞后停气，空载时可控制焊丝的送进与回抽，预置气体流量，焊接结束时先停丝、后停电等功能。

焊丝送给装置的主要作用是将卷在焊丝盘上的焊丝送到焊枪中，送丝方式分推丝式、拉丝式和推拉式三种。

焊枪主要完成向焊接区喷出保护气体，通过送丝装置送进焊丝，对焊丝通电产生电弧。半自动焊焊枪由操作者拿在手中进行操作，因此重量轻、易于操作。

行走台车是搭载焊枪、焊丝送进装置、部分控制装置的自动行走台车，通常是沿着焊接线铺设的导轨移动。

冷却水系统为焊枪提供冷却水，许多场合是通过水泵进行循环式冷却的。

120. 二氧化碳气体保护焊安全操作规程有哪些规定？

答：二氧化碳气体保护焊安全操作规程有：

（1）作业前，CO_2 气体应预热15min。开气时，操作人员应站在瓶嘴的侧面。

（2）作业前，应检查并确认焊丝的进给机构、电线的连接部分、CO_2 气体的供应系统及冷却水循环系统符合要求，焊枪冷却水系统不得漏水。

（3）CO_2 气瓶应放在阴凉处，最高温度不得超过30℃，放置牢固，不得靠近热源。

（4）CO_2 气体预热器端的电压，不得大于36V，作业后应切断电源。

（5）焊接操作人员必须按规定穿戴好劳动防护用品，必须采取防止触电、高处坠落、中毒和火灾事故的安全防护措施。

（6）现场使用的电焊机，应有防雨、防潮、防晒的遮棚，并装有相应的消防器材。

（7）对承压状态的压力容器及管道、带电设备、承压结构和装有易燃、易爆物品的容器严禁进行焊接。

121. 二氧化碳气体保护焊安全防护措施有哪些？

答：二氧化碳气体保护焊安全防护措施有：

（1）焊接作业地点附近不得有易燃、易爆物品。作业现场的周围存在易燃物品时，必须确保规定的安全距离，并采取严密的防范措施。

（2）作业人员应戴完好、干燥、阻燃的手套，穿工作服及绝缘鞋等个人防护用品。

（3）所使用的 CO_2 气瓶必须符合国家质量监督检验检疫总局《气瓶安全监察规程》的有关规定。CO_2 气瓶应远离热源，避免太阳曝晒，严禁对气瓶强烈撞击以免引起爆炸。

（4）焊丝送入导电嘴后，不得将手指放在焊枪喷嘴口检查焊丝是否伸出，更不准将焊枪喷嘴对着面部观察焊丝的伸出情况。

（5）严禁将焊枪喷嘴靠近耳朵、面部及身体的其他裸露部位试探气体的流量。

（6）CO_2 预热器应采用安全电压，否则必须加装防触电保护装置。

（7）要保证有良好的通风条件，特别是在通风不良的小屋内或容器内焊接时，要注意排风和通风，以防 CO_2 气体中毒。通风不良时应戴口罩或防毒面具。

（8）遵守有关安全防护措施及要求，防止电击及防灼烫等。

122. 简述等离子弧切割的原理。

答：等离子弧切割是利用高温等离子电弧的热量使工件切口处的金属局部熔化（和蒸发），并借高速等离子的动量排除熔融金属，以形成切口的一种加工方法。常用的等离子弧工作气体有氩、氢、氮、氧、空气、水蒸气以及某些混合气体。等离子弧切割广泛运用于汽车、机车、压力容器、化工机械、核工业、通用机械、工程机械、钢结构等行业。等离子弧切割机主要用在金属板材的切割，包括在一些使用其他设备无法切割的情况下使用，可针对各种性质不同的金属材料，包括不锈钢、合金钢、碳钢、铜和其他有色金属材料。

用等离子弧可将板材切割成所需要的形状。

等离子弧焊接与切割设备主要由电源、焊枪、控制电路、供气及供水系统组成。具有陡降或垂降外特性的直流电源均可用作等离子弧焊电源，如各种整流焊机和弧焊发电机等。

123. 等离子弧焊接与切割安全防护措施有哪些？

答：等离子弧焊接与切割安全防护措施有：

（1）防电击。等离子弧焊接与切割作业主要危险因素是电击。因此，在等离子弧焊接与热切割作业的安全防护中，应特别注重防止电击。

（2）防电弧光辐射。电弧光辐射主要由紫外线辐射、可见光辐射与红外线辐射组成。等离子弧较其他电弧的光辐射强度更大，尤其是紫外线强度，对皮肤损伤严重，操作者在焊接或切割时必须带上正规的面罩、手套，同时颈部也要保护，自动操作时，可在操作者与操作区设置保护屏。等离子弧切割时，可采用水中切割方法，利用水来吸收光辐射。

（3）防灰尘与烟气。等离子弧焊接和切割过程中伴随有大量气化的金属蒸气、臭氧、氮化物等。尤其切割时，由于气体流量大，致使作业场地上的灰尘大量扬起，这些烟气与灰尘会对操作人员的呼吸道、肺等造成严重影响。因此要求作业场地必须配置良好的通风设施。切割时，在栅格工作台下方还可设置排风装置，也可以采取水中切割方法。

（4）防噪声。等离子弧会产生高强度、高频率的噪声，尤其采用大功率等离子弧切割时，噪声更大，其噪声能量集中在2000~8000Hz范围内。要求操作者必须戴耳塞，有条件时可尽量采用自动化切割，使操作者在隔声良好的操作室内工作，也可以采取水中切割方法，利用水来吸收噪声。

（5）防高频。等离子弧焊接和切割都采用高频振荡器引弧，但高频对人体有一定危害。引弧频率选择在20~60kHz较为合适，还要求工件接地可靠，转移弧引燃后，立即可靠地切断高频振荡电源。

3 电工作业安全技能

国家安全生产监督管理总局发布的《特种作业人员安全技术培训考核管理规定》中明确将高压电工作业、低压电工作业、防爆电气作业列为特种作业。

3.1 基础知识

124. 在电气作业中高压与低压是怎样划分的?

答: 额定电压在1kV以下者称为低压;在1kV及以上者称为高压;在330kV及以上者为超高电压;在1000kV及以上者称为特高压。

根据《电压安全工作规程》(DL409—1991),从人身安全角度考虑将电气设备分为高压和低压两种:对地电压在250V以上者为高压电气设备;对地电压在250V以下者为低压电气设备。

125. 额定电压的等级如何确定?

答: 我国现阶段各种电力设备额定电压应根据电源电压和用电设备电压、容量、供电距离确定。目前我国电力系统中,220kV及以上电压等级多用于大电力系统的架空线路;110kV电压既用于中、小型电力系统的架空线路,也用于电力系统的二次网络;35kV电压则多用于电力系统的二次网络或内部供电网络,一般内部多采用6~10kV的高压配电电压,380V与220V电压等级作为低压配电电压。

126. 什么是安全电流?

答: 电流通过人体时,对人体机能组织不造成伤害的电流值,即为安全电流。

通过人体的电流越大,人体的生理反应越明显,引起心室纤维性颤动所需要的时间越短,致命的危险性越大。按照人体所呈现的不同状态,将通过人体的电流划分为3个界限:

(1)感知电流。指引起感觉的最小电流。感觉为轻微针刺、发麻等。就平均值(概率50%)而言,男性约为1.1mA,女性约为0.7mA。感知电流一般不会对人体构成伤害,但当电流增大时,感觉增强,反应加剧,可能导致高处坠落等二次事故。

(2)摆脱电流。指能自主摆脱带电体的最大电流。超过摆脱电流时,由于受刺激肌肉收缩或中枢神经失去对手的正常指挥作用,导致无法自主摆脱带电体。就平均值(概率50%)而言,男性约为16mA,女性约为10.5mA;就最小值(可摆脱概率99.5%)而言,男性约为9mA,女性约为6mA。

(3)室颤电流。指引起心室发生心室纤维性颤动的最小电流。动物实验和事故统计资料表明,心室颤动在短时间内可导致死亡。室颤电流与电流持续时间关系密切。当电流持续时间超过心脏周期时，室颤电流仅为50mA左右；当持续时间短于心脏周期时，室颤电流为数百mA。当电流持续时间小于0.1s时，只有电击发生在心室易损期，500mA以上乃至数安的电流才能够引起心室颤动。

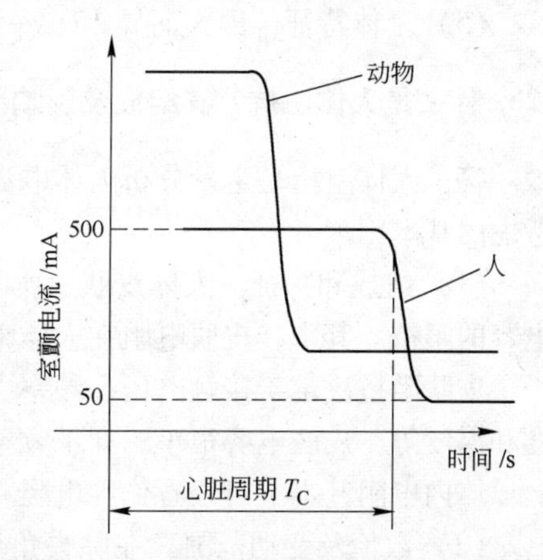

图3-1 室颤电流与电流持续时间的关系

感知电流、摆脱电流、室颤电流均指流过人体的电流，而当电流直接流过心脏时，数十微安的电流即可导致心室颤动。室颤电流与电流持续时间的关系大致如图3-1所示。

关于人体安全电流值，各国的规定不尽一致，我国也没有明确规定。通常取触电时间不超过1s的安全电流值为30mA。在空中、水面等可能因电击造成严重二次事故的场合，人体允许电流应为不引起强烈痉挛的5mA。

127. 电击严重程度与哪些因素有关？

答：电击严重程度与以下因素有关：

（1）电流值。流经人体电流的大小取决于外加电压的高低和人体电阻的大小。一般情况下人体电阻为1000～1500Ω。

当人体通过0.6mA的电流，就会引起麻刺的感觉；通过20mA的电流，就会引起剧痛和呼吸困难；通过50mA的电流就会有生命危险；通过100mA以上电流，就能引起心脏麻痹，停止跳动。人体对触电电流的反应见表3-1。

表3-1 人体对触电电流的反应

电流/mA	通电时间/min	人体反应	
		交流电（50Hz）	直流电
0～0.5	连续	无感觉	无感觉
0.5～5	连续	有麻刺、疼痛感、无痉挛	无感觉
5～10	数分钟内	痉挛、剧痛、但可以摆脱电源	有针刺、压迫及灼热感
10～30	数分钟内	迅速麻痹，呼吸困难，不能自主摆脱电源	压痛、刺痛、灼热强烈、有抽搐
30～50	数秒至数分钟	心跳不规律，昏迷，强烈痉挛	感觉强烈，有剧痛痉挛
50～100	超过3s	心室颤动，呼吸麻痹，心脏麻痹而停跳	剧痛，强烈痉挛，呼吸困难或麻痹

（2）电流持续时间。电流通过人体的持续时间越长，越容易引起心室颤动，危险性就越大。

（3）电流途径。电流通过人体的途径有从手到脚、手到手和脚到脚三种。从手到脚的途径最危险。

（4）电流种类。直流电流、高频交流电流、冲击电流以及特殊波形电流都会对人体造成伤害，其伤害程度一般较工频电流轻。

（5）个体特征。因人而异，因每个人健康情况、性别、年龄等不同有所不同。

128. 什么是人体阻抗？其组成及影响因素有哪些？

答：人体阻抗是定量分析人体电流的重要参数之一，是处理许多电气安全问题所必须考虑的基本因素。

（1）组成和特征。人体皮肤、血液、肌肉、细胞组织及其结合部等构成了含有电阻和电容的阻抗。其中，皮肤电阻在人体阻抗中占有很大的比例。

皮肤阻抗决定于接触电压、频率、电流持续时间、接触面积、接触压力、皮肤潮湿程度和温度等。皮肤电容很小，在工频条件下，电容可忽略不计，将人体阻抗看作纯电阻。

体内电阻基本上可以看作纯电阻，主要决定于电流途径和接触面积。

（2）数值及变动范围。在除去角质层，干燥的情况下，人体电阻约为1000～3000Ω；潮湿的情况下，人体电阻约为500～800Ω。

（3）影响因素。接触电压的增大、电流强度及作用时间的增大、频率的增加等因素都会导致人体阻抗下降。皮肤表面潮湿、有导电污物、伤痕、破损等也会导致人体阻抗降低。接触压力、接触面积的增大均会降低人体阻抗。

129. 什么是安全电压？

答：安全电压是指人体较长时间接触带电体而不会发生触电危险的电压。所以说安全电压是防止触电事故的安全技术措施之一。

（1）安全电压源特点：

1）安全电压的特定电源是指单独自成回路的供电系统，该系统与其他电气回路不应有任何联系，如零线或地线。

2）使用变压器做电源时，其输入电路和输出电路要严格实行电器上的隔离，二次回路不允许接地。为防止高压侧电源窜入到低压侧，变压器的铁芯应牢固接地或接零。不允许用自耦变压器作为安全电压源。安全电压交流上限值为50V，额定等级有42V、36V、24V、12V、6V。

（2）安全电压的选用：

1）在湿度大、狭窄、行动不便、周围有大面积接地导体的场所（如金属容器内、隧道内、矿井内）所使用的手提照明灯，其安全电压应采用12V。

2）凡手提照明器具，在危险环境和特别危险环境的局部照明，高度不足2.5m的一般照明灯，携带式电动工具等，若无特殊安全装置和措施，安全电压均采用24V或36V。

（3）使用安全电压注意事项：

1）使用36V或12V电压应由隔离变压器提供，禁止采用由电阻降压或自耦变压器降压的方法提供。

2）隔离变压器应采用原副线圈分绕的安全隔离电源（见图3-2）。

3）采用12～36V安全电压的行灯，禁止使用灯头开关。

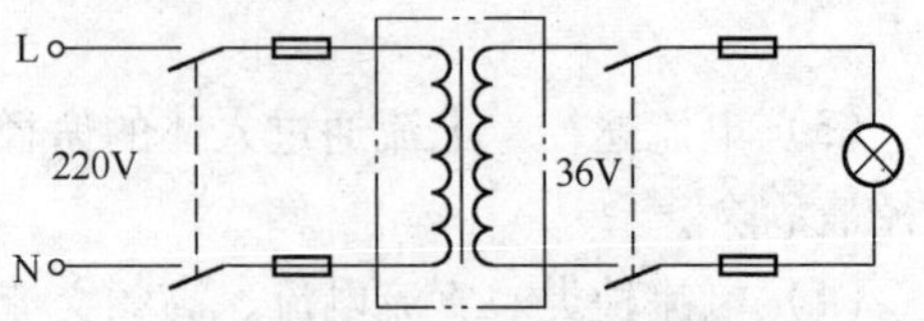

图3-2 安全隔离变压器接线图

4）使用安全电压的手提行灯，在灯泡外

面应有可靠的金属保护网。金属保护网应装在绝缘把手上，不应装在灯头上。

安全电压的规定是从总体上考虑的，对于某些特殊情况、某些人也不一定绝对安全。所以，即使在规定的安全电压下工作，也不可粗心大意。

130. 什么是过电压？产生的原因有哪些？

答： 电力系统在正常运行时，由于某种原因使得设备电压突然升高，甚至大大超过正常状态下的最大数值，这种对电气设备绝缘造成危害的电压称为过电压。

过电压产生的原因，可分为大气过电压和内部过电压两大类。

（1）大气过电压。由于大气中雷云放电，在电力系统引起过电压，称为大气过电压，又称为雷电过电压。雷电产生的原因很多，现象也较复杂。由于这种过电压与电网的工作电压本身没有直接关系，其所需要的电磁场能量来自电网外部，所以又称为外部过电压。大气过电压又分为直击雷过电压、感应雷过电压和侵入波过电压。

（2）内部过电压。在供配电系统中，由于各类故障及正常操作过程中，使得系统参数发生变化，引起电磁能量的振荡和转化而出现的电压突增，造成的过电压现象，称为内部过电压。内部过电压的能量来源于电网本身，并在额定电压的基础上振荡产生，超过电压的最高值，通常为额定相电压的3.0、2.75、2.0倍，电网额定电压越高，其过电压的绝对值越高，其值与额定电压的大小成正比。

内部过电压又分为操作过电压和暂时过电压等。

131. 什么是安全距离？

答： 为了防止人体触及、车辆等物体碰撞或过分接近带电体，避免发生人体触电、电气短路、火灾和爆炸事故，在人体、带电体、地面以及其他设施相互之间，均需保持一定安全距离，这种距离称为电气安全距离。设备不停电时人身对无遮拦导电部分的安全距离参见表3-2。

表3-2 设备不停电时人身对无遮拦导电部分的安全距离

电压等级/kV	安全距离/m	电压等级/kV	安全距离/m
10及以下	0.70	154	2.00
20~35	1.00	220	3.00
44	1.20	330	4.00
60~110	1.50	500	5.00

如果工作人员在正常工作中与带电导体的安全距离小于规定数值时，带电部分必须停电；当安全距离大于规定数值且又小于表中的安全距离数值时，在工作地点和带电部分之间加装牢固可靠的遮拦后，允许在该带电部分不停电的情况下进行工作。但是，如带电导体在检修人员的后侧或两侧，即使大于表中的安全距离，也应将该带电设备停电。

通常以一臂长的距离作为安全距离。

132. 关于配电设施的安全距离有哪些规定？

答： 关于配电设施安全距离的规定有：

（1）室内安装的变压器，其外廓与变压器四壁应留有适当距离。变压器外廓至后壁的距离，容量1000kVA及以下不应小于0.6m，容量1250kVA及以下不应小于0.8m；变压器外廓至门距离，分别不应小于0.8m和1.0m。

（2）低压配电装置正面通道宽度，单列布置时一般不小于1.5m；双列布置时一般不应小于2m。低压配电装置背面通道应符合以下要求：

1）宽度不应小于1.0m，有困难时可减为0.8m。

2）通道内高度低于2.3m无遮拦的裸导电部分与对面墙或设备的距离不应小于1.0m；与对面其他裸导电部分的距离不应小于1.5m。

3）通道上方裸导电部分的高度低于2.3m时，应加遮护，遮护后的通道高度不应小于1.9m。

4）高压配电装置宜与低压配电装置分室装设；在同一室内单列布置时，高压开关柜与低压配电盘之间的距离不应小于2m。

5）配电装置长度超过6.0m时，屏后应有两个通向本室或其他房间的出口，且其间距不应小于15m。

6）室内吊灯灯具高度一般应大于2.5m，户外照明灯具高度一般应不低于3.0m。

133. 关于架空线路安全距离有哪些规定?

答：架空线路应与有爆炸危险及火灾危险的厂房保持必要的防火距离。架空线路应避免跨越建设物。具体规定如下：

（1）1kV及以下线路与地面或水面的最小距离，对于居民区其最小距离为6m；非居民区最小距离为5m。

（2）10kV以下线路与地面或水面的最小距离，对于居民区其最小距离为6.5m；非居民区最小距离为5.5m。

（3）1kV以下，导线与树木的最小垂直距离为1m。

（4）10kV以下，导线与树木的最小垂直距离为1.5m。

（5）几种线路同杆架设时应取得有关部门同意，且必须保证如下安全要求：

1）电力线路在通信线路上方，高压线路在低压线路上方。

2）通信线路与低压线路之间的距离不小于1.5m。

3）低压线路与低压线路之间的距离不小于0.6m；低压线路与10kV高压线路之间的距离不小于1.2m。

4）高压线路与高压线路之间的距离不小于0.8m。

（6）10kV高压线路的接户线对地距离不小于4.0m。

（7）低压线路的接户线对地距离不小于2.5m。

（8）低压线路的接户线跨越通车街道时，对地距离不小于6.0m；跨越通车困难的街道或人行道时，不应小于3.5m。

（9）直接埋地电缆埋地深度不应小于0.7m。

134. 关于设备检修安全距离有哪些规定?

答：为了防止在检修工作中，人体触及带电体，保证人身安全，防止事故发生，必须保证在检修工作中有足够的安全距离。具体规定如下：

（1）在低压配电装置工作中，人体或携带工具与带电体的距离不小于0.1m。

（2）在高压无遮拦的操作中，人体或携带工具与带电体之间的最小距离，10kV及以下不应小于0.7m；35kV不应小于1.0m。

（3）在线路工作时，人体或携带工具与临近带电体之间的最小距离，10kV及以下不应小于1.0m；35kV不应小于2.5m。

135. 屏护的作用和形式有哪些？

答：屏护是一种对电击危险因素进行隔离的手段，即采用遮栏、护罩、护盖、箱匣等把危险的带电体同外界隔离开来。

（1）屏护的作用。屏护的作用是防止人体触及或接近带电体引起的触电事故。屏护还可起到防止电弧伤人、防止弧光短路或便利检修工作的作用，作为检修部位与带电体的距离小于安全间距的隔离措施，保护电气设备不受机械损伤等。

（2）常用的屏护要求：

1）屏护装置所用材料应有足够的机械强度和良好的耐火性能。为防止因意外带电而造成触电事故，对金属材料制成的屏护装置必须可靠连接保护线。

2）屏护装置应有足够的尺寸，与带电体之间应保持必要的距离。

遮栏高度不应低于1.7m，下部边缘离地不应超过0.1m。栅栏的高度户内不应小于1.2m、户外不应小于1.5m，栏条间距离不应大于0.2m；对于低压设备，遮栏与裸导体之间的距离不应小于0.8m。户外变配电装置围墙的高度一般不应小于2.5m。

3）遮栏、栅栏等屏护装置上，应有“止步，高压危险！”等标志。

4）必要时应配合采用声光报警信号和联锁装置。

136. 什么是短路？电气短路的类型有哪些？

答：在电路中，电流不经过用电器，直接连接电源两极，则电源短路。根据欧姆定律 $I=U/R$ 知道，由于导线的电阻很小，电源短路时电路上的电流会很大。这样大的电流，电池或者其他电源都不能承受，会造成电源损坏；更为严重的是，因为电流太大，会使导线的温度升高，严重时有可能造成火灾。

普通短路有两种情况：

（1）电源短路，即电流不经过任何用电器，直接由正极经过导线流回负极，容易烧坏电源。

（2）用电器短路，也叫部分电路短路，即一根导线接在用电器的两端，此用电器被短路，容易发生烧毁其他用电器的情况。

三相系统中发生的短路有三相短路、两相短路、单相对地短路和两相对地短路四种基本类型，如图3-3所示。其中，除三相短路时，三相回路依旧对称，因而又称对称短路外，其余三类均属不对称短路。在中性点接地的电力网络中，以一相对地的短路故障最多，约占全部故障的90%。在中性点非直接接地的电力网络中，短路故障主要是各种相间短路。

电气线路上，由于种种原因相接或相碰，产生电流忽然增大的现象称短路。相线之间

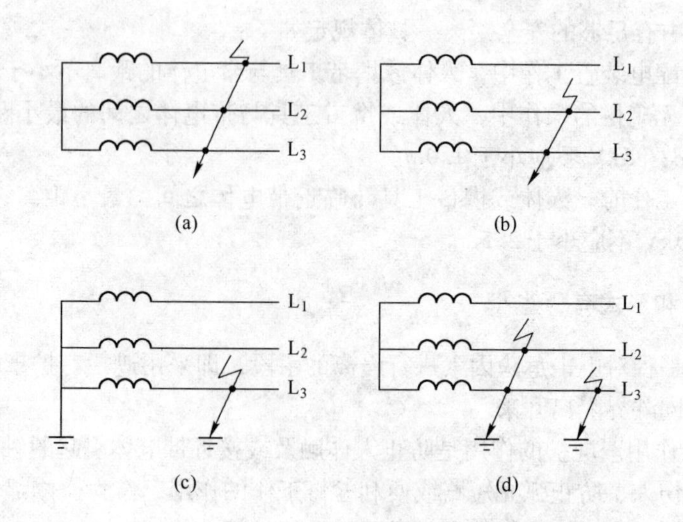

图 3-3　电气短路的类型

（a）三相短路；（b）两相短路；（c）单相对地短路；（d）两相对地短路

相碰称为相间短路；相线与地线、与接地导体或与大地直接相碰称为对地短路。

在短路电流忽然增大时，其瞬间放热量很大，大大超过线路正常工作时的发热量，不仅能使绝缘烧毁，而且能使金属熔化，引起可燃物燃烧发生火灾。

137. 电气短路的原因有哪些？

答：在供电系统中，造成短路故障的因素较多，主要有以下几方面：

（1）电气设备安装和检修中的接线和操作错误，可能引起短路。最常见的误操作是带负荷操作隔离开关、检修结束后未拆除接地线送电、误将低压电气设备接入高压电路中等均可造成短路故障。

（2）运行中的电气设备或线路发生绝缘老化、变质；或受过度高温、潮湿、腐蚀作用，或受到机械损伤等而失去绝缘能力，可能导致短路。

（3）由于外壳防护等级不够，导电性粉尘或纤维进入电气设备内部，也可能导致短路。

（4）因防范措施不到位，小动物、霉菌及其他植物也可能导致短路。

（5）由于雷击等过电压、操作过电压的作用，电气设备的绝缘可能遭到击穿而短路。

（6）室外架空线的线路松弛，大风作用下碰撞。

（7）线路安装过低与各种运输物品或金属物品相碰造成短路。

138. 电气短路的危害有哪些？

答：发生短路时，由于短路回路总阻抗比正常运行电路的总阻抗小得多，因此产生的短路电流较正常电流大数十倍或数百倍，在大的电力系统中，甚至高达数万或数十万安培。如此大的短路电流将产生如下危害：

（1）热效应。短路电流会产生很大热量，使电气设备温度急剧上升，可能使绝缘损坏甚至烧毁设备。短路电流还伴随有电弧产生，电弧高温对人的安全及电气设备带来危害。

如带电操作隔离开关产生的电弧会使操作者严重灼伤；低压配电系统的不稳定短路电弧会引起火灾等。

（2）电动力效应。短路电流在设备中产生很大的电动力，可能引起设备的扭曲、变形、断裂。

（3）电压效应。短路电流在线路中产生阻抗压降，从而使系统中各点电压大幅度降低。离短路点越近，电压降越严重。这将影响电器设备的正常工作。如白炽灯骤暗、电动机转速降低甚至烧毁等。

（4）磁效应。不对称的接地短路产生的不平衡磁场会在邻近的通信线路和弱电设备内产生感应电动势，干扰其正常工作。不对称短路使磁场不平衡，影响通信系统和电子设备的正常工作，造成空间电磁污染，干扰通信、控制和保护系统。

（5）经济与社会影响。短路时，电力系统的保护装置动作，使开关跳闸，造成停电事故。短路点越靠近电源引起停电范围越大，给国民经济带来损失越大，同时也给人民生活带来不便。

（6）影响系统稳定性。严重的短路还将影响电力系统的稳定性，使并列运行的同步发电机组之间失去同步，严重情况会造成系统解列。

由此可见，短路的后果是十分严重的，应设法消除可能引起短路故障的一切因素，在供电系统中必须设置短路保护，一旦发生短路，应尽快切断故障部分电源，防止事故扩大化。

139. 什么是漏电保护装置？其作用和使用范围有哪些？

答：漏电保护装置又称漏电保护开关，在电气设备及线路漏电时，利用在故障情况下出现对地电压或零序电流（电压）作为装置的输入信号，当输入信号达到规定值时，装置动作，自动切断电源，起到保护作用。漏电保护器工作原理接线示意图，如图 3-4 所示。漏电保护装置主要有电压型和电流型两种。其作用为：

（1）用于防止由漏电引起的单相电击事故。

（2）用于防止由漏电引起的火灾和设备烧毁事故。

（3）用于检测和切断各种一相接地故障。

（4）有的漏电保护装置还可用于过载、过压、欠压和缺相保护。

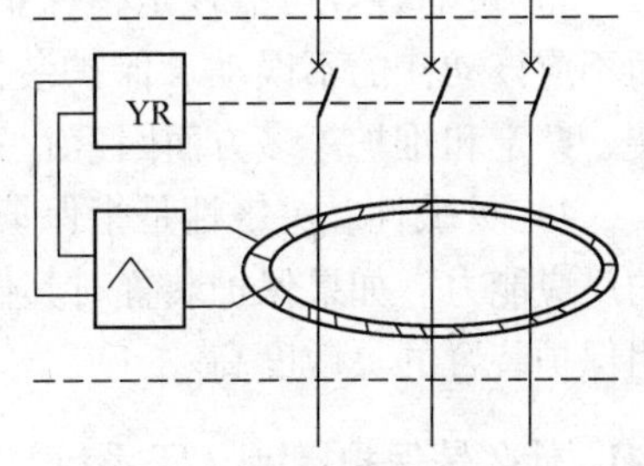

图 3-4 漏电保护器工作原理接线示意图

140. 什么是过电流保护装置？对其有哪些技术要求？

答：电力系统中，最常见的是发生各种短路故障，其后果可能导致电气设备烧毁或损坏、破坏用户工作的连续性、稳定性或影响产品的质量，严重时可能引起系统振荡，甚至解裂。电力系统不正常运行状态可能导致电气设备的正常工作遭到破坏，如设备过负荷、温度过高、单相接地故障等都属于不正常运行状态，如不及时处理，将可能引发事故。

（1）过电流保护装置的主要任务：

1）当发生故障时，过电流保护装置能自动、迅速、有选择地将故障元件从电力系统中切除，保证其他非故障部分迅速恢复正常运行。

2）当被保护元件出现不正常工作状态时，过电流保护装置可以发出信号，提示值班人员及时处理，此时一般不要求保护装置迅速动作，而是带有一定的时限，以保证保护动作的选择性。

3）过电流保护装置在自动重合闸装置（ARD）、备用电源自动投入装置（APD）等的配合中，可以大大缩短停电时间，从而提高供电系统运行的可靠性。

（2）过电流保护装置的要求。动作于跳闸的继电保护，在技术上一般应满足四个基本要求，即选择性、速动性、可靠性和灵敏性。

1）选择性。当供配电系统发生故障时，继电保护装置动作应只切除故障设备，即离故障点最近的保护装置动作，而系统的非故障部分仍能正常运行，此称选择性动作；相反，如果系统中发生故障时，距故障点近的保护装置不动作（拒动），而离故障点远的保护装置动作（越级动作），此称失去选择性，如图 3-5 所示。

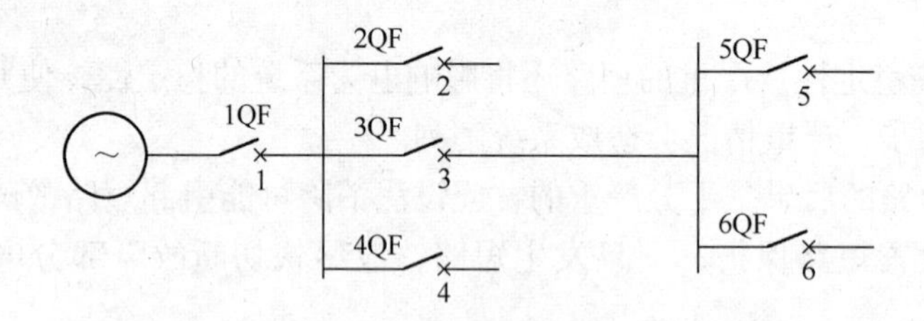

图 3-5　继电保护动作选择性示意图

2）速动性。为了防止故障扩大，减小故障的危害程度，快速切除故障部分可以提高电力系统运行的稳定性。因此在发生故障时，力求保护装置能迅速切除故障。

3）可靠性。可靠性是指保护装置在保护范围内，当发生故障时应该动作的不拒动，而不应该动作的不误动。保护装置的可靠程度与保护装置的元件质量、接线方案以及安装、整定和维护等多方面因素有关。

4）灵敏性。灵敏性是指保护装置在其保护范围内，对发生的故障或不正常运行状态的反应能力。如果保护装置对其保护范围内发生的极轻微的故障都能及时反应动作，则说明保护装置的灵敏度高。

141. 什么是保护接地（IT 系统）？

答：接地是指从电网运行或人身安全的需要出发，人为地把电气设备的某一部位与大地作良好的电气接地。所谓保护接地（又称 IT 系统，见图 3-6）是指将电力设备的外壳、配电装置的金属框架或围栏及配电线的钢管和电缆金属外皮等金属部位经接地线、接地体同大地紧密地连接起来。

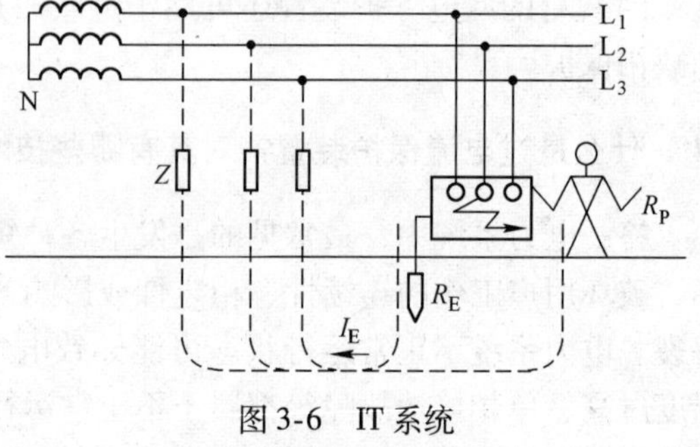

图 3-6　IT 系统

L_1，L_2，L_3—相线；N—中性点；R_P—人体电阻；R_E—保护接地电阻；I_E—接地电流

保护接地是限制设备漏电后的对地电压，使之不超过安全范围。在高压系统中，

保护接地除限制对地电压外，在某些情况下，还有促使电网保护装置动作的作用。

采用保护接地后，一旦漏电，电流便会经接地导线流入大地，并向四周呈半球形流散。可使人体触及漏电设备外壳时的接触电压明显降低，因而大大减轻了触电的危险。但应注意漏电状态并未因保护接地而消失。

IT 系统的字母 I 表示配电网不接地或经高阻抗接地，字母 T 表示电气设备外壳接地。

保护接地适用于各种不接地配电网，如某些 1～10kV 配电网，煤矿井下低压配电网等。在这类配电网中，凡由于绝缘损坏或其他原因而可能呈现危险电压的金属部分，除另有规定外，均应接地。

在 380V 不接地低压系统中，一般要求保护接地电阻 $R_E \leqslant 4\Omega$。当配电变压器或发电机的容量不超过 100kVA 时，要求 $R_E \leqslant 10\Omega$。

在不接地的 10kV 配电网中，如果高压设备与低压设备共用接地装置，要求接地电阻不超过 10Ω，并满足下式要求：

$$R_E \leqslant \frac{120}{I_E}$$

142. 什么是工作接地（TT 系统）?

答：TT 系统，如图 3-7 所示，指中性点直接接地电力系统中，电气设备的金属外壳直接接地的保护。中性点引出的导线叫做中性线（也叫做工作零线），称工作接地。第一个字母“T”表示配电网中性点接地，第二个字母“T”表示电气设备金属外壳接地。

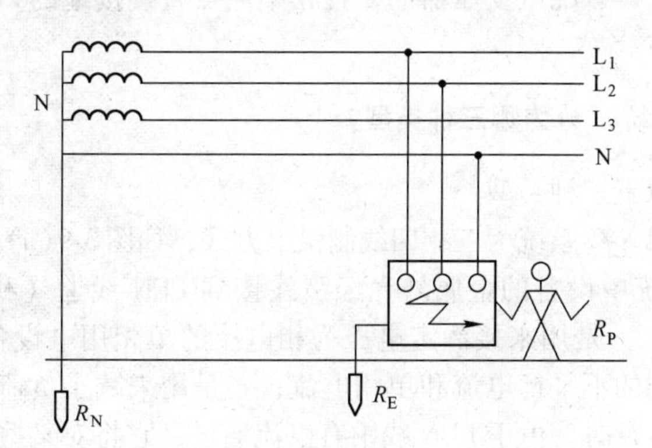

图 3-7　TT 系统

L_1，L_2，L_3—相线；N—中性点；R_P—人体电阻；R_E—保护接地电阻；R_N—中性点接地电阻

TT 系统的接地 R_E 虽然可以大幅度降低漏电设备上的故障电压，使触电危险性降低，但单凭 R_E 的作用一般不能将触电危险性降低到安全范围以内。另外，由于故障回路串联有 R_P 和 R_N，故障电流不会很大，可能不足以使保护电器动作，故障得不到迅速切除。因此，采用 TT 系统必须装设灵敏的漏电保护装置。

TT 系统主要用于低压共用用户，即用于未装备配电变压器，从外面引进低压电源的小型用户。

143. 什么是保护接零（TN 系统）?

答：TN 系统相当于传统的保护接零系统，典型的 TN 系统如图 3-8 所示。图中，PE

是保护零线，R_S 叫做重复接地。TN 系统中的字母 N 表示电气设备在正常情况下不带电的金属部分与配电网中性点之间直接连接。

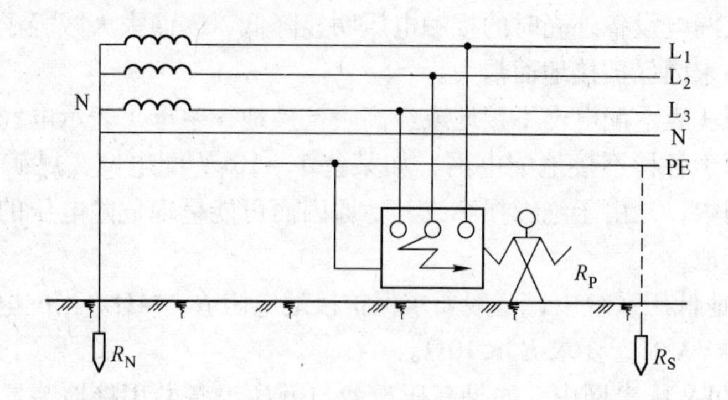

图 3-8 典型 TN 系统

L_1，L_2，L_3—相线；N—中性点；PE—保护零线；R_P—人体电阻；R_E—保护接地电阻；R_N—中性点接地电阻；R_S—重复接地电阻

保护接零的安全原理是当某相带电部分碰连设备外壳时，形成该相对零线的单相短路，短路电流促使线路上的短路保护元件迅速动作，从而把故障设备电源断开，消除电击危险。虽然保护接零也能降低漏电设备上的故障电压，但一般不能降低到安全范围以内。其第一位的安全作用是迅速切断电源。

保护接零用于用户装有配电变压器的，且其中性点直接接地的 220/380V 三相四线配电网。

144. 保护接零（TN 系统）分为哪三种类型?

答: 保护接零有以下三种类型:

（1）TN-C 系统。TN-C 系统为三相四线制供电方式，如图 3-9(a)所示，由电源中性点引出一条 PEN 线，系统中设备的金属外壳经引线接到 PEN 线上（我国习惯上称为“零线”)。PEN 线的功能，一是用来接额定电压为相电压的单相用电设备，如照明灯等；二是用来传导三相系统中的不平衡电流和单相电流；三是用来减小负荷中性点的电位偏移。但在三相不对称负载运行时，由于 PEN 线中有电流通过，它将对某些设备产生电磁干扰，使用电设备金属外壳可能出现带电现象，因此，TN-C 系统不适应供电要求较高场所。同时，当 PEN 线因某种原因断线时，用电设备无泄漏通路，则故障设备与非故障设备间将会出现不等电位，也会引起非故障设备外壳带电现象，这在易燃易爆场所将是很危险的。

TN-C 系统是干线保护零线与工作零线共用的系统，一般用于无爆炸危险和安全条件较好的场所。

（2）TN-S 系统。TN-S 系统为三相五线制供电方式，如图 3-9(b)所示。其中性点分别引出 N 线和 PE 线，系统中设备外露的可导电部分接 PE 线。由于 PE 线与 N 线分开，在三相不对称负载下运行时，PE 线中没有电流通过，因此不会对设备产生电磁干扰，也不会在接 PE 线的设备之间产生电位差，有效地解决了用电设备带电问题。

TN-S 系统有专用保护零线（PE 线），即保护零线与工作零线（N 线）完全分开。所以这种系统适用于抗电磁干扰要求较高的数据处理、电磁检测等实验场所，这种系统也适

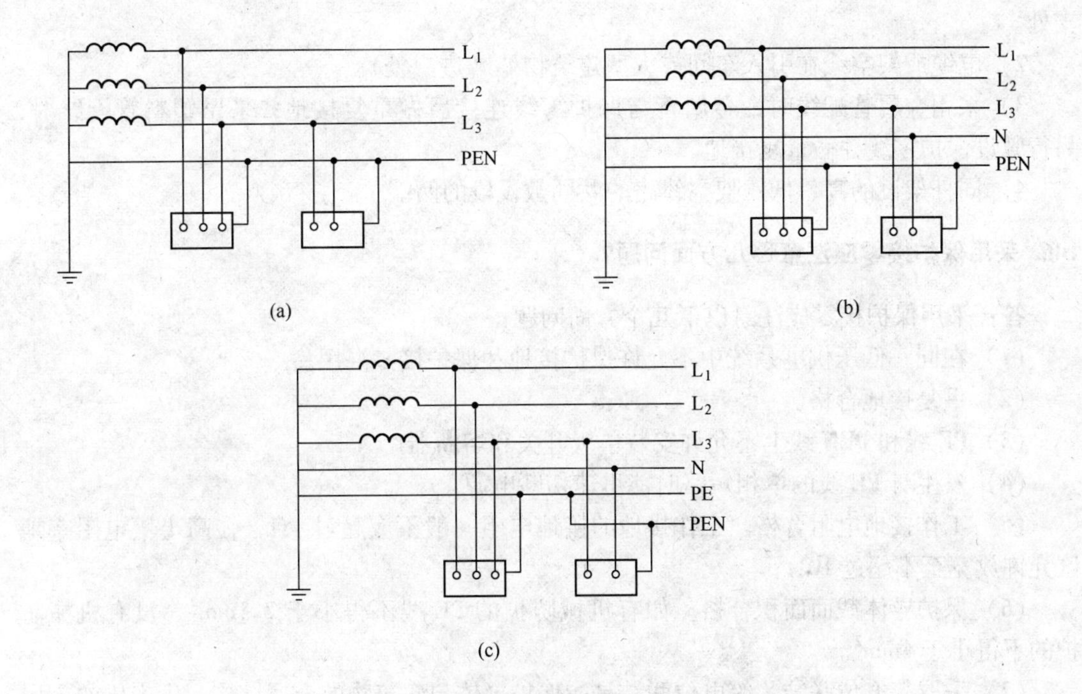

图 3-9 TN 系统三种类型
(a) TN-C 系统；(b) TN-S 系统；(c) TN-C-S 系统

用于安全要求较高的场所，如在潮湿、易燃易爆品的生产、经营、储存场所，易触电、居民区、浴池等危险场所。故电气规程中指出，对于新建、改建、扩建工程优先采用“三相五线制”和“单相三线制”低压供电方式。

(3) TN-C-S 系统。TN-C-S 系统兼顾了 TN-C 与 TN-S 系统的优点，如图 3-9(c)所示。干线部分保护零线与工作零线前部共用（构成 PEN 线），后部分开的系统。此系统比较灵活，经济实用，应用日益广泛。

145. 什么是重复接地?

答: TN 系统中，在供电电网已接地的零线上，再次将一点或多点作可靠的接地，称为重复接地（如图 3-10 所示）。

(1) 重复接地的作用:

1) 减轻 PE 线或 PEN 线意外断线或接触不良时接零设备上的危险性。

2) 进一步降低漏电设备对地电压。

3) 缩短漏电故障的持续时间。

4) 改善了架空线路的防雷性能。

(2) 在 TN 系统中，以下场合需进行重复接地:

1) 户外架空线路干线和分支线终端、沿线上每隔 1km 处、分支线长度超过 200m 分

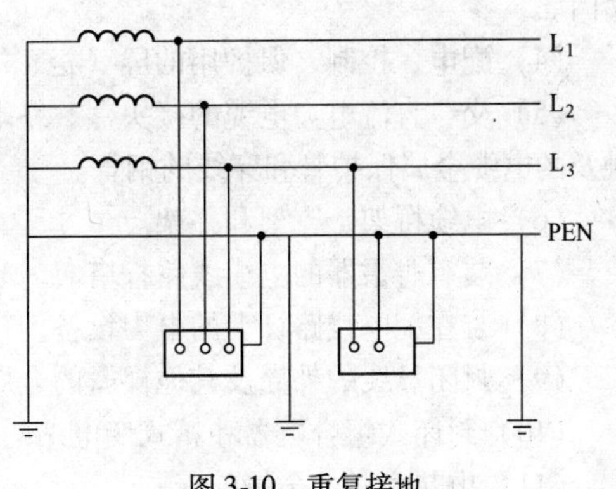

图 3-10 重复接地

支处。

2）电缆或架空线在引入车间或大型建筑物处（进户处）。

3）采用金属管配线时，金属管与保护零线连接后做重复接地；采用塑料管配线时，另行敷设保护零线并做重复接地。

4）同杆架设的高、低压架空线路的共同敷设段的两端。

146. 采用保护接零应注意哪几方面问题？

答：采用保护接零应注意以下几个方面问题：

（1）在同一低压供电系统中不允许保护接地和保护接零混用。

（2）重复接地合格。

（3）PE 线和 PEN 线上不允许安装单级开关和熔断器。

（4）发生对 PE 线的单相短路时能迅速切断电源。

（5）工作接地电阻合格。工作接地的接地电阻一般不应超过 4Ω，在高土壤电阻率地区允许放宽至不超过 10Ω。

（6）保护导体截面面积合格。如有机械防护的 PE 线不得小于 $2.5mm^2$，没有机械防护的不得小于 $4mm^2$。

（7）采取等电位联结。等电位联结是指保护导体与建筑物的金属结构、生产用的金属装备以及允许用作保护线的金属管道等用于其他目的的不带电导体之间的联结，以提高 TN 系统的可靠性。

采取以上措施后，还应注意以下事项：

（1）严禁电气设备外壳的保护零线串联，应分别接零线。

（2）单相用电设备的工作零线和保护零线必须分开设置，不准共用一根零线。

（3）严格防止零线断线和防止中性点接地线断开。

147. 电气设施应接地的部分有哪些？

答：电气设施应接地的部分有：

（1）电机、变压器、电器、携带式或移动式电器具等的金属底座和外壳。

（2）电气设备的传动装置。

（3）屋内外配电装置的金属或钢筋混凝土构架以及靠近带电部分的金属遮栏和金属门。

（4）配电、控制、保护用的屏（柜、箱）及操作台等的金属框架和底座。

（5）交、直流电力电缆的接头盒、终端头和膨胀器的金属外壳和电缆的金属护层、可触及的电缆金属保护管和穿线的钢管。

（6）电缆桥架、支架和井架。

（7）装有避雷器的电缆线路杆塔。

（8）装在配电线路杆上的电力设备。

（9）封闭母线的外壳及其他裸露的金属部分。

（10）封闭式组合电器和箱式变电站的金属箱体。

（11）电热设备的金属外壳。

（12）控制电缆的金属护层。

148. 敷设与连接接地装置的安全规定有哪些?

答: 接地装置的敷设是否符合规定要求是决定接地装置能否充分发挥作用，确保设备和人员安全的重要环节，因此在敷设接地装置过程中，一定要严格遵循以下规定：

（1）接地体顶端深埋不应小于0.6m。

（2）垂直敷设的接地体长度不应小于2.5m。

（3）垂直接地体的间距不应小于长度的2倍，水平接地体的间距不应小于5m，接地极的敷设尺寸要求如图3-11所示。

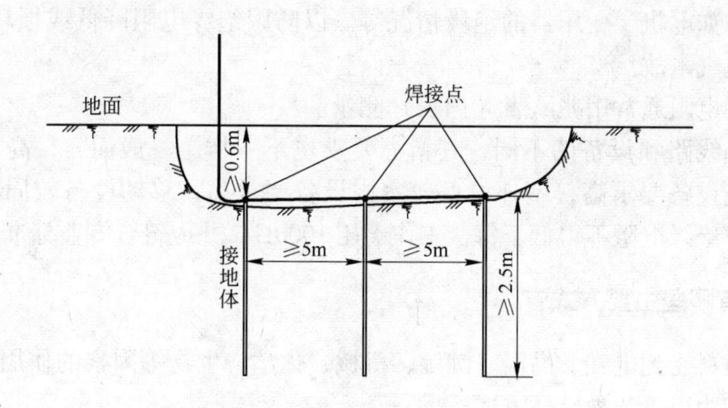

图3-11 接地极的敷设尺寸要求

（4）接地体（线）应采用搭焊接，接至电气设备上的接地线，应用镀锌螺栓连接，有色金属接地线不能采用焊接时，应用螺栓连接。

（5）接地体搭焊应符合下列规定：

1）扁钢为其长度的2倍，至少为三面施焊。

2）圆钢为其直径的6倍，双面施焊。

3）圆钢与扁钢连接时，其长度为圆钢直径的6倍。

（6）埋入地下的接地体，其周围应用新土填并夯实，在掩埋时不得将砖石、焦渣等杂物埋入其中。

（7）埋完接地体后，用接地摇表测试接地电阻是否符合以下接地装置的阻值要求：

1）低压电气设备的保护接地不大于4Ω。

2）变压器中性点直接接地不大于4Ω。

3）重复接地和防雷接地不大于10Ω。

4）独立避雷针接地电阻值不大于10Ω。

149. 绝缘材料有哪些主要的性能指标?

答: 绝缘是指利用绝缘材料对带电体进行封闭和隔离。良好的绝缘也是保证电气系统正常运行的基本条件。绝缘材料又称为电介质，其导电能力很小，但并非绝对不导电。工程上应用的绝缘材料电阻率一般都不低于107Ω·m。绝缘材料的主要作用是用于对带电的或不同电位的导体进行隔离，使电流按照确定的线路流动。绝缘材料的品种很多，一般分为：

（1）气体绝缘材料。常用的有空气和六氟化硫等。

（2）液体绝缘材料。常用的有从石油原油中提炼出来的绝缘矿物油，以及蓖麻油。

（3）固体绝缘材料。常用的有树脂绝缘漆、胶和熔敷粉末；纸、纸板等绝缘纤维制品；漆布、漆管和绑扎带等绝缘浸渍纤维制品；绝缘云母制品；电工用薄膜、复合制品和粘带；电工用层压制品；电工用塑料和橡胶；玻璃、陶瓷等。

绝缘材料有电性能、热性能、力学性能、化学性能、吸潮性能、抗生物性能等多项性能指标。绝缘电阻是衡量绝缘性能优劣的最基本的指标。在绝缘结构的制造和使用中，经常需要测定其绝缘电阻。通过测定，可以在一定程度上判定某些电气设备的绝缘好坏，判断某些电气设备如电机、变压器的绝缘情况等。以防因绝缘电阻降低或损坏而造成漏电、短路、电击等电气事故。

绝缘材料的电阻通常用兆欧表（摇表）测量。

绝缘电阻随线路和设备的不同，其指标要求也不一样。一般而言，高压较低压要求高；新设备较老设备要求高；室外设备较室内设备要求高；移动设备较固定设备要求高等。任何情况下绝缘电阻不得低于每伏工作电压 1000Ω，并应符合专业标准的规定。

150. 绝缘破坏有哪些主要方式？

答：绝缘材料受到电气、高温、潮湿、机械、化学、生物等因素的作用时均可能遭到破坏，并可归纳为以下 3 种破坏方式：

（1）绝缘击穿。当施加于绝缘材料上的电场强度高于临界值时，绝缘材料发生破裂或分解，电流急剧增加，完全失去绝缘性能，这种现象就是绝缘击穿。发生击穿时的电压称为击穿电压，击穿时的电场强度简称击穿强度。

（2）绝缘老化。老化是绝缘材料在运行过程中受到热、电、光、氧、机械力、微生物等因素的长期作用，发生一系列不可逆的物理、化学变化，导致其电气性能和力学性能的劣化。

（3）绝缘损坏。损坏是指绝缘材料受到外界腐蚀性液体、气体、蒸气、潮气、粉尘的污染和侵蚀，以及受到外界热源、机械力、生物因素的作用，失去电气性能或力学性能的现象。

151. 安全用电的基本原则有哪些？

答：安全用电的基本原则有：

（1）防止电流经由身体的任何部位通过，工作时应穿长袖工装和绝缘鞋。

（2）防止故障电流经由身体的任何部位通过。为防止因电气设备绝缘损坏或带电体碰壳使人身遭受触电危险，必须将电气设备进行有效的接地或接零。

（3）应避免所在场所发生因过热或电弧引起可燃物燃烧并使人遭受灼伤的危险。

（4）故障情况下，能在规定的时间内自动断开电源。

152. 安全用电的基本要求有哪些？

答：安全用电的基本要求有：

（1）用电单位除应遵守国家安全标准的规定外，还应根据具体情况制定相应的用电安全规程及岗位责任制。

（2）用电单位应对使用者进行用电安全教育，使其掌握用电安全的基本知识和触电急救知识。

（3）电气装置在使用前，应确认具有国家制定机构的安全认证标志或其安全性能已通过国家制定的检验机构检验合格。

（4）电气装置在使用前，应确认符合相应的环境要求和使用等级要求。

（5）电气装置在使用前，应认真阅读产品使用说明书，了解使用时可能出现的危险以及相应的预防措施，并按产品使用说明的要求正确使用。

（6）用电单位或个人应掌握所使用的电气装置的额定容量、保护方式和要求、保护装置的整定值和保护元件的规格。不得擅自更改电气装置和延长电气线路。不得擅自增大电气装置的额定容量，不得任意改变保护装置的整定值和保护元件的规格。

（7）任何电气装置都不应超负荷运行和带故障使用。

（8）用电设备和电气线路的周围应留有足够的安全通道和工作空间，电气装置附近不应堆放易燃、易爆和腐蚀性物品。

（9）使用的电气线路须具有足够的绝缘强度、机械强度和导电能力，并定期检查，禁止使用绝缘老化或失去绝缘性能的电气线路。

（10）软电缆或软线中的绿黄双色线在任何情况下只能用作保护线。

（11）移动使用的配电箱（板）应采用完整的、带保护线的多股铜芯橡皮护套软电缆或护套线作电源线，同时应装设漏电保护器。

（12）插头与插座应按规定正确接线，插头应独立与保护线可靠连接，插座的保护接地线在任何情况下都严禁在插头（座）内将保护接地线与工作中性线连接在一起。

（13）在儿童活动场所，不应使用低位插座，否则应采取防护措施。

（14）在插拔插头时人体不得接触到电极，不应对电源线施加拉力。

（15）浴室、蒸汽房、游泳池等潮湿场所应使用专用插座，否则应采取防护措施。

（16）在使用Ⅰ类移动式设备时，应确认其金属外壳或构架已可靠接地，使用带保护接地线插头插座，同时宜装设漏电保护器，禁止使用无保护线插头插座。

（17）正常使用时会飞溅火花、灼热飞屑或外壳表面温度较高的用电设备，应远离易燃物质或采取相应的密封、隔离措施。为了保证操作安全，配电箱前不得堆放杂物。

（18）在使用固定安装的螺口灯座时，灯座螺纹端应接至电源的中性线上。

（19）电炉、电熨斗等电热器具应使用专用的连接器，并应放置在隔热底座上。

（20）临时用电应经有关主管部门批准，并有专人负责管理，限期拆除。

（21）用电设备在暂停或停止使用、发生故障或突然停电时均应及时切断电源，否则应采取相应的安全措施。

（22）当保护装置动作或熔断器的熔体熔断后，应先查明原因，排除故障，并确认电气装置已恢复正常才能重新接通电源，继续使用，更换熔体时不应任意改变熔断器的熔体规格或用其他导线代替。

（23）当电气装置的绝缘或外壳损坏，可能导致人体触及导电部位时，应立即停止使用，并及时修复或更换。

（24）禁止擅自设置电网、电围栏或电具捕鱼。

（25）露天使用的用电设备、配电装置应采取合适的防雨、防雪、防雾和防尘的措施。

（26）禁止利用大地作为工作中性线（零线）。

（27）禁止将暖气管、煤气管、自来水管等作为保护线使用。

（28）用单位的自备发电装置应采取与供电电网隔离的措施，不得擅自并入电网。

（29）当发生人身触电事故时，应立即断开电源，使触电人与带电部分脱离，并立即进行急救，在切断电源之前禁止其他人员直接接触触电人员。

（30）当发生电气火灾时，应立即断开电源，并采用合适的消防器材进行消防。

3.2 工具安全使用技能

153. 常用的电工仪表有哪些？

答：常用的电工仪表有：

（1）万用表。万用表是多用途、多量程的便携式仪表。万用表可用来测量直流电压、交流电压、直流电流、直流电阻。有的万用表还可用来测量交流电流、电感、电容等参量。

（2）钳形电流表。钳形电流表是由电流互感器和电流表组合而成。钳形电流表用于在不断开导线的情况下测量线路上的电流。由于电流互感器必须工作在规定的电磁感应状态，磁电系钳形电流表不能测量直流电流，也不能测量异步电动机转子低频电流。

（3）兆欧表。绝缘电阻是电气设备最基本的性能指标。绝缘电阻是兆欧级的电阻，而且要求在较高的电压下进行测量。兆欧表是测量绝缘电阻的专用仪表。

（4）接地电阻测量仪。各种接地装置的接地电阻应当定期测量。接地电阻测量仪是测量接地电阻的专用仪表。

（5）直流电桥。四臂结构是直流电桥的基本形式。电桥由直流电源供电，平衡时，相邻两桥臂电阻的比值等于另外两相邻桥臂电阻的比值。若一对相邻桥臂分别为标准电阻器和被测电阻器，它们的电阻有一定的比值，则为使电桥平衡，另一对相邻桥臂的电阻必须有相同的比值。根据这一比值和标准电阻器的电阻值可求得被测电阻器的电阻值。平衡时的测量结果与电桥电源的电压大小无关。

直流电桥主要有惠斯通电桥、开尔文电桥、高阻电桥和直流电流比较仪式电桥。

直流电流比较仪式电桥的测量误差可低于百万分之一，特别适用于测 1Ω 以下的小电阻。目前已制出可测量到兆欧的此类电桥，但结构较复杂。

（6）电能表。电能表是感应系仪表，用于电能测量。电能表分为单相电能表和三相电能表。

154. 使用万用表有哪些安全注意事项？

答：使用指针式万用表测量时应注意以下事项：

（1）转换开关的位置必须正确，选择量程要适当。

（2）两支表笔插入相应的插孔中，红表笔插入“+”号的插孔中，黑表笔插入“*”号的插孔中。

（3）测量电阻时，应先将两表笔短路调零（每次更换电阻挡后，都要进行欧姆调零）。测量线路间的电阻时，必须将被测电路的电源切断后才能测量。

（4）万用表每次测量完毕后，应将转换开关拨到交流电压的最高挡，以免他人误用而造成损坏。

使用数字万用表时应注意以下事项：

（1）使用前要仔细阅读说明书，熟悉各部分使用方法。

（2）不得在高温、暴晒、潮湿、寒冷等恶劣环境下使用或存放数字万用表。

（3）使用完毕后，将量程开关置于电压挡最高量程，再关闭电源。

（4）长期不使用时，应将数字万用表电池取出。

155. 使用钳形电流表有哪些安全注意事项?

答：使用钳形电流表时应注意以下安全事项：

（1）测量前，应检查钳形电流表指针是否在零位。如果不在零位，应进行机械调零。还应检查钳形电流表外观有无缺陷，钳口能否灵活张开、紧密闭合。

（2）钳形电流表不得测量高压线路的电流（通常测400V以下电路中的电流），而且不能测量裸导体的电流；被测线路的电压不得超过钳形电流表所规定的额定电压，以防绝缘击穿和人身触电。

（3）正确选择钳形电流表的量程。测量前应估计被测电流的大小，选择适当量程，不能用小量程挡去测大电流。并且每次测量只能钳入一根导线。

（4）换量程挡时必须退出后进行，将被测导线置于钳口之外。

（5）测量时应戴干燥的线手套或绝缘手套；测量中应注意与带电体保持安全距离，防止触电或短路。

（6）使用完毕将转换开关旋至“关”挡或最大量程挡位，防止下次使用时操作不慎损坏仪表。

（7）注意保养，钳口上不能有油污、锈斑。不用时，应放在箱子内妥善保管。定期校验误差是否在允许范围以内。

156. 使用兆欧表有哪些安全注意事项?

答：使用兆欧表主要安全注意事项有：

（1）测量前应检查兆欧表是否正常。被测设备必须停电，对于有较大电容设备，停电后必须充分放电。

（2）兆欧表外接导线应选用单根的多股铜导线，不能用双股绝缘绞线，必须保证其绝缘强度。

（3）将兆欧表水平放置在平稳牢固的地方，避免因抖动和倾斜产生测量误差。

（4）摇把的转速应由慢至快，转速应稳定，不要时快时慢。一般在转速120r/min左右时持续摇动1min，待指针稳定后读数。记录完毕后应将转速由快至慢，逐渐停止下来。

（5）在测量过程中，指针在“∞”处说明绝缘良好，如果指向“0”位，表明被测绝缘已经失效。应立即停止转动摇把，防止烧坏兆欧表。

（6）对于有较大电容的线路和设备，测量终了也应进行放电。放电时间一般应不少于

2~3min。对于高电压、大电容电缆线路，放电时间应适当延长。

(7) 测量应尽可能在设备刚停止运转时进行，以使测量结果符合运转时的实际温度。

(8) 兆欧表未停止转动前，切勿用手触及设备的测量部分或摇表接线柱。兆欧表测完后应立即将“L”、“E”两端短接，使兆欧表放电，以防触电。

(9) 兆欧表应定期校验，检查其测量误差是否在允许范以内。

157. 使用低压验电器有哪些安全注意事项?

答: 低压验电器又称测电笔或称试电笔，一般只能在380V以下使用。使用低压验电器的注意事项如下:

(1) 使用低压测电笔时，必须把笔身握妥，即以手触及笔尾的金属体，使氖管小窗背光朝向自己，以便于观察，要防止笔尖金属体触及人手，以避免触电。为此，在螺钉旋具式验电笔金属杆上，必须套上绝缘套管，仅留出刀口部分供测试需要。

(2) 电工在检修电气线路、设备和装置之前，必须用验电器验明无电，方可着手检修。验电器不可受潮，不可随意拆装或受到严重振动，并应经常在带电体上（如在插座孔内）试测，以检查性能是否完好。性能不可靠的验电笔，不准使用。

158. 使用螺丝刀有哪些安全注意事项?

答: 螺丝刀又称起子、螺钉旋具等。按头部形状可分为一字形和十字形两种。电工使用木柄或塑料柄螺丝刀，不可使用金属杆直通柄顶，应在金属杆上加套绝缘柄。使用螺丝刀紧固或拆卸带电的螺钉时，手不得触及螺丝刀的金属杆，以免发生触电事故。

使用螺丝刀的注意事项如下:

(1) 大螺丝刀一般用来紧固较大的螺钉。使用时，除大拇指、食指和中指要夹住握柄外，手掌还要顶住柄的末端，这样可防止旋转时螺丝刀滑脱。

(2) 小螺丝刀一般用来紧固电气装置接线桩上的小螺钉。使用时，可用大拇指和中指夹住握柄，用食指顶住柄的末端捻旋。

(3) 较长螺丝刀可用右手压紧并转动手柄，左手握住螺丝刀的中间，以使螺丝刀不滑脱，此时左手不得放在螺钉的周围，以免螺丝刀滑出将手划伤。

(4) 螺丝刀在使用时应使刀头顶牢螺钉防止打滑而损坏槽口。

(5) 经常检查绝缘套管的完整情况并及时更新。使用时要保持清洁，用后应妥善保管。

159. 电工钳具的种类及安全注意事项有哪些?

答: 钳具是各种钳子的总称，根据用途不同可分为钢丝钳、尖嘴钳、斜口钳和剥线钳四种，具体性能及作用如下:

(1) 钢丝钳的用途是夹持或折断金属薄板以及切断金属丝（导线）。电工使用的钢丝钳带绝缘手柄，绝缘护套耐压500V，所以只能在低压带电设备中使用。

(2) 尖嘴钳的头部尖细，适用于狭小的工作空间或带电操作低压电气设备，尖嘴钳也可用来剪断细小的金属丝，使用灵活方便。尖嘴钳带有绝缘手柄，耐压为500V以上。

(3) 斜口钳又称断线钳，其头部扁斜，又名扁嘴钳，专门用于剪断较粗的电线或金属丝，其柄部有铁柄和绝缘管套，其绝缘柄耐压为1000V以上。

（4）剥线钳专用于剥离$6mm^2$及以下导线头部一段表面绝缘层。由钳头和钳柄两部分组成，钳头由压线口和刀口构成，分有直径0.5mm～3.0mm的多个刀口，以适用于不同规格的线芯。使用时，将要剥削的绝缘层长度导线放入相应的刀口中（比导线直径稍大），用手将钳柄一握，导线的绝缘层即被割破自动弹出。剥线钳手柄是绝缘的，耐电压为500V。

安全使用钳具的注意事项如下：

（1）在使用钳具过程中要注意防潮，切勿将绝缘手柄碰伤、损伤或烧伤，避免手柄的金属部分外露。

（2）带电操作时，手与钳具的金属部分须保持2cm以上的距离。

（3）根据不同用途，选用不同规格、种类的钳具。钳具使用后要保持清洁，钳轴要经常加油，防止生锈。

（4）每次使用前须对钳具的绝缘部分进行检查，对绝缘破损、老化的钳具须及时更换。

160. 使用电工刀的安全注意事项有哪些？

答：电工刀是用来剖削电线线头、切割木台缺口、削制木枕的工具。使用电工刀的注意事项如下：

（1）使用时，刀口应朝外进行操作，用毕应随时把刀片折入刀柄内。电工刀的刀柄是没有绝缘的，不能在带电体上使用，以免触电。电工刀的刀口应在单面上磨出呈圆弧状刀口，在剖削绝缘导线的绝缘层时，必须使圆弧状刀面贴在导线上进行切割，这样刀口就不易损伤线芯。

（2）电工刀剖削规格较大的导线绝缘层，要根据所需的线端长度，用刀口以45°倾斜角切入绝缘层，不可切着线芯，接着刀面与线芯保持15°左右的角度，用力向外削出一个缺口，然后将绝缘层剥离线芯，反方向扳转，用电工刀切齐。

161. 使用电烙铁的安全注意事项有哪些？

答：电烙铁是烙铁钎焊的热源，通常以电热丝作为热元件，分有内热式和外热式。使用电烙铁的注意事项如下：

（1）使用之前应检查电烙铁有无漏电，电源电压与电烙铁上的额定电压是否相符，一般为220V。

（2）新烙铁在使用前应先用砂纸把烙铁头打磨干净，然后通电，在烙铁头沾上一层焊锡和松香。

（3）电烙铁不能在易爆场所或腐蚀性气体中使用。

（4）电烙铁在使用中一般用松香作为助焊剂，特别是电线接头、电子元器件的焊接，一定要用松香作助焊剂，严禁用含有盐酸性物质的焊锡膏焊接，以免腐蚀印制电路板或短路电气线路。

（5）电烙铁在焊接金属铁、锌等物质时，可用焊锡膏焊接。

（6）在焊接中发现紫铜制的烙铁头氧化不易沾锡时，可用锉刀锉去氧化层，在酒精内浸泡后再用，切勿在酸内浸泡，以免腐蚀烙铁头。

（7）焊接电子元器件时，最好选用低温焊丝，头部涂上一层薄锡后再焊接。焊接场效应晶体管时，应将电烙铁电源线插头拔下，利用余热去焊接，以免损坏管子。

（8）使用外热式电烙铁还要经常将铜头取下，清除氧化层，以免日久造成铜头烧死。

（9）电烙铁通电后不能敲击，以免缩短使用寿命。

（10）使用完毕要及时断开电源，待冷却后妥善保管，防污防潮。

162. 使用活扳手的安全注意事项有哪些？

答：活扳手又称活络扳手。它是供装拆、维修时旋转六角或方头螺栓、螺钉、螺母用的一种常用工具。它的特点是开口尺寸可以在规定范围内调节，所以特别适合螺栓规格多的场合使用。使用活扳手的注意事项有：

（1）活扳手扳动大螺母时，需用较大力矩，手应握在接近柄尾处；扳动较小螺母时，需用力矩不大，但螺母过小易打滑，手应握在接近头部的地方。作业时用力不要过猛，以防伤人伤己。

（2）活扳手不可反用，以免损坏活扳唇，也不可用钢管接长柄来施加较大的扳拧力矩。

（3）活扳手不得当做撬棒和手锤使用。

（4）不得使用活动扳手在带电设备上进行任何作业。作业时要注意与带电设备之间的距离要符合要求。

（5）经常检查活动扳手的完好情况，手柄、扳口等处有断裂，机械损伤严重等禁止使用。使用时要保持清洁，用后妥善保管。

163. 使用电工梯的安全注意事项有哪些？

答：电工梯是电工在登高作业时经常使用的工具之一。电工梯通常用木料、竹料及合金铝制作。它有直梯和人字梯两种，前者通常用于户外登高作业，后者通常用于室内登高作业。使用电工梯的注意事项有：

（1）使用前，必须对电工梯进行外观检查。看各连接部位有无松脱、梯体有无断裂等现象。如果有此现象，则不能使用。

（2）不管是直梯还是人字梯都要至少两个人配合，一人扶梯子，一人作业。

（3）使用前应检查梯脚上的胶套是否完好，在光滑坚硬的地面上作业时，还应垫胶垫；在泥土地面上使用梯子时，梯脚上应加铁尖。

（4）使用直梯时，梯脚与墙壁之间的距离不得小于梯长的1/4，梯脚需包橡皮防滑，单人梯与地面夹角不应大于60°，上下端均应放置牢靠。

（5）使用人字梯时，其开脚度不得大于梯长的1/2，两侧应加拉链拉绳限制其开脚。防滑绳应结实牢固，长度适中。

（6）在梯子上作业时，梯顶一般不应低于作业人的腰部，或作业人员应站在距梯顶不小于1m的横档上作业。严禁站在梯子的最高处或最上面一、二级横档上作业。

（7）不得将梯子架在不稳固的支持物上进行登高作业。当靠电线杆使用梯子时，应尽量将梯子上端绑牢。

164. 使用安全带的安全注意事项有哪些?

答: 安全带是作业人员在空中作业时预防坠落伤亡的安全防护用具。它通常用锦纶、维尼纶、蚕丝等材料制作。金属配件用普通碳素钢或合金钢制作，表面光洁、防锈，不得有麻点、裂纹，边缘呈圆弧形。护腰带宽度不少于80mm，长度为600~700mm，接触腰间部分应垫有柔软材料，外层用织带或轻革包好，边缘圆滑无角。安全带要有颜色，主要采用深绿、草绿、橘红、深黄和白色等。在安全带的带体上应缝有永久字样的商标、合格证和检验证。安全带的使用与保养注意事项有:

(1) 使用安全带前，必须对安全带进行仔细的外观检查。在使用中也应注意检查，若发现有破损、变质或无保护套时，应停止使用。

(2) 在使用安全带时，应将安全带的钩、环挂牢，卡子扣紧，必须遵守“高挂低用”制度，并尽可能避免平行拴挂，切忌低挂高用。

(3) 不得将挂绳打结使用，以防绳结受剪切力折断。挂钩应挂在绳子的圆环上，不应直接挂在绳上。

(4) 安全带应避开尖刺、钉子等尖锐物体，也不得接触明火或酸碱化学物质。

(5) 挂安全带使用3m以上的长绳应加缓冲器。

(6) 安全带上各种部件不得随意拆掉。受过冲击的安全绳应更换新绳后方可继续使用，更换新绳时要注意加绳套。绳套破损后，应及时修补或另换新套。

(7) 安全带应保持清洁，弄脏后可用温水或肥皂清洗，并在阴凉处晾干。切忌用热水浸泡、日晒或火烤。使用后的安全带应卷成盘放置在干燥架上或吊挂起来，不得接触潮湿的墙壁，也不宜放在经常日晒的场所。安全带上的金属配件要涂些机油或凡士林，以防生锈。

165. 使用电加热器的安全注意事项有哪些?

答: 冶金行业电加热设备较多，有烘箱（0~600℃）和中温（0~1100℃）、高温（0~1600℃）加热炉，这些加热设备因功率较大，加热时间长，使用过程中尤其要注意安全。使用电加热器的安全注意事项有:

(1) 电热设备使用过程中要特别注意防火，要远离火源，室内不得存放易燃易爆物品，消防设施应齐全，并定期检查，保证消防器材的完好性。

(2) 电热设备电源引出线应加套绝缘瓷管进行防护，接头处必须用螺丝固定，不得扭接在一起。

(3) 电热设备在使用时应设有专人负责看管，墩放试样应小心，避免烫伤。

(4) 使用电热设备前要先检查限位、行程等安全保护开关，看开关是否灵活有效地起到保护作用，然后检查设备电源进出线，是否有因长时间过热导致绝缘皮破损、绝缘瓷管破裂等现象。

(5) 电热设备一般功率较大，各种试验的保温或加热时间不等，有的时间较长，因此，电热设备室内温度较高，应安装轴流风机或换气扇等通风设施，确保室内通风良好。

(6) 电热设备应使用带漏电保护的电源开关，使用前应先检查开关的灵敏程度，以确保漏电保护性能完好，所有电热设备的电源装置必须进行接地（接零）保护，设备本身金属外壳也应采取重复接地（接零）保护。

（7）高频加热设备应有妥善的屏蔽保护措施，使用时应注意防止低频电窜入高频部分而加大触电的危险性。

（8）突然停电、工作结束或暂时停止使用，一定要切断电源，并且进行认真检查后方可离开，以确保加热器不留隐患。

（9）电加热器的电流不超过 6A 时，可直接插入照明线路中。工业上用的电加热器，必须单独设置电源，并且应安装相应的熔断器。

166. 常用绝缘高压用具试验周期有哪些规定？

答：常用绝缘高压用具试验周期有以下规定：

（1）绝缘拉杆（6～10kV），每年一次交流耐压 44kV、5min 试验。

（2）高压测电笔（6～10kV），每半年一次交流耐压 40kV、5min 试验。

（3）高压绝缘手套每半年一次交流耐压 8kV、试验 1min，泄漏电流≤9mA。

（4）低压绝缘手套每半年一次交流耐压 2.5kV、试验 1min，泄漏电流≤2.5mA。

（5）高压绝缘胶靴每半年一次交流耐压 15kV、试验 1min，泄漏电流≤7.5mA。

（6）绝缘站台（各种电压用）每 3 年一次交流耐压 10kV、试验 2min，并查台面、台脚有无损坏，有无污染。

3.3 安全操作技能

167. 什么是电工作业？分为哪几类？

答：电工作业是指对电气设备进行运行维护、安装、检修、改造、施工、调试等作业（不含电力系统进网作业），主要分为以下三类作业：

（1）高压电工作业指对 1kV 及以上的高压电气设备进行运行、维护、安装、检修、改造、施工、调试、试验及绝缘工器具进行试验的作业。

（2）低压电工作业指对 1kV 以下的低压电气设备进行安装、调试、运行操作、维护、检修、改造施工和试验的作业。

（3）防爆电气作业指对各种防爆电气设备进行安装、检修、维护的作业。

168. 对电工作业人员应该有哪些要求？

答：电工作业人员指直接从事电工作业的专业人员。电工作业人员必须年满 18 岁，必须具备初中以上文化程度，不得有妨碍从事电工作业的病症和生理缺陷。从技术上考虑，电工作业人员必须具备必要的电气专业知识和电气安全技术知识；按其职务和工作性质，应熟悉有关安全规程；应学会必要的操作技能和触电急救方法；应具备事故预防和应急处理能力。

电工作业人员必须经过安全技术培训和考核，取得电工作业操作资格证书后方可上岗作业。新参加电气工作的人员、实习人员和临时参加工作的人员，必须经过安全知识教育后，方可参加指定的工作，但不得单独工作。对外单位派来支援的电气工作人员，工作前应介绍现场电气设备接线情况和有关安全措施。

169. 电工作业工作票制度有哪些规定?

答: 工作票是准许在电气设备或线路上工作的书面命令，也是执行保证安全技术措施的书面依据。所以，在电气设备上工作时，应认真按照工作票或口头、电话命令执行。工作票制度的主要规定有：

(1) 工作票主要内容应包括：工作内容、工作地点、停电范围、停电时间、许可开始工作时间、工作终结时间及安全措施等。

(2) 工作范围应在工作票中用单线系统图加以注明，用不同颜色标明停电及带电部分。

(3) 工作负责人可填写工作票，但不能签发工作票，应由电气负责人或生产领导人以及指派有实践经验的负责技术的人员担任。工作票签发人和工作许可人不得兼任工作负责人。

(4) 一个工作负责人不能同时接受两张工作票，只有完成了一张工作票的任务，并办理了工作终结手续之后，方可接受另一张工作票。

(5) 工作票应预先编号，使用时用钢笔或圆珠笔填写，一式两份。

(6) 紧急事故处理可不填工作票，但应履行工作许可手续，做好安全措施，并应有人监护。

(7) 除第 (1)、第 (2) 种工作票规定的工作范围之外的其他工作，可用口头或电话命令。下达口头或电话命令时，必须清楚正确，值班员应将发令人、负责人及工作任务详细记入操作记录簿中，并向发令人复诵核对一遍，必要时应进行录音。

(8) 工作票一份由工作许可人收执，另一份由工作负责人收执。已执行的工作票，一份存配变室备查，另一份由部门负责人保存。线路工作票，一份存工作票签发人处备查，另一份由部门负责人收执。已执行的工作票，由工作票签发人交值班负责人保存备查。

170. 什么是倒闸操作? 执行操作票有哪些要求?

答: 倒闸操作就是将电气设备由一种状态转换到另一种状态即接通或断开高压断路器、高压隔离开关、自动开关、刀开关、直流操作回路、整定自动装置或继电保护装置、安装或拆除临时接地线等工作。

执行操作票的要求有：

(1) 倒闸操作必须根据电力调度或主管领导的命令，受令人复诵无误后执行，监护人由技术业务比较熟练的人员担任。倒闸操作由操作人填写操作票，每张操作票只能填写一个操作任务。

(2) 操作票应根据现运行方式和操作命令内容按操作顺序正确填写，不应涂改操作票，禁止使用铅笔填写。

(3) 倒闸操作顺序为：合闸送电先合电源侧刀闸，后合负荷侧刀闸，最后合具有灭弧能力的油开关或空气开关；断电顺序与上述相反（如图 3-12 所示）。用跌落式保险操作，送电时先合边相，最后合中相；断电与上述相反，断合时还应考虑风向，禁止用无灭弧能力的刀闸开关带电拉合。

(4) 不受供电部门调度的双电源（包括自发电）用电单位，严禁并路倒闸（倒路时

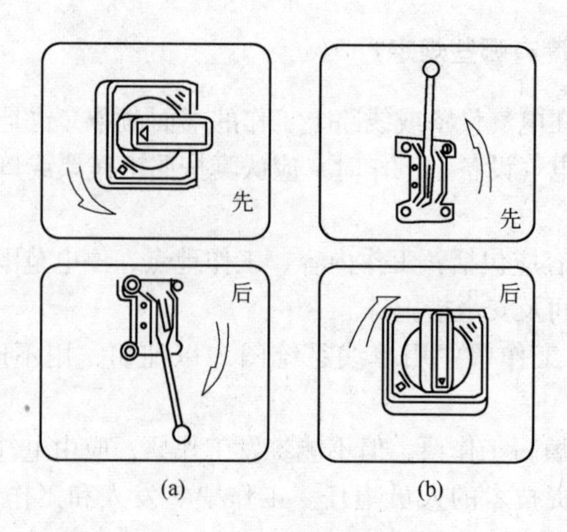

图3-12 倒闸操作顺序
（a）切断电源时；（b）合上电源时

应先停常用电源，后停备用电源）。

（5）操作时应对设备进行核对，检查正确无误。在执行过程中，由监护人对照操作票发令，操作人要准确执行，操作中发生疑问时，不准擅自更改操作票，必须向电力调度员或值班负责人报告，弄清楚情况后再进行操作。

（6）操作票应先编号，按编号顺序使用，作废的操作票，应注明“作废”字样。已操作的注明“已执行”的字样。上述操作票保存3个月。

（7）不准使用约时或打信号灯等不安全的停、送电方法，以防发生事故。

171. 电工作业工作许可制度有哪些规定？

答：认真执行工作许可制度是为了进一步加强工作责任感，履行工作许可手续应在完成各项安全措施之后进行。工作许可人（值班员）应负责审查工作票所列安全措施是否正确完备，是否符合现场条件，并应完成施工现场的安全措施。然后进行下列工作：

（1）会同工作负责人检查停电范围内所做的安全措施，指明邻近带电部位，对工作地点应以手触试停电设备，证明检修设备确无电压。

（2）对工作负责人说明注意事项，并和工作负责人在工作票上分别签字。

（3）线路停电检修，值班员必须将线路可能受电的各方面的电源断开，并做好安全措施后，方可开始工作。

172. 电工作业工作监护制度有哪些规定？

答：工作监护制度是保证人身安全及操作正确的主要措施。监护人的职责是保证工作人员在工作中的安全，其监护的内容有：

（1）部分停电时，监护所有工作人员的活动范围，使其与带电设备保持规定的安全距离。

（2）带电作业时，监护所有工作人员的活动范围，使其与接地部分保持安全距离。

(3) 监护所有工作人员的工具使用是否正确，工作位置是否安全以及操作方法是否正确等。

(4) 工作中，监护人因故离开工作现场时，必须另指定监护人并告知工作人员，使监护工作不致间断。

(5) 监护人发现工作人员中有不正确的动作或违反规程的做法时，应及时提出纠正，必要时可令其停止工作，并立即向上级报告。

(6) 所有工作人员（包括工作负责人），不准单独留在室内或室外变、配电所高压设备区内，以免发生意外触电或电弧灼伤。

(7) 监护人在执行监护时，不应兼做其他工作。

173. 电工作业工作间断和工作转移制度有哪些规定?

答: 电工作业工作间断和工作转移制度有以下规定：

(1) 工作间断或遇雷雨等威胁工作人员安全时，全部工作人员应撤离现场，工作票仍由工作负责人执存，所有安全措施不能变动。间断后继续工作，无需通过工作许可人。

(2) 每日收工，应清扫工作地点，开放已封闭的道路，并将工作票交给值班员；次日复工前，必须重新履行工作许可手续，方可开始工作。

(3) 在同一电气连接部分，用同一工作票依次在几个地点转移工作时，全部安全措施由值班员在开工前一次做完，不需再办理转移手续，但工作负责人在转移到下一个工作地点时，应向工作人员交代停电范围、安全措施和注意事项。

174. 电工作业工作终结和送电制度有哪些规定?

答: 工作终结送电前，应按以下顺序进行检查：

(1) 工作负责人应会同值班员对设备进行检查，特别要核对断路器、隔离开关的分、合位置是否符合工作票规定的位置。核对无误后，双方在工作票上签字，宣布工作终结。

(2) 检查设备上、线路上及工作现场的工具和材料，不应有遗漏。

(3) 线路工作应检查弓子线的相序及断路器、隔离开关的分、合位置是否符合工作票规定的位置。

(4) 拆除临时遮栏、警示牌，恢复永久遮栏、警示牌等，同时清点全体工作人员的人数。

(5) 拆除临时接地线，所拆的接地线组数应与挂接的接地线组数相同（接地隔离开关的分、合位置与工作票的规定相符）。

(6) 送电后，工作负责人应检查用电设备运行情况，正常后方可离开现场。

175. 进行电容器操作时应注意哪些安全事项?

答: 进行电容器操作时应注意以下安全事项：

(1) 正常情况下送配电站全部停电操作时，应先拉开电容器的开关，后拉开各路出线的开关；正常情况下送配电站全部恢复送电时，应先合上各路出线的开关，后合上电容器的开关。

（2）非正常情况下，送配电站全部事故停电后，应拉开电容器的开关。

（3）电容器断开后不得强送电；熔丝熔断后，查明原因之前，不得更换熔丝送电。

（4）不论是高压电容器还是低压电容器，都不允许在其带有残留电荷的情况下闭合，否则可能产生很大的电流冲击。电容器重新闭合前，至少应用放电棒（或负荷）放电 3min。

（5）为了检查、维修的需要，电容器断开电源后，工作人员接近之前，不论该电容器是否装有放电装置，都必须用可携带的专门放电负荷进行人工放电。

176. 停电检修应注意哪些安全技术事项?

答：在全部停电或部分停电的电气设备上工作时，必须完成安全技术措施，其停电的顺序和内容为：停电、验电、放电、装设临时接地线、悬挂标示牌和装设临时遮栏。停电检修应注意的安全事项有：

（1）检修工作中，当人体与 10kV 及 10kV 以下的设备带电体之间的距离小于 0.35m 时，或与 20～30kV 的设备带电体之间距离小于 0.6m 时，该设备应当停电；当距离大于上述数值，但分别小于 0.7m 和 1m 时，则应设遮拦，否则也应停电。

（2）所有能给检修部位送电的线路均应停电，并采取防止误闭合开关的措施，而且每处线路至少应有一个明显可见的断开点。

1）对于多回路的控制线路，应注意防止其他方面突然来电，特别应注意防止低压方面的反送电。为此，停电时应将有关变压器及电压互感器的高压边和低压边都断开。

2）对于柱上变压器，应取下跌开式熔断器的熔丝管。

3）对于运行中的工作零线，应视为带电体，并与相线采取同样的安全措施。

（3）停电操作顺序必须正确。

1）对于低压断路器或接触器与刀开关串联安装的开关组，停电时应先拉开低压断路器或接触器，后拉开刀开关；送电时操作顺序相反。

2）对于高压操作，停电时应先拉开断路器，后拉开隔离开关；送电时操作顺序相反。

3）如果断路器的电源侧和负荷侧都装有隔离开关，停电操作时拉开断路器之后，应先拉开负荷侧隔离开关，后拉开电源侧隔离开关；送电时应依次合上电源侧隔离开关、负荷侧隔离开关、断路器。

177. 检修时验电应该注意哪些安全事项?

答：检修时验电应该注意以下安全事项：

（1）验电前，必须先完成停电操作。

（2）验电操作必须有人监护。

（3）验电时，应注意保持与带电体各部分的安全距离，防止短路。

（4）对于电缆等有较大电容的设备，停电后可能残留电荷较多，如验试有电，应等待数分钟再次验电，以区别是残留电荷还是电网电压。

（5）表示设备断开的常设信号或标志、表示允许进入间隔的信号以及接入的电压表指示，只能作为无电的参考，不能作为无电的根据。

178. 电气检修如何装设接地线?

答: 装设接地线是检修作业避免发生触电事故的一项重要安全防范措施。在装设接地线时，必须注意以下有关规定:

(1) 装设接地线地点。在检修作业前，对下列地点应装设接地线:

1) 当验明设备无电压后，应立即将施工检修设备接地并三相短路，然后挂接地线。

2) 对于可能送电至停电设备，或能产生感应电压的各方面都应装设接地线。

3) 检修母线10m以上至少应在母线两端装设地线。

4) 室内配电装置，接地线应装在导电部分的规定位置。

5) 接地线与带电部分的距离，应符合安全距离规定。

(2) 对接地线的要求:

1) 接地线应使用截面积不小于25mm^{2}的多股软裸铜线。禁止使用不符合规定的导线作接地、短路之用。

2) 在装设接地线之前，应仔细检查，发现有损坏的接地线应更换。

3) 接地线与接地线的连接，应采取焊接或用螺栓连接，禁止用缠绕的方式连接。

4) 每组接地线均应编号。

179. 电工检修过程中如何使用警示牌和临时遮栏?

答: (1) 使用警示牌应注意以下问题:

1) 警示牌的悬挂地点、数量应与工作票的要求一致。

2)“禁止合闸，有人工作”警示牌悬挂数量应与参加工作班组数相同。

3) 装设临时接地线后，应立即挂上“禁止合闸，有人工作”和“已接地”等相关警示牌；拆除时，必须拆除临时接地线后，再取下警示牌。

4) 工作人员在工作过程中不得取下警示牌。

(2) 遮栏的作用是防止工作人员无意识过分接近带电体。在部分停电检修和不停电检修时，应将带电部分遮栏起来，以保证检修人员的安全。使用临时遮栏应注意以下问题:

1) 10kV部分停电工作时，临时遮栏与带电部分的距离应不小于0.35m。

2) 临时遮栏上应悬挂“止步，高压危险”的警示牌。

3) 工作人员在工作中不得移动、拆除或越过遮栏。

180. 带电检修工作票中所列人员的任务是什么?

答: 带电检修工作票中所列人员的任务是:

(1) 工作票签发人应由熟悉情况的生产领导人担任。工作票签发人必须对工作人员的安全负责，应在工作票中填明应拉开的开关、应装设临时接地线及其他所有应采取的安全措施。

(2) 工作负责人由维修班长担任。工作负责人应在工作票上填写检修项目、工作地点、停电范围、计划工作时间等有关内容，必要时应绘制简图。

(3) 工作许可人由值班长担任。工作许可人应按工作票停电，并完成所有安全措施。然后，工作许可人应向工作负责人交代并一起检查停电范围和安全措施，指明带电部位，说明安全注意事项，移交工作现场，双方签名后才可进行检修工作。

工作完毕后，工作人员应清理现场、清查工具。工作负责人应清点人数，带领撤出现场，将工作票交给工作许可人，双方签名后检修工作才算结束。值班人员在送电前还应仔细检查现场，并通知有关单位。

工作票应编号，每次使用一式两份。工作完毕后，一份由工作许可人收存，另一份交回给工作票签发人。已结束的工作票，应保存3个月备查。

181. 检修工作监护制度中的监护人有哪些主要职责?

答：检修工作监护制度中的监护人的主要职责有：

（1）监护人应检查各项安全措施是否正确和完善，是否与工作票所填写项目相符。

（2）监护人应组织现场工作，并向工作人员交代清楚工作任务、工作范围、带电部位及其他安全注意事项。

（3）监护人应始终留在现场，对工作人员进行认真监护。监护所有工作人员进行活动的范围和实际操作，包括工作人员及其所携带工具与带电体（或接地导体）之间是否保持足够的安全距离，工作人员站位是否合理、操作是否正确。监护人如发现工作人员的操作违反了规程，应予以及时纠正，必要时责令其停止工作。

（4）监护人应制止任何工作人员单独留在检修室内或检修区域内，并随时制止其他无关人员进入检修区域。

全部停电检修时，监护人可以参加检修工作；部分停电检修时，只有在安全措施可靠、工作人员集中在一个工作地点、不会因过失酿成事故的情况下，监护人才可以参加检修工作；不停电检修时，监护人不得参加检修工作。

182. 低压带电工作应该注意哪些安全事项?

答：低压带电工作应注意以下安全事项：

（1）应使用验电器和带有绝缘柄的工具，并站在干燥的绝缘物上操作；应穿长袖衣，并戴手套和安全帽；工作时不得使用有金属物的毛刷、毛掸等工具。

（2）现场应有良好的照明条件。

（3）登高作业应使用登高安全用具。对高、低压线同杆架设的线路，在低压线路上工作时应有人监护；应先检查与高压线的距离，并采取防止误触高压带电部分的措施；在低压带电导线未采取绝缘措施前，检修人员不得穿越。

（4）上杆前，应分清相线、零线等，并预先选好工作位置。

（5）在带电的低压配电装置上工作时，应采取防止相间短路和单相接地的隔离措施。

（6）断开导线时，应先断开相线后断开工作零线；搭接导线时，顺序应相反。一般不得带负荷断开或接通导线。

（7）人体不得同时接触两条导线或两个接线头。

（8）雷电、雨雪、大雾、5级以上大风天气一般不进行户外带电作业。

183. 倒闸操作有哪些基本安全要求?

答：倒闸操作基本安全要求有：

（1）倒闸操作应根据调度的命令进行。

（2）凡属供电部门调度的设备，均应按供电部门调度员的操作命令操作，用电单位不得自行并路；不受供电部门调度的双电源用电单位，严禁并路。

（3）高压倒闸操作必须使用操作票。

（4）倒闸操作应尽量不影响或少影响系统的正常运行和对用户的供电。

（5）倒闸操作必须由两人执行，其中对设备较熟悉的一人作监护人。单人值班时变电所的倒闸操作可由一人执行。特别重要和复杂的倒闸操作，由熟练的值班员操作，值班负责人或值班长监护。

（6）倒闸操作开始前，应先在模拟图板上进行核对性模拟预演，无误后再进行设备操作。操作前，应核对设备名称和位置。

（7）操作中，应认真执行监护复诵制度，发布操作命令和复诵命令都应严肃认真；必须按操作票填写的顺序逐项操作并记录，全部操作完毕后进行复查。

（8）操作中发生疑问时，应立即停止操作并向值班调度员或值班负责人报告，弄清问题后再进行操作。不准擅自更改操作票，不准随意解除线路的闭锁装置。

（9）倒闸操作过程中，用绝缘杆拉、合隔离开关或经传动机构拉、合隔离开关（或断路器）时，应戴绝缘手套。遇特殊电气或情况还要使用特殊的防护用品。

（10）使用完毕的操作票应注明“已执行”的字样，并应保存3个月备查。

184. 操作高压跌落式开关应该注意哪些安全事项？

答：操作高压跌落式开关应注意以下安全事项：

（1）操作时由两人进行（一人监护，一人操作），使用电压等级相匹配的合格绝缘棒操作，在雷电或大雨的气候下禁止操作。

（2）拉闸操作时，一般规定为先拉断中间相，再拉断背风的边相，最后拉断迎风的边相。

（3）合闸时操作顺序与拉闸时相反，先合迎风的边相，再合背风的边相，最后合上中间相。

185. 电工作业十五个“不送电”要点是什么？

答：电工作业十五个“不送电”的要点是：

（1）线路状态不清楚不送电。

（2）线路走向不清楚不送电。

（3）线路绝缘不良不送电。

（4）线路故障不排除不送电。

（5）变压器油色不良不送电。

（6）变压器漏油不送电。

（7）设备设施绝缘性能不良不送电。

（8）设备接线不可靠不送电。

（9）准备不充分不送电。

（10）操作联络不畅不送电。

（11）高压电源不良不送电。
（12）某一环节有疑点不送电。
（13）未填写操作票不送电。
（14）送电操作程序不清楚不送电。
（15）操作票和送电操作程序未经有关部门审批确认不送电。

186. 电气设备安全作业二十个“确认”的内容是什么？

答：电气设备安全作业二十个“确认”的内容是：
（1）确认工作任务、详细内容以及完工的时间要求。
（2）确认工作现场环境、气象条件是否适合开工以及线路倒送电情况。
（3）确认工作小组成员结构是否合理以及员工身体状况。
（4）确认停、送电方案是否合理、安全。
（5）确认操作票是否填写正确。
（6）确认到现场人数及携带工具是否安全可靠。
（7）确认停电时的断路器是否分断，操作电源是否切断。
（8）确认线路、进线刀闸是否彻底分断及分断行程是否安全。
（9）确认验电笔是否正常并验明停电情况。
（10）确认接地线端是否接线可靠及线路放电是否彻底。
（11）确认接地线挂接是否牢固，不易脱落。
（12）确认绝缘隔离板挂靠是否有效。
（13）确认作业区域安全设施是否齐全有效以及是否留有安全紧急出口。
（14）确认作业人员是否在安全的区域内。
（15）确认作业完毕后，工作人员是否全部退出作业区。
（16）确认所有临时挂接的安全设施清理完毕，数量准确。
（17）确认线路上其他相关场所是否有人“搭车”检修。
（18）确认电气保护装置是否完好。
（19）确认所有送电条件是否具备。
（20）确认送电后一切正常。

187. 如何清扫两台并列运行中的变压器？

答：当一台变压器供电运行，另一台变压器停电清扫挂地线时，必须在停电的变压器上认真进行验电，防止因疏忽将低压母线侧电源反送到停电的变压器上而危及清扫人员的人身安全。

为了杜绝反送电的事故发生，一定要把停电清扫的变压器二次侧的低压开关及隔离开关全部拉开。同时要捆绑住隔离开关的操作手柄，并在低压开关上悬挂“禁止合闸，有人工作”的标示牌。清扫变压器的人员在工作时，不允许超出接地线的保护范围，以免发生意外。

188. 架空线路巡视检查的主要内容有哪些？

答：架空线路巡视检查的主要内容有：

(1) 沿线路的地面是否堆放有易燃、易爆或强烈腐蚀性物质；沿线路附近有无危险建筑物，有无在雷雨或大风天气可能对线路造成危害的建筑物及其他设施；线路上有无树枝、风筝、鸟巢等杂物，如有，应设法清除。

(2) 电杆有无倾斜、变形、腐朽、损坏及基础下沉等现象；横担和金具是否移位、固定是否牢靠、焊缝是否开裂；螺母是否缺少等。

(3) 导线和避雷线有无断股、背花、腐蚀、外力破坏造成的伤痕；导线接头是否良好、有无过热、严重氧化或腐蚀痕迹，对邻近建筑物、邻近树木的距离是否符合要求。

(4) 绝缘子有无破裂、脏污、烧伤及闪络痕迹；绝缘子串偏斜程度；绝缘子铁件损坏情况。

(5) 拉线是否完好、是否松弛、绑扎线是否紧固、螺纹是否锈蚀等。

(6) 保护间隙是否合格；避雷器瓷套有无破裂、脏污、烧伤及闪络痕迹，密封是否良好，固定有无松动；避雷器上引线有无断股、连接是否良好；避雷器引下线是否完好、固定有无松动、接地体是否外露、连接是否良好。

189. 电缆线路巡视检查的主要内容有哪些?

答: 电缆线路巡视检查的主要内容有:

(1) 直埋电缆的标桩是否完好；沿线路地面上是否堆放矿渣、建筑材料、瓦砾、垃圾及其他重物，有无临时建筑；线路附近地面是否开挖；线路附近有无酸碱等腐蚀性排放物，地面上是否堆放石灰等可构成腐蚀的物质；露出地面的电缆有无穿管保护，保护管有无损坏或锈蚀，固定是否牢固；电缆引入室内处的封堵是否严密；洪水期间或暴雨过后，巡视附近有无严重冲刷或塌陷现象等。

(2) 电缆沟盖板是否完整无缺；沟道是否渗水、沟内有无积水、沟道内是否堆放有易燃、易爆物品；电缆铝装或铅包有无腐蚀，全塑电缆有无被老鼠啮咬的痕迹；洪水期间或暴雨过后，巡视配电室内沟道是否进水，室外沟道泄水是否畅通等。

(3) 电缆终端头的瓷套管有无裂纹、脏污及闪络痕迹，充有电缆胶（油）的终端头有无溢胶、漏油现象；接线端子连接是否良好，有无过热迹象；接地线是否完好、有无松动；中间接头有无变形、温度是否过高等。

(4) 明敷电缆的挂钩或支架是否牢固；电缆外皮有无腐蚀或损伤；线路附近是否堆放有易燃、易爆或强烈腐蚀性物质等。

190. 巡视检查配电站时应当注意哪些安全事项?

答: 巡视检查配电站时应注意以下安全事项:

(1) 巡视人员不得越过警戒线或遮栏，更不得移开遮栏，应与带电体保持足够的安全距离。对于10kV的设备，人体与带电体的距离无遮栏的不得小于0.7m，有遮栏的不得小于0.35m。

(2) 如发现故障接地点，巡视人员离接地点的距离：室外不得小于8m，室内不得小于4m；否则，应当穿绝缘靴，以防止跨步电压的危险，并应派人看守现场。

(3) 雷雨天气巡视应远离接地装置，并应穿绝缘靴。

(4) 触摸电气设备金属外壳或金属构架，应戴绝缘手套。

（5）巡视线路时，不论线路是否有电均应视为带电，并应沿上风侧行走。

（6）离开配电室等房间或间隔时，应随手关门，以防小动物进入。

（7）巡视中发现问题应做好记录并及时汇报，一般不单独处理。

191. 防雷接地装置安全检查的主要内容有哪些？

答：防雷接地装置安全检查的主要内容包括：

（1）夜巡时检查接点有无发热、打火现象，白天巡视应检查接点有无电化腐蚀现象，线夹有无松动、锈蚀，有无过热现象（接头金属变色、雪先融化、绝缘护罩变形），利用红外线测温仪进行检测。

（2）管型避雷器的外部间隙是否发生了变动，避雷器是否动作过，其固定是否牢靠，接地线是否完好。

（3）阀型避雷器的瓷套是否完好，有无裂纹破损，表面有无脏污，底部密封是否完好。

（4）保护间隙有无变形和烧伤情况，间隙距离是否有变动，辅助间隙是否完好，有无锈蚀情况。

（5）避雷器与引下线连接是否牢固，其连接处是否缺少线夹；接地引下线与接地装置的连接处是否牢固，杆塔上是否缺少固定接地引下线用的卡钉。

（6）双避雷线间的连接线及避雷线与铁塔间的连接线是否缺少。

192. 照明配电安装的安全技术要求有哪些？

答：照明配电安装的安全技术要求有：

（1）由公共低压配电网配电的照明负荷，线路电流不超过 30A 时可用 220V 单相配电，30A 以上应采用三相四线配电。

（2）一般照明的电源采用 220V 电压。在特别潮湿场所、高温场所、有导电灰尘的场所或有导电地面的场所，对于容易触及而又无防止触电措施的固定式灯具，其安装高度不足 2.2m 时，应采用 24V 安全电压。

（3）室内每个照明支路上熔断器熔体的额定电流不应超过 15～20A；每个照明支路上所接灯具原则上不超过 20～25 盏，但花灯、彩灯、多管荧光灯不受此限。

（4）照明配线应采用额定电压 500V 的绝缘导线。凡重要的政治、经济活动场所、易燃易爆场所、重要的仓库均应采用金属管配线。

（5）建筑物照明电源线路的进户处，应装设带有保护装置的总开关。配电箱内单相照明线路的开关必须采用双极开关；照明器具的单极开关必须装在相线上。

（6）对于高压气体放电灯的照明，每个单相分支回路的电流不宜超过 30A，并应按启动及再启动特性选择保护电器和验算线路的电压损失值。

（7）对于应急照明的电源，应区别于正常照明的电源。应急照明线路不能与动力线路或照明线路合用，必须有自己的供电线路。应急照明应根据需要选择切换装置。

193. 安装刀开关应该注意哪些安全事项？

答：安装刀开关应注意以下安全事项：

（1）除转换开关和组合开关外，刀开关应垂直安装，在合闸状态，操作手柄应向上。

（2）连接紧密、接触良好，大容量触头最好涂电力复合脂，防止氧化。

（3）双投刀开关在分断位置时，动触头应可靠定位，不得自行闭合。

（4）杠杆机构应灵活，操作应能到位。

（5）动触头与静触头中心对正，各相触头应分合同步。

在刀开关与低压断路器串联安装的线路中，送电时应先合上电源侧隔离开关，再合上负荷侧隔离开关，最后接通断路器；停电时顺序相反。

194. 企业对临时用电安全有哪些管理规定？

答：企业对临时用电安全有以下管理规定：

（1）由用电部门填写申请，经有关部门核实审批后，再由电气专职人员进行施工作业。

（2）临时用电线路架空时，不能采用裸导线，架空高度在室内不得低于2.5m；户外不得低于3.5m；穿越道路不得低于5m；严禁在树上或脚手架上架设临时用电线路。

（3）临时用电设施必须安装符合规范要求的漏电保护器，移动工具、手持式电动工具应一机、一闸、一保护。

（4）所有的电气设备外壳必须有良好的接地线。

（5）临时用电线使用不得超过15天。

3.4 电气事故的救护、预防技能

195. 电气事故分为哪几类？

答：电气事故包括人身事故和设备事故。人身事故和设备事故都可能导致二次事故，而且二者很可能同时发生。按照电能的形态，电气事故可分为触电事故、雷击事故、静电事故、电磁辐射事故等。

（1）触电事故。触电事故是由电流的能量造成的事故。触电事故分为电击和电伤。电击是电流直接通过人体造成的伤害。电伤是电流转换成热能、机械能等其他形式的能量作用于人体造成的伤害。在触电伤亡事故中，尽管大约85%以上的死亡事故是电击造成的，但其中大约70%的事故含有电伤的因素。

（2）雷击事故。雷击事故是由自然界中正、负电荷形成的巨大能量造成的事故。雷击有引起爆炸和火灾、造成触电、毁坏设备和设施以及造成事故停电的危险。

（3）静电事故。静电事故是工艺过程中或人们生产生活中产生的，相对静止的正电荷和负电荷的能量造成的事故。静电事故的主要危险除了能引起爆炸和火灾外，还会引起二次事故和妨碍生产。

（4）电磁辐射事故。电磁辐射事故是指由电磁波形式的能量造成的事故。辐射电磁波指频率为100kHz以上的电磁波。

196. 什么是人体触电？人体触电有几种形式？

答：由于人体组织有60%以上是由含有导电物质的水分组成，所以人体是电的良导体。当人体触及带电部位而构成电流回路时，电流通过人体，造成人体器官组织损伤甚至死亡，称为触电，触电事故包括电击和电伤两类。

人体触及带电体有四种不同情况，分别为单相触电、两相触电、跨步电压触电和接触电压触电。

（1）单相触电。人体直接接触带电设备或线路的一相导体时，电流通过人体而发生的触电，称为单相触电。根据国内外的统计资料，单相电击事故占全部触电事故的70%以上。因此，防止触电事故的技术措施应将单相电击作为重点。

（2）两相触电。人体同时触及带电设备或线路中的两相导体而发生的触电，称为两相触电。两相触电作用在人体上的电压为线电压，所以其触电的危险性最大。

（3）跨步电压触电。当高压电线断落在地面时，电流就会从电线的着地点向四周扩散。这时如果人站在高压电线着地点附近（20m以内），人的两脚之间（0.8m左右）就会有电压，并有电流通过人体造成触电。这种触电称为跨步电压触电，如图3-13所示。

（4）接触电压触电。接触电压是指人站在发生接地短路故障设备的旁边，触及漏电设备的外壳时，其手、脚之间所承受的电压。接触电压的大小随人体站立点的位置而异，当人体距离接地体越远时，接触电压越大。由接触电压引起的触电称为接触电压触电。

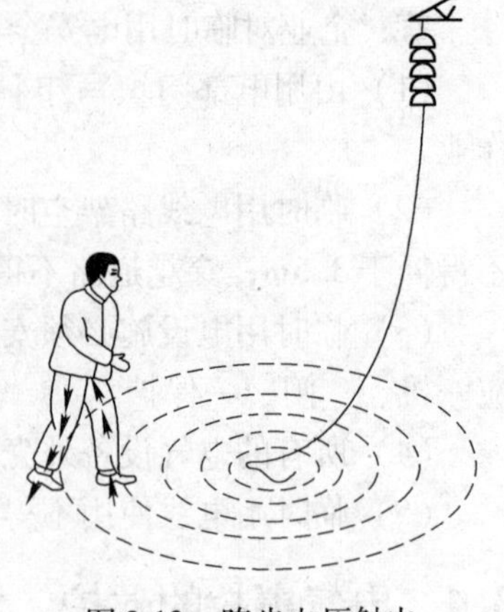

图3-13　跨步电压触电

197. 电流对人体的伤害有哪些？

答：人体是电的导体之一，当人体与带电导体、漏电设备的外壳或其他带电的物体接触时，均可能导致对人体的伤害。根据电对人体的伤害部位和伤害程度不同，其表现形式也有所不同，共分为电击、电伤和电磁场生理伤害三种形式。

（1）电击。电流直接通过人体的伤害称为电击。电流通过人体内部造成人体器官的损伤，破坏人体内细胞的正常工作，主要表现为生物学效应。电流通过人体，会引起麻感、针刺感、压迫感、打击感、痉挛、疼痛、呼吸困难、血压异常、心律不齐、窒息、心室颤动等症状。

由于电流的瞬间作用而发生心室颤动时，呼吸可持续2～3min，在其丧失知觉前，有时还能叫喊几声，有的还能走几步，但是，由于其心脏已进入心室颤动状态，血液已终止循环，大脑和全身迅速缺氧，病情将急剧恶化，如不及时抢救，将很快导致死亡。

（2）电伤。电流转换为其他形式的能量作用于人体的伤害称为电伤。电伤是由电流的热效应、化学效应、机械效应等对人造成的伤害。

1）电灼伤。灼伤是电流的热效应造成的伤害，分为电流灼伤和电弧烧伤两种情况。电流灼伤是人体与带电体接触，电流通过人体由电能转换成热能造成的伤害。

2）电烙印。人体与带电体接触的部位留下的永久性斑痕，斑痕处皮肤失去弹性，表皮坏死。

3）皮肤金属化。由于电流的作用使熔化和蒸发了的金属微粒，渗入人体的皮肤，使皮肤坚硬和粗糙而呈现特殊的颜色。皮肤金属化多是在弧光放电时发生和形成的，在一般情况下，此种伤害是局部性的。

4）机械性损伤。电流作用于人体，由于中枢神经反射和肌肉强烈收缩等作用导致的机体组织断裂、骨折等伤害。

5）电光眼。电光眼是当发生弧光放电时，红外线、可见光、紫外线对眼睛的伤害。电光眼表现为角膜炎或结膜炎。

（3）电磁场生理伤害。是指在高频电磁场的作用下，使人呈现头晕、乏力、记忆力衰退、失眠、多梦等神经系统的症状。

198. 电流电击时间及对人体的危害程度有哪些关系？

答： 心脏搏动周期中，收缩与舒张最初的0.1～0.2s之间对电流最敏感，这一特定时间间隔即心脏易损期。所以当电流电击持续时间在0.1～0.2s以上时，电击的危险性增大。电击持续时间越长时，中枢神经反射越强烈，电击危险性越大。

人体在电流的作用下，没有绝对安全的途径。不管电流如何流经全身，都是不安全的。

电流通过心脏会引起心室纤维性颤动乃至心脏停止跳动而导致死亡。

电流通过中枢神经及有关部位，会引起中枢神经强烈失调而导致死亡。

电流通过头部会使人昏迷，严重损伤大脑，进而导致死亡。

电流通过脊髓会使人截瘫；电流通过人的局部肢体也可能引起中枢神经强烈反射导致严重后果。

199. 为什么说电伤中电弧烧伤最危险？

答： 电伤分为电弧烧伤、电流灼伤、皮肤金属化、皮肤电烙印、机械性损伤、电光眼等伤害。

电弧烧伤是由弧光放电造成的烧伤，是最危险的电伤。电弧烧伤分为直接电弧烧伤和间接电弧烧伤，前者是带电体与人体之间发生电弧，有电流流过人体的烧伤；后者是电弧发生在人体附近对人体的烧伤，包含熔化了的炽热金属溅出造成的烫伤。电弧温度高达8000℃，可造成大面积、深度的烧伤，甚至烧焦、烧毁四肢及其他部位。高压电弧和低压电弧都能造成严重烧伤，不过高压电弧的烧伤更为严重一些。

200. 为什么禁止利用大地作工作中性线（零线）？

答： 一火一地是非常危险的，危险就在接地的那根线上，如图3-14所示。原因是所有的低压电力变压器都有一条接地的线，即所谓的中性点接地，这条线就是零线或叫地线，并且这条线接地是非常良好的，用角铁或其他金属材料打入地下几米以上。这条线连接在电力变压器三相线圈的中性点上（星接）。电流的流向是火线→用电设备→零线→电力变压器。

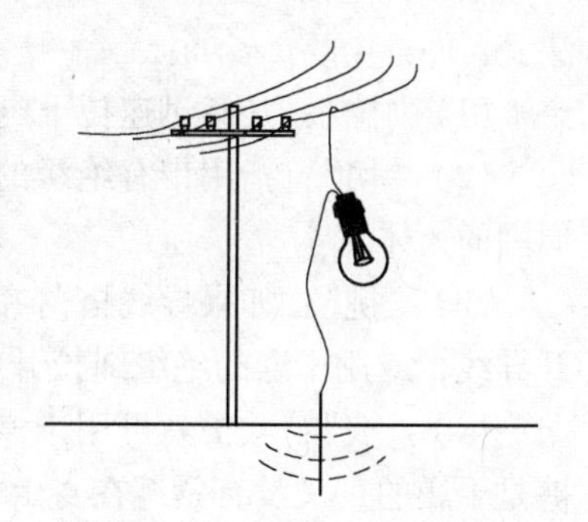

图3-14 一火一地的危险

如果采用一火一地，电流的流向是火线→用电设备→入地→大地→电力变压器。那么大地就变成一条电线，而这条电线的内阻是很大的，必定要产生电压降，大地将会有电压，这就是跨步电压，此时人靠近是非常危险的。如果接地线接地不良，大地就会带电（即对地电压），一旦地线开路时就变成了火线。

201. 为什么禁止将暖气管、自来水管等作为保护线使用?

答：用暖气管、煤气管、自来水管作保护线是非常危险的，因为这些管线的连接电阻很大，不能达到要求的电阻值（小于4Ω），一旦发生漏电现象，漏电流因为接地电阻太大而很小，不能达到漏电保护器的动作要求，漏电保护电路就不能起到保护作用，而使人触电。

202. 发生电烧伤应如何急救?

答：发生电烧伤时的急救措施有：

（1）立即用自来水冲洗或浸泡烧伤部位10~20min，也可使用冷敷方法。冲洗或浸泡后尽快脱去或剪去着火的衣服或被热液浸渍的衣服。

（2）对轻度烧伤，用清水冲洗后搌干，局部涂烫伤膏，无须包扎。面积较大的烧伤创面可用干净的纱布、被单、衣服暂时覆盖，并及时送医院救治。尽量不挑破烧伤的水泡。较大的水泡可用缝衣针经火烧烤几秒钟或用75%酒精消毒后刺破水泡，放出疱液，但切忌剪除表皮。寒冷季节还应注意保暖。烧伤创面上切不可使用药水或药膏等涂抹，以免掩盖烧伤程度。

（3）发生窒息，应尽快设法解除。如果呼吸停止，应立即进行心肺复苏。

（4）密切观察伤员有无进展性呼吸困难，并及时护送到医院进一步诊断治疗。千万不要给口渴伤员喝水。

203. 低压电源触电如何脱离?

答：虽然我们采取了各种各样的预防触电的技术措施，但意外触电事故还会经常发生。人体触电事故发生后，若能及时采取正确的救护措施，可大大减少死亡率。

实验研究与统计表明，如果触电后1min开始救治，触电者90%可以救活；如果从触电后6min开始救治，触电者仅有10%的救活机会；而从触电后12min开始救治，生还的可能性极小。因此，当发现有人触电时应争分夺秒，迅速急救，尽量减少伤亡。

在日常生活和生产工作中，遇到触电现象，应正确使用脱离低压电源的方法，具体方法是：

（1）“拉”：是指迅速拉下电源开关，拔出插头，使触电者脱离电源。

（2）“切”：指用带有绝缘的利器迅速切断电源线。切断时应防止带电导线断落触及周围的人体。

（3）“挑”：如果导线搭落在触电者身上或压在身下时，可用干燥的木棒、竹竿等挑开导线，或用干燥的绝缘绳拉开导线，使触电者与之分离。

（4）“拽”：救护者可用干燥绝缘物品拖拽触电者，使之脱离电源。如果触电者的衣裤是干燥的，又没有紧缠在身上，救护者可直接用一只手抓住触电者不贴身的衣裤，将触电者脱离电源。但要注意拖拽时切勿触及触电者的体肤。救护者亦可站在干燥的木板或橡胶垫等绝缘物品上，戴上干燥手套把触电者拉开。

（5）“垫”：如果触电者由于痉挛，手指紧握导线或导线缠绕在身上，救护者可先用干燥的木板塞进触电者身下使其与地绝缘来隔断电源，然后再采取其他办法把电源切断。

204. 高压电源触电如何脱离?

答: 有人触及高压电时，必须尽快抢救。通常的做法是：

（1）立即通知有关供电部门拉闸停电。

（2）如果电源开关距触电现场不太远，则可戴上绝缘手套，穿好绝缘靴，拉开高压断路器，或用绝缘棒拉开高压跌落保险以切断电源。

（3）可往架空线路抛挂裸金属导线，人为造成线路短路，迫使继电保护装置动作，从而使电源开关跳闸。抛挂前，将短路电线的一端先固定在铁塔或接地线上，另一端系上重物。抛掷短路电线时，在注意防止电弧伤人或断线危及人身安全的同时，也要采取措施防止重物从高空落下砸伤人。

（4）如果触电者触及断落在地上的带电高压导线，尚且未确认线路无电之前，救护人员不可进入断线落地点 8~10m 的范围内，以防止跨步电压触电。进入该范围的救护人员应穿上绝缘靴或临时双脚并拢跳跃地接近触电者。触电者脱离带电导线后，应迅速将其带至 8~10m 以外立即进行触电急救。在确认线路无电的情况下，可在触电者离开触电导线后就地急救。

205. 触电者脱离电源后首先进行哪些观察处理工作?

答: 触电者脱离电源后应首先进行以下观察处理工作：

（1）触电的应急处置。触电者如果神志清醒，应使其就地躺平，严密观察，暂时不要站立或走动；触电者如果神志不清，应就地仰面平躺，且确保气道通畅，并用 5s 时间，呼叫伤员或轻拍其肩部，以判定伤员是否意识丧失。禁止摇动伤员头部呼叫伤员。

需要抢救的触电者，必须立即就地进行正确抢救，并同时用电话通知医务人员到现场救护，医院做好急救准备，并做好送触电者去医院的准备工作。

（2）观察呼吸、心跳情况。触电者如果意识丧失，应在 10s 内，用“看”、“听”、“试”的方法，判定触电者呼吸心跳情况。“看”——看伤员的胸部、腹部有无起伏动作；“听”——用耳贴近伤员的口鼻处，听有无呼气声音；“试”——试测口鼻有无呼气的气流。再用两手指轻试一侧（左或右）喉结旁凹陷处的颈动脉有无搏动。

若“看”、“听”、“试”结果，既无呼吸又无颈动脉搏动，可判定呼吸心跳停止。

206. 触电者现场急救的原则和方案有哪些?

答: 通过对触电者脱离电源后的观察处理并作出正确的判断后，应根据不同情况，采取正确的救护方法，迅速进行抢救。

（1）现场急救原则。根据国内外现场抢救触电者的经验，现场触电急救的原则可总结为八个字：“迅速、就地、准确、坚持”。

（2）现场急救方案：

1）触电者神志尚清醒，但感觉头晕、心悸、出冷汗、恶心、呕吐等，应让其静卧休息，减轻心脏负担。

2）触电者神志有时清醒，有时昏迷，应一方面请医生救治，一方面让其静卧休息，密切注意其伤情变化，做好抢救的准备。

3）触电者已失去知觉，但有呼吸、心跳，应在迅速请医生的同时，解开触电者的衣领裤带，平卧在阴凉通风的地方。如果出现痉挛，呼吸衰弱，应立即施行人工呼吸，并送医院救治。如果出现“假死”，应边送医院边抢救。

4）触电者呼吸停止、但心跳尚存，则应进行人工呼吸；如果触电者心跳停止，呼吸尚存，则应采取胸外心脏按压法；如果触电者呼吸、心跳均已停止，则必须同时采用人工呼吸法和胸外心脏按压法进行抢救。

207. 如何进行人工呼吸?

答: 人工呼吸法是帮助触电者恢复呼吸的有效方法，只对停止呼吸的触电者使用。在几种人工呼吸方法中，以口对口（鼻）呼吸法效果最好，也最容易掌握。口对口（鼻）人工呼吸法动作要领如下（见图3-15）：

（1）伤者仰卧，头后仰，颈下可垫一软枕或下颌向前上推，也可抬颈压额，这样使咽喉部、气道在一条水平线上，易吹进气去。同时迅速清除伤者口鼻内的污泥、土块、痰、涕、呕吐物，使呼吸道通畅。必要时用嘴对嘴吸出阻塞的痰和异物。解开伤者的领带、衣扣，包括女性的胸罩，充分暴露胸部。

（2）救护人员深吸一口气，捏住伤者鼻孔，口对口将气吹入，持续约2s，吹气完毕，立即离开伤者的口，并松开伤者的鼻孔，让其自行呼气约3s（小孩可以小口吹气），如果发现伤者胃部充气膨胀，可以一面用手轻轻加压于伤者上腹部，然后观察伤者胸廓的起伏，每分钟吹气约12～16次。

贴嘴吹气胸扩张

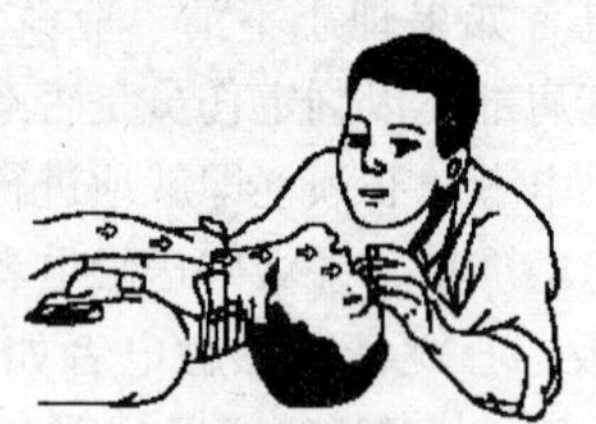

放开鼻孔好换气

图3-15 口对口（鼻）人工呼吸法

如果伤者口腔有严重外伤或牙关紧闭，可对鼻孔吹气即口对鼻人工呼吸。救护者吹气力量的大小依伤者的具体情况而定，一般以吹气后胸廓略有起伏为宜。也可以人工呼吸和按压交替进行，每次吹气2～3次再按压10～15次，而且吹气和按压的速度应加快一些，以提高抢救效果。

怀疑伤者有传染病的可在唇间覆盖一块干净纱布。口对口吹气应连续进行，直至伤者恢复自主呼吸或确诊伤者已死亡方可停止。

208. 如何进行胸外心脏按压操作?

答: 胸外心脏按压法是帮助触电者恢复心跳的有效方法。当触电者心脏停止跳动时，有节奏地在胸外廓加力，对心脏进行按压，代替心脏的收缩与扩张，达到维持血液循环的目的。这里要强调的是在按压前，还应有一个重要的内容即胸外叩击法。

（1）胸外叩击法。在某些严重伤病和意外发生时，伤者呼吸微弱，面色苍白青紫，大叫一声，全身抽动，口吐白沫，神志不清，这很可能是发生了室颤。室颤现象指当心肌和心脏传导系统发生严重病变时，心脏就会发生节律紊乱，心房心室“各自为政”，心肌纤维跳动失去节律，心脏没有收缩舒张功能，称为心室纤颤。一般急性心肌梗塞、药物中毒、触电、淹溺病人可以见到。

怀疑伤者发生室颤时，应立即将手握成拳状，在伤者胸骨中下段，距胸壁 15 ~25cm，较为有力地叩击 1 ~2 下。这相当于 100 ~200J 的直流电，有时可以起到除颤的作用，使伤者恢复心跳和神志。叩击无效则不再进行，随即进行胸外心脏按压。

室颤一般是用除颤器去除，这在装备良好的救护车和医院里是不难做到的。在家庭中，拳头的叩击有时也能发挥奇特的除颤作用。

任何原因导致的心脏跳动停止，首先要进行的就是心脏按压术。室颤时最初除颤后随之进行的也是胸外心脏按压术。

（2）胸外心脏按压的意义。胸外心脏按压，顾名思义是在胸廓外用人工的力量通过胸壁间接地压迫心脏，从而使心脏被动收缩和舒张，挤压血液到血管维持血液循环。尽管心脏深居胸腔内，但是心包紧靠着胸骨和肋骨后方。如果我们在胸骨肋骨表面施加较大的力量，使胸肋骨下陷 3 ~4cm，这种外力就能使胸肋骨下方的心脏受到挤压，达到使心脏被动心缩的目的。在按压心脏时，心脏的血液被挤向大动脉，然后送到全身；放松按压时，下陷的胸骨、肋骨又恢复到原来位置，心脏被动舒张，同时胸腔容积增大，胸腔负压增加，吸引静脉血回流到心脏，使心室内流满了血液，然后再按压，再放松，反复进行，维持血液循环。

大量的实践经验和研究表明，只要胸外按压心脏及时，方法正确，同时配合有效的人工呼吸，会达到很好的救助效果。所以，我们应学会这种简单有效的使心脏复跳的救命方法。

（3）触电者的躺卧要求。进行胸外心脏按压的伤者应取平卧位。根据当时的情况，不要乱加搬动，可以尽量就近就便。这里特别要指出的是平卧的具体情况。必须将伤者尽可能在平卧在“硬”物体上，如地板上、木板床上，或背部垫上木板，这样才能使心脏按压行之有效。

（4）胸外心脏按压的方法：

1）正确的按压位置。正确的按压位置是保证胸外按压效果的重要前提，确定正确按压位置的步骤如图 3-16(a)所示：

①右手食指和中指沿伤者右侧肋弓下缘向上，找到肋骨和胸骨结合处的中点。

②两手指并齐，中指放在切迹中点（剑突底部），食指平放在胸骨下部。

③另一手的掌根紧挨食指上缘，置于胸骨上，此处即为正确的按压位置。

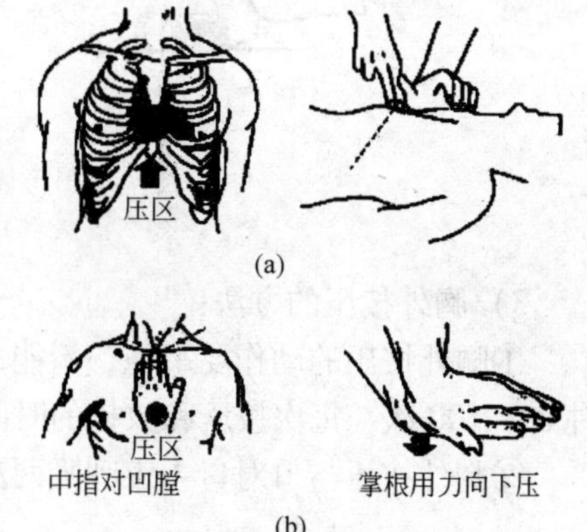

图 3-16 胸外按压的准备工作

（a）确定正确的按压位置；（b）压区及叠掌

2）正确的按压姿势。正确的按压姿势是达到胸外按压效果的基本保证，正确的按压姿势如下：

①使伤者仰面躺在平硬的地方，救护人员站（或跪）在伤者一侧肩旁，两肩位于伤员胸骨正上方，两臂伸直，肋关节固定不屈，两手掌根相叠，如图3-16(b)所示。此时，贴胸手掌的中指尖刚好抵在伤者两锁骨间的凹陷处，然后再将手指翘起，不触及伤者胸壁或者采用两手指交叉抬起法，如图3-17所示。

②以髋关节为支点，利用上身的重力，垂直地将成人的胸骨压陷4~5cm（儿童和瘦弱者酌减，约2.5~4cm）。

③按压至要求程度后，要立即全部放松，但放松时救护人员的掌根不应离开胸壁，以免改变正确的按压位置，如图3-18所示。

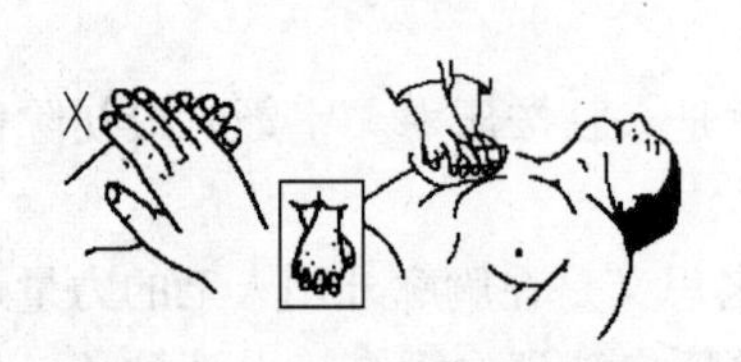

图3-17 两手指交叉抬起法

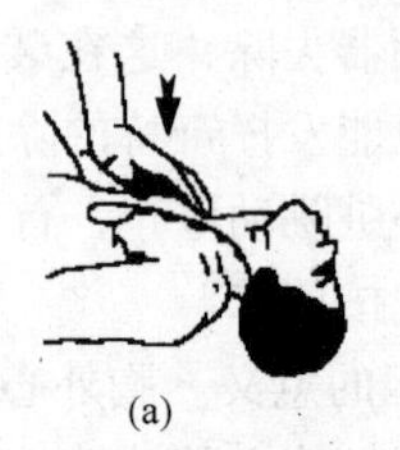

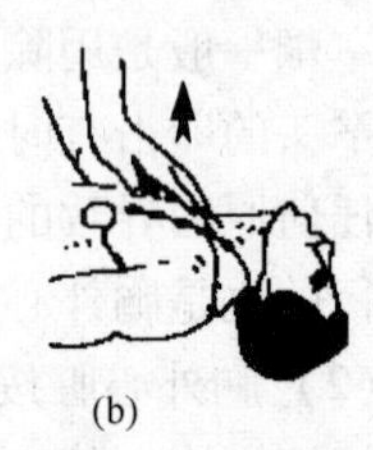

图3-18 胸外心脏按压法

（a）下压；（b）放松

按压时正确地操作是关键。尤应注意，抢救者双臂应绷直，双肩在伤者胸骨上方正中，垂直向下用力按压。按压时应利用上半身的体重和肩、臂部肌肉力量（如图3-19(a)所示），避免不正确的按压（如图3-19(b)、(c)所示）。按压救护是否有效的标志是在施行按压急救过程中再次测试伤者的颈动脉，看其有无搏动。由于颈动脉位置靠近心脏，容易反映心跳的情况。此外，因颈部暴露，便于迅速触摸，且易于学会与记牢。

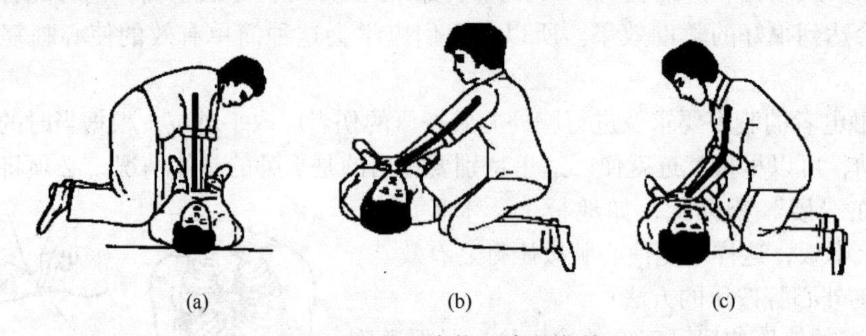

图3-19 按压姿势正确和错误

（a）正确；（b），（c）错误

3）胸外按压的方法：

①胸外按压的动作要平稳，不能冲击式地猛压。而应以均匀速度有规律地进行，每分钟80~100次，每次按压和放松的时间要相等（各用约0.4s）。

②胸外按压与口对口人工呼吸两法必须同时进行。

209. 心脏按压与人工呼吸如何协调进行?

答：心肺复苏术包括心脏按压和人工呼吸两方面，缺一不可。人工呼吸吸入的氧气要通过心脏按压形成的血液循环流经全身各处。含氧较多的血液滋润着心肌和脑组织，减轻或消除心跳呼吸停止对心脑的损害，进而使其复苏。

在现场，如为两人进行抢救，则一人负责心脏复苏，一人负责肺复苏，如图3-20(b)所示。具体步骤为一人做5~10次心脏按压（每分钟约100次），另一人吹一口气（每分钟约12~16次），同时或交替进行。但要注意正吹气时避免做心脏按压的压下动作，以免影响胸廓的起伏。

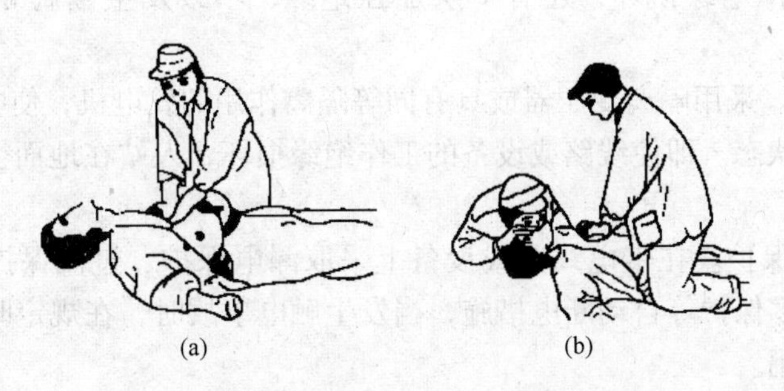

图3-20 胸外按压与口对口人工呼吸同时进行
（a）单人操作；（b）双人操作

如现场只有一人救护，也可以按两人步骤进行，吹一口气，做5~10次心脏按压，交替进行，效果也很好，只是单人操作容易疲劳，如图3-20(a)所示。

现在也有一些书籍中提到心肺复苏只有一人操作时，可做两次口对口吹气，然后做15次心脏按压。实践和研究表明两种方法是同样有效的。

无论是什么情况，如果单一采用按压或吹气，对于心跳呼吸骤停伤者是无效的。这里要强调的是：心脏按压与口对口吹气必须同时协调进行。

210. 直接触电的预防措施有哪些？

答： 直接触电是人体直接接触或过分接近带电体而触电。绝缘、屏护和间距是直接接触电击的基本防护措施。其主要作用是防止人体触及或过分接近带电体造成触电事故以及防止短路、故障接地等电气事故。直接触电的预防措施有以下三种：

（1）保证绝缘良好。良好的绝缘是保证电气设备和线路正常运行的必要条件，是防止触电事故的重要措施。选用绝缘材料必须与电气设备的工作电压、工作环境和运行条件相适应。不同的设备或电路对绝缘电阻的要求不同。例如：新装或大修后的低压设备和线路，绝缘电阻不应低于500Ω；运行中的线路和设备，绝缘电阻要求每伏工作电压1000Ω以上；高压线路和设备的绝缘电阻不低于每伏1000MΩ。

（2）采取屏护手段。如常用电器的绝缘外壳、金属网罩、金属外壳、变压器的遮拦、栅栏等将带电体与外界隔绝开来，以杜绝不安全因素。凡是金属材料制作的屏护装置，应妥善接地或接零。

（3）有足够的安全间距。为防止人体触及或过分接近带电体，在带电体与地面之间、带电体与其他设备之间，应保持一定的安全间距。安全间距的大小取决于电压的高低、设备类型、安装方式等因素。

211. 间接触电的预防措施有哪些?

答: 间接触电是人体触及正常时不带电发生故障时才带电的金属体。间接触电的预防措施有以下三种:

(1) 加强绝缘。对电气设备或线路采取双重绝缘的措施，可使设备或线路绝缘牢固，不易损坏。即使工作绝缘损坏，还有1层加强绝缘，不致发生金属导体裸露造成间接触电。

(2) 电气隔离。采用隔离变压器或具有同等隔离作用的发电机，使电气线路和设备的带电部分处于悬浮状态。即使线路或设备的工作绝缘损坏，人站在地面上与之接触也不易触电。

(3) 自动断电保护。在带电线路或设备上采取漏电保护、过流保护、过压或欠压保护、短路保护、接零保护等自动断电措施，当发生触电事故时，在规定时间内能自动切断电源，起到保护作用。

212. 引起电气火灾的原因有哪些?

答: 火是一种自然现象，而火灾大多数是一种社会现象，引起火灾的原因，虽然也有自然因素，如雷击、物质自燃等，但是无论哪一条原因，几乎都同人们的思想麻痹相关。引起电气火灾的原因有:

(1) 违反电气安装安全规定，包括:

1) 导线选用、安装不当。

2) 变电设备、用电设备安装不符合规定。

3) 使用不合格的保险丝，或用铜、铁丝代替保险丝。

4) 没有安装避雷设备或安装不当。

5) 没有安装除静电设备或安装不当。

(2) 违反电气使用安全规定，包括:

1) 发生短路。导线绝缘老化；导线裸露相碰；导线与导电体搭接；导线受潮或被水浸湿；对地短路、电气设备绝缘击穿；插座短路等。

2) 超负荷。乱用保险丝；电气设备超负荷；保险丝熔断冒火；电气、导线过热起火等。

3) 接触不良。连接松动；导线连接处有杂质；接头触点处理不当等。

4) 其他原因。电热器接触可燃物；电气设备摩擦发热打火；灯泡破碎；静电放电；导线断裂；忘记切断电源等。

(3) 违反安全操作规定，包括:

1) 违章使用电焊气焊。焊割处有易燃物质；焊割设备发生故障；焊割有易燃物品的设备；违反动火规定等。

2) 违章烘烤。超温烘烤可燃设备；烘烤设备不严密；烘烤物距火源近；烘烤作业无人监视等。

3) 违章熬炼。超温、沸溢、熬炼物不符合规定，投料有差错等。

4）化工生产违章作业。投料差错；超温超压爆燃；冷却中断；掺入杂质反应激烈；压力容器缺乏防护设施；操作严重失误等。

5）储存运输不当。储运中易燃易爆物质的挥发或液体外溢；储运的物品遇火源；化学物品混存；摩擦撞击；车辆故障起火等。

（4）其他原因造成，包括：

1）电气设备质量不高；设备缺乏维修保养；仪器仪表失灵等。

2）乱扔未熄灭的烟头、火柴杆或在禁止吸烟处违章吸烟。

3）自燃。物品受热自燃；植物堆垛受潮自燃；煤堆自燃；化学活性物质遇空气及遇水自燃；氧化性物质与还原性物质混合自燃等。

4）自然原因。雷击起火等。

213. 预防电气火灾的措施有哪些？

答：预防电气火灾的措施如下：

（1）合理选择、安装、使用和维护电气线路。

（2）留有足够的防火间距。室外变配电站、高压线与建筑物的防火间距应符合相关的国家标准。

（3）排除可燃、易燃物质。改善通风条件，加速空气流通和交换，使爆炸危险环境的爆炸性混合气体浓度降低到不致引起火灾和爆炸的限度之内，并起到降温作用。对可燃易爆品的生产设备、贮存容器、管道接头和阀门等应严密封闭，并应及时巡视检查，以防可燃易爆物质发生跑、冒、漏、滴现象。

（4）保证良好的接地（接零）。

（5）其他方面的措施包括：

1）变配电室、酸性蓄电池室、电容器室均为耐火建筑，耐火等级不低于二级，变压器和油开关室不低于一级，变配电室门及火灾、爆炸危险环境房间的门均应向外开。

2）长度大于7m的配电装置，应设两个出入口。

3）室内外带油的电气设备，应设置适当的贮油池或挡油墙。

4）木质配电箱、盘表面应包铁皮。

5）火灾、爆炸危险环境的地面，应用耐火材料铺设。火灾、爆炸危险环境的房间，应采取隔热和遮阳措施。

214. 电气火灾或爆炸的引燃源分哪几种？

答：电气火灾的引燃源种类很多，归纳起来主要有危险温度、电火花和电弧两大类，这两大类引燃源也是直接的电气引燃源。

（1）危险温度。电气设备稳定运行时，其最高温度和最高温升都不会超过某一允许范围。当电气设备发生故障时，可能导致发热量增加，温度升高，即产生危险温度而称为引燃源。形成危险温度的典型情况有：短路、过载、漏电、接触不良、铁芯过热、散热不良、机械故障、电压异常、电热器具和照明器具发热、电磁辐射能量。电气设备规定最高限制温度见表3-3。

表3-3 电气设备规定最高限制温度

名 称	最高限制温度/℃	名 称	最高限制温度/℃
油浸式变压器上层油温	85	电动机定子绕组（E级绝缘线）	105
电力电容器外壳温度	65	电动机定子绕组（B级绝缘线）	110
裸导线	70	橡胶绝缘线	65
塑料绝缘线	70		

（2）电火花和电弧。电火花是电极之间的击穿放电；大量电火花汇集起来即构成电弧。电火花的温度很高，特别是电弧，温度高达8000℃。因此，电火花和电弧不仅能引起可燃物燃烧，还能使金属熔化、飞溅，引燃可燃物和灼伤人体构成二次引燃源。

电火花和电弧分为工作电火花及电弧、事故电火花及电弧。

215. 电气装置及电气线路发生燃爆的形式有哪些？

答：电气装置及电气线路发生燃爆的形式有：

（1）油浸式变压器火灾爆炸。变压器油箱内充有大量用于散热、绝缘、防止内部元件和材料老化以及内部发生故障时熄灭电弧作用的绝缘油。变压器油的闪点在130～140℃之间。变压器发生故障时，在高温或电弧的作用下，变压器内部故障点附近的绝缘油和固态有机物发生分解，产生易燃气体。如故障持续时间过长，易燃气体愈来愈多，使变压器内部压力急剧上升，若安全保护装置（气体继电器、防爆管等）未能有效动作时，会导致油箱炸裂，发生喷油燃烧。燃烧会随着油流的蔓延而扩展，形成更大范围的火灾危害。造成停电、影响生产等重大经济损失，甚至造成人员伤亡等重大事故。

除油浸变压器外，多油断路器等充油设备也可能发生爆炸。

（2）电动机着火。异步电动机的火灾危险性是由于其制造工艺和操作运行等种种原因造成的。

（3）电缆火灾爆炸。当导线电缆发生短路、过载、局部过热、电火花或电弧等故障状态时，所产生的热量将远远超过正常状态。电缆火灾的常见起因如下：

1）电缆绝缘损坏。运输过程或敷设过程中造成电缆绝缘的机械损伤，运行中的过载、接触不良、短路故障等都会使绝缘损坏，导致绝缘击穿而发生电弧。

2）电缆头故障使绝缘物自燃。施工不规范，质量差，电缆头不清洁等降低了线间绝缘。

3）电缆接头存在隐患。电缆接头的中间接头因压接不紧、焊接不良和接头材料选择不当，导致运行中接头氧化、发热、流胶；绝缘剂质量不合格，灌注时盒内存有空气，电缆盒密封不好，进入了水或潮气等，都会引起绝缘击穿，形成短路发生爆炸。

4）堆积在电缆上的粉尘起火。积粉不清扫，可燃性粉尘在外界高温或电缆过负荷时，在电缆表面的高温作用下，发生自燃起火。

5）可燃气体从电缆沟窜入变、配电室。电缆沟与变、配电室的连通处未采取严密封堵措施，可燃气体通过电缆沟窜入变、配电室，引起火灾爆炸事故。

6）电缆起火形成蔓延。电缆受外界引火源作用一旦起火，火焰沿电缆延燃，使危害扩大。电缆在着火的同时，会产生有毒气体，对在场人员造成威胁。

216. 电线绝缘老化为什么会引起火灾？如何避免电线绝缘老化？

答：我们日常使用的电线外面包着橡皮、塑料等绝缘体。经过长时间的使用，电线的绝缘体会逐渐老化破裂，失去绝缘作用。一般电线在正常情况下可以用10~20年。如果电线经常受热、受潮、受腐蚀或受到压伤、轧伤等外界伤害，就会提早失去绝缘作用。当电线绝缘体损坏时，电线内电流就会泄漏或形成短路，产生热量或电弧火花，引起火灾。

为避免由于电线绝缘体老化引起火灾事故，必须做好以下几方面工作：

（1）在用电过程中，不能让流经电线的电流超过电线的安全载流量。

（2）不要使电线受潮、受热、受腐蚀或碰伤、压伤，尽可能不让电线通过温度高、湿度大、有腐蚀性蒸气和气体的场所；当电线装设在容易碰伤的地方，应有妥善的保护措施。

（3）应定期检查维护线路，有缺陷的电线应立即修好，过于陈旧的电线必须立即更换，以确保线路的安全运行。

217. 电气线路过载为什么会引起火灾？

答：电流在电线里流动时，会使电线发热，温度升高。电气线路中允许连续通过而不至于使电线过热的电流量称为安全载流量。如果导线流过的电流超过了安全载流量称为导线过载，即导线超负荷。

如果导线过载，从热量公式 $Q=0.24I^2Rt$ 可知，电流在电线里的发热量是和电流的平方成正比的，当电流增加至原电流的2倍时，其热量就会增至原来的4倍；电流增加至原电流的3倍时，热量就会增加至原来的9倍，由此可见，热量的增加速度远远大于电流的增长速度。由于导线外表一般都有绝缘层，散热性能不好，所以导线温度上升得很快。

导线过载，在不考虑电压降低的情况下，以温升为标准，一般导线的最高允许工作温度为65℃。当导线过载时，导线的温度超过这个温度值会使电线的绝缘加速老化；过载严重时，导线的温升过高，将会使整根导线的可燃绝缘层全部烧起来，并引燃导线附近的可燃物而形成火灾。

218. 断电灭火应注意哪些安全事项？

答：当扑救火灾人员的身体或消防器材接触或接近带电部位，或水柱射至带电部位，电流通过水或泡沫导入扑救人员的身体，或电线断落对地短路形成跨步电压时，容易发生触电事故。

为了防止在扑救火灾过程中发生触电事故，首先禁止无关人员进入着火现场，特别是对有电线落地已形成了跨步电压或接触电压的场所，一定要划出危险区域，并有明显的标志和专人看管，以防人员误入而受到伤害。发现起火后，要设法切断电源，切断电源应注意以下几点：

（1）发生火灾后，由于受潮和烟熏，开关设备绝缘能力降低，因此拉闸时最好用绝缘工具操作。

（2）高压应先断开断路器，后断开隔离开关，低压应先断开电磁启动器或低压断路器、后断开刀开关。

（3）切断电源的范围应选择适当，防止切断电源后影响灭火工作。

（4）剪断电线时，不同相的电线应在不同的部位剪断，以免造成相间短路；剪断空中的电线时，剪断位置应选择在电源方向的支持物附近，以防止电线断落触地，造成接地短路和触电事故。

（5）夜间发生电气火灾，切断电源要解决临时照明，以利扑救。

（6）需要供电局切断电源时，应迅速用电话联系，说明情况。

219. 带电灭火应注意哪些安全事项？

答：带电灭火应注意以下安全事项：

（1）用灭火器实施带电灭火。对于初期带电设备或线路火灾，应使用二氧化碳或干粉灭火器具进行扑救。扑救时，应根据着火电气线路或设备的电压，确定扑救的最小安全距离，在确保人体、灭火器的筒体、喷嘴与带电体之间距离不小于最小安全距离的条件下，操作人员应尽量从上风方向施放灭火剂实施灭火。

（2）用固定灭火系统实施带电灭火。生产装置区、库区、装卸区和变、配电所等部位的蒸气、二氧化碳、干粉固定灭火装置，以及雾状水等固定或半固定的灭火装置，可以直接用于带电灭火。当上述部位涉及带电火灾时，应及时启动，以取得良好的灭火效果。

（3）用水实施带电灭火。一般来说，电气起火，不可用水扑救，也不可用潮湿的物品捂盖。水是导体，这样做会发生触电事故。只有在通过水流导致人体的电流低于1mA时，才能保障扑救人员的安全。

220. 带电灭火的安全技术要求有哪些？

答：带电灭火的关键是在带电灭火的同时，防止扑救人员发生触电事故。带电灭火应注意以下几个问题：

（1）不得用泡沫灭火器，应使用允许带电灭火的灭火器。

（2）扑救人员所使用的消防器材与带电部位应保持足够的安全距离，10kV电源不小于0.7m，35kV电源不小于1m。

（3）对架空线路等高空设备灭火时，人体与带电体之间的仰角不应大于45°，并站在线路外侧，以防导线断落造成触电。

（4）高压电气设备及线路发生接地短路时，在室内扑救人员不得进入距离故障点4m以内，在室外扑救人员不得进入距离故障点8m以内范围。凡是进入上述范围内的扑救人员，必须穿绝缘靴。接触电气设备外壳及架构时，应戴绝缘手套。

（5）使用喷雾水枪灭火时，应穿绝缘靴、戴绝缘手套，挂接地线。

（6）未穿绝缘靴的扑救人员，要防止因地面水渍导电而触电。

221. 带电灭火使用的灭火器材有哪些？

答：电气火灾应使用不导电的灭火器，现在主要有二氧化碳灭火器、化学干粉灭火器和喷雾水枪。

二氧化碳灭火器是一种气体灭火剂，不导电，二氧化碳相对密度为1.529，灭火剂为液态筒装，因为二氧化碳极易挥发气化，当液态二氧化碳喷射时，体积扩大400～700倍，强烈冷却凝结成霜状干冰，干冰在火灾区直接变为气体，吸热降温并使燃烧物隔绝空气，从而达到灭火目的，使燃烧迅速熄灭。

干粉灭火剂主要由钾或钠的碳酸盐类加入滑石粉、硅藻土等掺合而成，不导电，有隔热、吸热和阻隔空气的作用，可将火熄灭。该灭火剂适用于可燃气体、液体、油类、忌水物质（如电石等）及除旋转电机以外的其他电气设备初起火灾。

喷雾水枪由雾状水滴构成，其漏电流小，比较安全，可用来带电灭火。但扑救人员应穿绝缘靴、戴绝缘手套并将水枪的金属喷嘴接地。接地线可采用截面为2.5～6mm^2、长20～30m的编织软导线，接地极采用暂时打入地中的长1m左右的角钢、钢管或铁棒。接地线和按地棒连接应可靠。

222. 什么是雷电？其种类有哪些？

答：雷电是一种自然现象，它产生的强电流、高电压、高温、高热具有很大的破坏力和多方面的破坏作用，给电力系统和人类生活造成严重灾害。如对建筑物或电力设施的破坏，对人畜伤害，引起大规模停电、火灾或爆炸等。

雷电放电现象可分为雷云对大地放电和云间放电两种情况。即当电荷积聚到一定程度时，产生云和云间以及云和大地间的放电，同时发出光和声的现象。

根据雷电的形成机理及侵入形式，雷电可分为以下几种：

（1）直击雷。当雷云较低时，就会在地面较高的凸出物上产生静电感应，感应电荷与雷云所带电荷相反而发生放电，这种直接的雷击称为直击雷。

（2）感应雷。感应雷有静电感应雷和电磁感应雷两种。由于雷云接近地面时，在地面凸出物顶部感应出大量异性电荷。当雷云与其他雷云或物体放电后，地面凸出物顶部的感应电荷失去束缚，以雷电波的形式沿地面极快地向外传播，在一定时间和部位发生强烈放电，形成静电感应雷。电磁感应雷是在发生雷电时，巨大的雷电流在周围空间产生强大的变化率很高的电磁场，可在附近金属物上发生电磁感应产生很高的冲击电压，其在金属回路的断口处发生放电而引起强烈的火光和爆炸。

（3）球形雷。球形雷是雷击时形成的一种发红光或白光的火球，通常以2m/s左右的速度从门、窗或烟囱等通道侵入室内，在触及人畜或其他物体时发生爆炸、燃烧而造成伤害。

（4）雷电侵入波。雷电侵入波是雷击时在电力线路或金属管道上产生的高压冲击波，沿线路或管道侵入室内，或者破坏设备绝缘窜入低压系统，危及人畜和设备安全。

223. 静电的危害形式和造成的事故后果有哪些？

答：静电危害是由静电电荷或静电场能量引起的。在生产过程以及操作人员的操作过程中，某些材料的相对运动、接触与分离等原因导致了相对静止的正电荷和负电荷的积累，即产生了静电。由此产生的静电其能量不大，不会直接使人致命。但是，其电压可能高达数十千伏以上容易发生放电，产生放电火花。

（1）静电的危害形式及造成的事故后果有以下几个方面：

1）在爆炸和火灾危险的场所，静电放电火花会成为可燃性物质的点火源，造成爆炸和火灾事故。

2）人体因受到静电电击的刺激，可能引发二次事故，如坠落、跌伤等。此外，对静电电击的恐惧心理还会对工作效率产生不利影响。

3）某些生产过程中，静电的物理现象会妨碍生产，导致产品质量不良，电子设备损坏。

（2）静电的产生。实验证明，只要两种物质紧密接触而后再分离时，就可能产生静电。静电的产生是同接触电位差和接触面上的双电层直接相关的，如感应起电、固体静电、摩擦起电、粉尘静电、气和气体静电。

（3）静电的消散。中和与泄漏是静电消失的两种主要方式，前者主要是通过空气发生的；后者主要是通过带电体本身及其相连接的其他物体发生的。

1）静电中和。空气中的自然存在的带电粒子极为有限，中和是极为缓慢的，一般不会觉察到。带电体上的静电通过空气迅速的中和发生在放电时。

2）静电泄漏。表面泄漏和内部泄漏是绝缘体上静电泄漏的两种途径。静电表面泄漏过程其泄漏电流遇到的是表面电阻；静电内部泄漏过程其泄漏电流遇到的是体积电阻。

224. 人身防雷两个“八不要”有哪些内容？

答：室内防雷击“八不要”内容包括：

（1）雷雨天不要大开门窗；

（2）不要将电视天线与机体相连；

（3）不要打电话；

（4）不要穿潮湿衣服；

（5）不要靠近潮湿的墙壁；

（6）雷暴时，不要靠近暖气片、自来水管、下水管等金属设备；

（7）不要紧靠电源线、电话线、广播线；

（8）尽量暂时不要使用电器。

室外防雷击“八不要”内容包括：

（1）不要靠近建筑物的避雷针及其接地线；

（2）不要靠近各种杆、塔、天线、烟囱等高耸的建筑物；

（3）不要在山丘、海滨、河边、池旁停留；

（4）不要触摸金属晒衣绳、铁丝网、罩；

（5）不要在独立的树木旁和没有防雷装置的孤立的小建筑物处逗留；

（6）雷雨时尽量不要在旷野行走；如有急事需要赶路，应穿着不浸水的雨衣，不要用金属杆的雨伞；

（7）雷雨时不要骑自行车；

（8）不要把带有金属杆的工具如铁锹、铁钎等扛在肩上行走。

如果遇见球形雷，千万不要跑动，因为球形雷一般跟随气流飘动。在野外，可拾起身边的石块使劲向远处扔去，将球形雷引开，以免误伤人群。

225. 常见的防雷保护装置有哪些?

答：雷击的危害是非常严重的，必须采取有效的防护措施。防雷的基本思想是疏导，设法构成通路将雷电流引入大地，即防雷接地，从而避免雷击的破坏。

常用的避雷装置是基于将雷电流引入大地这种思路设计的，有避雷针、避雷线、避雷网、避雷带和避雷器等。其中针、线、网、带作为接闪器，与引下线和接地体一起构成完整的通用防雷装置，主要用于保护露天的配电设备、建筑物或构筑物等。而避雷器则与接地装置一起构成特定用途的防雷装置，主要用来保护电力设备。

(1) 接闪器。接闪器所用材料的尺寸应能满足机械强度和耐腐蚀的要求，还要有足够的热稳定性，以能承受雷电流的热破坏作用。

1) 避雷针（如图3-21所示）。一般采用镀锌圆钢制成的尖形金属导体，长度1.5m以上，直径不小于16mm。装设在高大、孤立的建筑物或室外电力设施的凸出部位，并按要求高出被保护物适当的高度。利用尖端放电原理，将雷云感应电荷积聚在避雷针的顶部，与接近的雷云不断放电，实现地电荷与雷云电荷的中和。对直击雷，避雷针可将雷电流经引下线和接地体导入大地，避免雷击的损害。主要用来保护露天的变配电设备、建筑物和构筑物。

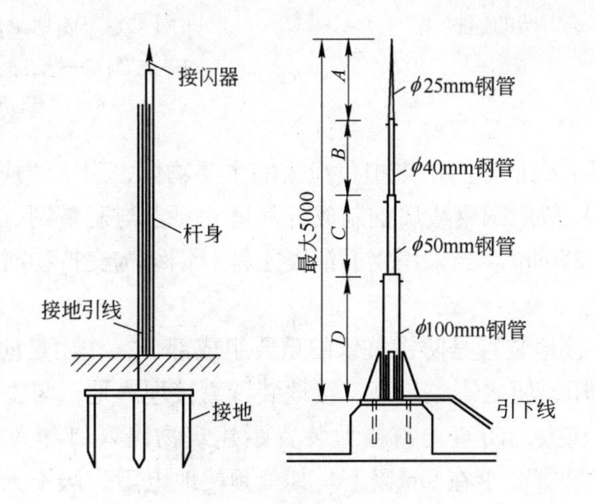

图3-21 避雷针结构示意图

A—接闪器长度；*B*，*C*，*D*—不同直径的杆身长度

2) 避雷线。避雷线常与架空线路同杆架设，设置于输电导线的上方，主要用来保护电力线路。一般采用截面积不小于35mm^2 的镀锌钢绞线。

3) 避雷带。避雷带是沿着建筑物的屋脊、屋檐、屋角及女儿墙等易受雷击部位敷设的金属线。主要用来保护建筑物。

4) 避雷网。避雷网是由避雷带在较重要的建筑物或面积较大的屋面上，纵横敷设组合成矩形平面网络，或以建筑物外形构成一个整体较密的金属大网笼，实行较全面的保护。主要用来保护建筑物。

(2) 避雷器。避雷器用来防止雷电产生的大气过电压（即高电位），沿线路侵入变配电所或其他建筑物内，危害被保护设备的绝缘。避雷器与被保护的设备并联，如图 3-22 所示。当线路上出现危及设备绝缘的过电压时，它就对地放电，从而保护设备的绝缘。

目前我国企业常采用的避雷器有保护间隙避雷器（FG）、管型避雷器（FE）、阀型避雷器（FV）(见图 3-23)、金属氧化物避雷器（FMO）等。其基本原理类似。使用时并联在被保护的设备或设施上，通过引下线与接地体相连。正常时，避雷器处于断路状态，出现雷电过电压时发生击穿放电，将过电压引入大地。过电压终止后，迅速恢复阻断状态。

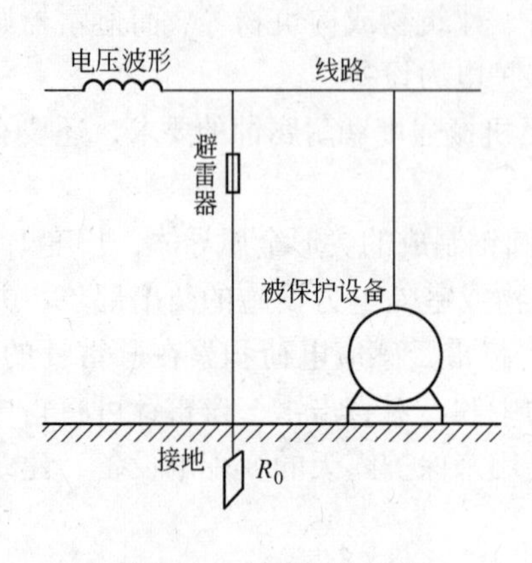

图 3-22　避雷器的连接

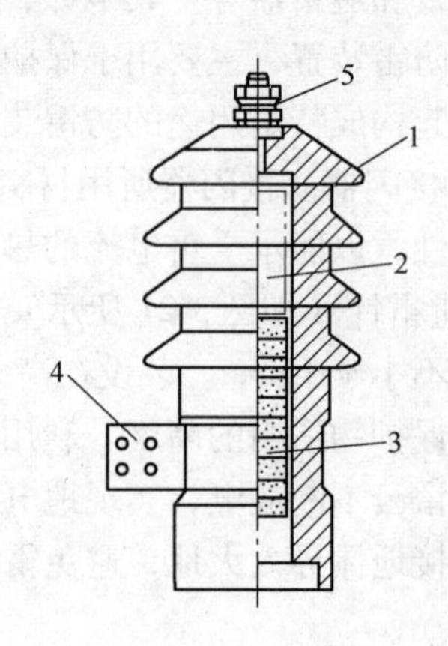

图 3-23　阀型避雷器结构示意图

1—瓷套；2—火花间隙；3—电阻阀片；4—抱箍；5—接线鼻

（3）引下线。引下线是专门用来担负泄雷的主要物体，引下线应满足机械强度、耐腐蚀和热稳定的要求。一般用圆钢或扁钢制成，其尺寸要求与避雷网、避雷带相同。如用钢绞线，其截面不小于 25mm²。当采用钢筋混凝土杆、钢结构支持物时，可利用钢筋作接地引下线。

（4）接地装置。接地装置是防雷装置的重要组成部分，作用是向大地泄放雷电流，限制防雷装置的对地电压，使之不致过高。接地装置直接埋入地下与土壤接触。

为防止跨步电压伤人，防直击雷接地装置距建筑物出入口和人行道的距离不应小于 3m。距电气设备接地装置要求在 5m 以上。其工频接地电阻一般不大于 10Ω，如果防雷接地与保护接地合用接地装置时，接地电阻不应大于 1Ω。

226. 发生雷击事故时如何急救？

答：当人体被雷击中后，往往会觉得遭雷击的人身上还有电，不敢抢救而延误了救援时间，其实这种观念是错误的。如果出现了因雷击昏倒而“假死”的状态时，可以采取如下的救护方法：

（1）进行口对口人工呼吸。雷击后进行人工呼吸的时间越早，伤者的身体恢复越好，因为人脑缺氧时间超过十几分钟就会有致命危险。另外，如果能在 4min 内以心肺复苏法进行抢救，让心脏恢复跳动，有可能抢救伤者的生命。

（2）对伤者进行心脏按压，并迅速通知医院进行抢救处理。如果遇到被闪电击中的人较多，那些会发出呻吟的人可暂时放开，应先抢救那些已无声息的人。

（3）如果伤者遭受雷击后引起衣服着火，此时应马上让伤者躺下或滚动灭火，以使火焰不致烧伤面部，并往伤者身上泼水，或者用厚外衣、毯子等把伤者裹住以隔绝空气，尽快扑灭火焰。

227. 接地装置的检查内容和检查周期有哪些要求？

答：根据季节变化情况，对接地装置的外露部分每年应至少进行一次检查，其检查内容有：

（1）检查各部位连接是否牢固，有无松动、脱焊，有无严重锈蚀。

（2）检查接零线、接地线有无机械损伤或化学腐蚀，浮漆有无脱落。

（3）检查人工接地体周围有无堆放强烈腐蚀性物质。

（4）检查地面以下50cm以内接地线的腐蚀和锈蚀情况。

（5）测量接地电阻是否合格。

对检查时发现的问题应及时报告，妥善处理。

接地装置的检查周期：

（1）变配电所的接地装置的接地电阻，每年干燥季节测量一次。

（2）10kV及以下线路变压器的工作接地装置，每两年一次。

（3）低压线路中性线重复接地的接地装置，每两年一次。

（4）车间设备保护接地的接地装置，每年一次。

（5）防雷接地装置，每年雨季前检查一次，每5年测量一次。

228. 为防止变压器失火应采取哪些措施？

答：为防止变压器失火应采取以下措施：

（1）加强变压器的运行管理，尽量控制上层油温不超过85℃。定期对变压器的电气性能进行检查和试验，定期做油的简化试验。

（2）小容量变压器高、低压侧应有熔断器等过电流保护环节；大容量的变压器，应按规定装设气体保护、差动保护。采用高压熔断器保护10kVA以下的变压器时，熔丝额定电流按变压器额定电流的2～3倍选择；100kVA以上的按变压器额定电流的1.5～2倍选择。

（3）变压器室应为Ⅰ级耐火建筑；应有良好的通风，最高排风温度不宜超过45℃，进风和排风温差不宜超过15℃；室内应有挡油设施和蓄油坑；同一室不能安装两台三相变压器。

（4）经常检查变压器负荷，负荷不得超过规定。

（5）由架空线引入的变压器，应装设避雷器，雷雨季节前应对防雷装置进行检查。

（6）设专职维护制度，经常保持变压器运行环境的清洁。

229. 配电室防鼠有哪些要求？

答：鼠患是配电室安全防范的重点和难点，稍有不慎，就可能造成大面积停电等事故。春季正是鼠类猖獗的时候，因此，要注意以下事项：

（1）配电室和值班室要分开，相互独立，严禁携带食物入内。

（2）室外门窗、玻璃要完好，室内应注意封堵墙内缝隙，空调对外管线缝等鼠类可以通过的洞、缝、眼都要封堵严密。

（3）配电室内过线地沟槽等出入口要用干细沙覆盖，防止鼠类打洞。

（4）配电室内严禁堆放杂物，通向室外的门应向外开，出入时要注意关好门窗，并按规定在门口加装450mm高的防鼠隔板。

（5）配电室内要常年放置鼠药或粘鼠板，并定期更换，保证药物有效。

230. 电缆防火“封、堵、涂、隔、包”五项措施有哪些内容?

答:“封”，采用防火（耐火）槽盒对电缆做封闭保护。槽盒由盒底、盒盖、卡条、密封条等组成。槽盒的防火阻燃机理是：当电缆敷设于槽盒内时，由于盒体材料的难燃性或不燃性，使盒外火焰不至于直接波及盒内电缆；由于盒体结构的封闭性，即使盒内电缆着火，也会因氧气得不到补充而迅速自熄。

“堵”，采用防火堵料或阻火包等对贯穿墙、楼板孔洞封堵；在电缆隧道、电缆沟的适当位置设置阻火墙或阻火段。

“隔”，采用耐火隔板对电缆进行层间阻火分隔，用耐火隔板隔小防火分隔区间；或用槽盒、涂料、包带设阻火段进行分隔处理。

“涂”，采用电缆防火涂料对电缆做防火阻燃处理。将防火涂料涂刷于电缆上，当涂料层遇火出现蜂窝状隔热层，对防止初期电缆火灾和减缓火势蔓延扩大具有良好的效果。

“包”，采用防火包带对电缆做防火阻燃处理。防火包带缠绕于电缆的外护套上后，形成一个密封套，当电缆起火或外部起火时，包带可形成隔热阻燃的碳化层，减缓火焰的传播速度，阻止其燃烧。

4 起重作业安全技能

起重机械种类很多，在钢铁企业随处可见桥式起重机、汽车起重机和轻小型起重设备。本章节主要对以上起重设备的基础知识和安全操作技能进行讲解。

4.1 通用部件

231. 起重机械的工作特点有哪些？

答： 起重机械是现代工业生产中不可缺少的设备，广泛地应用于起重、运输、安装等作业中，从而大大减轻了从业人员的劳动强度，提高了劳动生产率。起重机械通常具有庞大和比较复杂的结构，能完成一个起升运动、一个或几个水平运动。起重机械在使用安全方面的特点可概括为：活动空间较大，因而存在的事故隐患的面积也较大；作业环境复杂，如高温、易燃易爆、输电线路等都对设备、人员构成威胁；操作复杂，因而隐患形式和造成事故原因也是多种多样的。

国内外的统计资料表明，起重伤害事故占工伤事故总数的比例是较大的，仅从工亡人数上比较，我国起重伤害事故的工亡人数占产业部门全部工亡总人数的12%左右。因此，研究和掌握起重机械及其吊运作业的安全技术，对防止和减少起重伤害事故是十分必要的。

232. 起重机械分为哪几类？各有什么特点？

答： 起重机械大体上分为以下四大类：

（1）轻、小型起重设备，包括千斤顶、绞车、滑车、环链手拉葫芦等。相对轻便、操作简单、结构紧凑是此类起重设备的特点。

（2）桥式类起重机，包括通用桥式起重机、堆垛桥式起重机、冶金桥式起重机、龙门起重机、装卸桥、缆索起重机、电动葫芦式起重机。此类起重机械的特点是通过各种取物装置将重物在一定的高度内由起升机构实现垂直升降；由大车、小车在一定的空间范围内实现水平移动。

（3）臂架式起重机，包括运行臂架式旋转起重机（如塔式起重机、汽车起重机、门座起重机、履带起重机、铁路起重机、浮式起重机等），固定臂架式起重机（如悬臂起重机、桅杆起重机等），壁行起重机。此类起重机械的特点和桥式类起重机相似，只不过它们的平移动多数是通过臂架旋转实现的。

（4）升降机，包括电梯、升降机、升船机。此类起重机械的特点是通过导轨实现人员或重物的升降。

233. 卷筒的构造形式有哪些？

答： 钢丝绳通过卷筒的卷绕，使重物上升或下降到所需要的位置。根据起升高度不同，钢丝绳在卷筒上有单层缠绕和多层缠绕两种。单层缠绕卷筒的表面通常切出螺旋槽以改善钢丝绳的接触受力状况和防止钢丝绳卷绕时互相挤压摩擦，从而提高钢丝绳的使用寿命。多层缠绕卷筒通常采用不带螺纹槽的光面卷筒。

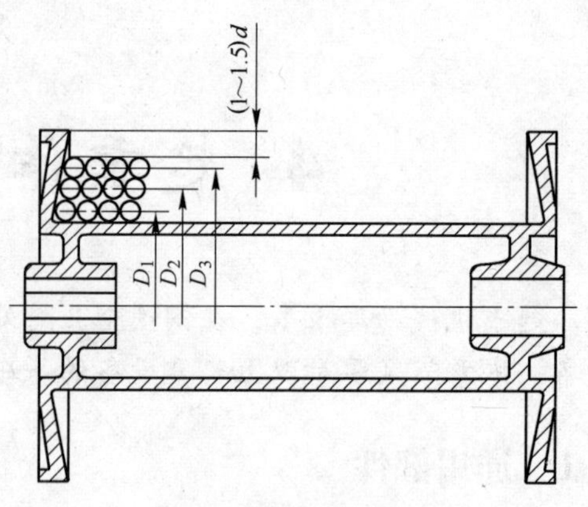

图 4-1　多层卷绕卷筒

当没有掉绳危险时，单层卷绕卷筒可以没有侧边。但多层卷绕卷筒必须有侧边，以防钢丝绳滑出，侧边的高度应比最外层钢丝绳高出 $(1\sim1.5)d$，如图 4-1 所示。

卷筒的内壁，除两端用幅板支撑外，里面是空心的。制造卷筒的材料采用不低于 HT 20~40 的灰铸铁铸造，也有用 ZG25Ⅱ铸造的。铸钢卷筒的壁厚都大于 12mm，铸钢卷筒的壁厚约等于钢丝绳直径。此外，还有用 Q235 钢板焊制而成的焊接卷筒。

234. 钢丝绳尾端在卷筒上的固定方式及要求有哪些？

答：钢丝绳尾端的固定方式：钢丝绳在卷筒上的固定是利用压板或楔块将钢丝绳压在卷筒壁上。钢丝绳的固定应安全可靠且便于检查和更换。

（1）利用楔形块固定绳端的方法，常用于直径比较细的钢丝绳。

（2）绳端用螺栓、压板固定在卷筒外表面（图 4-2(a)）。压板上的沟槽与卷筒相配合。经常拆装钢丝绳的铸铁卷筒，应采用双头螺栓。每端压板数至少 2 个。

（3）钢丝绳尾端穿入卷筒内部特制的槽内后，用螺栓和压板压紧（图 4-2(c)）。

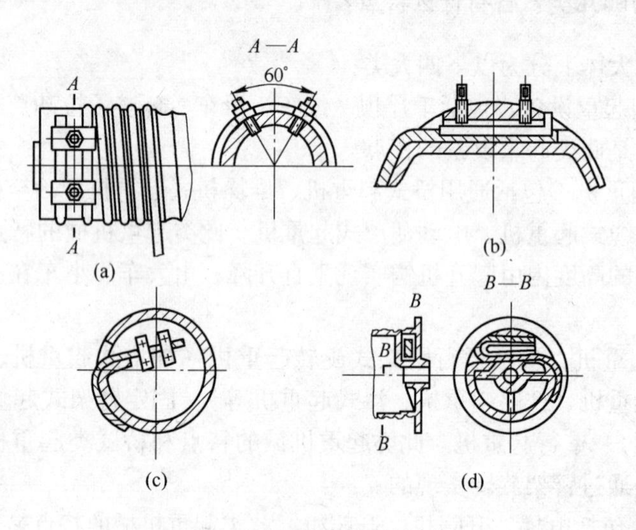

图 4-2　钢丝绳尾端的固定

卷筒组的安全技术要求：

（1）取物装置在上极限位置时，钢丝绳全卷在螺旋槽中。取物装置在下极限位置时，每个固定处都应有 1.5~2.0 圈固定钢丝绳用槽和 2 圈以上的安全槽。

（2）应定期检查卷筒组的运转状态即：

1）检查卷筒和轴不得有裂纹，如发现裂纹要及时报废更新。

2）卷筒壁磨损达原壁厚的20%时卷筒报废，应立即更换。

3）卷筒毂上不得有裂纹，与卷筒联结应紧固，不得松动。

4）钢丝绳尾端的固定应可靠，固定装置应有防松和自紧性能。

（3）卷筒与绕出钢丝绳的偏斜角对于单层缠绕机构不应大于3.5°，对于多层缠绕机构不应大于2°。

（4）多层缠绕的卷筒，端部应有凸缘。凸缘应比最外层钢丝绳或链条高出2倍的钢丝绳直径或链条的宽度。单层缠绕的单联卷筒也应满足上述要求。

（5）组成卷筒组的零件齐全，卷筒转动灵活，不得有阻滞现象及异常声响。

235. 制动器的作用与种类有哪些？

答：起重机在吊运作业中，启动和制动均很频繁，因而制动器是起重机上不可缺少的部件。它既可以在吊运作业中起到支持物料运行的作用，又可以在意外情况下起到安全保险作用。所以，制动器既是工作装置，又是安全装置。

在起升机构中，必须装设制动器，以保证吊重能随时悬浮在空中；变幅机构的臂杆也必须靠制动器制动，使其停在某一位置；运行机构和回转机构也都需要制动器使它们在一定的时间或一定的行程内停下来。对于露天工作或在斜坡上运行的起重机制动器还有防止风力吹动或下滑的作用。

制动器通常安装在机构的高速轴上，这样布置，制动器所受的力矩较小，从而使整个机构布置紧凑。吊运赤热金属或易燃易爆等危险品以及一旦发生事故后可能造成重大危害或严重损失的起升机构，其每一套驱动装置都应装设两套制动器，而且要求每一套制动器都能单独满足安全要求。

（1）制动器按其构造主要分为块式制动器、带式制动器和盘式制动器。此外，还有多盘式制动器和圆锥制动器，但较少采用。

1）块式制动器如图4-3所示，构造简单，制造、安装和调整都比较方便，被广泛用于起重机各机构上。

2）带式制动器如图4-4所示，由制动轮、制动带和杠杆系统组成。其制动作用是依靠张紧制动带在制动轮上产生的压力和摩擦力来实现的。松闸是靠电磁铁吸力来实现的。为了增大摩擦力，在钢带上铆有制动衬料。

3）盘式制动器如图4-5所示，是一种较新型的制动器，可以产生较大的制动力矩。

（2）制动器按照操作情况的不同，又分为常闭式、常开式和综合式三种类型。

1）常闭式制动器在机构不工作期间是闭合的。欲使机构工作，只需通过松闸装置将制动器的摩擦副分开，机构即可运转。起重机上多用常闭式制动

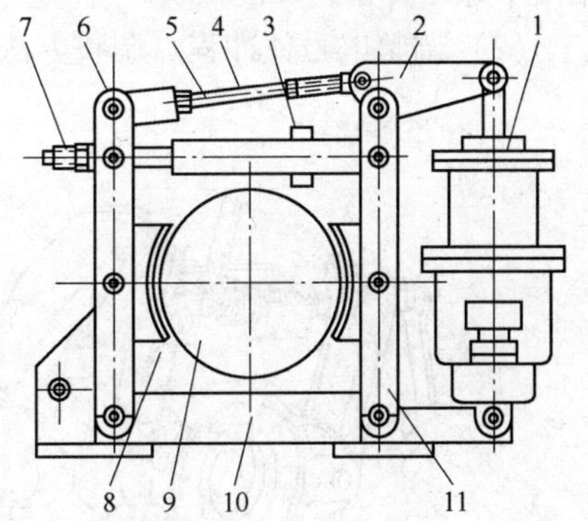

图4-3 块式制动器

1—液压电磁铁；2—杠杆；3—挡板；4—螺杆；5—弹簧架；6—左制动臂；7—拉杆；8—瓦块；9—制动轮；10—支架；11—右制动臂

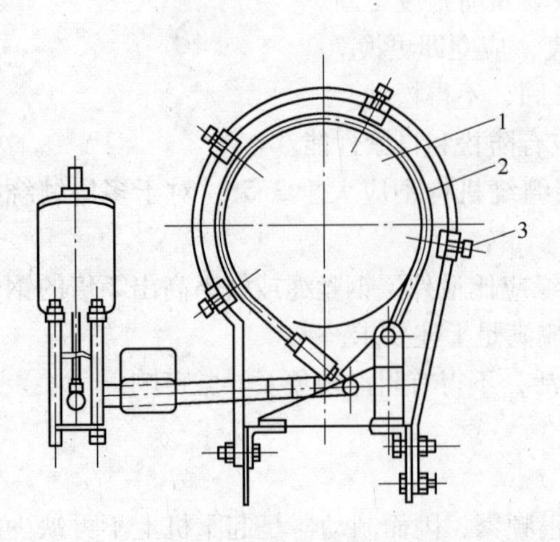

图 4-4 带式制动器
1—制动轮；2—制动带；3—限位螺钉

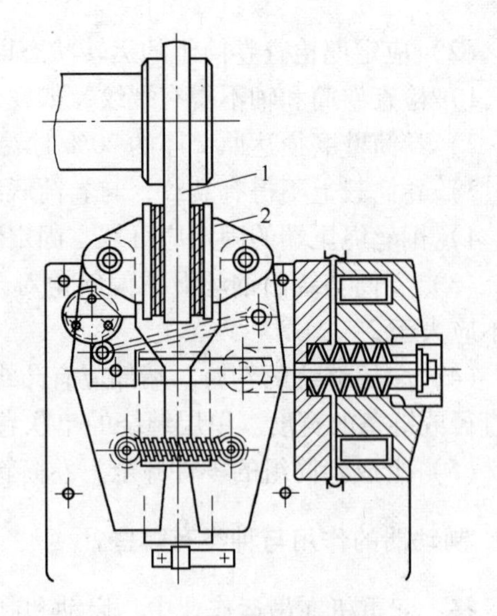

图 4-5 盘式制动器
1—制动盘；2—衬垫

器，特别是起升机构和变幅机构必须采用。

2）常开式制动器则经常处于松弛状态，只有在需要制动时，才施以上闸力进行制动。这种制动器操纵方便，但易造成人为失误，安全程度不如常闭式制动器。

3）综合式制动器是常闭式和常开式两种制动器的综合体，兼有常闭式制动器安全可靠和常开式制动器操纵方便的优点。

236. 制动器的调整方法有哪些?

答: 下面以短行程制动器为例来介绍瓦块式制动器的调整方法。

（1）调整主弹簧。制动器是靠主弹簧的作用力，通过制动臂使瓦块抱在制动轮上，获得相应的制动力矩，因此主弹簧的调整特别重要。调整方法如图 4-6 所示，用一扳手把住螺杆方头 1，用另一扳手转动主弹簧 2 的固定螺母 3，即可调整主弹簧的长度。调好后再用两个螺母背紧，以防松动。

（2）调整电磁铁冲程。调整方法如图 4-7 所示，用一扳手锁紧螺母，用另一扳手转动

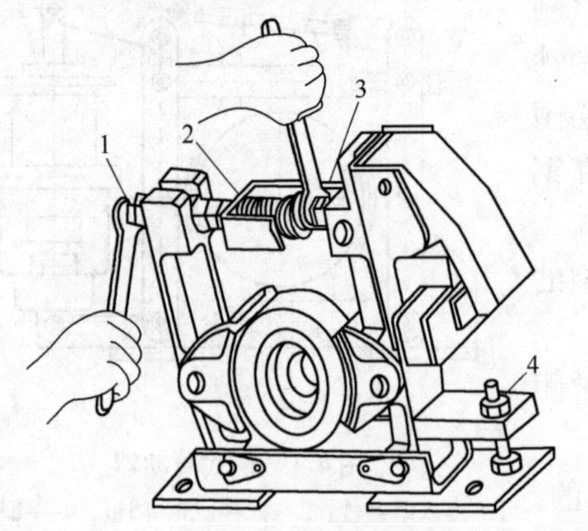

图 4-6 调整主弹簧
1—螺杆方头；2—主弹簧；3—固定螺母；4—调整螺栓

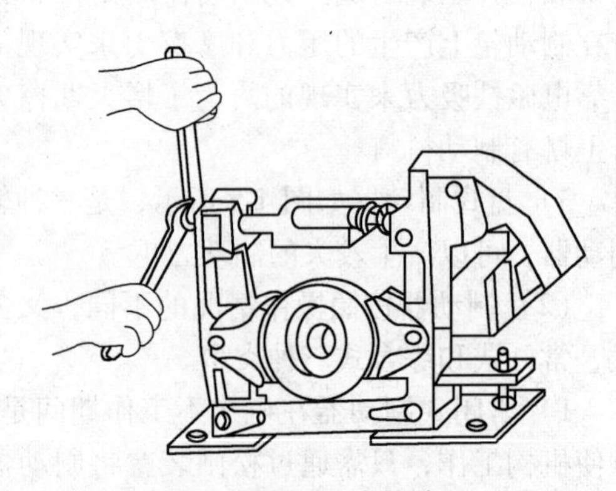
图 4-7 调整电磁铁冲程

制动器的弹簧推杆方头，即可使制动瓦块获得合适的张开量。

（3）调整制动瓦块与制动轮间隙。调整方法是把衔铁推在铁芯上，制动瓦块即松开，然后转动调整螺栓，即可调整制动瓦块与制动轮的间隙。调整时，制动轮两侧间隙量应控制在规定范围内，并保证两侧间隙均匀。

237. 制动器的安全技术检验标准有哪些？

答： 正常使用的起重机，每班都应检查制动器的安全状况。制动器总的检验合格标准是：制动器上闸时，应能可靠地制动住额定起重量；空钩时打开制动器（不通电，用撬杠施加外力），吊钩能自由下滑。

制动器的安全检验内容主要有下列几项：

（1）制动带摩擦垫片与制动轮的实际接触面积，不应小于理论接触面积的70%。

（2）通往电磁铁系统的“空行程”，不应超过电磁铁行程的10%。

（3）对于分别驱动的运行机构，其制动器制动力矩应调得相等，避免引起桥架歪斜，车轮啃轨。

（4）起升机构采用双制动器的，要保证每个制动器都能单独地制动住额定起重量。

（5）制动轮的温升，一般不应高于环境温度的120℃，防止将制动带烧焦。

（6）制动轮的制动摩擦面，不应有妨碍制动性能的缺陷或沾染油污。

（7）人力控制的制动器，施加的力与行程不应大于表4-1的要求。

表4-1 人的控制力与行程

要 求	操作方法	施加的力		行程/mm
		N	kgf/mm^2	
一般采用值	手 控	100	10	400
	脚 踏	122	12	250
最大值	手 控	200	20	600
	脚 踏	300	30	300

（8）控制制动器的操纵部位，如踏板、操纵手柄等，应有防滑性能。

（9）制动器的零件出现下述情况之一时应报废：

1）裂纹；

2）制动摩擦垫片厚度磨损达原厚度的50%；

3）弹簧出现塑性变形；

4）小轴或轴孔直径磨损达原直径的5%；

5）起升、变幅机构的制动轮，制动摩擦面的厚度磨损达原厚度的40%；

6）其他机构的制动轮、制动摩擦面的厚度磨损达原厚度的50%；

7）制动轮表面凹凸不平度达1.5mm。

起重机在吊运过程中，一旦发现制动器失灵，切不可惊慌失措。如果条件允许，可以略起一点钩，再落一点钩，慢慢地把重物降落到安全位置。

制动器的有效程度，还与司机的操作经验有关。如运行机构的制动器，可能在某一速度时是有效的，速度快了就会降低制动器的可靠程度。因此，当吊运重载长距离运行时，要提早制动，允许有一段较长的制动路程。

238. 起重机常用的减速器类型有哪些？

答：减速器是起重机传动装置中的主要部件。它的重要作用在于把电动机运转的高速度转变为起重机各机构实际需要的速度，并获得较大的转矩，从而平稳地起吊重物。

减速机的类型主要有 ZQ 型减速器、ZHQ 型减速器、ZSC 型减速器、蜗轮蜗杆减速器、行星轮减速器、摆线针轮减速器。

桥架式起重机的减速器有卧式与立式。常用的卧式减速器有 ZQ 型（渐开线齿轮）和 ZQH 型（圆弧齿轮）两种类型。常用的立式减速器为 ZSC 型，主要用于桥式起重机的大、小车运行机构。在塔式起重机等其他类型的起重机上，多用蜗轮减速器或行量摆线针轮减速器。

239. 减速器的安全技术检验内容有哪些？

答：减速器的安全技术检验内容主要有下列几项：

（1）经常检查地脚螺栓，不得有松动、脱落和折断。

（2）每天检查减速器箱体、轴承处的发热不能超过允许温度升高值。当温度超过室温 40℃时，应检查轴承是否损坏，是否安装不当或缺少润滑油脂，负荷时间是否过长，运行有无卡滞现象等。

（3）检查润滑部位。减速器使用初期，应每三个月更换一次润滑油，并清洗箱体，去除铁屑，以后每半年至一年更换一次。润滑油不得泄漏，同时油量要适中。

（4）听察齿轮啮合声响。噪声过高或有异常撞击声时，要开箱检查轴和齿轮有无损坏。

（5）用磁力或超声波探伤检查箱体和轴，发现裂纹应及时更换。

（6）壳体不得有变形、开裂、缺损现象。

（7）减速机零件中有下列情况之一时，应予以报废：

1）齿轮裂纹和断齿。

2）齿面点蚀损坏达啮合面的 30%，或深度达原齿厚的 10% 时。

3）齿厚的磨损量达表 4-2 所列数值时。吊运炽热金属或易燃、易爆等危险品的起升机构、变幅机构，其传动齿轮的磨损极限达到表中允许数值的 50% 时。

4）减速器壳件严重变形、裂纹，且无修复价值时。

表 4-2 齿轮齿厚的允许磨损量

<table>
<tr><th colspan="2" rowspan="2">类 型</th><th colspan="2">齿厚磨损达原齿厚百分比/%</th></tr>
<tr><th>第一级啮合</th><th>其他级啮合</th></tr>
<tr><td rowspan="2">闭合</td><td>起升机构和非平衡变幅机构</td><td>10</td><td>20</td></tr>
<tr><td>其他机构</td><td>15</td><td>25</td></tr>
<tr><td colspan="2">开式齿轮传动</td><td colspan="2">30</td></tr>
</table>

240. 起重机联轴器的类型和安全技术要求有哪些?

答: 联轴器用于连接两根轴，使其一起旋转，并传递扭矩。

联轴器的种类很多，在起重机中主要采用齿轮联轴器、弹性圈柱销联轴器。此外也有采用万向轴联轴器，十字联轴器的。

联轴器安全技术要求主要有：

(1) 转动中的联轴器径向跳动或端面跳动不能超出极限。

(2) 联轴器与被连接件间的键应无松动、变形或出槽；键槽无裂痕和变形，无滚键。用承剪螺栓连接的联轴器，其螺栓应无松动、脱落和折断，当出现上述情况时，应停机处理。

(3) 带有润滑装置的联轴器的密封装置应完好。

(4) 齿轮联轴器有裂痕、断齿或起升机构和非平衡变幅机构齿轮齿厚磨损量达原齿厚的15%，其他机构齿轮齿厚磨损量达原齿厚的20%时，联轴器不能再使用。

(5) 起升机构使用的制动轮联轴器，应加设隔热垫。

241. 起重机吊钩的种类有哪些?

答: (1) 吊钩的种类。根据制造方式，吊钩可分为锻造钩和板式钩。锻造钩一般用20号钢，经过锻造和冲压、退火处理，再进行机械加工而成。锻造钩可以制成单钩（图4-8(a)）和双钩（图4-8(b)）。板式钩一般用在起重量较大的起重机上，板式钩由厚度为300mm成型板片重叠铆合而成。板式钩上装有护板，板式钩一般用16Mn钢、轧制钢板制成。板式钩由于其板片不可能同时断裂，所以可靠性高，修理方便。但是板式钩的断面形状只能制成矩形断面，因此钩体的材料不能被充分利用。板式钩也分单钩（图4-8(c)）和双钩（图4-8(d)）两种，单钩多用在3～75t的中小型起重机上。

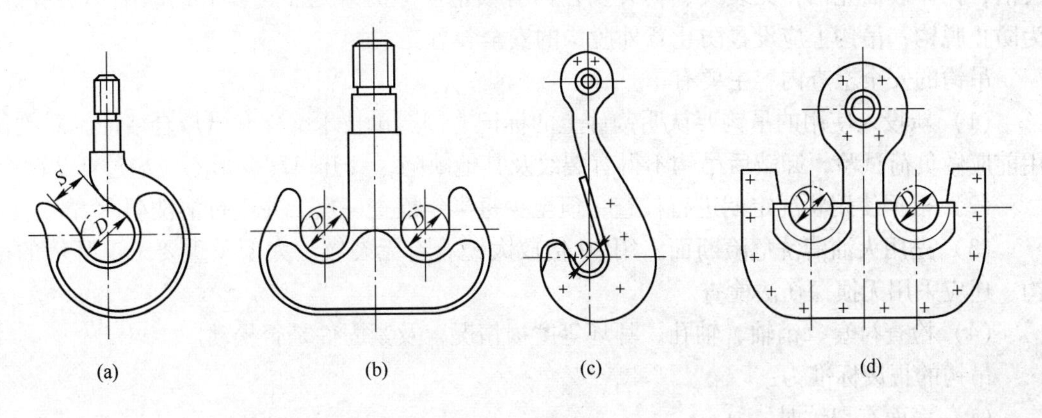

图4-8 吊钩
(a) 锻造单钩；(b) 锻造双钩；(c) 板式单钩；(d) 板式双钩

吊钩断面形状有矩形、梯形、丁字形等。吊钩的主要尺寸之间有一定的关系，如开口度 S 与钩孔直径 D 之间，$S \approx 0.75D$。

(2) 吊钩的危险断面。对吊钩进行检验，必须知道吊钩的危险断面所在，而危险断面是根据受力分析找出的。吊钩的危险断面有三个，如图 4-9 所示。

对于钩柱断面 C—C，$Q_{卸}$ 有把吊钩拉断的趋势，所以钩柱断面受拉力，其值为：

$$Q_{拉} = Q_{卸}/F_{o}$$

$$F_{o} = \pi d^2/4$$

式中，d 为吊钩钩柱最细部分的直径。

$Q_{计}$ 对吊钩除有拉力、剪力作用外，还有把吊钩拉直的趋势，也就是对断面 B—B 以右的各断面，除受拉力外，还受一个力矩的作用。水平断面 A—A 一方面受 $Q_{计}$ 的拉力，另一方面还受弯矩 M 的作用，在这个弯矩作用下，水平断面的内侧受拉力、外侧受压力，这样内侧拉应力叠加，外侧压应力抵消一部分，根据计算得知，内侧拉应力的绝对值比外侧压应力的绝对值大很多，这就是梯断面的内侧宽大、外侧窄小的缘故。从上述分析可知，水平断面受弯曲应力最大，这是因为作用在这个断面上的弯矩值最大，所以这个断面是一个危险断面。同理分析得知 B—B 断面也是一个危险断面。

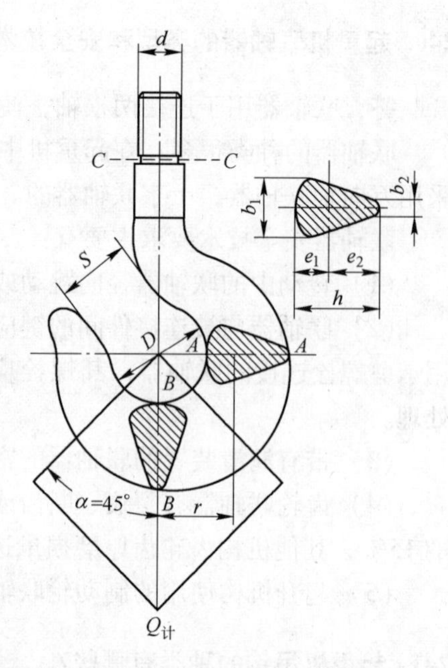

图 4-9 单钩危险断面分析

b_1，b_2—分别为吊钩梯形断面大小头宽度；
r—吊钩水平断面形心到吊钩轴线的距离

242. 吊钩的安全使用及安全检查要求有哪些？吊钩的报废标准是什么？

答：吊钩的安全使用要求：不准使用铸造吊钩，吊钩应固定牢靠。吊钩的转动部位应灵活，钩体表面光洁，无裂纹、剥裂及任何有损钢丝绳的缺陷。钩体上的缺陷不得补焊。为防止脱钩，吊钩上应设置防止意外脱钩的安全装置。

吊钩的安全检查内容主要有：

（1）新投入使用的吊钩要认明钩件上的标记、制造单技术文件和出厂合格证。新钩使用前应做负荷试验，卸载后吊钩不得有裂纹及其他缺陷，其开口度变形不应超过 0.25%。

（2）根据使用状况定期进行检查，但至少每半年检查一次，并进行清洗润滑。

（3）先用火油清洗危险断面，用 20 倍放大镜看有无裂纹。大型及重要工况环境的吊钩，还应采用无损探伤法检查。

（4）检查衬套、销轴、轴孔、耳环等磨损情况，及紧固件是否松动。

吊钩的报废标准为：

（1）表面有裂纹时。

（2）危险断面磨损量：按行业沿用标准制造的吊钩，应不大于原尺寸的 10%；按 GB 10051.2 制造的吊钩，应不大于原高度的 5%。

（3）扭转变形超过 10°时。

（4）开口度比原尺寸增加 15%。

（5）危险断面和吊钩颈部产生塑性变形时。

（6）板式钩衬套磨损达原尺寸的50%时，应报废衬套；销子磨损量超过名义直径的3%～5%应更新。

（7）板式钩芯轴磨损达原尺寸的5%时，应报废心轴，予以更新。

（8）板钩的铆接不得松动，板间的间隙不得大于0.3mm。

243. 滑轮的种类有哪些?

答: 滑轮按其运动的方式可分为定滑轮和动滑轮两类。滑轮与滑轮轴、轴承、滑轮罩及其他零件构成滑轮组。滑轮组分为定滑轮组和动滑轮组。动滑轮组通常与吊钩组配合工作，同步运行。定滑轮组一般安装在起重小车上。

滑轮通常用HT150或HT200灰铸铁或ZG270～500铸钢浇铸后经机加工而成。直径较大的滑轮，可采用焊接滑轮。为了延长钢丝绳的使用寿命，常在钢制滑轮的绳槽底部镶上铝合金或尼龙材料，甚至直接采用铝合金或尼龙材料制作的滑轮。

通过计算后进行调整，滑轮直径尽量取下列标准值:

$$D = 250\text{mm}, 300\text{mm}, 350\text{mm}, 400\text{mm}, 500\text{mm}, 600\text{mm}, 700\text{mm}, 800\text{mm}$$

滑轮绳槽（图4-10）尺寸必须保证钢丝绳顺利通过并不易跳槽。绳槽直径d应为绳径的1.07～1.10倍，轮缘高度应为绳径的1.5～3.0倍，β角应为50°～60°。

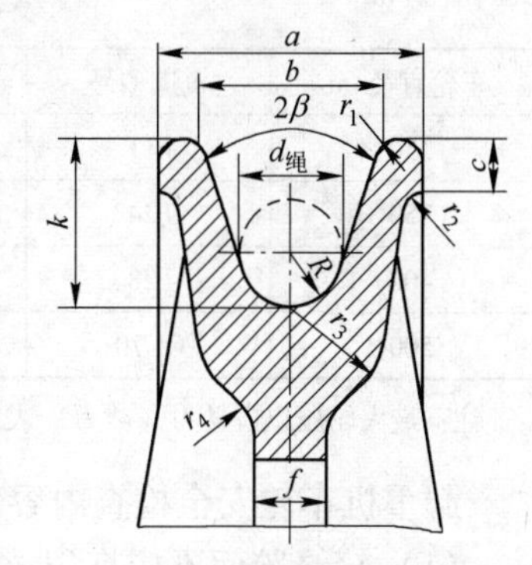

图4-10 滑轮绳槽

起重机用滑轮组按构造形式可分为单联滑轮组和双联滑轮组。

单联滑轮组是钢丝绳一端固定，另一端通过一系列动滑轮、定滑轮，然后绕入卷筒的滑轮组形式。电动葫芦通常采用单联滑轮组，其结构比较简单，升、降时吊物随卷筒回转而发生水平移动。

双联滑轮组是钢丝绳由平衡轮两侧引出，分别通过一系列动滑轮、定滑轮，然后同时绕入卷筒的滑轮组形式。平衡轮位于整根钢丝绳中间部位。双联滑轮组用于桥架式起重机。由于有平衡轮，吊钩在升降时不会引起吊物水平方向的位移。

钢丝绳经动滑轮、定滑轮的多次穿绕后，会使钢丝绳单根负载拉力随承载绳数增多而减小。

244. 滑轮组的安全技术要求有哪些?

答: 对滑轮组的安全技术要求有以下几点:

（1）滑轮组润滑良好，转动灵活；滑轮侧向摆动不得超过滑轮名义尺寸的1‰。

（2）滑轮罩及其他零部件不得妨碍钢丝绳运行。应有防止钢绳跳出轮槽的防护装置。

（3）轮槽应光洁平滑，不得因有缺陷损伤钢丝绳。

（4）各固定部分应牢固可靠。

（5）滑轮出现下列情况之一应报废:

1）出现裂纹或轮缘破损时。

2）轮槽不均匀磨损达1.5mm时。

3）轮槽壁厚磨损达原壁厚的20%时。

4）轮槽底部磨损直径减少量达钢丝绳直径的50%时。

5）滑轮轴的磨损量大于原滑轮轴直径的3%时，圆锥度大于5%时。

6）滑轮转动时有明显的卡、跳动和偏摆时。

7）其他损害钢丝绳的缺陷。

245. 起重机车轮的种类和安全检查要求有哪些？起重机车轮的报废标准是什么？

答：起重机车轮有单轮缘、双轮缘和无轮缘三种。起重机车轮滚动面又可分为圆柱形、圆锥形和鼓形三种。通常大车车轮采用无轮缘，高度为25~30mm；大车车轮采用单轮缘，高度为20~25mm；无轮缘车轮只能用于车轮两侧具有水平导向滚轮的装置中。

起重机车轮材料多用碳素铸钢ZG55Ⅱ，车轮滚动面硬度为HB 300~HB 350，淬硬层深度不少于20mm。起重机车轮通常是根据最大轮压选择，车轮、轨道、轮压的关系参见表4-3。

表4-3 起重机车轮、轨道、轮压的关系

车轮直径/m	轨道型号	最大轮压/tf	车轮直径/m	轨道型号	最大轮压/tf
250	P11	3.3	600	QU70	32
350	P24	3.8	700	QU70	39
400	P38	16	800	QU70	44
500	QU70	26	900	QU70	50

注：最大轮压以质量力（吨力）表示，1tf=9.8kN。

起重机车轮安全检查内容包括：

（1）轮缘踏面不应有裂纹、显著的变形和磨损。

（2）轮毂和轮辐不应有裂纹和显著的变形。

（3）相匹配的车轮直径差不应超过制造允许偏差。

（4）轴承不应发生异常声响、振动等，温升不应超过规定值，润滑状态应良好。

起重机车轮出现下列情况之一应报废：

（1）车轮出现裂纹时。

（2）轮缘厚度磨损达原厚度的50%时。

（3）轮缘厚度弯曲变形达原厚度的20%时。

（4）踏面厚度磨损达原厚度的15%时。

（5）当运行速度低于50m/min，椭圆度达1mm时；当运行速度高于50m/min，椭圆度达0.5mm时。

246. 轨道的安装、调整、检验要求有哪些？

答：中、小型起重机的小车采用P型铁路钢轨或方钢，大型起重机小车、大车轨道可采用QU型起重机专用钢轨。

葫芦式起重机的小车及悬挂式起重机的大车轨道常采用工字钢作为轨道。

轨道可用压板和螺栓固定，特殊场合可采用焊接方式固定，以保证轨距的大小公差，使车轮在轨道运行不出现啃道现象。

（1）轨道安装应具备的技术要求。安装前检查钢轨、螺栓、夹板等有无裂纹、松脱或腐蚀，发现缺陷应及时更换，对允许修补的钢轨面和侧面，磨损缺陷都不应超过3mm，修补完毕后再使用。

垫铁与轨道和起重机主梁应紧密接触，每级垫铁不超过20块，长度大于100mm，宽度比轨道底宽10~20mm，两组垫块间距不大于200mm；垫铁与钢制起重机主梁牢固焊接，垫铁与轨道截面实际接触面积不小于名义接触面积的60%，局部间隙不大于1mm。

钢轨接头可做成直接头，也可以制成45°角的斜接头。斜接头可以使车轮在接头处平稳过渡，一般接头的缝隙为1~2mm。在寒冷地区冬季施工或安装时气温低于常年使用的气温，且相差在20℃以上时，应考虑温度缝隙，一般为4~6mm。

轨道末端装设终止挡板，以防起重机从两端出轨。

轨道的实际中心线与轨道的几何中心线的偏差不应大于3mm，桥式起重机轨距允许偏差为±5mm；轨道纵向倾斜度为1/1500；两根轨道相对标高允许偏差为10mm。

（2）轨道的测量与调整。轨道的直线度，可用拉钢丝的方法进行检查，即在轨道的两端车挡上拉一根直径为0.5mm的钢丝，然后用吊线锤的方法来逐点测量，测点间隔可在2m左右。

轨道标高可用水准仪测量。轨道的跨度用钢卷尺检查，尺的一端用卡板紧固，另一端拴一弹簧秤，其拉力约147N（15kgf）左右，每隔5m测量一次。测量前应先在钢轨的中间打上冲眼，各测量点弹簧秤拉力要一致。

小车轨道每组垫铁不应超过两块，长度不小于100mm，宽度不应比钢轨底宽10~20mm。两组垫铁间距不应小于200mm。

垫铁与轨道底面实际接触面积不应小于名义接触面积的60%，局部间隙不应大于1mm（用塞尺检查）。

（3）轨道的检验。检查轨道螺栓、夹板有无裂纹、松脱和腐蚀，如果出现裂纹应及时更换新件，如有其他缺陷应及时修理。钢轨上的裂纹可用线路轨道探伤器检查，裂纹有垂直轨道的横向裂纹，也有顺着轨道的纵向裂纹和斜向裂纹。如果产生较小的横向裂纹可采用鱼尾板连接，斜向和纵向裂纹则要去掉有裂纹部分，换上新轨道。

轨道上不得有疤痕，轨顶面若有较小的疤痕或损伤时，可用电焊补平，再用砂轮打光。轨顶面和侧面磨损（单侧）都不应超过3mm。

轨道接头处横向位移和高低不平偏差不应超过1mm，采用鱼尾板连接的轨道，连接螺栓不得少于4个，一般应有6个。

轨道接头处应错开，相距不小于15m（对塔式起重机）或0.6m（对桥式起重机），对接头处应有垫铁或枕木，接缝间隙不大于2mm。

4.2 安全防护装置

247. 常见的起重机安全防护装置有哪些？

答：起重机安全防护装置是防止起重机在意外情况下损坏的装置。起重机上除常用的电气保护装置、声音信号和色灯外，还有多种其他安全装置。常见的起重机安全防护装置有：

（1）限位器。限位器是防止起重机各种运动机构超过极限位置的安全装置。当各种运动机构到达极限位置时，行限位器被触动，从而切断电源。

（2）缓冲装置和防撞装置。缓冲装置和防撞装置用以吸收开关失灵时起重机或小车撞到终端挡座上时的动能。这种装置广泛采用橡胶、弹簧和液压式的缓冲器，其中液压式缓冲器用在工作速度高的起重机或小车（如运载桥的小车）上，它能在撞击时吸收较大的能量。

（3）防风装置。防风装置是防止起重机被大风吹移或刮倒的装置，主要有起重机夹轨器和起重机锚定器。在港口上运行的大型起重机上通常同时装设夹轨器和锚定器。夹轨器在起重机停歇或风力增大到一定级别时起作用；锚定器是在暴风来临前由司机操作的。夹轨器的防风作用不如锚定器。

（4）起重量限制器。起重量限制器可使起吊的重物重量不超过规定值，有机械式和电子式两种。机械式利用弹簧-杠杆原理；电子式通常由压力传感器检测起吊重量，当超过允许的起重量时起升机构便不能启动。起重量限制器也可兼作起重量指示器用。

（5）起重力矩限制器。起重力矩限制器可以使臂架型起重机的起重力矩（起重物的重力和幅度的乘积）不超过规定值，能同时接收起重量变化信号和幅度变化信号。两种信号经电子仪器组合运算并放大后与起升和变幅机构实现电气联锁，以防止起重机翻倒。

（6）偏斜限制器。大跨度起重机（一般在40m以上，如运载桥和造船用大型门座起重机）在两侧运行速度不一致时，易产生偏斜而增大运行阻力，使桥架和支腿的连接结构承受附加载荷。这时，通常在柔性支腿的上部安装偏斜限制器。起重机桥架与支腿间的相对转动可通过臂杆或齿轮组的运动，使凸轮或凸块触动控制开关，当起重机在达到最大偏斜量的一定值（一般为起重机跨度的3‰～5‰）时可切断电源或自动纠偏。

（7）其他安全防护装置有：幅度指示器、联锁保护装置、水平仪、防止吊臂后倾装置、极限力矩限制装置、风级风速报警器、支腿回缩锁定装量、回转定位装置、登机信号按钮、防倾翻安全钩、检修吊笼、扫轨板和支撑架、轨道端部止挡、导电滑线防护板、倒退报警装置、各类防护罩、防雨罩。

248. 限位器的类型和作用有哪些？

答：限位器是用来限制机构运行时通过范围的一种安全防护装置。限位器有两类，一类是保护起升机构安全运行的上升极限位置限制器和下降极限位置限制器，另一类是限制运行机构的运行极限位置限制器。

（1）上升极限位置限制器和下降极限位置限制器。上升极限位置限制器是用于限制取物装置的起升高度。当吊具起升到上极限位置时，限位器能自动切断电源，使起升机构停止运行，防止吊钩继续上升，拉断钢丝绳而发生坠落事故。

下降极限位置限制器是用来限制取物装置下降至最低位置时，能自动切断电源，使机构停止运行，以保证钢丝绳在卷筒上的缠绕不少于2圈的安全圈数。

吊运炽热金属或易燃、易爆等危险品的起升机构应设置两套上升极限位置限制器，且两套限位开关应有先后，并尽量采用不同结构形式和控制不同的断路装置。

下降极限位置限制器可只设置在操作人员无法判断下降位置的起重机上和其他特殊要求的设备上，保证重物下降到极限时，卷筒上保留必要的安全圈数。

上升极限位置限制器主要有重锤式与螺杆式两种。

（2）运行极限位置限制器。运行极限位置限制器由限位开关和安全尺式撞块组成。其工作原理是：当车体运行到极限位置后，安全尺触动限位开关的转动柄或触头，带动限位开关内的闭合触头分开而切断电源，机构停止工作，车体在允许制动距离内停车，避免硬性碰撞止挡装置时对运行的车体产生过度的冲击。

桥式类型起重机的运行机构均应设置运行极限位置限制器。

249. 缓冲器的类型和作用有哪些？

答：当运行极限位置限制器或制动器发生故障时，由于惯性的原因，运行到终点的起重机或主梁上的小车，将在运行终点与设置在该位置的止挡体相撞。该缓冲器的目的就是吸收起重机或小车的运动动能，以减缓冲击。缓冲器设置在大车或小车与止挡体相碰撞的位置。在同一轨道上运行的起重机之间，以及同一起重机上双小车之间也应设置缓冲器。

缓冲器类型较多，起重机上常用的有实体缓冲器、弹簧缓冲器和液压缓冲器三类。

（1）实体缓冲器（木块式、橡胶式和聚氨酯发泡塑料式）的特性为：

1）木块式缓冲器目前只在少量老型号起重机上沿用，新型起重机已淘汰了这种缓冲器。

2）橡胶式缓冲器结构简单，碰撞时不会因摩擦产生火花。但它缓冲能力较小，高温和热辐射会加速其老化。使用中如发现老化应更换。

3）聚氨酯发泡塑料式缓冲器特点是：结构简单、体积小、重量轻、易于专业化生产、有较大的阻力、吸收能量大、反弹力较小、寿命长，对温度和腐蚀环境比橡胶的适应性强。

（2）弹簧式缓冲器用弹簧来缓解冲击力。这种缓冲器由外壳、推杆、压缩弹簧等组成，其结构简单、制造方便、安全可靠、便于维修、成本低、对环境的适应性强、缓冲能量大，但弹簧的反弹力大，在起重机上应用广泛。

（3）液压缓冲器具有缓冲行程短、吸纳能量大、没有反弹作用等优点。缺点是结构复杂、不易维修，环境温度对其有影响。

桥式起重机的大、小车机构，门座式起重机变幅结构和升降机都应安装缓冲器。

250. 防碰撞装置的作用和类型有哪些？

答：同层多台或多层设置的桥式起重机，容易发生碰撞。在作业情况复杂，运行速度较快时，单凭司机判断避免事故是很困难的。为了防止起重机在轨道上运行时碰撞邻近的起重机，运行速度超过 120m/min 时，应在起重机上设置防碰撞装置。其工作原理是：当起重机运行到危险距离范围时，防碰撞装置便发出警报，进而切断电源，使起重机停止运行，避免起重机之间的相互碰撞。

防碰撞装置有多种类型，目前产品主要有：激光式、超声波式、红外线式和电磁波式等类型，这些产品均是利用光或电波传播反射的测距原理，在两台起重机相对运行到设定距离时，自动发出警报，并可以同时发出停车指令。

251. 防偏斜和偏斜指示装置的作用和类型有哪些?

答: 大跨度的门式起重机和装卸桥的两边支腿，在运行过程中，由于种种原因会出现相对超前或滞后的现象，使起重机的主梁与前进方向发生偏斜，这种偏斜轻则造成大车车轮啃道，重则会导致桥架被扭坏，甚至发生倒塌事故。为了防止大跨度的门式起重机和装卸桥在运行过程中产生过大的偏斜，应设置偏斜限制器、偏斜指示器或偏斜调整装置等，保证起重机支腿在运行中不出现超偏现象，即通过机械和电器的联锁装置，将超前或滞后的支腿调整到正常位置，以防止桥架被扭坏。

当桥架偏斜达到一定量时，应能向司机发出信号或自动进行调整，当超过许用偏斜量时，应能使起重机自行切断电源，使运行机构停止运行，保证桥架安全。

常见的防偏斜装置有以下几种：钢丝绳式防偏斜装置、凸轮式防偏斜装置、链轮式防偏斜装置和电动式偏斜指示及其自动调整装置等。

252. 夹轨器和锚定装置的作用和类型有哪些?

答: 露天工作的轨道式起重机，必须安装可靠的防风夹轨器或锚定装置，以防止起重机被大风吹走或吹倒而造成严重事故。对于在轨道上露天工作的起重机，其夹轨钳及锚定装置或铁鞋应能独立承受非工作状态下在最大风力时，不致被风吹动。夹轨器的主要类型有：

（1）手动式夹轨器。手动式夹轨器有垂直螺杆式和水平螺杆式两种形式。手动式夹轨器结构简单、紧凑、操作维修方便，但由于受到螺杆夹紧力的限制，安全性能较差，仅适用于中、小型起重机上。

（2）电动式夹轨器。电动式夹轨器有重锤式、弹簧式和自锁式等类型。重锤式自动防风夹轨器能够在起重机工作状态下使钳口始终保持一定的张开度，并能在暴风突然袭击下起到安全防护作用。它具有一定的延时功能，在起重机制动完成后才起作用，这样可以避免由于突然制动而造成的过大惯性力。重锤式夹轨器具有自重小，对中性好的优点，可以自动防风，安全可靠，其应用广泛。

（3）电动手动两用夹轨器。电动手动两用夹轨器主要用于电动工作，同时也可以通过转动手轮，使夹轨器上钳。当采用电动机驱动时，电动机带动减速锥齿轮，通过螺杆和螺母压缩弹簧产生夹紧力，使夹钳不松弛，电气联锁装置工作，终点开关断电，自动停止电动机运转。该夹轨器可以在运行机构停止后自动实现上钳。松钳时，电动机带动传动机构使螺母退到一定行程后，触动终点开关，运行机构方可通电运行。在螺杆上装有一手轮，当发生电气故障时，可以手动上钳和松钳。

锚定装置是将起重机与轨道基础固定，通常在轨道上每隔一段距离设置一个。当大风袭击时，将起重机开到设有锚定装置的位置，用锚柱将起重机与锚定装置固定，从而起到保护起重机的作用。

锚定装置由于不能及时起到防风的作用，特别是在遇到暴风突然袭击时，很难及时地做到停车锚定，必须将起重机开到运行轨道设置锚定的位置后，才可加以锚定，故锚定装置使用不便，常作为自动防风夹轨器的辅助设施配合使用。通常，露天工作的起重机，当风速超过 6 级时必须采用锚定装置。

253. 超载限制器的安装要求及调整设定时要考虑的因素有哪些?

答: 超载限制器是专门为解决起重机超负荷作业问题而设定的装置，用来防止司机或司索人员因主、客观原因，造成超负荷操作而引发的安全事故。

(1) 超载限制器的安装要求主要有:

1) 超载限制器的综合误差，机械式应不大于8%，电子式应不大于5%。

2) 当载荷达到额定起重量的90%时，应能发出提示性报警信号。

3) 起重机械装设超载限制器后，应根据其性能和精度情况进行调整或标定，当起重量超过额定起重量时，能自动切断起升动力源，并发出禁止性报警信号。

4) 门座式起重机、铁路起重机应安装超载限制器；额定起重量大于20t的桥式起重机也应安装超载限制器；额定起重量小于25t的塔式、电动葫芦式升降机可根据生产需要安装。

超载限制器按其功能可分为：自动停止型、报警型和综合型几种。

超载限制器按机构形式分为：机械类型、液压类型、电子类型等。

(2) 超载限制器调整设定要考虑以下因素:

1) 使用超载保护装置不应降低起重能力，设定点应调整到使起重机在正常工作条件下可吊运额定载荷。

2) 要考虑动作点偏离设定点相对误差的大小，在任何情况下，超载保护装置的动作点不大于1.1倍的额定载荷。

3) 自动停止型和综合型的超载保护器的设定点可整定在1.0~1.05倍的额定载荷之间，警报型可整定在0.95~1.0倍的额定载荷之间。

254. 力矩限制器的作用和类型有哪些?

答: 臂架式起重机的工作幅度是可以变化的，工作幅度是臂架式起重机的一个重要参数。变幅方式一般有动臂变幅和小车变幅两种形式。起重量与工作幅度的乘积称为起重力矩。起重量不变，工作幅度越大，起重力矩就越大。起重力矩不变时，起重量与工作幅度成反比。起重力矩大于允许的极限力矩时，会使臂架折断，甚至会造成起重机倾覆。

起重量大于等于16t的汽车起重机和轮胎式起重机，起重能力大于等于25t的塔式起重机应设置力矩限制器，其他类型或起重能力较小的臂架式起重机在必要时也要设置力矩限制器。

力矩限制器的综合误差不应大于10%；起重机械设置力矩限制器后，应根据其性能和精度情况进行调整或标定，当载荷力矩达到额定起重力矩时，能自动切断起升动力源，并发出禁止性报警信号。

常用的起重力矩限制器有机械式和电子式等。

4.3 钢丝绳和吊索

255. 影响钢丝绳寿命的因素有哪几方面?

答: 钢丝绳的材质要求要有很高的强度与韧性，通常采用含碳量0.5%~0.8%的优质碳素钢制作，而且含硫、磷量不应大于0.035%，一般选用50号、60号和65号钢。

虽然钢丝绳在正常工作条件下不会发生突然破断，但随着钢丝绳的磨损、疲劳等破坏的加剧，将会存在发生断绳事故的隐患，影响钢丝绳寿命的主要因素有以下几方面：

（1）钢丝绳的磨损、疲劳破坏、锈蚀、不恰当使用以及尺寸误差、制造质量缺陷等不利因素带来的影响。

（2）钢丝绳的固定强度达不到钢丝绳本身的强度。

（3）由于惯性及加速作用（如启动、制动、振动等）而造成的附加荷载的作用。

（4）由于钢丝绳通过滑轮槽时的摩擦阻力作用。

（5）吊装时载物、吊索及吊具的超载影响。

（6）钢丝绳在绳槽中反复弯曲而造成的影响。

（7）钢丝绳在卷筒中出现啃绳、咬绳、爬绳现象的影响。

（8）其他非正常的损害，例如脱槽、电灼、火烧、受到横向外力等。

256. 什么是钢丝绳的安全系数？怎样选取钢丝绳的安全系数？

答： 钢丝绳的破断拉力和它的实际使用拉力（许用拉力）的比值叫做钢丝绳的安全系数。它是衡量起重作业安全与否的一个重要参数。

为确保在起重作业中安全使用钢丝绳，杜绝人身伤害事故的发生，根据作业要求，钢丝绳的安全系数K应按表4-4的规定选取。

表4-4 钢丝绳所用部位安全系数要求

所用部位	安全系数K	所用部位	安全系数K
起重机自身安装的钢丝绳	2.5	机动起重机起升、变幅（中级）使用的钢丝绳	5.5
缆风绳	3.5	捆扎设备或捆扎易燃易爆物	6.0
支承动臂的钢丝绳	4.0	用于吊索（无弯曲时）	6~7
小车牵引（水平轨道）	4.0	用于捆绑吊索	8~10
手动起重机起升、变幅钢丝绳	4.5	用于载人升降机的钢丝绳	14

257. 起重机用钢丝绳为什么要有绳芯？钢丝绳绳芯有哪几种？

答： 为增大钢丝绳的挠性和弹性，便于润滑，从而增加钢丝绳的强度，在钢丝绳的中心或钢丝绳的每一股中都有一股绳芯。钢丝绳常用的绳芯有以下四种：

（1）有机芯：有机芯是用棉麻捻制成绳或股做绳芯。有机芯钢丝绳柔软易弯曲，钢丝绳在使用过程中受挤压后，绳芯中储存的油就会渗出来润滑钢丝绳，这种钢丝绳抗热、阻燃性不好，不适用于高温环境，也不能受重压。

（2）纤维芯：纤维芯是用天然纤维或合成纤维捻制成绳或股做绳芯。这种钢丝绳不适于高温环境，也不能受重压。

（3）石棉芯：石棉芯是用石棉捻制成绳或股做绳芯。石棉芯钢丝绳柔软易弯曲，钢丝绳在使用过程中受挤压后，绳芯中储存的油渗出能润滑钢丝绳，这种钢丝绳适用于冶金等高温环境，但不能受重压。

（4）金属芯：金属芯是用软钢做成软钢丝绳或股做绳芯。这种钢丝绳能耐高温和承受较大的横向载荷，适用于高温环境或多层缠绕的场合，但其价格相对较高。

258. 钢丝绳的安全连接方法有哪几种？

答： 钢丝绳在使用中需与其他承载构件连接传递载荷，因此绳端连接处应牢固可靠，常用的绳端固定方法有（见图4-11）：

（1）编结法。将钢丝绳绕于心形垫环上，尾端各股分别编插于承载各股之间，每股穿插4~5次，然后用细软钢丝扎紧，捆扎长度为钢丝绳直径的20~25倍，同时不应小于300mm。

（2）绳卡固定法。绳径 $d \leqslant 16$mm 时，可用3个绳卡；当 $16\text{mm} < d \leqslant 20$mm 时，可用4个绳卡；当 $20\text{mm} < d \leqslant 26$mm 时，可用5个绳卡；当绳径 $d > 26$mm 时，可用6个绳卡；绳卡位置如图4-11(b)所示，为避免圆钢卡圈将钢丝绳工作支压伤，各绳卡间距约为150mm。

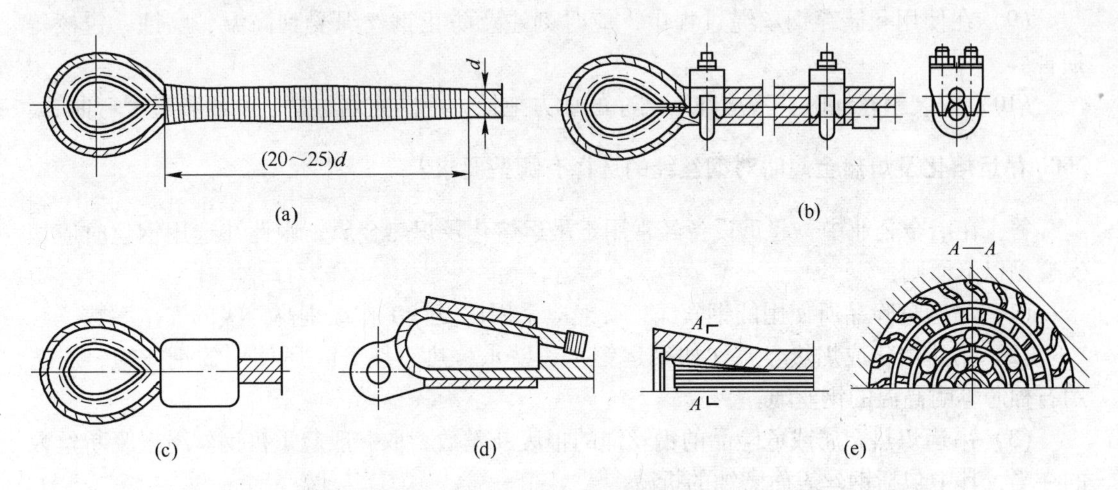

图4-11 钢丝绳绳端的固定方法

（a）编结法；（b）绳卡固定法；（c）压套法；（d）斜楔固定法；（e）灌铅法

（3）压套法。将绳端套入一个长圆形铝合金套管中，用压力机压紧即可，当绳径 $d=10$mm 时约需压力550kN；$d=40$mm 时压力约为720kN。

（4）斜楔固定法。利用斜楔能自动夹紧的作用来固定绳端，这种方法装拆都很方便。

（5）灌铅法。将绳端钢丝拆散洗净，穿入锥形套筒中，把钢丝末端弯成钩状，然后灌满熔铅。这种方法操作复杂，仅用于大直径钢丝绳，如缆索起重机的支撑绳。

259. 如何合理选择与正确使用钢丝绳？

答： 在起重作业中，合理选择与正确使用钢丝绳是关系到作业人员人身安全的一个重要的环节，因此，在选择和使用钢丝绳时，应注意如下事项：

（1）应根据不同的用途选择钢丝绳的规格，根据使用时所承受的载荷及钢丝绳的许用拉力选择钢丝绳的直径。

（2）在选用新钢丝绳之前，应认真查看钢丝绳生产厂家的产品合格证，确认钢丝绳的性能和规格是否符合设计要求。

(3) 钢丝绳的长度应能满足当吊钩处于最低工作位置时，钢丝绳在卷筒上还缠绕有2~3圈的减载圈，以避免绳尾压板直接承受拉力。

(4) 钢丝绳穿过滑轮时，滑轮槽的直径应略大于钢丝绳的直径。如果滑轮槽的直径过大，钢丝绳容易压扁；槽的直径过小，钢丝绳容易磨损。

(5) 钢丝绳在开卷时，应注意防止扭结。新钢丝绳切断时，应有防止绳股散开的措施。

(6) 要定期做好钢丝绳的润滑工作，确保钢丝绳具有良好的润滑状态。一般钢丝绳应15~30天润滑一次，冶金、热加工等高温厂房内的起重机用钢丝绳应每周进行一次润滑。

(7) 对钢丝绳除每天进行检查外，必须每周进行一次详细检查，每月进行一次全面检查；对易损坏断丝、锈蚀较多的一段钢丝绳应停车详细检查，断丝突出部位应在检查时剪去。

(8) 在吊重物时，如果发现钢丝绳绳股间有较多的润滑油被挤出，表明此时钢丝绳所承受的载荷相当大，必须停下来仔细检查，防止发生事故。

(9) 在使用和储存钢丝绳过程中，应时刻注意防止钢丝绳受到高温、腐蚀、锐棱等损害。

(10) 安装钢丝绳时，不应在不洁净的地方拖扯，应防止划、磨、碾压和过度弯曲。

260. 吊运熔化及炽热金属时对钢丝绳的选择有哪些要求？

答：在冶金企业中，起重设备经常用于吊运熔化及炽热金属，因此在选用钢丝时应切实遵循以下原则：

(1) 吊运危险品所使用的钢丝绳，一般应采用比设计工作级别高一级的安全系数。

(2) 吊运熔化或炽热金属（如吊运钢水、铁水、热钢坯等）所使用的钢丝绳，应选用石棉芯等耐高温的钢丝绳。

(3) 吊运炽热金属或危险品的钢丝绳的报废断丝数，取一般起重机钢丝绳报废断丝数的一半，其中包括钢丝表面磨蚀的折减。

261. 更换钢丝绳应注意的事项有哪些？

答：作业人员在进行更换钢丝绳作业时，应注意以下事项：

(1) 在切断钢丝绳前要在切断处的两端先用软钢线缠绕扎牢，防止绳头松散。

(2) 更换钢丝绳时，必须用麻绳或线绳上下传递，防止脱落伤人。

(3) 在上绳时，不准扭着劲往滚筒或滑轮上绕，防止在使用时钢丝绳出现跳槽、打结、扭劲和反复受力等现象，从而加速钢丝绳的磨损，减少钢丝绳的使用寿命。

(4) 上绳过程中，当吊钩降至最低位置时，滚筒上至少卷有两圈丝绳，一般应有5~6圈。

(5) 丝绳的端头与滚筒的固定处必须要拧紧，以保证钢丝绳连接的牢固可靠。

(6) 应对钢丝绳进行保洁和润滑。

262. 钢丝绳的日常检查、维护和保养有哪些要求？

答：钢丝绳因磨损、腐蚀或其他影响会造成性能降低。为了避免钢丝绳因性能降低而发生安全事故，必须定期对钢丝绳的运行状态进行检查，必须定期检查钢丝绳的所有易磨损部位，检查钢丝绳磨损部分的断丝情况，具体要求为：

（1）钢丝绳每隔7～10天检查一次，如有磨损或断丝，但未达到报废标准规定的数值仍在使用时，必须每隔2～3天检查一次。

（2）对检查的情况应做详细记录，作为钢丝绳更换周期的依据。

（3）要定期做好钢丝绳的润滑工作，确保钢丝绳良好的润滑状态。一般钢丝绳应使用15～30天润滑一次，冶金、热加工、高温厂房内的起重机用钢丝绳应每周进行一次润滑。

（4）解决钢丝绳润滑较好的方法是：将钢丝绳卸下，用钢丝刷将钢丝绳上的油污及异物除掉，并用煤油清洗干净，然后将钢丝绳盘好卷浸入润滑油中，将润滑油加热到70～80℃，使润滑油渗入钢丝绳的内部，储存在钢丝绳绳芯之中，使钢丝间及绳股间得到充分的润滑。也可用毛刷蘸润滑脂涂于钢丝绳上，同样加热到70～80℃。钢丝绳润滑完毕即可安装使用。

263. 进行钢丝绳外部检查的方法有哪些？

答：进行钢丝绳外部检查的方法有：

（1）直径检查。直径是钢丝绳极其重要的参数。通过对直径的测量，可以反映出该钢丝的变化速度，钢丝绳是否受到较大的冲击荷载，捻制时股绳张力是否均匀一致、绳芯对股绳是否保持了足够的支撑能力。钢丝绳直径应用带有宽钳口的游标尺测量，其钳口的宽度要足以跨越两个相邻的股。

（2）磨损检查。钢丝绳在使用过程中产生磨损现象不可避免。通过对钢丝绳的磨损检查，可以反映出钢丝绳与匹配轮槽的接触状况。在无法随时进行性能试验的情况下，根据钢丝绳磨损程度可推测钢丝绳的实际承载能力。钢丝绳的磨损情况检查主要靠目测。

（3）断丝检查。钢丝绳在投入使用后，会出现断丝现象，尤其是到了使用后期，断丝发展速度会迅速上升。钢丝绳在使用过程中不可能一出现断丝现象便立即停止运行或报废，因此，通过断丝检查，尤其是检查一个捻距内断丝情况，不仅可以推测钢丝绳继续承载的能力，而且根据出现断丝根数的发展速度，可以间接预测钢丝绳使用寿命。钢丝绳的断丝情况检查主要靠目测计数。

（4）润滑检查。通常情况下，新出厂的钢丝绳大部分在生产时已经进行了润滑处理，但在使用过程中，润滑油脂会流失减少。鉴于润滑不仅能对钢丝绳在运输和存储期间起到防腐保护作用，而且能够减少钢丝绳使用过程中钢丝之间与匹配轮槽之间的摩擦，对延长钢丝绳使用寿命十分有效，因此，为把腐蚀、摩擦对钢丝绳的危害降低到最低程度，进行润滑检查十分必要。钢丝绳润滑情况检查主要靠目测。

264. 如何保管钢丝绳？

答：（1）设固定钢架摆放，实行定点、定位，做到钢丝绳专绳专用，防止钢丝绳乱丢、乱放、乱用。

（2）露天作业场的钢丝绳架要垫高，地面用水泥浇筑，防止钢丝绳落地受潮。钢丝绳架要设防雨棚以免雨淋锈蚀。

（3）设专人管理，经常检查钢丝绳使用情况，做到摆放整齐、合理。

（4）领取钢丝绳要以废绳换新绳。废绳要割断，统一处理，防止重复使用。

（5）钢丝绳要按规格、承重量摆放，要用法定计量单位标志清楚，防止拿错，使用后要放回原处。

（6）钢丝绳架不得靠近机械、电器设备，不准用钢丝绳架做电焊作业的二次线，防止钢丝绳受电击而断丝、断股，造成人身、设备事故。

265. 钢丝绳在使用中出现“走油”现象怎么办？

答：在起重作业中，如果事先对吊运的物件重量估计不足，吊运时使用了承载力较小的钢丝绳，钢丝绳就会出现“走油”的现象。当出现这种现象时，表明钢丝绳已经严重超载，产生了较大的变形，钢丝绳的钢丝向绳芯挤压，使得绳芯中的油大量挤出。如果再继续使用，就会有断裂危险。因此在作业中，当发现钢丝绳出现“走油”现象时，应立即更换承载力较大的钢丝绳。

266. 钢丝绳的报废标准包括哪些内容？

答：（1）钢丝绳表面钢丝直径磨损量超过原钢丝绳钢丝直径的40%时，应报废。未达到40%时要按表4-5进行折算更新（在此指的是钢丝直径，不是钢丝绳直径）。

表4-5　折算系数表　　（%）

钢丝表面磨损或腐蚀量	10	15	20	25	30～40	>40
折算系数	85	75	70	60	50	0

（2）钢丝绳在一个捻距内的断丝根数超过报废标准规定时，应报废。安全系数为5～6的钢丝绳，一般在一个捻距内断丝根数达到总丝根数的10%时，应报废。线接触钢丝绳（复式钢丝绳）中的钢丝，计算断丝根数时，细丝一根算1根，粗丝一根算1.7根。

6股或8股的钢丝绳，断丝主要是表现在钢丝绳外表。而多层绳股的钢丝绳（典型的多股结构）则不同，钢丝绳断丝数大多发生在内部，不易发现，要格外注意。

（3）吊运炽热金属或危险品的钢丝绳达到表4-5中前两项数值的50%时，应报废。

（4）在高温作用下使钢丝绳的颜色改变或过火（退火）时，应立即报废。

（5）钢丝绳直径减小量达公称直径的7%时，应报废。

（6）钢丝绳的绳股出现断股时，钢丝绳的绳芯外露时，应立即报废。

（7）如果绳端或附近出现断丝时，表明该部位钢丝绳的应力很大（即使断丝数量很少），可能与绳端安装不正确有关，长度允许时应将断丝的部位截掉重新安装，如果长度不够，应立即报废。

（8）被电焊、电弧击伤的钢丝绳，因钢丝绳外表和内部均受损伤，应立即报废。

（9）钢丝绳经过长期使用后，由于受自然和化学腐蚀，钢丝绳的钢丝表面出现用肉眼很容易观察出的麻点时，应报废。

（10）钢丝绳的纤维芯损坏或钢芯断裂而使钢丝绳局部的直径明显减小时，应立即报废。

（11）钢丝绳外表有严重的变形、扭结、压扁、波浪形、笼状畸变、直角弯曲、硬折弯、明显的卷缩、弹性减小等，应立即报废。

（12）钢丝绳的弹性减小，不易被发现的，可通过以下现象进行观察：

1）直径减小；

2）捻距伸长；

3）绳股凹处出现细微的褐色粉末，虽未发现断丝，但钢丝明显地不易弯曲，这种情况下的断丝速度要比磨损断丝快得多，会出现负载荷下突然断裂。一经发现，应立即报废。

267. 起重作业中捆绑用钢丝绳的使用规则是什么？

答： 起重作业中捆绑用钢丝绳的使用必须保证安全，严格执行钢丝绳报废标准。同时还应做到以下几点：

（1）钢丝绳开卷时要顺势缓解其扭力，防止扭结成环使钢丝绳受损。

（2）安装钢丝绳时，应使用专用滚筒小车缠绕新绳，不得拖拽钢丝绳行走。防止钢丝绳表面润滑油沾上杂物，影响其使用。

（3）起重时不得超负荷使用，力求平稳，减小冲击力。

（4）捆绑起吊重物时，对棱角处要采取隔垫措施，防止割断钢丝绳。

（5）针对高温、带电、有腐蚀性的物质等使用钢丝绳要有保护措施。

（6）使用滑车时，钢丝绳不穿绕已被损坏的滑轮。

（7）对钢丝绳的状况要实行跟踪式检查，发现问题不得使用。

（8）定期对钢丝绳润滑，延长使用寿命。每半年进行一次拉力试验，对钢丝绳承载能力作技术鉴定。

268. 使用钢丝绳吊索的注意事项有哪些？

答： 在起重作业中，挂吊工认真检查和正确使用钢丝绳吊索，对于确保作业安全至关重要。在使用吊索时，要切实注意以下事项：

（1）钢丝绳、纤维绳吊索不得用编结、打结或绳卡固定连接方法缩短或加长。

（2）使用铝合金压制接头吊索时，金属套管不应受径向力或弯矩作用。

（3）绳端固定不允许用绳夹或打结方法代替编结连接和压制接头连接。

（4）吊索两端编结连接索眼之间最小净长度不得小于该吊索钢丝绳公称直径的40倍。

（5）环形编结连接吊索的最小周长应不得小于该吊索钢丝绳公称直径的96倍。

（6）多支吊索任何支间有效长度在无载荷测量时，误差不得超过钢丝绳公称直径的±2倍或大于规定长度的±0.5%。

（7）为防止吊挂的重物在吊运过程中产生摇摆或转动，宜采用一根牵引索在地面控制。

（8）吊索不得连接在被吊挂重物的捆带上，但专为提升用的捆带除外。

（9）吊索挠性部件不得打结，索眼端固定连接部位不得作为拴挂连接点。

（10）当用两根以上单股吊索提升同一物体时，每根吊索的材质、结构尺寸、索眼端部固定连接、端部配件等性能应相同。

（11）在提升重物时，应使吊索的各分支受力均匀，支间夹角一般不超过90°，最大不得超过120°。

（12）当吊索卸载后或承载多支吊索有未使用的自由分支，一般应将下端反钩到起重机吊钩上以防止起重机再次运行时，因其摆动伤人或钩挂到其他物件上。

（13）提升重物时，穿入索眼的金属销轴等物体应有足够的连接强度，且直径不得小于吊索公称直径的2倍。

（14）对在提升时可能产生旋转的重物，吊挂中不应使用人工编结连接索眼的吊索。

（15）钢丝绳吊索不得在地面上拖拽。

（16）吊索必须是由整根绳索制成，中间不得有接头，环形吊索只允许有一处接头。

269. 钢丝绳吊索的报废标准有哪些？

答：起重作业所使用的钢丝绳吊索当出现下列情况之一时，应停止使用，及时维修、更换或报废。

（1）钢丝绳无规律分布损坏。在6倍钢丝绳直径的长度范围内，可见断丝总数超过钢丝绳中钢丝总数的5%。

（2）钢丝绳局部损坏。有三根或更多的断丝聚集在一起。

（3）索眼表面出现断丝或断丝集中在金属套管、编结处附近、编结连接线股中。

（4）钢丝绳严重磨损。在任何位置实测钢丝绳直径，尺寸已不到原公称直径的90%。

（5）当钢丝绳直径相对于公称直径减少7%或更多时，即使未发现断丝，该钢丝绳也应报废。

（6）因打结、扭曲、挤压造成钢丝绳畸变、压破、芯损坏，或钢丝绳被压扁超过原直径的20%。

（7）带电燃弧引起的钢丝绳烧熔、熔融金属液浸烫，或长时间暴露于高温环境中引起的强度下降。

（8）钢丝绳编结处严重受挤压、磨损：金属套管损坏（如裂纹、严重变形、腐蚀）或直径缩小到原直径的95%。

（9）缝绳绳端连接的金属套管或编结连接部分滑出。

（10）钢丝绳的端部配件损坏。

4.4　通用安全常识

270. 起重机安全操作技术要求有哪些？

答：起重伤害事故，除了起重设备本身的不安全因素以外，在起重吊运作业中，对设备使用与管理不当也是重要因素。现代的起重吊运作业，是以起重机械为中心进行的。因此，在使用过程中，各单位都要根据所用的起重机械的种类、复杂程度以及使用时的具体情况，建立必要的规章制度，如交接班制度、安全技术操作规程、设备维护与检修制度、操作人员培训考核制度、设备档案管理制度等。此外，每进行一个吊装工程，还要编制装吊方案和制定具体的安全技术措施。

尽管起重机械的种类很多，吊运的构件或设备千变万化，但最基本的要求是普遍适用的。这里仅介绍吊运过程中的一般性安全技术要求，供制定具体的规章制度和安全技术措施时参考，并使读者对这些要求有所了解。

起重机安全操作技术要求有：

（1）每台起重设备，必须由经过安全部门培训、考核合格并持有操作证的司机操作。

(2) 司机接班时，应对制动器、吊钩、钢丝绳和安全装置进行检查。发现性能不正常时，应在操作前排除。

(3) 开车前，必须鸣铃或报警。操作中接近人时，亦应给以断续铃声或报警。

(4) 操作应按指挥信号进行。对紧急停车信号，不论何人发出，都应立即执行。

(5) 当确认起重机上或其周围无人时，才可以闭合主电源。如电源断路装置上加锁或有标牌时，应由有关人员除掉后才可闭合主电源。

(6) 闭合主电源前，应将所有的控制器手柄置于零位。

(7) 工作中突然断电或线路电压大幅度下降时，应将所有控制器手柄扳回零位；重新工作前，应检查起重机动作是否正常，出现异常必须查清原因并排除故障后，方可继续操作。

(8) 在轨道上露天作业的起重机，工作结束时，应将起重机锚定住。当风力大于6级（港口7级）时，一般应停止工作，并将起重机锚定住。对于门座起重机等及在沿海工作的起重机，当风力大于7级时应停止工作，并将起重机锚定住。

(9) 司机进行维护保养时，应切断主电源并挂上标牌或加锁；必须带电修理时，应戴绝缘手套，穿绝缘鞋，使用带绝缘手柄的工具，并有人监护。

(10) 司机操作中严格执行“十不吊”规定。

(11) 起重机运行时，不得利用极限位置限制器停车。对无反接制动性能的起重机，除特殊情况外，不得靠打反车制动。

(12) 不得在有载荷情况下调整起升和变幅机构制动器。

(13) 起重机工作时，不得进行检查和维修。

(14) 吊运重物时，重物不得从他人头顶上通过；吊臂下严禁站人。

(15) 吊运重物应走指定的通道。在没有障碍物的线路上运行时，吊具或吊物底面距离地面2m以上；有障碍物需要穿越时，吊具或吊物底面应高出障碍物顶面0.5m以上。

(16) 所吊重物接近或达到起重机的起重量时，吊运前应检查制动器，并用小高度（200~300mm），短行程试吊后，再平稳地吊运。

(17) 吊运液态金属、有害液体、易燃或易爆物品时，虽然起重量并未接近额定起重量，也应进行小高度，短行程试吊。

(18) 起重机吊钩在最低工作位置时，卷筒上的钢丝绳必须保留有设计规定的安全圈数（一般为2~3圈）。

(19) 起重机工作时，臂架、吊具、辅具、钢丝绳、缆风绳及重物等，与输电线的最小距离不应小于表4-6规定的数值。

表4-6 起重机工作时其各部分及重物与输电线的最小距离

输电线路电压/kV	<1	1~20	35~110	154	220	330
最小距离/m	1.5	2	4	5	6	7

(20) 重物起落速度要均匀，非特殊情况不得紧急制动和高速下滑。

(21) 重物不得在空中悬停时间过长。

(22) 流动式起重机工作前应按使用说明书的要求平整停机的场地。牢固可靠地打好支腿。

(23) 起吊重物时不准落臂，必须落臂时，应先把重物放至地面再落臂。有些臂架式起重机，起吊重物时还不准变幅（包括升臂加落臂），应按使用说明书的规定操作。

(24) 吊臂仰角很大时，不准将起吊的重物骤然放下，防止起重机向另一侧倾翻。

(25) 起重机吊重物回转时动作要平稳，不得突然制动。回转时起吊的载荷接近额定起重量时，重物距地面的高度不应太大，一般在0.5m左右。

(26) 用两台或多台起重机吊运同一重物时，钢丝绳应保持垂直、各台起重机的升降、运行应保持同步；每台起重机所承受的载荷均不得超过各自的额定起重能力。如达不到上述要求，每台起重机的起重量应降低到额定起重量的80%，并进行合理的载荷分配。

(27) 有主、副两套起升机构的起重机，主、副钩不应同时开动（设计允许同时使用的专用起重机除外）。

(28) 起重机上所有电气设备的金属外壳必须可靠接地。司机室的地板应铺设橡胶或其他绝缘材料。

(29) 禁止在起重机上存放易燃易爆物品，起重机操作室内应备灭火器。

(30) 每两年对起重机进行一次全面的安全技术性检验。

(31) 起重吊运作业的指挥人员，应经专门的培训、考核，合格后方可上岗。指挥起重吊运作业时，指挥信号必须明确，并符合国家标准。

(32) 绑绳时，两根吊索夹角一般不应大于90°，特殊情况下也不得大于120°，不应出现“十不吊”中的情况。

(33) 多人绑挂时，应由一人统一指挥。

(34) 绑扎设备或构件留出的不受负荷的绳头，必须紧绕在吊物上，防止吊运时挂住人和物件。

(35) 登高作业时，必须钩挂安全带。

(36) 地面操作人员应站在重物倾斜方向的背面，防止被重物意外倾落砸伤。

(37) 吊运开始前，必须指挥周围人员退到安全位置，然后才能发出吊运信号。

(38) 装卸大型设备或构件时，必须由两名以上起重工（或挂钩工）操作。其中一人负责指挥，并观察被吊物是否平稳，吊钩与重物重心是否在一条垂线上，确认平稳后方可起吊或松钩。

(39) 所吊运的设备或构件不得压在电气线路和管道上面，或其他禁止堆放物件的地方。

(40) 吊运作业中有钢丝绳穿越通道时，应在通道的两旁挂有明显的警告标志。

271. 起重机作业中，安全生产的隐患有哪些？

答： 起重机作业中发生事故的原因主要包括人的因素、设备因素和环境因素等几个方面，其中人的因素主要是由于管理者或使用者心存侥幸、图省事和逆反等心理原因从而产生非理智行为；物的因素主要是由于设备未按要求进行设计、制造、安装、维修和保养，特别是未按要求进行检验，带“病”运行，从而埋下安全隐患。占比例较大的起重机械事故隐患主要有：

(1) 重物坠落。吊具或吊装容器损坏、物件捆绑不牢、挂钩不当、电磁吸盘突然失电、起升机构的零件故障（特别是制动器失灵、钢丝绳断裂）等都会引发重物坠落。几吨重的吊载意外坠落，或起重机的金属结构件破坏、坠落，都可能造成严重后果。

（2）起重机失稳倾翻。造成起重机失稳有两种原因：一是由于操作不当（例如超载、臂架变幅或旋转过快等）、支腿未找平或地基沉陷等使倾翻力矩增大，导致起重机倾翻；二是由于坡度或风载荷作用，使起重机沿路面或轨道滑动，导致脱轨翻倒。

（3）金属结构的破坏。庞大的金属结构是各类桥架起重机、塔式起重机和门座起重机的重要构成部分，作为整台起重机的骨架，不仅承载起重机的自重和吊重，而且构架了起重作业的立体空间。金属结构的破坏常常会导致严重伤害，甚至造成群死群伤的恶果。

（4）挤压。起重机轨道两侧缺乏良好的安全通道或与建筑结构之间缺少足够的安全距离，使运行或回转的金属结构机体对人员造成夹挤伤害；运行机构的操作失误或制动器失灵引起溜车，造成碾压伤害等。

（5）高处跌落。人员在离地面大于2m的高度进行起重机的安装、拆卸、检查、维修或操作等作业时，从高处跌落造成的伤害。

（6）触电。起重机在输电线附近作业时，其任何组成部分或吊物与高压带电体距离过近，感应带电或触碰带电物体，都可以引发触电伤害。

（7）其他伤害。其他伤害是指人体与运动零部件接触引起的绞、碾、戳等伤害；液压起重机的液压元件破坏造成高压液体的喷射伤害；飞出物件的打击伤害；装卸高温液体、易燃易爆、有毒、腐蚀等危险品，由于坠落或包装捆绑不牢破损引起的伤害等。

272. 司索工安全操作技术要求有哪些？

答：司索工主要从事地面工作，例如准备吊具、捆绑挂钩、摘钩卸载等，多数情况还担任指挥任务。司索工的工作质量与整个搬运作业安全关系极大。其操作工序要求如下：

（1）准备吊具。对吊物的质量和重心估计要准确，如果是目测估算，应增大20%来选择吊具；每次吊装都要对吊具进行认真的安全检查，如果是旧吊索应根据情况降级使用，绝不可侥幸超载或使用已报废的吊具。

（2）捆绑吊物。对吊物进行必要的归类、清理和检查，吊物不能被其他物体挤压，被埋或被冻的物体要完全挖出。切断与周围管、线的一切联系，防止造成超载；清除吊物表面或空腔内的杂物，将可移动的零件锁紧或捆牢，形状或尺寸不同的物品不经特殊捆绑不得混吊，防止坠落伤人；吊物捆扎部位的毛刺要打磨平滑，尖棱利角应加垫物，防止起吊吃力后损坏吊索；表面光滑的吊物应采取措施防止起吊后吊索滑动或吊物滑脱；吊运大而重的物体应加诱导绳，诱导绳长应能使司索工既可握住绳头，同时又能避开吊物正下方，以便发生意外时司索工可利用该绳控制吊物。

（3）挂钩起钩。吊钩要位于被吊物重心的正上方，不准斜拉吊钩硬挂，防止提升后吊物翻转、摆动。吊物高大需要垫物攀高挂钩、摘钩时，脚踏物一定要稳固垫实，禁止使用易滚动物体（如圆木、管子、滚筒等）做脚踏物。攀高必须佩戴安全带，防止人员坠落跌伤。挂钩要坚持“五不挂”，即起重或吊物质量不明不挂，重心位置不清楚不挂，尖棱利角和易滑工件无衬垫物不挂，吊具及配套工具不合格或报废不挂，包装松散捆绑不良不挂，将安全隐患消除在挂钩前。当多人吊挂同一吊物时，应由一人负责指挥，在确认吊挂完毕，所有人员都离开站在安全位置以后，才可发起钩信号，起钩时，地面人员不应站在吊物倾翻、坠落可波及的地方。如果作业场地为斜面，则应站在斜面上方（不可在死角），防止吊物坠落后继续沿斜面滚移伤人。

（4）摘钩卸载。吊物运输到位前，应选择好安置位置，卸载不要挤压电气线路和其他管线，不要阻塞通道；针对不同吊物种类应采取不同措施加以支撑、垫稳、归类摆放，不得混码、互相挤压、悬空摆放，防止吊物滚落、侧倒、塌垛；摘钩时应等所有吊索完全松弛再进行，确认所有绳索从钩上卸下再起钩，不允许抖绳摘索，更不许利用起重机抽索。

（5）搬运过程的指挥。无论采用何种指挥信号，必须规范、准确、明了。指挥者所处位置应能全面观察作业现场，并使司机、司索工都可清楚看到。在作业进行的整个过程中（特别是重物悬挂在空中时），指挥者和司索工都不得擅离职守，应密切注意观察吊物及周围情况，发现问题，及时发出指挥信号。

273. 为什么起重机严禁超载作业？

答：（1）起重机超载作业会产生过大的应力，可能使钢丝绳超出其允许拉力而断裂，也有可能出现吊钩断裂，重物高空坠落，造成人员或设备的重大事故。

（2）超载可能使起重机机械传动部件损坏，也可导致制动力矩减小或制动器失效。

（3）超载可能使起重机损坏机电设备（如电动机因过载而烧毁）。

（4）超载对起重机金属结构的危害也很大，可造成主要受力结构变形。

（5）超载破坏了起重机的稳定性，有可能缩短起重机使用寿命或者造成整机倾覆的恶性事故。

274. 为什么起重作业中不能“斜拉歪拽”？

答：（1）造成起重机超负荷。“斜拉歪拽”时，钢丝绳会与地面垂直线形成一个偏斜角度，这个角度越大，起重机钢丝绳的拉力越大，如果在“斜拉歪拽”过程中再遇到地面上的障碍物，钢丝绳受的拉力会更大，因此“斜拉歪拽”会使起重机超负荷。

（2）造成吊物摆动。“斜拉歪拽”时，钢丝绳就会与地面垂直线形成一个角度，由于这个角度的存在，就会产生一个水平分力，这个角度越大，所吊重物越重，水平分力越大。由于水平分力的存在，重物在离开地面的瞬间形成摆动，这种摆动极易造成起重机操纵失控，致使物体相撞，周围设施遭到破坏，从而威胁周围人员的安全而产生不良后果。

（3）造成起重机受损。“斜拉歪拽”时，极易破坏起重机零部件，发生起重机故障。如：电动机烧毁、保护器掉闸、滑轮断裂、钢丝绳跳槽等。“斜拉歪拽”拉断钢丝绳的危险性更大。

275. 起重机司机在作业过程中应当注意的“七字方针”是什么？

答：起重机司机在严格遵守各种规章制度的前提下，操作中应做到如下几点（也称作“七字方针”）：

（1）稳。司机在操作起重机过程中，必须做到启动平稳、运行平稳、停车平稳，确保吊钩、吊具及吊物不出现游摆。

（2）准。在操作稳的基础上，吊钩、吊具和吊物应准确地停在指定的位置上，确认后降落，做到落点准确、到位准确、估重准确。

（3）快。在稳、准的基础上，有效调节好各相应机构动作，缩短工作循环时间，提高工作效率。

（4）安全。在确保起重机完好情况下，有效可靠地运行。操作中，严格执行起重机安全操作规程，不发生任何人身或设备事故。

（5）合理。在了解掌握起重机性能和电动机的机械特性的基础上，根据吊物的具体情况，对起重机做到合理控制，正确操纵，使其运转既安全又经济。

以上的“稳、准、快、安全、合理”几个方面是互相联系且不可分割的，“稳”和“准”是前提，如果不稳、不准就做不到“快”，安全生产就没有保证，一旦发生事故，“快”也就失去了意义。而一味地求稳，片面地认为“慢则万全”，也不能充分发挥起重机的工作效率。所以只有按“七字方针”操作，才能成为一名技术熟练的司机。

276. 起重机操作中“十不吊”、“两不撞”内容包括什么？

答：起重机操作中“十不吊”内容如下：

（1）安全装置不齐全、不灵敏、失效不吊。

（2）指挥信号不明，光线暗淡不吊。

（3）工件或吊物捆绑不牢、不平衡不吊。

（4）吊物上站人或有浮动物不吊。

（5）工件埋在地下，或与其他物件钩挂不吊。

（6）斜拉歪拽、拖拉吊运不吊。

（7）超负荷、不知物体重量不吊。

（8）满罐液体不吊。

（9）棱角物品无防切割措施不吊。

（10）六级以上强风不吊。

起重机操作中“两不撞”内容如下：

（1）不得撞击相邻的起重机。

（2）不得用吊物撞击地面设备、建筑物和其他物件。

277. 起重工在吊运危险物品时“一辨二看三慢”操作要领的含义是什么？

答：一辨：吊运物件时，首先要在思想上进行危险源辨识，做到预知预控。

二看：起吊运行时，加强瞭望，做到“车动集中看，瞭望不间断，环境勤监视，操作紧联系”；看物件的吊运路线和位置，做到心中有数。

三慢：（1）起吊点动要慢。

（2）关键时刻要慢（如在煤气管道上方作业，立体交叉作业，遇有大车道轨不平或接头处等复杂区域）。

（3）靠近人或物品，落起钩要慢。做到“慢中求稳，稳中求快”，避免事故的发生。

278. 在什么情况下，司机应发出警告信号？

答：在下列情况下，司机应发出警告信号：

（1）起重机送启动后，即将开动前。

（2）接近同层的其他起重机时。

（3）在起吊下降吊物时。

（4）吊物在吊运中接近地面工作人员时。

（5）起重机在吊运通道上方吊物运行时。

（6）起重机在吊运过程中设备发生故障时。

（7）吊运过程中被吊物件发生异常时。

279. 地面人员发出紧急停车信号时，司机该怎么办？

答：在有多人同时工作的作业环境，司机应服从专人指挥，严禁随意开车。当指挥人员的信号与司机意见不一致时，应发出询问信号，在确认信号与指挥意图一致时方能继续起吊和运行。操作中的起重机械接近人员时，应示以断续的铃声或报警，以示避开。

司机在操作室内距地面较高，向下观看有可能出现视线盲区，也有可能因为司机观察不仔细或一些突发事件，造成事故隐患。

因此，地面任何人员发出紧急停车信号时，司机都应当立即停车，待问清楚情况后方可继续下一步操作。

这里需要说明一点，这些紧急停车信号有可能是喊叫，也有可能造成误解，司机此时应以平和的心态面对，“紧急停车”是常见的也是经常使用的防止安全生产事故的应急措施。

280. 起重工交接班检查要点有哪些？

答：起重工接班检查要做到：

（1）接班时应认真阅读交班记录，了解设备运行情况，做到心中有数。

（2）试车时应先鸣铃，然后分别开动各机构（如大车、小车、卷扬），应做到各挡逐步加速，看各机构运行时的速度与声音有无异常。

（3）重点检查安全三大构件（钢丝绳、制动器、吊钩组）。

（4）检查各保护机构是否可靠有效（如限位开关、零位保护、紧急开关、仓门开关等）。

（5）如遇有重要吊装任务（如重大设备吊装、吊钢水包等），应对天车的主卷扬做有额定负荷的试验，目的是确保主起升制动器的可靠性。

检查标准为：当主钩吊有额定负荷，在控制器下降最后一挡运行，当控制手柄拉回零位置时，吊钩下滑距离应小于100mm、大于50mm方可使用。

281. 起重机作业必备的安全条件和安全设施有哪些？

答：起重机除了必须安装的安全装置外，还必须具备以下安全条件和安全设施：

（1）天车的作业地点要有足够的照明设施和畅通的吊运通道。

（2）每台天车应配备保养天车的工具、安全绳、灭火器等。

（3）天车必须装有音响清晰的喇叭、警铃等信号装置。

（4）天车所有带电部分的外壳，均应进行可靠的接地，以避免发生触电事故。小车轨道不是焊接在主梁上的也要采取焊接接地。上述接地设施要定期进行检查。

（5）天车上的梯子、平台、走台都应装设不低于1050mm的防护栏杆，其宽度不应小于600mm，并设有不低于15～20mm的挡板。直梯或倾角超过75°的斜梯，其高度超过5m时，应设有弧形防护圈。直梯高度超过10m时，每隔5～6m应有带防护栏杆的休息平台。

282. 起重机械检验类别、周期有哪些规定?

答: 按照起重机械定期检验规则的规定，检验类别分为首次检验和定期检验。

首次检验是指设备投入使用前的检验。定期检验是指在使用单位进行经常性日常维护保养和自行监察的基础上，由检验机构进行的定期检验。

在用起重机械定期检验周期为:

(1) 塔式起重机、升降机、流动式起重机每年1次。

(2) 轻小型起重设备、桥式起重机、门式起重机、门座起重机、缆索起重机、桅杆起重机、铁路起重机、旋臂起重机、机械式停车设备每2年1次，其中吊运熔融炽热金属的起重机每年1次。

性能试验中的额定载荷试验、静载荷试验、动载荷试验项目，首检和首次定期检验时必须进行。额定载荷试验项目，以后每间隔1个检验周期进行1次。

283. 起重机械检验内容包括哪些?

答: 按照起重机械定期检验规则的规定检验内容分为定期检验内容和首次检验的内容。

(1) 定期检验的内容包括:

1) 技术文件审查、作业环境和外观检查、司机室检查。

2) 金属结构检查。金属结构检查内容包括主要受力构件（如主梁、端梁、吊具横梁等）无明显变形，金属结构的连接焊缝无明显可见的焊接缺陷，螺栓和销轴等连接无松动，无缺件、损坏等缺陷，箱型起重臂（伸缩式）侧向单面调整间隙符合相关标准的规定。

3) 检查起重机械大车、小车轨道是否存在明显松动，是否影响其运行；检查电气与控制系统、液压系统、主要零部件（主要零部件包括吊钩、钢丝绳、减速器齿轮、车轮、联轴器、卷筒、环链等）。

4) 安全保护和防护装置检查。检查内容包括对制动器、超速保护装置、起升高度（下降深度）限位器、料斗限位器、运行机构行程限位器、起重量限制器、力矩限制器、防风防滑装置、防倾翻安全钩、缓冲器和止挡装置、应急断电开关、扫轨板下端（距轨道）、偏斜显示（限制）装置、联锁保护装置、防后翻装置和自动锁紧装置、断绳（链）保护装置、强迫换速装置、回转限制装置、脱轨装置、起重量起升速度转换联锁保护装置、专项安全保护和防护装置等的检查。

5) 性能试验。包括空载试验和额定载荷试验。

(2) 首次检验的内容。除了上述定期检验内容外，还应附加下列检验项目:

1) 产品技术文件。检验的产品技术文件有：起重机械设计文件，包括总图、主要受力结构件图、机械传动图和电气、液压系统原理图；产品技术文件，包括设计文件、产品质量合格证明、安装使用维修说明；安全保护装置型式试验合格证明；产品制造监督检验证明。

2）性能试验。要检验的性能试验有静载荷试验与动载荷试验。

284. 起重机械检验前的准备工作有哪些?

答: 检验人员到达检验现场，应当首先确认使用单位已做好以下检验准备工作:

（1）拆卸需要拆卸才能进行检验的零部件、安全保护和防护装置，拆除受检部位妨碍检验的部件或者其他物品。

（2）将起重机械主要受力部件、主要焊缝、严重腐蚀部位，以及检验人员指定部位和部件清理干净，露出金属表面。

（3）需要登高进行检验（高于地面或固定平面2m以上）的部位，采取可靠安全的登高措施。

（4）具有满足检验和安全需要的安全照明、工作电源，以及必要的检验辅助工具或者器械。

（5）需要固定后方可进行检验的可转动部件（包括可动结构），固定牢靠。

（6）需要进行载荷试验的，配备满足载荷试验所规定质量和相应形式的试验载荷。

（7）现场的环境和场地条件符合检验要求，没有影响检验的物品、设施，并且设置相应的警示标志。

（8）需要进行现场射线检测的，隔离出透照区，设置安全标志。

（9）防爆设备现场，具有良好的通风，确保环境空气中的爆炸性气体或者可燃性粉尘物质浓度低于爆炸下限的相应规定。

（10）环境温度符合相关标准要求。

（11）电网输入电压正常，电压波动范围能满足被检设备正常运行的要求。

（12）检验现场不应有影响检验正常进行的物品、设备和人员，并放置表明现场正在进行检验的警示牌。

（13）落实其他必要的安全保护和防护措施。

检验人员在检验现场，应当认真执行使用单位有关动火、用电、高空作业、安全防护、安全监护等规定，配备和穿戴检验必需的个体防护用品，确保检验工作安全。

检验人员应要求使用单位的起重机械安全管理人员和相关人员到场配合、协助检验工，负责现场安全监护。

285. 起重机械检修前的准备工作有哪些?

答: 起重机械检修前的准备工作有:

（1）应制定设备检修作业方案，落实人员、组织和安全措施。

（2）对参加检修作业的人员进行安全教育，主要内容包括：检修作业必须遵守的有关安全规章制度，作业现场和施工过程中可能存在或出现的不安全因素及对策，作业过程中个体防护用具和用品的正确佩戴和使用，施工项目、任务、方案和安全措施等。

（3）应检查检修作业使用的脚手架、起重机械、电气焊用具、手持电动工具、扳手、管钳等各种工器具，凡不符合作业安全要求的工器具不得使用。

（4）检修作业使用的气体防护器材、消防器材、通信设备、照明设备等器材设备应经专人检查，保证完好可靠，并合理放置。

（5）应检查检修现场的爬梯、栏杆、平台、铁箅子、盖板等，保证安全可靠。

（6）检修现场的坑、井、洼、沟、陡坡等应填平或铺设与地面平齐的盖板，也可设置围栏和警告标志，并设夜间警示红灯。

（7）应将检修现场的易燃易爆物品、障碍物、油污、冰雪、积水、废弃物等影响检修安全的杂物清理干净。

（8）检查、清理检修现场的消防通道、行车通道，保证畅通无阻。

（9）需夜间检修的作业场所，应设有足够亮度的照明装置。

（10）检修作业人员个人防护装备要求穿戴齐全。

286. 起重机械设备检修中的安全要求有哪些？

答：起重机械设备检修中的安全要求有：

（1）起重机械设备检修必须严格执行各项安全制度和操作规程。检修人员应熟悉相关的图样、资料及操作工艺。

（2）检修起重机械设备时，应严格执行设备检修操作牌制度。

（3）确保起重机械设备的安全防护、信号和联锁装置齐全、灵敏、可靠。

（4）检修中应按规定方案拆除安全装置，并有安全防护措施。检修完毕，安全装置应及时恢复。安全防护装置的变更应经安全部门同意，并做好记录及时归档。

（5）焊接或切割作业的场所，应通风良好。电、气焊割之前，应清除工作场所的易燃物。

（6）高处作业应设安全通道、梯子、支架、吊台或吊架。楼板、吊台上的作业孔应设置护栏和盖板。脚手架、斜道板、跳板和交通运输道路应有防滑措施并经常清扫。高处作业时，应佩戴安全带、安全帽。

（7）不准跨越正在运转的设备，不准横跨运转部位传递物件，不准触及运转部位；不准站在旋转工件或可能爆裂飞出物件、碎屑部位的正前方进行操作、调整、检查设备，不能超限使用设备机具；禁止在起吊物下行走。

（8）在检修机械设备前，应在切断的动力开关处设置“有人工作，严禁合闸”的警示牌。必要时应设专人监护或采取防止电源意外接通的技术措施。非工作人员禁止摘牌合闸。一切动力开关在合闸前应细心检查，确认无人员检修时方准合闸。

（9）出现紧急情况和事故状态时，按有关抢险规程和应急预案处置。

287. 起重机电气设备检修的安全要求有哪些？

答：起重机电气设备检修的安全要求有：

（1）保证安全距离。检修10kV及其以下电气线路时，操作人员及其所携带的工具等与带电体之间的距离不应小于2m。

（2）清理作业现场。应清理检修现场妨碍作业的障碍物，以利于检修人员的现场操作和进出活动。

（3）断电防护。应采取可靠的断电措施，切断需检修设备的电源，并经启动复查确认无电后，在电源开关处挂上“禁止启动”的安全标志并加锁。

（4）防止外来侵害。检修现场情况十分复杂，在检修作业前，应巡视周围，看有无可能出现外来侵害，如带电线路的有效安全距离如何，检修现场建筑物拆旧施工防护如何等。如果存在外来侵害，应在检修前做好安全防护。

（5）集中精力。检修作业中不做与检修作业无关的事，不谈论与检修作业无关的话题，特别是进行紧急抢修作业时更是如此。

（6）谨慎登高。如果在高处作业，使用的脚手架要牢固可靠，并且人员要站稳。在2m以上的脚手架上检修作业，要使用安全带及其他保护措施。

（7）防火措施。检修过程中，若需要用火时，要检查动火现场有无禁火标志，有无可燃气体或燃油类。当确认没有火灾隐患时，方能动火。如果用火时间长、温度高、范围大，还应预先准备好灭火器具，以防不测。

（8）防止群体作业相互伤害。如果确需多人共同作业，要预先分析可能发生危险的位置和方向，并采取相应的对策后再进行作业。多人作业时，相互之间要保持一定的距离，以防相互碰伤。如果作业人员手中持有利器进行作业，其受力方向应引向体外，并且在作业前观察周围，提醒他人不得靠近。

4.5　桥式起重机安全技能

桥式起重机是横架在车间、仓库及露天堆场上方，用来吊运各种物体的机械设备，通常称为“天车”或“行车”。它是机械、冶金和化学工业中应用最广泛的一种起重机械。

288. 简述桥式起重机的构成。

答：桥式起重机由大车和小车两部分组成。小车上装有起升机构和小车运行机构，整个小车沿着装在主梁上的小车轨道运行。单梁桥式起重机又称为梁式起重机，其小车部分即是电动葫芦，它沿主梁（工字梁）下翼缘运行。大车部分是由起重机大车桥架及司机室等组成。在大车桥架上装有大车运行机构和小车输电滑触线或小车传动电缆及电气设备等。司机室又称操纵室，其内装有起重机控制装置及电气保护柜、照明开关等。

按功能而论，桥式起重机由金属结构、机械部分和电气部分等三大部分组成。

起重机的金属结构是起重机的骨架，所有机械、电气设备都安装在上面，是起重机的承载结构并使起重机构成一个机械设备的整体。

桥式起重机的机械部分是起重机动作的执行机构，吊物的升降和移动是靠相应的机械传动机构完成的。机械传动由起升机构（双吊钩时有主、副起升机构）、小车运行机构和大车运行机构组成。

起重机的电气部分由电气设备和电气线路组成。它是起重机的动力源，操纵控制起重机各机构的运转以实现吊物的升降、移动工作，并实现对起重机的各种安全保护。

289. 对桥式起重机司机室有哪些要求?

答：对桥式起重机司机室有如下几点要求：

（1）司机室与悬挂或支撑部分的连接必须牢固，其顶部应能承受2.5kPa的静载荷。

（2）在高温、有尘垢、有毒等环境下工作的起重机，应采用封闭式司机室，露天工作起重机的司机室，应具有防风、防雨、防晒设施。

(3) 桥式起重机司机室应设在无导电滑触线的一侧，由于条件限制而必须设置在滑触线一侧时，应设可靠的防触电护板。

(4) 工作环境温度高于35℃的和在高温下工作的起重机，如冶金起重机的司机室应设置降温装置，工作温度低于5℃的司机，应设置安全可靠的采暖装置。

(5) 司机室应有良好的视野，便于操作和维修，司机室应保证在事故状态下，司机能安全迅速地撤出，司机室底板应铺设绝缘木板或橡胶等绝缘材料。

290. 起重机金属结构的维护及其报废标准有哪些？

答：起重机金属结构的维护和保养要求有：

(1) 起重机在起吊重物时，不可突然启动或加速，防止产生过大的惯性力，使主梁受到猛烈冲击和振动而遭受损害。

(2) 严禁起重机各机构反车制动，防止产生过大的横向力对金属桥架结构造成冲击。

(3) 起重机起吊的吊物不允许长时间悬吊在空中；起重小车在非工作时不得停放在跨度的中间部位。

(4) 金属结构的重要部位(如主梁、主梁主要焊缝、主梁与端梁连接处)均应定期检查。

(5) 起重机桥架和主要金属构件，应3~5年重新涂漆保养，每次起重机大修时，必须对整个金属结构全面涂漆保养。

起重机金属结构的报废标准是：

(1) 主要受力构件，如主梁、端梁等失去整体稳定性时应报废。

(2) 主要受力构件发生腐蚀时，应对其进行检查和测量，当承载能力降低至原设计承载能力的87%以下时，如不能修复则应报废。

(3) 当主要受力构件产生裂纹时，应采取阻止裂纹继续扩张及改变应力的措施，或停止使用，如不能修复则应报废。

(4) 当主要受力构件断面腐蚀达原厚度的10%时，如不能修复应报废。

(5) 主要受力构件因产生塑性变形，使工作机构不能正常安全工作时，如不能修复，应报废。

(6) 桥式起重机主梁跨中起吊额定负荷时，其下挠值超过跨度的1/700时，如不能修复，应报废。

291. 起升机构由哪些部分组成？其特点是什么？

答：起升机构是用来实现工件升降的，它是起重机中最基本的机构。起升机构主要由驱动装置、传动装置、卷绕系统、制动装置、取物装置和安全装置等组成。

(1) 电动机是起升机构的主要驱动装置，它安装在小车架上，起到升降动力源的作用。

(2) 传动装置主要包括传动轴、联轴器、减速器等。它可以起到降低速度、提高扭转力矩及传递力矩的作用。

(3) 卷绕系统主要包括卷筒、钢丝绳、滑轮组等。钢丝绳从卷筒上有规律地绕动，依次通过滑轮和取物装置联系起来。

(4) 制动装置主要是指制动器，通常安装在高速轴上，制动器是起重机上非常重要的安全构件，起升机构的制动器必须是常闭式制动器。

吊运炽热金属或易燃、易爆等危险品，以及发生事故后可能造成重大危险或损失的起升机构，都应装设两套制动器。

（5）取物装置又称为吊具，常用的吊具有吊钩、电磁吸盘、抓斗、钳式吊具和集装箱吊具等，吊钩是应用最为广泛的取物装置。

（6）安全装置主要有限位器、超载限制器等。安全装置主要是限制起重机超范围工作。

额定起重量大于或等于15t的起重机，可设两套起升机构，大起重量的称为主起升机构或主钩，小起重量的称为副起升机构或副钩，设有主、副钩时其匹配关系为(3∶1)～(5∶1)。

《起重机械安全规程》中规定：有主、副两套起升机构的起重机，主、副钩不应同时开动。设计允许同时使用的专用起重机除外。

292. 起升机构操作的安全操作要领有哪些?

答：起升机构是起重机的核心机构，它工作的好坏是保证起重机能否安全运转的关键。作为起重机司机，为了防止起重机在实际操作中发生危险事故，必须很好地掌握起升机构的操作要领。起升机构操作的安全操作要领归纳起来有以下几点：

（1）司机在交接班和日常使用过程中，应仔细检查与起升机构操作安全直接相关的零部件，如吊钩、钢丝绳、制动器等是否完好，不允许零部件“带病”工作，以防发生事故。

（2）每班第一次起吊重物之前，必须进行有负荷试吊，即将吊物提升至距地面0.5m高度，然后下降，以检查起升制动器工作的可靠性，不符合要求应及时调整或修理。控制器手柄移动到上升第二挡时，吊物仍无吊起迹象，说明起重机已超载，不能起吊。

（3）在起吊载荷时，必须逐步推转控制器手柄，不得猛烈扳转直接用第5挡快速提升吊物。

（4）天车由起吊位置到达吊运通道前的运行中，吊物应高出其越过地面最高设备0.5m。当吊物到达吊运通道后，应降下吊物使其以离地面0.5m的高度随车移运。严禁从人的上方或不沿通道运行。

（5）在某种情况下，吊物必须通过地面作业人员所在的上空时，司机必须连续发出警铃信号，待地面人员安全躲开后，方可开车通过。

（6）当吊物到达指定的停放位置时，吊物必须准确对正指定位置后方可开动起升机构落钩。落钩下降吊物时，可根据具体情况采取相应的操作方法，重载时可采用上升第1挡以反接制动方式使吊物缓慢下降，中载以下的吊物可采用下降第5挡，即电阻全部切除的最慢下降速度挡下降吊物，严禁快速下降，吊物平稳着地，待指挥人员发出吊物放置稳妥安全信号后，方可落绳脱钩。

（7）在操作具有主、副两套起升机构的起重机时，应遵守下列原则：

1）禁止主钩、副钩同时吊运两个物体。

2）主钩、副钩同时吊运一个物体时，不允许两钩一起开动（设计允许的除外）。

3）不允许用上升极限位置限制器作为停钩的手段。禁止在开动主钩、副钩翻转、倾翻物体时再开动大车或小车（即禁止三把操作），以免发生钩头落地或被吊物体脱钩坠落事故及其他事故。

4）在不工作时，起重机的吊钩置于接近极限位置的高度。

5）不工作的吊钩不准挂其他辅助吊具。

（8）没有上升限位器或上升限位器失灵，在未修复之前不准开车，以防钩头碰撞定滑轮而造成绳断钩头坠落事故。

293. 大车、小车运行机构的安全操作要领有哪些？

答：吊钩的移动是靠大车、小车运行机构来完成的，在移动过程中，保证吊物不游摆，做到起车稳、运行稳、停车稳而准确，是对运行机构操作的基本要求，为此，司机应做到以下几点：

（1）司机必须熟悉大车、小车的运行性能，即掌握大车、小车的运行速度及制动行程。

（2）工作前应检查制动器行程是否符合安全技术要求，如不符合则应调整制动器，以使其达到要求。

（3）在开动大车、小车时，应逐步扳转控制器手柄，逐级切除电阻，在10～20s内使大、小车由零达到额定速度，以确保大车、小车运行平稳，严禁猛烈启动和加速。

（4）由于吊物是用挠性的钢丝绳与车体连接的，当开动大车、小车时，吊物的惯性作用必然会滞后于车体而产生游摆趋势。反之，停车时，车体在机械制动下，同样产生吊物的游摆，为此要求司机应做到起车稳、运行稳和停车稳的“三稳”操作。

1）起车稳。大车、小车启动后先回零位一次，当吊物向前游摆时，迅速跟车一次，即可使吊物当其重力线与钢丝绳均处于铅垂位置时达到与车体同速运行从而消除游摆。

2）运行稳。在大车、小车运行中如发现吊物有游摆现象，可顺着吊物的游摆方向，顺势加速跟车，使车体跟上超前的吊物，以使其达到平衡状态而消除游摆。

3）停车稳。在大车、小车将到达指定位置前，应将控制器手柄逐步拉回以使车速逐渐减慢，并有意识拉回零位后再短暂送电跟车一次，使吊物处于平衡而不游摆状态，然后靠制动滑行停车。

（5）司机在正式开车工作前，应对吊运工艺路线、指定位置及其周围环境了解清楚，并根据车速大小车、运行距离，选择适宜的操作挡位及跟车次数，尽量避免反复地启动、制动，这样不但能保证大车、小车运行平稳，而且也可使起重机免受反复启、制动的损害。

（6）严禁打反车制动，需要反方向运行时，必须待控制手柄回零，车体停止后再向反方向开车。

294. 桥式起重机稳钩操作的技术要领有哪些？

答：桥式起重机稳钩方法通常有一般稳钩、原地稳钩、起车稳钩、运行稳钩、停车稳钩和稳抖动钩、稳圆弧钩等几种。

（1）一般稳钩：一般稳钩就是当吊钩向前摆运时，将运行机构向吊钩（或吊物）摆动的方向跟车。当吊钩摆动到前方，接近顶点（即吊钩摆到终点快要往回摆）时，将运行机构的控制器拉回零位，使钢丝绳垂直。

（2）原地稳钩：原地稳钩要求掌握好吊钩摆动的角度。当吊钩向前摆动时，运行机构应向前跟进吊钩摆幅的一半；待吊钩向回摆时，运行机构再向后跟进吊钩原摆幅的一半，起重机停在原位。钢丝绳成垂直状态。

（3）起车稳钩：起车稳钩是保证吊物平稳运行的关键。起车时，车体由静止状态变为向前运动状态，但吊钩和钢丝绳由于惯性作用必然拖后，而在运行过程中，由于重力作用又会向前摆动，造成吊物运行不稳。起车稳钩时，应在运行机构起动、吊钩出现摆动后，立即将控制器手柄拉回零位，制动器刹闸，吊钩就会在惯性作用下继续向前摆动，这时，司机可根据吊钩摆幅大小，掌握重新起车的速度，使车体与吊钩同步运行。

（4）运行稳钩：运行稳钩是控制吊钩在运行中摆动的一种方法。当吊钩在运行中向前摆时，应加快运行机构的速度，以跟上吊钩的摆动速度；当吊钩开始向后摆时，则应减慢运行机构的速度，以减小吊钩的回摆速度。通过这样反复几次运行稳钩，即可使吊物与车体同步运行而不摆动。

（5）停车稳钩：大、小车运行到指定位置停住后，吊钩仍会在惯性力作用下向前摆动，这时应在停车后，立即启动运行机构再次跟车，其基本方法与一般稳钩方法相同。

（6）稳抖动钩：由于两根吊索长短不一，起吊时重物滑动重心偏移，或者吊钩与吊物重心不在一条垂直线上时，可能造成起吊时重物以慢速大幅度来回摆动，而吊挂吊索的吊钩却以快速小幅度抖动（重物来回摆动一次，吊钩可能抖动几次），这种现象称为抖动钩。因为吊钩的抖动和吊物的摆动不同步，所以稳抖动钩难度较大，必须抓住吊钩和重物向前或向后摆动方向相同时，拉动控制器手柄快速跟钩再快速拉回零位进行稳钩。

（7）稳圆弧钩：当运行启动时，如果操作不当，会使吊钩作圆弧运动，稳圆弧钩难度较大，需要大、小控制器同时动作，追着吊钩作近似圆弧运动，以减小不同步程度。

295. 起重机在作业前为什么要试吊？怎样试吊？

答：起重机在进行起重作业时，为确保合理使用起重设备，保证设备安全和作业人员的安全，在每次作业前必须进行试吊。试吊是将被吊挂的重物吊离地面100～200mm高后停车，检查起重机的稳定性、支脚的牢靠性、制动器的可靠性及重物捆绑的牢固情况等，经确认无误后，方可正式进行起吊作业。

296. 什么是“溜钩”？产生“溜钩”的主要原因是什么？

答：在实际操作过程中，起升机构控制手柄已回到零位，停止上升或下降时，重物下滑超过规定的行程允许值，并且下滑的距离很大，甚至出现不停的现象，称作“溜钩”。

产生“溜钩”的主要原因有：

（1）起升机构制动器各部销轴、销孔和制动瓦衬磨损严重并且超过有关规定，导致制动力矩抱不住制动轮，出现“溜钩”。

（2）起升机构制动轮工作表面或制动瓦衬有油污，导致摩擦系数变小而使制动力矩变小，出现“溜钩”。

（3）起升机构制动器的活动部位有卡阻现象，导致制动力矩变小，出现“溜钩”。

（4）起升机构制动轮出现较大的径向跳动，超过了技术标准的规定，造成不易调整，制动力矩不能达到要求，出现“溜钩”。

(5) 起升机构制动器主弹簧调整的张力小（过松），制动力矩减小，出现“溜钩”。

(6) 起升机构制动器主弹簧锁紧螺母松动，使制动器主弹簧的工作长度变长，张力变小，致使制动力矩减小，出现“溜钩”。

(7) 起升机构制动器主弹簧损坏断裂，使制动力矩减小；或长时间的使用，弹簧已疲劳失效，张力变小，出现“溜钩”。

(8) 电磁铁冲程调整不当或长行程制动电磁铁水平杆下面有支撑物，使行程、制动力矩减小，出现“溜钩”。

(9) 因电气故障引发的起升机构制动器“溜钩”。

297. 消除“溜钩”的方法有哪些？

答：消除“溜钩”的方法有：

(1) 视情况更换销轴、销孔、制动瓦衬等磨损件或更换制动器。

(2) 用煤油清洗制动轮工作表面或制动瓦衬的油污。

(3) 消除制动器活动部位的卡阻现象。

(4) 制动轮径向跳动现象视情况进行修复，不能修复则更换新件。

(5) 制动器主弹簧胀力小，应调整主弹簧胀力或更换主弹簧。

(6) 调整松动的螺母，达到要求并锁紧。

(7) 更换损坏、断裂或出现疲劳失效的主弹簧。

(8) 撤除长行程制动器重锤下面的支撑物。

298. 吊钩发生落地事故的原因有哪些？

答：吊钩发生落地事故的原因主要有：

(1) 司机失误，在起升机构极限限制器失灵情况下，吊钩动、静滑轮接触后，电动机继续旋转拉断钢丝绳。

(2) 钢丝绳严重磨损、腐蚀等，没有及时更换，钢丝绳允许拉力减小造成断裂。

(3) 卷筒钢丝绳安全圈数保留太少，或压板松动钢丝绳从压板下抽出，或拉断固定螺栓，钢丝绳拖地。

(4) 钢丝绳从滑轮罩一侧窜出，窜出的钢丝绳在吊钩自重（或重物重量）作用下反卷上去，钢丝绳拖地。

(5) 吊钩出现裂纹等影响其受力的硬伤。

299. 起升机构制动器失效的突发事故如何操作？

答：在某些场合，由于天车管理混乱，检查、维护不善，以致在起升机构工作中，其制动器主要构件，如主弹簧断裂或闸瓦脱落等，会造成制动器失效，司机将控制器手柄回零时，却发生悬吊的重物自由坠落而高速下降的危险事故。

发生这种预先毫无思想准备突发的异常危险故障，司机切不可惊慌失措，必须保持镇静、头脑清醒。司机必须果断地把控制器手柄扳至上升方向第1挡，使吊物以最慢速度提升，当将升至上极限位置时，再把手柄扳至下降方向第5挡，使吊物以最慢速度下降，这样反复地操作，同时利用这短暂的时间，司机可根据当时现场具体情况，迅速开动大车或小车，或同时开动大车和小车把吊物移至空闲场地的上空，然后迅速将吊物落至地面。应对这种突发事故时，操作应注意以下几点：

（1）操作时必须慎重，严防发生误操作和错觉，即把控制手柄回至1挡而误为回零，造成制动器假失效感。

（2）发现制动器失效时，立即把控制器手柄置于工作挡位，以延缓吊物落地时间，不能在零位停留而听认重物自由坠落。

（3）在利用吊物往返升降时间内开动小车或大车过程中，应持续鸣铃示警，使下面作业人员迅速躲避，为吊物转移工作创造安全有利条件。

（4）在开动大车或小车过程中，时刻注意吊物上、下极限位置，上不能碰限位器，下不能碰撞地面设备，都应留有一定的裕度。

（5）最关键是主接触器失电释放（俗称掉闸），因此在操作起升大、小车控制器手柄时均应逐步推挡，不可慌张猛烈快速扳转，以防过电流继电器动作而使主接触器释放切断电源，发生吊物自由坠落而无法挽救。

300. 什么是小车“三条腿”运行状态？其危害有哪些？

答：所谓小车“三条腿”就是小车有三个车轮与小车轨道接触，此时有一个车轮悬空或轮压小。通常有以下两种情况：

（1）小车在桥架任何位置上总是有一轮悬空。其原因及排除方法有如下几种：

1）此轮制造不合格，直径小超出允差范围，故在车架安装轴线处于同一水平面的条件下，此轮悬空。

排除方法：更换此轮即可解决；或调整该轮轴安装位置，使其向下移动，消除悬空现象。

2）车轮直径均合格，只是车轮安装精度差，四车轮轴线不处于同一水平面上，此轮轴线偏高，故而出现悬空现象。将悬空轮轴线下移，使四车轮轴线处于同一水平面上即可解决。

3）小车架制造不合要求或发生变形，此悬空角产生“翘头”现象。矫正小车架，消除翘头现象，达到合格要求即可彻底解决。

（2）小车在桥架某一或两三个位置出现“三条腿”现象，在其他位置正常。其原因是：

1）同一断面两主梁标高差超出允许范围，致使置于标高低的主梁上方的车轮悬空。

2）小车轨道安装质量差，同一断面两轨顶标高差超出允许范围。通常用调整小车轨道，使该断面两小车轨顶标高一致或在允许差范围内即可解决。

（3）小车“三条腿”产生的危害主要有：

1）造成小车启动或制动时车体扭摆，运行不稳。

2）会导致小车“啃轨”现象，使整台起重机发生振动。

301. 小车运行时打滑的原因和排除方法有哪些？

答：（1）轨道顶面有油污或砂粒等，室外工作有冰霜等。排除方法：清除掉即可。

（2）车轮安装质量差，有悬空现象，特别是主动轮有悬空或轮压小。排除方法：调整车轮的安装位置，增大主动轮轮压即可。

（3）同一截面内两小车轨顶标高差过大，造成主动轮轮压相差过大。排除方法：调整小车轨道使之达到安装标准即可。

（4）小车未逐级加速，启动过猛。排除方法：小车逐级加速。

（5）电动机功率较大，或电阻不均衡。排除方法：更换电动机，调试电阻。

302. 什么是起重机“啃轨”，其危害和产生的原因有哪些？

答：简单地说，“啃轨”是指起重机车轮缘与轨道侧面发生严重的挤压、摩擦现象，也称“啃道”、“咬道”。

产生“啃轨”的安全危害有：

（1）使起重机运行机构运行阻力增大，行走困难，电能消耗增大。

（2）减少车轮和轨道的使用寿命。

（3）运行安全受到威胁，严重时出现车体爬轨，甚至起重机脱轨。

（4）缩短厂房结构的使用寿命。

（5）使起重机司机经常处于精神紧张、疲惫状态下工作，存在事故隐患。

产生“啃轨”的原因主要有：

（1）轨道精度不符合技术要求。

（2）车轮安装精度不符合技术要求。

（3）传动系统有故障点，导致传动不良，如轴承损坏等。

（4）两个车轮直径新、旧不一致等。

（5）车轮的质量不符合技术要求。

（6）桥架、小车架金属结构的变形。

（7）分别驱动的大车两套制动器调整不一致。

（8）分别驱动大车的两台电动机不匹配、不同步、不一致。

303. 起重工如何进行紧急事故停车操作？

答：发生事故需要紧急停车，如发现停不下来或控制失灵，可先拉下紧急开关（或操作开关），再拉下空气断路器，切断电源，待处理好事故再恢复运转状态。

停车操作时，遇突然停电，应拉下总闸刀，各操作手闸推到零位，通电后再按开车步骤开车。

当发生紧急情况时，可切断起重机总电源，立即停车，但当正在吊运液钢时，因制动失效，钢包在重力作用下会自动下降，故不能扳动紧急开关，切断总电源，应该用控制器（开到下降最后一挡），使钢包依靠电机力下降，并找安全地方放下，如找不到安全地点，下降到一定高度后，拉到刹车挡再上升，反复上下运行，直到找到安全地方放下为止。

304. 吊运中起重机突然停电，应该怎么办？

答：起重机在吊运重物过程中，遇到突然停电或电压下降等故障，使重物无法放下时，司机应马上鸣铃，通知地面人员迅速离开，司机与地面司索工均不准离开岗位，司索工应立即用绳子将危险区域围起来，并设置警戒。司机要做好以下工作：

（1）因供电系统或起重机本身的机电故障而发生突然停电，此时，司机应将各控制器手柄“回零”，切断主电源。等通电后再按步骤开车。

（2）如确定是起重机的机电故障，应按照具体规定进行修复，不得强行使用带故障的起重机。

（3）如停电时起重机负载，短时间内可通电，司机可等待通电，如确认通电需较长时间，应通知维护人员进行紧急处理。司机应配合维护人员采取相应措施放下负载，不可使重物长时间滞留空中。

305. 接触器粘连，造成吊物下降或上升失控应如何处理？

答：如果行车的主钩电源不是由保护箱主接触器控制的，可立即拉开保护箱刀闸开关，切断行车电源。需注意拉刀闸开关时动作要迅速，以防被电弧烧伤。

如果行车的主钩电源是由保护箱主接触器控制的，这时应立即断开紧急开关，从而切断行车电源。

306. 行车在降落重物过程中，制动器打不开应如何处理？

答：行车的制动器打不开，则电动机不能转动，重物不能降落。这时应将行车的大、小车开到安全地点，地面上应做好重物降落的安全措施，并由两人用撬杠把两个制动器的电磁铁撬成吸合状态，使负载逐渐降到地面，然后对故障进行检查处理。

307. 如何维护起重设备的制动器？

答：制动器是天车上三大重要安全构件（制动器、钢丝绳、吊钩）之一，其灵敏可靠是保证天车安全运行的关键，因此，维护制动器要注意以下细节：

（1）制动轮与制动带的接触面积不能低于4/5，制动带中部磨损厚度不得超过制动带原厚度的1/2，边缘部分不许超过2/3。

（2）制动带的开度不应超过1mm。

（3）铆钉镶入制动带的深度是制动带厚度的1/2～3/5。

（4）各铰链处的小轴直径磨损超过原直径的1/20，或圆度公差超过0.5mm时，均应更换。轴孔直径磨损超过原直径的1/20，应修复或更换。

（5）杠杆弯曲应校直，有裂纹应更换；弹簧弹力不足或有裂纹，应更换。

（6）制动轮中心与制动架中心的同心度应小于3mm。

（7）制动轮或制动带的工作温度不许超过180℃。

（8）各活动铰链处，须5～7天润滑一次。

（9）通往电磁铁和杆系统的“空行程”不应超过电磁铁冲程的10%。

（10）定期检查液压电磁推杆松闸器所用油液，每半年更换一次。

（11）制动系统30～45天应进行一次全面检查，每周应润滑一次；在高温下工作的制动器，每隔1～3天须润滑一次。

308. 起重作业中对绑扎物件的安全有哪些要求？

答：在起重作业中，为防止被吊挂物件起升后滑脱坠落而导致意外事故，挂吊工在吊挂之前应根据被吊挂物的质量、外形特点、精密程度、吊装要求、吊装方案，合理地选择绑扎方法和吊索具，并在绑扎作业中注意以下安全事项：

（1）绑扎钢丝绳吊索不得用插接、打结或绳卡固定连接的方法缩短或加长。在绑扎时锐角处应加防护衬垫，以防损坏钢丝绳。

（2）采用穿套结索法应选用足够长的吊索，以确保挡套处角度不超过120°，且在挡套处不得向下施加损坏吊索的压紧力。

（3）吊索绕过吊物的曲率半径应不小于该绳径的2倍。

（4）在绑扎吊运大型或薄壁物件时，应采取加固措施。

（5）在绑扎吊运物件时，注意风载荷引起的物体的受力变化。

（6）当吊挂物离开地面100~200mm时，应停机复查物件绑扎的牢固程度，查看吊具、索具有无异常，若发现索具松动或有其他异常，应将物件落地重新绑扎。

309. 司索工如何选择吊点？

答：司索工应按以下几点选择吊点：

（1）吊点的选择必须保证被吊物体不变形、不损坏，起吊后不转动、不倾斜、不翻倒。

（2）根据被吊重物的结构、形状、体积、重量、重心等特点以及吊装要求选择吊点位置。

（3）吊点的选择必须根据被吊物体运动到最终状态时重心的位置来确定。

（4）吊点的多少必须根据被吊物体的强度、刚度和稳定性及吊索的允许拉力确定。不论采用几点吊装，始终要使吊钩或吊索连接的交点的垂线通过被吊物体的重心。

（5）吊点的选择必须保证吊索受力均匀，各承载吊索间的夹角一般不应大于60°，其合力的作用点必须与被吊物体的重心在同一条铅垂线上，保证吊运过程中吊钩与吊物的重心在同一条铅垂线上。

（6）原设计有起吊耳环或起吊孔的物体，吊点必须按设计要求选择。

（7）物体上有吊点标记的，吊点必须按标记要求选择，不得任意改动。

（8）在起吊物说明书的吊装图中有明确规定的，应按吊装图找出吊点。

310. 司索工捆绑、吊挂物件的要求有哪些？

答：司索工捆绑、吊挂物件的要求有：

（1）在吊挂物件时，重物与吊绳之间的夹角应小于120°，以避免使吊挂绳受力过大。

（2）在吊绳经过被吊运重物的棱角处应加衬垫。

（3）在吊挂前，应计算物件的重量及重心位置，防止超重，并使物件的重心置于绑绳吊点范围内，使物体处于平衡稳定状态。

（4）在捆绑吊物前，认真检查绑绳质量，保证绑绳长度。

（5）在捆绑物件时，应使绑绳与吊物间牢固靠紧，不允许有间隙，以防吊运时物件滑动。

（6）捆绑好物件后应先进行试吊，以确认捆绑是否牢固，然后再进行吊运。

（7）在卸载时，必须在确认物件已放置平稳后，才可以指挥落下吊钩卸载。

311. 设备吊装的安全要点有哪些?

答: 设备吊装的安全要点有:

(1) 吊具及规格应选择起吊重量比起吊设备或工件大的吊具，确保承受力。

(2) 严格按照有关起重设备和吊具安全操作规程进行操作。

(3) 起吊工作业时，不准使用铁丝、麻绳和三角带作为起吊工具。不准用一根钢丝绳代替两根绳索用。严禁超负荷。

(4) 起吊时吊钩要求垂直重心，绳与地面垂直线的坡度不大于45°。

(5) 作业前要明确分工统一信号，做好准备并确定专人负责指挥。

(6) 当起吊稍离地面时，应暂停起吊，检查起重设备、吊具和绳索是否牢固可靠，确定工作平稳后方可进行吊装。

(7) 起重设备作业范围内严禁站人。

(8) 起重机在吊运重物时应走行指定的通道。在没有障碍物的线路上运动时，吊具及其吊物底面应距离地面2m以上；在吊运途中需穿越障碍物时，吊具及其吊物底面应高出障碍物顶面0.5m以上。

312. 在桥式起重机上为什么要特别注意防止发生触电事故?

答: 在桥式起重机上要特别注意防止发生触电事故，这是因为:

(1) 桥式起重机上电气设备多，裸线部分如滑线、滑块等也较多，工作条件不安全因素较多。

(2) 在起重机上作业人员所接触的几乎全是钢铁，一旦触电，后果非常严重。

(3) 起重机上的电气设备工作频繁，绝缘易老化，容易造成漏电。

(4) 用于冶金、化工企业或露天环境的起重机，电气设备受高温、腐蚀、蒸气、粉尘和水等作用容易使绝缘遭受破坏。

(5) 在起重机运行过程中，其电气设备经常受振动或冲击，容易造成电气设备损坏。

(6) 由于操作、检查、维护、检修等作业都是在高空进行，发生触电事故后果严重。

313. 桥式起重机上防止触电的安全措施有哪些?

答: 桥式起重机上防止触电的安全措施有:

(1) 起重机上正常情况下不带电的金属部分均应接地。

(2) 起重机电源滑线的安装必须符合要求。

(3) 司机室的地面必须铺设胶垫或木板。

(4) 尽量避免引设临时线，需要时应穿管敷设。

(5) 禁止带电维护检查和检修设备，须带电查找设备故障时，应设人监护。

(6) 检修作业必须穿戴好劳保用品，切断电源，悬挂警示牌，经验明无电后，装设临时接地线，再进行作业，并应严格遵守停送电制度。

314. 起重机防触电接地安全要求有哪些?

答: 起重机的机体一般均为金属结构，电气设备及线路某处发生漏电，极易导致触电事故。为此，起重机的金属结构及所有电气设备的金属外壳、管槽、电缆金属外皮和变压器低压侧均应有可靠的接地。对接地的具体要求如下：

（1）起重机金属结构必须有可靠的电气连接。在轨道上工作的起重机，一般可通过轨道接地，且轨道连接板处应当用直径不小于14mm的圆钢焊接连接，确保接地良好。

（2）接地线连接宜采用截面不小于150mm^{2}的铜线，用焊接法连接。

（3）严禁用接地线作截流零线。

（4）起重机轨道的接地电阻以及起重机任意一点的接地电阻均不应大于4Ω。

（5）起重机主回路和控制回路的电源电压不大于500V时，回路的对地绝缘电阻一般不小于0.5MΩ，在潮湿环境中不得小于0.25MΩ，测量时应用500V的兆欧表在常温下进行。

（6）起重机司机室应铺设绝缘胶垫或铺设木板。

315. 起重机检修时应注意什么?

答：起重机检修时应注意：

（1）将起重机停在不影响生产流程的安全地点。

（2）拉断总电源，挂好“禁止合闸”的安全警示牌。

（3）所有参加检修的人员都应遵守检修安全规定。

（4）在高处作业要系好安全带。

（5）工作中要选择好安全站位。

（6）如需临时移动起重机时，所有人员必须撤离起重机。

（7）技术、安全管理人员必须到场，指导和监督作业。

316. 天车制动轮固定螺帽松动的危害与预防措施有哪些?

答：天车制动轮（俗称抱闸轮）与制动器配合使用，才能保证天车运行机构准确可靠停车。如果制动轮固定螺帽松动，制动轮就会产生窜位，使制动器失效，吊物下坠导致意外事故。为防止发生上述情况，应注意采取下列预防措施：

（1）在安装制动轮时，注意键与轴上槽的配合尺寸应符合要求。制动轮安装到位后，应用塞尺检查轴与轮的包裹面是否正常。轴与轮垂直相切位置，应留有螺帽继续向内拧进的过盈尺寸，一般为3~5mm（这是螺帽固定后应留有的间隙）。

（2）天车的卷扬制动轮每月至少应检查两次，主要观察制动轮与轴相切面的配合是否有轴向窜位现象。如果怀疑制动轮有窜位现象，应进一步检查。其方法是：将天车的吊钩放至地面，然后再将天车制动器松开，用手锤顺轴向敲打制动轮，观察其是否有窜位现象。

（3）多数制动轮螺帽松动原因是止退垫变形损坏，因此，制动轮上所使用的止退垫应选择厂家配套生产的符合标准产品。

317. 如何确保吊运“地下埋藏物”的操作安全?

答：“十不吊”中规定“埋在地下的物件不吊”，这是从安全角度上考虑和规定的。但是，有时现场也会遇到“非吊不可”的情况，此时必须做好以下安全措施：

（1）埋在地下物件的周围必须完全暴露。

（2）所有的连带物、周围的不明物和危险物必须清除。

（3）做好清理工作，必须采取有效的安全措施，如放安全坡、设围栏、装设警示灯等。

（4）做好吊运前的其他准备工作。

（5）如果起重司索工需在坑下指挥时，必须有防止吊物滚落入坑的安全措施，不能确保安全时，必须在地面上指挥。

（6）司索工与司机的视线受阻，不能同时看清彼此或负载，必须增设中间司索工，以便逐级传递信号。

（7）在确认不超载、安全无误后才可吊运。

（8）严格执行其他的有关规定。

318. 用两台起重机同时起重、吊运同一物件时，如何确保安全？

答： 用两台起重机同时起重、吊运同一物件时，确保安全的措施有：

（1）组织由技术、安全、生产、指挥司索、司机等相关单位及人员参加的专题会议，研究、制定出可行的吊运方案、工艺以及安全防范措施，并指定专人负责组织协调。

（2）对吊运物件的重量进行精确计算，根据起重机额定起重量，计算吊物的吊点，并校核所用吊具的强度和刚度。全部涉及此次吊运的吊具（如钢丝绳、销轴、卸扣等）都要进行检查，确保安全。

（3）对两台起重机的机械、电气和金属结构进行全面检查，特别是起重机的三大安全构件（制动器、吊钩和钢丝绳）要重点检查。

（4）两台起重机在起吊前必须进行同步试吊，经确认各系统均无问题后，再同时开动两台起重机起升机构同步慢速起吊物件，当离开地面约200~300mm后，下降制动，最后确认起升机构制动器的可靠性，试吊无问题方可进行正式吊运。

（5）两台起重机都要做到启动平稳，吊运中必须做到操作协调，保持同一速度、动作及吊物水平，起重机钢丝绳和捆绑钢丝绳必须全程保持垂直，吊物应全程保持水平；司机在全程操作中应时刻注意地面指挥司索工的信号，随时调整起重机的运行速度，这是确保吊运安全的关键。

（6）两台起重机的各机构都应以最低速操作，两车的司机每次只能操作同一个控制器，不允许同时开动两个控制。制动时也要保持同步和平稳，不准制动过猛，以减小惯性和振动。

319. 桥式起重机有哪些检查制度？

答： 为确保桥式起重机的安全运转，首要任务是做好起重机的检查工作。应建立如下检查制度：

（1）日检。日检与司机交接班制度结合进行，主要由交接班的司机共同对起重机的重要部件，如吊钩、钢丝绳、各机构制动器、控制器、各机构限位器及各种安全开关动作是否灵敏可靠进行检查。并于下班前15min进行清扫设备，保持良好的卫生环境。

（2）周检。周检是由操纵该起重机的几位司机在每周末共同对起重机进行一次全面检查，包括对各机构传动零部件、保护柜的各电器元件、操作电器及其连接部分的紧固状况，逐个进行检查。检查完毕后清扫设备，保持良好卫生环境。

（3）月检。月检是起重机司机与维修人员（电、钳工）共同对起重机进行检查，包括对各机械传动机构、电气设备及电气装置、桥架结构进行检查，对各主要机、电零部件进行拆解详尽检查，对存在的破损件应及时更换，对尚未达到报废标准还能工作的机、电部件应制订预修计划，为下一期检查保养工作做好准备。

（4）半年检查。半年检查可与起重机的一级保养结合起来进行，司机与修理人员共同进行，在全面拆检整台起重机的同时，对起重机各部分进行维护和保养，完成预期安排的机、电修理工作，以确保起重机的机械、电气和金属结构处于完好状态。

（5）年度检查。年度检查可与起重机的二级保养结合起来进行，除半年检查的全部内容外，还应检查金属构件有无裂纹，焊缝有无锈蚀；大车、小车轮磨损状况；测量大车跨度及大车轨道跨度差；测量主梁的静挠度并进行静负荷、动负荷试车；对起重机进行全面润滑。

320. 起重机司机在工作完毕后的主要职责有哪些？

答：起重机司机工作完毕后应遵守以下规则：

（1）应将吊钩升至接近上极限位置的高度，不准吊挂吊具、吊物等。

（2）将起重小车停放在主梁远离大车滑线的一端，不得置于跨中部位；大车应开到固定停放位置。

（3）电磁吸盘和抓斗起重机应将吸盘和抓斗放在地面或专用平台上，不得悬在空中。

（4）所有控制器手柄应回到零位，将紧急开关扳转断路，拉下保护柜刀开关，关闭司机室门后下车。

（5）露天作业的起重机的大车、小车，特别是大车应采取措施固定牢靠，以防被大风刮跑。

（6）司机在下班时应对起重机进行检查，将工作中发生的问题和检查结果记录在交接班记录本中，并交给接班人。

4.6 其他起重设备

321. 汽车式起重机的基本操作要求有哪些？

答：汽车式起重机驾驶室内的各操纵手柄，一般都标有动作标示牌。如标“起升”、“下降”、“伸臂”、“缩臂”、“起臂”、“落臂”、“左转”、“右转”等字样，操作时，只要扳动某一手柄起重机即进行相应的动作。

起重机不同，操作方法也不尽相同，必须按使用说明书中的具体规定操作，这里仅介绍汽车式起重机的操作注意事项。

（1）使用前的检查及准备工作包括：

1）检查散热器中的水、汽油箱内的汽油、引擎曲轴箱内的润滑油是否充足。

2）检查轮胎气压是否充足。

3）检查主要零部件，如钢丝绳、带式制动器等是否正常，各部件紧固螺钉有无松动。

4）各操纵手柄应放在中间或停止位置。

5）打好支腿，支腿下面垫以厚度不小于100mm的道木或钢板，调整四个支腿，使机架保持水平。

（2）操纵时的安全注意事项有：

1）扳动各操纵手柄时，不可用力过猛，应缓缓加力，并且动作开始时，油门要小，再逐渐加大油门，以防引起机构的振动。

2）吊装作业时，必须将行驶换向器手柄放在中间（空挡）位置，手刹车放在停车位置。

3）吊重时严禁扳动支腿手柄，如需调整支腿，必须先将重臂放在正前方或正后方。

4）液压起重机作业过程中，要注意观察油压表，油压超过规定值时，可能是超载或机构发生故障，应及时处理，不得冒险作业。

5）一般情况下，只允许起升、变幅、回转三个机构中的两个同时运动，即不允许同时扳动三个手柄。

6）随时注意起升、变幅和吊臂伸缩机构的运行情况，不应越过极限位置。

7）停止动作时，应先减小油门，再把手柄放回非工作位置（零位）。

322. 汽车式起重机作业条件有哪些规定？

答：汽车式起重机作业条件有以下规定：

（1）起重机司机必须持有安全技术操作许可证，严禁无证操作和酒后开车。

（2）起重机必须经检验合格，取得准用证，并在其有效期内。

（3）起重机的各类限位装置、限制装置齐全有效；制动器、离合器、操纵装置零部件齐全有效；钢丝绳安全状态符合要求。

（4）不得在高压线附近进行作业，特殊情况下应采取可靠的停电措施，或保持必要的安全距离，吊臂顶端要离高压电线2m以上（20kV以下高压线）。

（5）夜间作业应保证良好的照明。

（6）允许工作风力一般规定在5级以下。

（7）在化工区域作业时，应使起重机的工作范围与化工设备保持必要的安全距离。

（8）在易燃易爆区工作时，应按规定办理必要手续，对起重机的动力装置、电气设备等采取可靠的防火、防爆措施。

（9）在人员杂乱的现场作业时，应设置安全护栏或有专人担任安全警戒任务。

323. 汽车式起重机支腿的作用是什么？有何安全技术要求？

答：汽车式起重机起重作业时，支腿外伸撑地，将起重机轮胎抬离地面。整机行驶时，支腿收回，轮胎与地面接触。支腿安装在起重机的底架上。

汽车式起重机支腿的作用是，分散压力，降低压强。支腿下面应垫枕木，加大与地表的接触面，同时也为防止起重机在重载时引发爆胎或压坏地面。对支腿机构的安全技术要求有：

（1）液压支腿在作业状态和非作业状态均应有销定装置。

（2）伸缩支腿侧面间隙不大于3mm，垂直平面内的间隙不大于5mm。

（3）支腿不得有裂纹、开焊和安全技术缺陷。

（4）不得随意更改支腿的跨距。

（5）支腿滑道应保持良好的润滑。

324. 汽车起重机作业前应做哪些准备工作？

答：汽车起重机作业前应做好以下准备工作：

（1）了解掌握作业现场环境，确定搬运路线，平整作业场地，清除周边障碍。作业现场要保证司索工和起重机司机能清楚地观察操作现场情况。如在夜间施工，应保证充分的照明条件。

（2）作业场地的地面应坚实，不得凹陷；松软地面应在支腿下垫上木板或枕木。支腿伸出垫好后，起重机应保持水平。

（3）对使用的起重机和吊装工具进行安全检查，安全装置、警报装置、制动器等必须灵敏可靠。

（4）起重机、臂架和配重的可能移动（回转）范围，吊物坠落可能涉及的范围，都是危险区域。应加设围栏或警示标记。

（5）在高压线附近作业，应向电业管理部门了解情况，制定出可行的安全措施。

325. 汽车起重机的吊臂若触到高压线无法脱离怎么办？

答：当吊臂触及高压线时，注意司机此时不能下车。现场人员应先围好危险区（半径为8~10m），然后再通知有关部门切断电源。待电源被切断后，司机方可从车上下到地面。如果现场无人，司机可将一切操作手柄置于零位后，再单腿或双足并拢从车上跳下（身体不能再触及吊车任何部位）并继续单腿或双足并拢跳出危险区，不能跨步行走。

326. 简述起重电磁铁工作原理，其使用中有哪些技术要求？

答：起重电磁铁又称电磁吸盘，被广泛用于冶金、铸造和交通运输等部门，搬运钢锭、钢板、废钢铁、钢铁铸件和铁屑等具有导磁性的物料。尤其是对于高温物料（如温度达400~600℃的热轧制品），因为辅助人员无法接近，所以起重电磁铁成为唯一的取物装置。

（1）起重电磁铁的构造及起重能力。起重电磁铁的构造如图4-12所示。铁壳和极掌

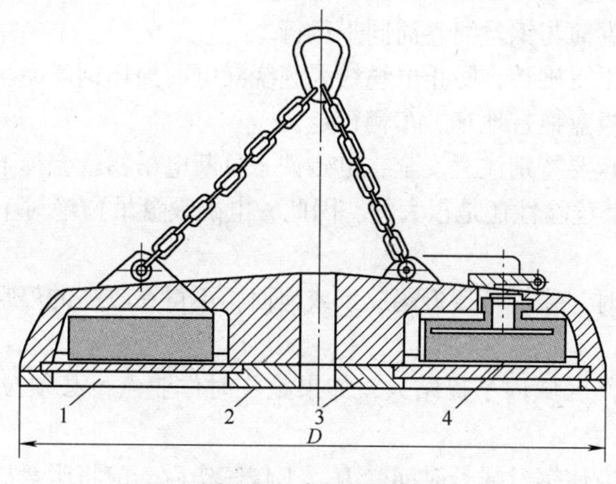

图4-12　起重电磁铁

1—非磁性材料；2—极掌；3—铁壳；4—线圈

由软磁钢材制造，要求断电后剩磁极小；线圈由铜或铝制造；非磁性材料为锰钢、锡青铜等，用以隔断磁通路，吸起导磁性物品。

起重电磁铁的自重较大，吸重能力与被吸材料的成分、温度、形状、尺寸和气隙的大小等有关。例如，当被吸物品的温度达730℃时，起重电磁铁的吸力接近为零。又如，起吸电磁铁对整块物料（气隙小）的吸力大，对散碎物料的吸力小。表4-7列出了起重电磁铁直径与起重量的关系。

表4-7 起重电磁铁直径与起重量的关系

物 料	起重量/kg		
	$D=785$mm	$D=1000$mm	$D=1170$mm
物料钢锭、钢板	6000	9000	16000
大型碎料	250	350	650
生铁块	200	350	600
小型碎料	180	300	500
铁（钢）屑	80	110	200

（2）起重电磁铁的使用注意事项：

1）起重电磁铁的安全性较差，在其作业范围10m内不准有人，也不准在人和设备的上方运行，防止断电时物料脱落，造成重大人身或设备事故。

2）使用中应注意防潮，防止线圈受潮后绝缘性能下降，造成触电事故。

3）当吊运温度在300～700℃的物料时，必须用有特殊散热装置的电磁盘，以保证高温工作条件下有稳定的起重能力。

4）下降电磁铁时，不准自由下落，以免线圈受冲击损坏。

5）卸料后，需在起重电磁铁的线圈中，通反向电流消磁，把残留的碎屑消除掉。

327. 使用电磁吸盘应注意哪些安全事项？

答：使用电磁吸盘应注意以下安全事项：

（1）对导电电缆线要经常检查，防止漏电。

（2）保持电缆线卷筒与钢丝绳卷筒同步运行。

（3）重载时磁盘不得旋转，防止电缆线因缠绕漏电而损坏钢丝绳。

（4）不得用电磁吸盘拖带地车、车辆行走。

（5）使用电磁吸盘要特别注意安全，电磁铁一旦断电吊物就会掉下来，虽然多数电磁吸盘都有延时装置，其危险性还是很大的。因此，电磁吸盘吊物绝对不能从人体或设备上方通过和停留。

（6）在放下吊物时，要尽量接近落放点或地面，不得在较高的停空高度释放电磁，以避免砸起飞溅物伤人。

（7）电磁吸盘操作区域内不得站人，如果是临时作业点，必须拉好警戒线以防造成伤害。

（8）为防止因悬空使钢丝绳长时间受力，工作完毕后，应将吸盘放在木制平台上。

（9）吊运物件的温度不得超过700℃（因为达到700℃，铁的磁性即消失）。温度在

200～300℃以下为最好。

328. 简述双绳抓斗的结构及工作原理。

答：双绳抓斗由上梁架、下梁架、撑杆和腭板四部分组成，其工作原理如图 4-13 所示。

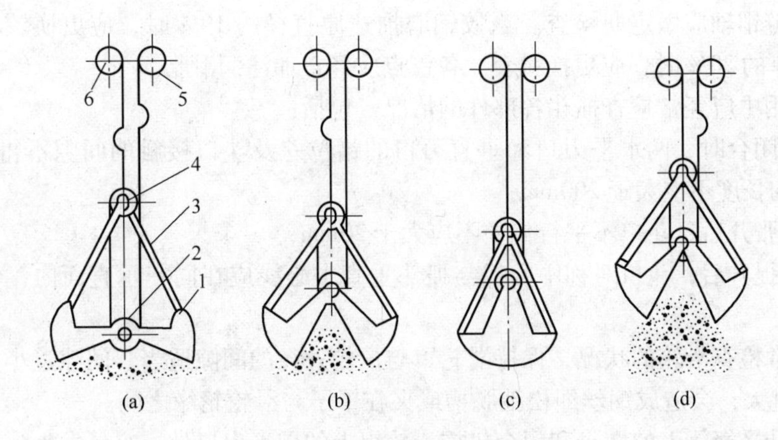

图 4-13 双绳抓斗工作原理图

1—腭板；2—下梁架；3—撑杆；4—上梁架；5—闭合卷筒；6—起升卷筒

（1）图 4-13(a)为抓斗张开下降致散料上。

（2）图 4-13(b)为起升卷筒停止不动，向起升方向开动闭合卷筒，抓斗逐渐闭合，在自重作用下，抓斗腭板挖入料堆。

（3）图 4-13(c)为抓斗完全闭合，立即开动起升卷筒，这时起升与闭合卷筒共同旋转，将满载抓斗提到适当高度，移到卸料位置。

（4）图 4-13(d)为向下降方向开动闭合卷筒，起升卷筒不动，抓斗张开卸料。当起升绳与闭合绳速度相同时，抓斗就保持一定的开闭程度上升或下降；当起升绳与闭合绳速度不同时，抓斗就张开或闭合。其动作过程见表 4-8 所列。

表 4-8 双绳抓斗的开闭升降过程

抓 斗	开	闭	升	降
起升绳	停	停	升	降
闭合绳	降	升	升	降

329. 抓斗使用注意事项及其安全检验方法有哪些？

答：抓斗使用注意事项：抓斗是由起升或闭合两个卷筒操纵其升降和斗口闭合的。因此，必须正确地操纵闭合机构和起升机构，才能确保作业安全。一种情况是：如果斗口已经闭合，但此时起升卷筒还没有开动，就会使满载抓斗的重量全部作用致闭合绳上，再加上刚刚起吊时的冲击载荷，闭合绳很可能被拉断或损坏机构。正确的操作方法是抓斗一经完全闭合，即应开动起升卷筒，使两套机构均匀受力。另一种情况是：当起升绳磨损到一定程度后，闭合绳在松放物料的瞬间，载重全部作用到起升绳上，使起升绳突然受力拉断。起升绳拉断后，抓斗的重量又会突然作用到闭合绳上，使闭合绳也被拉断，造成抓斗坠落事故。因此，必须熟练掌握抓斗的操作技术，并应经常检查钢丝绳的磨损程度。

抓斗的安全技术要求有：

（1）刃口板检查。发现裂纹应停止使用，有较大变形和严重磨损的刃口板应修理或更新。

（2）铰链销轴应做定期检查。当铰轴磨损达原直径的10%时，应更换铰轴。衬套磨损超过原壁厚的20%时，应更换衬套。各铰点应经常加注润滑脂。

（3）使用中应经常检查抓斗各部件的情况，包括：

1）抓斗闭合时，两水平刃口和垂直刃口的错位差及斗口接触的间隙不得大于3mm，最大间隙处的长度不应大于200mm；

2）抓斗张开后，斗口不平行偏差不应大于20mm；

3）抓斗提升后，斗口对称中心线与抓斗垂直中心线应在同一垂直面内，偏差不应大于20mm。

（4）经常检查滑轮的状况，保持滑轮罩与滑轮外径的间隙适当。间隙过小，滑轮磨损罩子；间隙过大，会造成钢丝绳松弛脱槽或夹在罩子与滑轮轮缘之间。

（5）起升平衡梁上的楔壳和闭合机构滑轮组上的楔壳出口处，容易发生咬伤或切断钢丝绳的现象，应经常检查楔壳出口处的圆角光滑程度，如果粗糙已磨出尖棱，须将圆角处重新锉光滑。

（6）在地面上使用的抓斗，不允许水中作业，防止铰点生锈。

330. 使用电动卷扬机有哪些安全注意事项？

答：使用电动卷扬机安全注意事项有：

（1）卷扬机操作人员必须持证上岗，熟悉卷扬机的性能，服从指挥人员的统一指挥。

（2）开车前应检查卷扬机各部件是否完好，制动装置是否灵敏可靠。有设备缺陷时，卷扬机不得使用。

（3）送电前，控制器必须放在零位。起吊重物时应先试吊，注意检查牵引绳的绳扣及设备捆绑是否牢靠。启动时平稳缓慢，严禁突然启动。

（4）卷扬机使用的钢丝绳必须与卷筒固定牢靠，卷筒最小允许直径为钢丝绳直径的15～20倍。当钢丝绳放长到最大限度时，卷筒上的钢丝绳至少要保留3圈作为安全圈。

（5）卷扬机停车时，控制器要放回零位，切断电源，并刹紧制动。

331. 电动卷扬机安装技术要求有哪些？

答：电动卷扬机安装技术要求有：

（1）卷扬机的安装地点应选择在视野宽阔，便于卷扬司机和指挥人员观察的地方，要求距离被起吊物处15m以外。

（2）卷扬机的电气设备应设防雨棚，电动机应垫高、防潮。

（3）电气设备的外壳应有可靠的接地，防止触电。

（4）卷扬机的卷筒与导向滑轮中心线应对正。卷筒中心线与导向中心线的距离要求：光卷筒不应小于卷筒长度的20倍；有槽卷筒不应小于卷筒长度的15倍。

（5）钢丝绳应从卷筒的下方卷入。

（6）卷扬机必须固定牢靠，以免在起吊重物时产生倾覆和滑动。

（7）在安装卷扬机时，钢丝绳应水平地进入卷扬机的卷筒，为此有时要设一个或几个导向滑轮，卷扬机与最近的一个导向滑轮的距离，应保证钢丝绳在卷筒上缠绕时产生的摆动角度不大于2°。

332. 葫芦式起重机开始作业前的注意事项有哪些?

答: 葫芦式起重机开始作业前应注意:

（1）做好必要的安全检查和准备工作。

（2）长期停用的葫芦式起重机，重新使用时，应按规程要求进行试车，认为无异常方可投入使用。

（3）开始作业前应检查起重机轨道上、运行范围内是否有影响工作的异物与障碍物，清除异物或障碍物后才能开始作业。

（4）检查电压降是否超出规定值。

（5）检查操作按钮标记是否与起重机动作一致。

（6）检查制动器制动效果是否良好。

（7）检查上升极限位置限制器动作是否安全可靠。

（8）检查起升、运行机构空车运转时是否有异常响声与振动。

（9）检查吊装钢丝绳是否有故障与损坏。

333. 葫芦式起重机安全操作规程包括哪些内容?

答: 葫芦式起重机安全操作规程有:

（1）不得超载进行吊装作业。

（2）不得将吊装物从其他作业人员头顶上通过。

（3）不得侧向斜吊。

（4）不得将起升限位器作起升停车使用。

（5）不得在正常作业中经常使缓冲器与止挡器冲撞，以达到停车的目的。

（6）不得在吊载中调整制动器。

（7）不得在吊载作业中进行检修与维护。

（8）不得在吊物有剧烈振动时进行起吊、横行与运行作业。

（9）不得在吊载重量不清情况下进行吊装作业，如吊拔埋置物。

（10）不得随意拆改葫芦式起重机上任何安全装置。

（11）不得在下列影响安全的缺陷及损伤情况下作业：制动器失灵、限位器失灵、吊钩螺母防松装置损坏、吊丝绳损已达到报废标准等。

（12）不得在捆绑不牢、吊载不平衡、易滑动、易倾翻状态下，棱角处未加衬垫情况下进行吊装作业。

（13）不得在工作场地昏暗、无法看清场地与被吊物的情况下作业。

（14）注意作业中吊载附近是否有其他作业人员，以防出现冲撞事故。

（15）注意吊钩是否在吊载的正上方。

（16）在狭窄的场所，吊载易倾倒的情况下，不宜盲目操作。

（17）注意作业中应随时观察前、后、左、右各方位的安全情况。

（18）确认操作处于易见方位再进行操作。

（19）确认手动电源按钮标记后再操作。

（20）确认吊具与吊装钢丝绳处于正常，没有挂扯其他物体时，再按动手电源按钮。

（21）发现故障时要先切断总电源，及时与维修人员取得联系排除故障。

（22）重物接近或达到额定载荷时，应先作小高度、短行程试吊后，再平稳地进行起升吊运。

（23）重物下降至距地面300mm处时，应停车观察是否安全再下降。

（24）无下降极限位置限制器的葫芦式起重机，在吊具处于最低位置时，卷筒上的钢丝绳必须保证有不少于两圈的安全圈数。

（25）上升限位应灵敏可靠。空钩上升到限位停止后，吊钩外壳与卷筒外壳之间的空隙要保证：5t以下电葫芦不小于50mm，10t的电葫芦不小于120mm。

（26）翻转吊载时，操作者必须站在翻转方向的反侧，确认翻转方向无其他作业人员时，再进行操作。

（27）为减少吊载的摆动与冲击，可以采取反向动作控制。

（28）不得带负载长时间停在空中，以避免起重机部件发生永久性变形。

（29）当重物发生溜车时，可适当点动手电源“上升”按钮，使重物上升，找可靠地点，然后再按“下降”按钮，且不要松，防止重物出现急速下滑，重物平稳降至地面后再检查处理故障。

（30）作业完毕后应将吊钩上升到离地面2m以上的高度，并切断电源。

334. 使用环链手动葫芦式起重机有哪些安全要求？

答：环链手动葫芦是一种不受作业环境限制，简易方便的小型起重设备，在使用手动葫芦时，应注意以下各项安全要求：

（1）在使用前应仔细检查吊钩、链条、钢丝绳、轮轴及制动器等是否良好，是否有损伤、开焊或裂纹现象，传动部分是否灵活，并应在传动部分加润滑油。

（2）葫芦吊挂必须牢靠。在吊挂重物之前，必须考虑起吊重量应与葫芦的额定起重量相匹配。

（3）在吊挂上重物后，应先慢慢拉动小链，等大链受力后再检查葫芦的各部位有无变化，看大链是否拧劲，齿轮啮合是否得当，链条的自锁装置是否起作用，葫芦的安装是否妥当，当确认葫芦的各部位均安全可靠后，方可继续作业。

（4）在倾斜或水平方向使用时，拉链方向应与链轮的方向一致，防止在起吊过程中出现卡链和掉链现象。

（5）不得超载使用。拉链的人数根据葫芦的额定起重量决定，如果出现拉不动现象，则应检查葫芦是否损坏、卡链，严禁增加拉链人数进行强拉硬拽。

（6）拉小链用力必须均匀，不允许用力过猛，以免发生意外事故。

（7）在拉链作业过程中，临时停止作业，应将小链锁在大链上。

335. 使用环链手拉葫芦的安全事项有哪些?

答: 使用环链手拉葫芦的安全事项有:

(1) 使用前必须检查链条（特别是起重链条）、吊钩及制动器有无变形和损坏，不得有滑链、掉链现象，传动部分应保持灵敏可靠。

(2) 起吊时要保持链条悬挂垂直，链环不能错扭重叠。不得超负荷，吊钩不能斜拉，悬挂点应坚实可靠、受力均匀。

(3) 操作时人员应站在手拉链条一侧，拽动链条应尽量保持垂直，避免歪拉时卡住链条或扭动葫芦体。先缓慢起升重物，链条持重后再次检查有无异常，棘轮、棘爪自锁是否可靠，确认无误后方可正式吊装。

(4) 起吊过程中，拽动链条要均匀用力，不得用力过猛。依据起重量确定拉链人数：2t 以下 1 人拉动，2t 以上为 2 人，不得随意增减人数。

(5) 已吊起的重物需要悬空时间较长时，要将手拉链拴在起重链上，防止自锁失灵。

(6) 手拉葫芦使用完毕后应擦拭干净，定期保养，妥善封存。使用 3 个月以上的手动葫芦必须进行拆卸检查、清洗和注油，发现缺件、失灵和结构损坏等现象必须及时修复，经试验确认一切正常后方可使用。

5 煤气作业安全技能

煤气作为钢铁企业最常见的能源，由于其具有易燃、易爆和易发生中毒的特殊性，直接操作和管理人员必须取得煤气作业操作资格证书。本章主要讲述涉及煤气作业的基础知识、安全操作、救护以及事故的相应预防措施。

5.1 基础知识

336.《工业企业煤气安全规程》哪年颁布？适用范围有哪些？

答：《工业企业煤气安全规程》于1986年12月1日首次颁布施行。现行《工业企业煤气安全规程》为2005年修订版，适用于工业企业厂区内的发生炉、水煤气炉、半水煤气炉、高炉、焦炉、直立连续式炭化炉、转炉等煤气及压力小于或等于12×10^5Pa（1.22×10^5mmH_2O）的天然气（不包括开采和厂外输配）的生产、回收、输配、贮存和使用设施的设计、制造、施工、运行、管理和维修等。

本规程不适用于城市煤气市区干管、支管和庭院管网及调压设施、液化石油气等。

337. 钢铁企业煤气的种类有哪些？

答：钢铁企业副产煤气有：高炉煤气、转炉煤气、焦炉煤气、铁合金煤气四种。

（1）高炉煤气主要成分为CO占23%～30%，H_2占1%，CH_4占0.2%～0.5%，CO_2占16%～18%，N_2占51%～56%。其发热值约3350～4000kJ/m^3，理论燃烧温度约为1400～1500℃。高炉煤气中CO含量的多少受冶炼强度、焦比、喷煤、富氧等多种因素的影响，这种煤气的质量较差，但产量很大，每生产1t生铁大约可得到1800m^{3}高炉煤气。

高炉煤气与空气混合到一定比例（爆炸极限30.84%～89.49%），遇明火或700℃左右的高温就会爆炸燃烧，属乙类爆炸危险级。

高炉煤气含有大量的CO，毒性很强，吸入会中毒，车间CO的允许含量为30mg/m^3（即24ppm），超过250mg/m^3（即200ppm），可中毒迅速死亡。

（2）转炉煤气是氧气同铁水中碳、硫、磷、硅、锰和矾等元素氧化生成的炉气和炉尘组成，含有CO约60%～80%、CO_2约15%～20%、氮气及微量氧气和氧化物10%～20%，其发热值约7500～9300kJ/m^3。因各冶金企业要求不同，转炉煤气的吨钢回收量和其中的CO含量也有很大区别。一般只要转炉煤气中氧含量合格（即$O_2\leqslant2\%$）就可回收，这样的回收工艺中，转炉煤气的CO含量通常为50%左右，而回收量则正常在50～70m^3/t左右，但随着回收量增加，相应的发热值也就没有那么高了。如唐钢的转炉煤气回收量在100～120m^3/t，CO含量在40%～45%，热值在5000～6000kJ/m^{3}之间。

在未经过除尘净化之前，转炉煤气中每标准立方米含尘量达150～200g左右，即使经过除尘后，仍含有一定的炉尘。每炼 1t 钢可以回收转炉炉尘 15 ~20kg。

转炉煤气是无色、无味、有剧毒的可燃气体，极易造成中毒。转炉煤气与空气混合到一定比例（爆炸极限 18.22% ~83.22%），遇明火或 700℃左右的高温就会爆炸。

（3）焦炉煤气。炼焦过程中所产生的煤气叫做荒煤气，荒煤气中含有大量各种化学产品，如氨、焦油、萘、粗苯等。经过净化，分离出净煤气，即焦炉煤气。

焦炉煤气可燃物多，属于中热值煤气。热值一般为 16300 ~18500kJ/m^3 左右。其成分大致为：55% ~60% H_2，23% ~28% CH_4，2% ~4% C_mH_n，5% ~8% CO，1.5% ~3% CO_2，3% ~5% N_2，0.4% ~0.8% O_2。

焦炉煤气是无色、微有臭味的有毒气体，虽然只含有 7% 左右的 CO，但仍会造成中毒。

焦炉煤气含有较多的碳氢化合物，具有易燃性。焦炉煤气与空气混合到一定比例（爆炸极限为 4.72% ~35.59%），遇明火或 650℃左右的高温就会发生强烈的爆炸，属甲类爆炸危险级。

1t 干煤在炼焦过程中可以得到 730 ~780kg 焦炭和 300 ~350m^3 焦炉煤气。

焦炉煤气着火温度为 600 ~650℃，理论燃烧温度为 2150℃左右。在冶金工厂与高炉煤气配成发热值为 5000 ~10000kJ/m^3 的混合煤气供给各种冶金炉使用。

焦炉煤气也适于民用燃烧或作为化工原料。

（4）铁合金煤气。在封闭式电炉中冶炼铁合金时，由于大多是还原反应，电炉产品除金属、非金属元素外，还生成了大量的 CO 气体，即铁合金煤气。

净化后的铁合金煤气发热值一般在 10500kJ/m^3，其理论燃烧温度比转炉煤气稍高。含有 70% 左右的 CO，有剧毒，泄漏出来极易造成中毒。铁合金煤气与空气混合到一定比例（爆炸极限为 10.8% ~75.1%），遇明火就会发生爆炸。

很多冶金企业没有回收利用这种煤气。

338. 煤气为什么会使人中毒？

答：因为煤气中含有大量的 CO，化学活动性很强，能长时期与空气混合在一起，CO 被吸入人体后与血液中的血红蛋白（Hb）结合，生成高能缓慢的碳氧血红蛋白（HbCO），使血色素凝结，破坏了人体血液的输氧机能，阻断了血液输氧，使人体内部组织缺氧而引起中毒。

CO 与血红蛋白的结合能力比氧与血红蛋白的结合能力大 240 ~300 倍，而碳氧血红蛋白的分离要比氧与血红蛋白的分离慢 3600 倍。

当人体 20% 血红蛋白被 CO 凝结时，人即发生喘息。

当人体 30% 血红蛋白被 CO 凝结时，人会头痛、疲倦。

当人体 50% 血红蛋白被 CO 凝结时，人会发生昏迷。

当人体 70% 血红蛋白被 CO 凝结时，人会呼吸停止，并迅速死亡。

CO 中毒后，受损最严重的组织主要是那些对缺氧最敏感的组织，如大脑、心脏、肺及消化系统、肾脏等，这些组织的病理变化主要是由于血液循环系统的变化，如充血、出血、水肿等，引起营养不良发生继发性改变，如变性、坏死、软化等。

339. 急性煤气中毒的症状有哪些?

答: 急性煤气中毒是指一个工作日或更短的时间内接触了高浓度煤气所引起的中毒。急性煤气中毒发病很急，变化较快，临床上可分为轻度、中度、重度三级。

(1) 轻度中毒：表现为头疼、脑晕、耳鸣、眼花、心悸、闷、恶心、呕吐、全身乏力、两腿沉重软弱，一般不发生昏厥或仅有为时很短的昏厥，体征仅脉搏加快，血液中碳氧血红蛋白的含量仅在20%以下，中毒者如能迅速脱离中毒现场，吸入新鲜空气，症状都能很快消失。

(2) 中度中毒：轻度煤气中毒者如果仍然停留在中毒现场或短期吸入较高浓度的CO，上述症状明显加重，全身软弱无力，双腿沉重麻木，不能迈步，最初意识还保持清醒，但已淡漠无欲，故此时虽然想离开危险区域，但已力不从心，不能自救；继而很快意识模糊，大小便失禁，嘴唇呈桃红色或紫色，呼吸困难、脉搏加快，进而昏迷，对光反射迟钝，血液中碳氧血红蛋白含量在20%~50%，若及时进行抢救，中毒者数小时内可苏醒，数日可恢复，一般不会出现后遗症。

(3) 重度中毒：当中度煤气中毒者继续吸入CO或短时间内大量吸入高浓度CO，中毒症状明显加重，很快意识丧失，进入深度昏迷，出现各种并发症，如脑水肿、休克或严重的心肌损害、肺水肿、呼吸衰竭、上消化道出血等。体内碳氧血红蛋白在50%以上时，如不抓紧救治就有死亡的危险。重度煤气中毒者如能得救也会留有后遗症，如偏瘫、记忆力减退。

340. 慢性煤气中毒的症状有哪些?

答: 慢性煤气中毒是指长时期不断接触某种较低浓度工业毒物所引起的中毒，慢性煤气中毒发病慢，病程进展迟缓，初期病情较轻，与一般疾病难以区别，容易误诊。如果诊断不当，治疗不及时，会发展成严重的慢性中毒。

长期吸入少量的CO可引起慢性中毒，慢性中毒者数天或数星期后才出现神经衰弱综合症状，表现为贫血、面色苍白、心悸、疲倦无力、呼吸表浅、头痛、注意力不集中、失眠、记忆力减退、对声光等微小改变的识别能力较差、心电图异常等。这些症状大多数可以慢慢恢复，也有极少数不能恢复而引起后遗症。

341. 简述发生燃烧所必须的条件，燃烧的类型有哪些?

答: 燃烧必须在可燃物、助燃物和着火源三个基本要素同时具备、相互作用下才能发生。

(1) 燃烧和火灾的区别。燃烧指可燃物质与助燃物质在着火源的导燃下相互作用并产生光和热的一种化学反应。火灾指在生产过程中，超出有效范围的燃烧。

(2) 燃烧类型。燃烧可分为自燃、闪燃和着火三种类型。

1) 自燃是指可燃物质受热升温而不需明火作用就能自行燃烧的现象。引起自燃的最低温度称为自燃点。自燃点越低，发生火灾的危险性越大。

2) 闪燃是指可燃液体的温度不高时，液面上少量的可燃蒸气与空气混合后，遇到火源而发生一闪即灭（延续时间少于5s）的燃烧现象。发生闪燃的最低温度称为闪点。闪点越低，发生火灾的危险性越大。

3）着火是指可燃物质与火源接触后能燃烧，并在火源移去后仍保持延续燃烧的现象。可燃物质发生着火的最低温度称为着火点或燃点。燃点越低，发生火灾的危险性越大。

几种常见点火源的温度见表5-1。

表5-1 几种常见点火源的温度

火源名称	火源温度/℃	火源名称	火源温度/℃
火柴焰	500～650	烟头（中心）	200～800
打火机火焰	1000	烟头（表面）	200～300
割枪火花	2000以上	石灰遇水发热	600～700
烟囱飞灰	600	机械火星	1200
汽车排气火星	600～800	煤炉火	1000

342. 什么叫爆炸？爆炸可分为哪几类？

答：爆炸是指物质在瞬间以机械功的形式释放出大量气体和能量的现象。

爆炸分为物理性爆炸、化学性爆炸及核爆炸三类。

物理性爆炸是由物理变化（温度、体积和压力等因素）引起的。

化学性爆炸是物质在短时间内完成化学变化，形成其他物质，同时产生大量气体和能量，使温度和压力骤然剧增引起的。化学性爆炸同时具备以下三个条件才能发生：

（1）可爆物质（可燃气体、粉尘）；

（2）可爆物质与空气（或氧气）混合构成的爆炸性混合物；

（3）着火源。

343. 什么叫可燃物质的爆炸极限、爆炸上限和爆炸下限？

答：爆炸极限是可燃物质与空气的混合物遇火源即能发生爆炸的浓度范围。

爆炸上限指可燃物质与空气所组成的混合物遇火源即能发生爆炸的最高浓度（可燃气体的浓度按体积比计算），超过此浓度就不能发生爆炸。

爆炸下限指可燃物质与空气所组成的混合物遇火源即能发生爆炸的最低浓度（可燃气体的浓度按体积比计算），低于此浓度就不能发生爆炸。

可燃物质的爆炸下限越低，爆炸上限越高，爆炸极限范围越宽，则爆炸的危险性越大。

爆炸性混合物温度越高、压力越大、含氧量越高以及火源能量越大等，都会使爆炸极限范围扩大，爆炸危险性增加。

表5-2列出了可燃气体在空气中的爆炸极限和着火点。

表5-2 可燃气体在空气中的爆炸极限和着火点

气体名称	爆炸下限/%	爆炸上限/%	着火点/℃
氢 气	4.00	75.0	510～590
一氧化碳	12.5	74.2	610
甲 烷	5.30	14.0	537
乙 烷	3.00	16.0	510～630

续表 5-2

气体名称	爆炸下限/%	爆炸上限/%	着火点/℃
丙　烷	2.10	9.50	466
乙　炔	2.20	81.0	335 ~ 480
硫化氢	4.30	45.6	364
高炉煤气	30.84	89.49	560 ~ 600
焦炉煤气	4.72	35.59	600 ~ 650
转炉煤气	18.22	83.22	610
天然气	4.96	15.70	270 ~ 540
液化石油气	1.50	9.50	426 ~ 537

344. 煤气管理机构及其职责有哪些？

答：煤气管理机构有煤气防护站、煤气调度室（员）、煤气化验室及煤气设施的维护机构。

（1）煤气防护站。大中型钢铁企业煤气防护站，一般由值班、检查、救护、盲板充填、分析等部门组成。小型钢铁联合企业要配备专职煤气安全员，并设置必要的防护器材。

煤气具有易燃、易爆、有毒特性，因此煤气防护站必须确保安全生产和对妨碍煤气安全生产的因素进行积极排除。审查新建、改建和扩建煤气设施的设计及审查煤气危险工作的实施计划。对从事煤气工作的人员进行煤气防护训练，负责处理煤气作业，组织并进行煤气中毒和爆炸事故的紧急处理及救护工作。

（2）煤气调度室（员）。大中型钢铁联合企业应设置煤气调度室。小型钢铁联合企业，煤气用户较多时，应配备专职的煤气调度员，煤气调度员通过调度室内配置的仪表对企业生产进行调查研究，掌握煤气发生、使用和设备运行及检修情况，以便正确地掌握企业煤气动态，平衡煤气生产。

（3）煤气化验室。大中型钢铁联合企业应设煤气化验室。小型钢铁企业的煤气化验工作可由动力部门的化验室兼管。化验内容有煤气成分、发热值、含尘量分析等。

（4）煤气设施的维修机构。大中型钢铁联合企业应设置独立的煤气设备检修工段，负责煤气设备的小修工作。小型钢铁联合企业煤气设备的中、小修工作由企业的机修车间负责。

345. 煤气安全管理内容有哪些？

答：煤气安全管理的内容包括：

（1）煤气设施应明确划分管理区域，明确责任。

（2）各种主要的煤气设备、阀门、放散管、管道支架等应编号，号码应标在明显的地方。

（3）煤气管理部门应备有煤气工艺流程图，图上标明设备及附属装置的规格型号。

（4）有煤气设施的单位应建立以下制度：

1）煤气设施技术档案管理制度，将设备图纸、技术文件、设备检验报告、竣工说明书、竣工图等完整资料归档保存。

2）煤气设施大修、中修及重大故障情况的记录档案管理制度。

3）煤气设施运行情况的记录档案管理制度。

4）建立煤气设施的日、季和年度检查制度，对于设备腐蚀情况、管道壁厚、支架标高等每年重点检查一次，并将检查情况记录备查。

（5）煤气危险区（如地下室、加压站、热风炉及各种煤气发生设施附近）的CO浓度应定期测定，在关键部位应设置CO监测装置。作业环境CO最高允许浓度为$30mg/m^3$（24ppm）。

（6）应对煤气工作人员进行安全技术培训，经考试合格的人员才准上岗工作，以后每两年进行一次复审。煤气作业人员应每隔一至两年进行一次体检，体检结果记入"职工健康监护卡片"，不符合要求者，不应从事煤气作业。

（7）凡有煤气设施的单位应设专职或兼职的技术人员负责本单位的煤气安全管理工作。

（8）煤气的生产、回收及净化区域内，不应设置与本工序无关的设施及建筑物。

346. 煤气设施安全管理内容有哪些？

答：煤气设施安全管理内容包括：

（1）新建、改建、大修或长期未使用的煤气设备，投产前必须详细检查，并作气密性试验合格后方可交付使用。

（2）所有煤气设备未经安全、设备部门批准同意，不得任意改动、拆迁、废除或增设。

（3）新启用或检修后的室内煤气设备，送气后必须用肥皂水全面检查有无泄漏现象。

（4）所有煤气设备必须保持严密、正常、安全可靠，并定期检查维护。

（5）煤气设备严禁与其他管道（如蒸汽、水、空气、氮气等）直接相连。使用时临时连接，用后立即拆除。

（6）煤气设备必须保持正压操作；停产超过24小时或检修时，必须有可靠的切断装置，处理干净残余煤气，并与大气连通。

（7）煤气设备和管道严禁搭电焊地线，防止引起设备信号紊乱。

（8）煤气场所必须通风良好，定期检查试漏，CO含量小于$30mg/m^3$（即24ppm）。

（9）在煤气场所内严禁堆放易燃易爆等危险品，要配备适量的消防器材。

（10）值班室必须有压力表、压力警报器，各种计器仪表、灯光信号必须保证灵敏可靠。

（11）煤气区域和值班室必须安装煤气报警仪，并与调度室可靠联网。

（12）煤气操作室和值班室必须有安全门（外开）和通道（绕开煤气设备），便于出现煤气事故后，人员的安全撤离。

（13）煤气场所及煤气设备，必须悬挂醒目的安全标志，非工作人员禁止靠近。

5.2 安全操作技能

347. 进入煤气区域应注意什么?

答: 作业人员在进入煤气区域时，应注意以下事项:

(1) 必须两人以上进入煤气区域。

(2) 必须携带 CO 报警仪，使报警仪处于工作状态，并应保证灵敏可靠。

(3) 作业人员在进入煤气区域内时，不得并行，应一前一后，间隔不少于 5m，并由前行者拿 CO 报警仪。

(4) 在从事煤气作业时，应由一人监护，一人进行作业。

(5) 如发现有煤气严重泄漏现象或其他重大问题，应立即向上级报告，并采取相应措施，如保护出事地点，准备、佩戴防毒面具，疏散人员等。

348. 在煤气设施内作业有哪些安全要求?

答: 进入煤气设施内进行检修作业的人员应注意以下安全事项:

(1) 安全隔绝。应采取以下措施进行安全隔离:

1) 设备上所有与外界连通的管道、孔洞均应与外界有效隔离，可靠地切断气源、水源。管道安全隔绝可采用插入盲板或拆除一段管道进行隔绝。不能用水封或阀门等代替。

2) 设备上与外界连接的电源有效切断，并悬挂“设备检修，禁止合闸”的安全警示牌。

3) 在距作业地点 40m 以内严禁有火源和热源，并应有防火和隔离措施。

(2) 清洗和置换。进入设备内作业前，必须对设备内进行清洗和置换，并要求氧含量达到 19.5%，作业场所 CO 的工业卫生标准为 $30mg/m^3$ (24ppm)，在设备内的操作时间要根据 CO 含量不同而确定。

(3) 通风。要采取措施，保持设备内空气良好流通。打开所有人孔、料孔、风门、烟门进行自然通风。必要时，可采取机械通风。采用管道送风时，通风前必须对管道内介质和风源进行分析确认，不准向设备内充氧气或富氧空气。

(4) 定时监测。作业前，必须对设备内气体采样分析，分析合格后办理受限空间作业证，方可进入设备。

作业中要加强定时监测，含氧量分析如 ≤18% 或≥23% 要及时采取措施并撤离人员。作业现场经处理后，取样分析合格方可继续作业。

(5) 照明和防护措施。这些措施主要有:

1) 应根据工作需要穿戴合适的劳保用品，不准穿戴化纤织物，佩戴隔离式防毒面具、佩戴安全带等。

2) 设备内照明应使用 36V 安全电压，在潮湿、狭小容器内作业照明应使用 12V 以下安全电压。

3) 在煤气场所作业必须使用铜质工具，使用超过安全电压的手持电动工具，必须按规定配备漏电保护器，临时用电线路装置应按规定架设和拆除，保证线路绝缘良好。

(6) 要继续监护。主要监护措施有:

1）进入容器工作时，容器外必须设专人进行监护，负责容器内工作人员的安全，不得擅自离开。监护人员与设备内作业人员要加强联系，时刻注意被监护人员的工作及身体状况，视情况轮换作业。

2）进入设备前，监护人应会同作业人员检查安全措施，统一联系信号。出现事故，救护人员必须做好自身防护，方能进入设备内实施抢救。

349. 进入煤气设备内作业人员应遵守哪些取样要求?

答: 进入煤气设备内作业人员应遵循以下取样要求:

(1) 为了防止煤气中毒，当操作人员需要进入煤气设备内部作业时，事先必须取样分析设备内空气中的CO含量。

(2) 通过取样分析，可以掌握设备内的CO含量和变化，根据CO含量的多少确定在设备内连续作业的最佳时间和所采取的安全防护措施。

(3) 进入煤气设备内部作业时，安全分析取样时间不得早于动火或进入设备内前30min。

(4) 在检修动火工作中，每2h必须重新取样分析。

(5) 在工作中断后，恢复工作前30min，也要重新取样分析。

(6) 在煤气设备内取样应有代表性，防止出现死角。

(7) 当煤气密度大于空气时，应在设备的中、下部各取一处气样；当煤气密度小于空气时，在设备内部的中、上部各取一处气样。

(8) 经对取样进行CO含量分析后，在允许作业人员进入煤气设备内进行工作时，要做好相应的防护措施，设专职监护人，作业人员方可进入煤气设备内。

350. 进行煤气置换有哪几种方法?

答: 煤气的置换又叫吹扫，就是气体置换，即检修时把煤气管道、设备内部的煤气赶走置换成空气；送煤气时是把煤气管道、设备内部的空气置换成煤气。由于煤气具有毒性和易燃易爆性，煤气置换作业是煤气系统安全生产、检修工作中的一项重要内容。常用的置换方法有以下几种:

(1) 蒸汽置换法。此方法是常用的一种气体置换方式（常见于置换焦炉煤气），比较安全，用压力为0.1～0.2MPa的蒸汽即可，一般每300～400m管道设计一个吹扫点。根据管道末端放散管放散气体颜色和管道壁温变化判断置换是否合格，一般冒白色烟气5～10min或者管道壁温升高明显，就可认为已到系统置换终点，可转入正常检修或送煤气状态。因蒸汽是惰性气体，在置换过程中因机械、静电、操作等原因产生火花，也不会酿成事故。

蒸汽置换法的不足之处主要有:

1）蒸汽置换需要连续完成，不允许间断，否则若中途停下，由于蒸汽冷凝体积变小，形成负压，使设备、管道变形损坏和扩大漏点。因故必须停止置换作业时，不要关闭放散阀。

2）长距离管道置换时热损失大，置换时间长，尤其是雨季和冬季气温低时。

3）由于蒸汽置换温度高，会由于内部应力、推力等原因对管道、设备及支架造成损坏。

4）置换成本高，耗量大，不经济，吹扫蒸汽耗量为管道容积的3倍。

（2）氮气置换法。这是一种可靠的置换方式，属于惰性气体置换。氮气置换法具有蒸汽置换法的优点，由于置换过程中体积、温度变化小，而且氮气既不是可燃气体，也不是助燃气体，可缩小混合气体爆炸极限范围，更加安全。

氮气置换法的不足之处主要有：

1）一般工厂没有制氧站，氮气供应难以保证。

2）氮气属于惰性气体，进去检修要采取通风措施，确保其中有足够的氧气含量，否则会造成窒息事故。

（3）烟气置换法。煤气与空气在一定比例下完全燃烧，燃烧过程中会产生烟气，烟气经冷却后导入煤气设备或管道内，作为惰性介质排除空气或赶掉煤气。在无氮气、蒸汽的工厂吹扫往往采用这一方法。

烟气中虽含有1%的CO，但低于它的爆炸下限，且烟气中含有大量氮气和二氧化碳，对可燃气体有抑爆作用，因此这种置换方法是安全的。烟气置换法多用于煤气发生炉等煤气设备及其管道设施。此方法经济，不需要增加其他设施。

烟气置换法的不足之处主要有：由于煤气发生炉所产生废气的煤气成分是逐渐变化的，用于管线长的系统置换时不易确认置换终点，当系统要进入检修时仍然要用空气置换，对CO、O_2含量检测要求严格。据某厂的实际经验，用所使用的燃烧设备产生的合格烟气作为气体置换介质，其合格标准为烟气的含氧量在1%以下、CO含量在2%以下，其余为N_2或CO_2气体，此时是安全可靠的。

351. 送煤气作业应具备哪些安全条件？

答：在组织送煤气作业时，为防止发生煤气中毒事故，必须具备以下安全条件：

（1）在送煤气前，应制定详细的送煤气危险作业指示图表，对所有参加作业的人员必须进行有针对性的安全教育。

（2）送煤气前应对煤气设备进行详细检查，除末端放散管外，其余放散管及所有人孔、检查孔等均应关闭或封闭好，各阀门开关处于合理的位置。

（3）新投产的煤气设备必须经过严密性试验，在确认合格后，方可送煤气。

（4）所有煤气排水器应注满水，并流淌。

（5）送煤气应分段进行，即先送主管，后送支管。

（6）各末端放散处应设专人看守，不准在厂房内放散煤气，在下风侧40m内应设警戒岗哨和标志，防止有人误入煤气作业区域。

（7）在送煤气后，应沿线路进行复查，发现管道有泄漏处应及时处理。

（8）参加作业人员必须佩戴防毒面具和CO报警仪，并有防护人员在现场进行监护，必要时请医务人员到现场。

（9）送煤气作业一般不要阴雨天或在夜间进行。特别情况必须在夜间进行时，应采取特殊安全措施。

352. 煤气的送气操作有哪些步骤？

答：煤气的送气操作实质是将管道内的空气置换为煤气，这项工作属于危险工作，应有组织、有指挥、有计划、按步骤进行。

(1) 准备工作。煤气送气操作的准备工作包括：

1) 由生产管理部门、安全部门联合提出操作计划，确定组织及分工，进行安全教育，申请审批操作手续。

2) 全面检查煤气设备及管网，确认不漏、不堵、不冻、不窜、不冒、不靠近火源放散，不把煤气放入室内，不存在吹扫死角和不影响后续工作进行。

3) 辅助设施齐备，吹扫用氮气准备好，排水器注满水，各种阀门灵活，开关在规定位置，仪表电气投入运行。若煤气压力波动较大，送煤气前宜先关闭排水器工作阀，待管网压力平稳后，再打开。

4) 防护及急救用品、操作工具、试验仪器、通信工具准备好。

(2) 送气置换步骤。送气置换步骤包括：

1) 通知煤气调度，具备送气条件。

2) 打开末端放散管，监视四周环境变化。

3) 从煤气管道始端通入氮气（或蒸汽）以置换内部空气，在末端放散管附近取样试验，直至含氧量低于2%，关闭末端放散。如通蒸汽置换空气，通煤气前切忌停蒸汽，以免重新吸入空气。更不能关闭放散管停蒸汽，以免管道出现抽瘪事故。

4) 抽盲板作业。

5) 打开管道阀门，以煤气置换氮气（蒸汽），管道末端放散打开，并取样做燃烧试验直至合格后关闭放散管。

6) 全线检查安全及工作状况，确认符合要求后，通知煤气调度正式投产供气。

(3) 送气注意事项。送煤气注意事项包括：

1) 阀门在送气前应认真检查，并应做好润滑部分防尘，电气部位加防雨罩。入冬应做好寒冻保温。

2) 鼓型补偿器事前要装好防冻油。

3) 排水器事先抽掉试压盲板，注满水。

4) 冬季送气前蒸汽管道应提前送气，保持全线畅通无盲管和死端。

5) 蝶阀在送气前处于全开位置。

6) 管道通蒸汽前必须事先关闭计器导管。

7) 抽出盲板后应尽快送气，因故拖延时间必须全线设岗监护安全。

8) 炉前煤气支管送气前应先开烟道闸或抽烟机，先置引火物后开烧嘴并逐个点火，燃烧正常后再陆续点火。

9) 冬季应注意观察放散情况，是否冻冰堵塞。

10) 送气后吹扫气源必须断开与煤气管道的连接。

353. 煤气的停气操作有哪些步骤？

答：煤气的停气作业不但要停止设备及管道输气，而且要清除内部积存的煤气，使其与气源切断并与大气连通，为检修创造正常作业和施工的安全条件，其步骤如下：

(1) 准备工作。煤气停气操作的准备工作主要有：

1) 制定停气方案和办理作业手续，包括煤气管道停气后的供气方式及生产安排，煤气来源的切断方式及其安全保障措施。

2）检查准备好停煤气吹扫用的氮气或蒸汽的连接管、通风机、放散管及阀门等是否符合要求。

3）准备好堵盲板操作工具及材料。

4）准备好防护用具、消防用品和化验仪器等设备。

（2）停气置换。煤气停气置换步骤为：

1）通知煤气调度，具备停气条件后关闭阀门。

2）有效地切断煤气来源，采用堵盲板、关眼镜阀或关闸阀加水封的方法进行可靠隔离，要注意单靠一般闸阀隔断气源是不安全的。

3）开启末端放散管并监护放散。

4）通氮气或蒸汽置换。

5）接通风机鼓风至末端放散管附近，管道中吹出气含氧19.5%为合格。

6）排水器由远至近逐个放水驱除内部残余气体。

7）停止鼓风。

8）通知煤气调度停气作业结束。

9）进入管道内部工作前，必须取样试验符合标准后，发给许可工作证。

（3）注意事项。停煤气操作的注意事项有：

1）停气管道切断煤气的可靠方式包括插板阀、盲板、眼镜阀、扇形阀和复合式水封阀门装置（包括水封+闸阀或密封蝶阀，带水封的球阀、蝶阀）。单独的水封或单独的其他阀门不能可靠切断煤气来源。

2）通氮或蒸汽前应关闭或断开计器导管。

3）开末端放散管前应将蝶阀置全开部位。

4）用蒸汽吹扫煤气时，管道的放散出口必须在管道的上面。依靠空气对流自然通风清除残余气体时，进气口必须在最低处，排出口在最高处。用空气对流自然通风清除残余煤气，必须是煤气和空气有较大的密度差。

5）具有多个末端管道，必须全部排气达到要求标准后才能停止鼓风。

6）进入管道内部作业必须取空气样试验，并符合安全卫生标准后发给许可工作证。

7）焦炉煤气及其混合煤气的管道停气后在外部动火时，其内部应处于密闭充氮或蒸汽条件。

8）凡是利用水封切断煤气时都应同时将联用的阀门关严，并将水封前的放散管全开，冬季应保持水封溢流排水。

9）在堵盲板处发现漏煤气时只允许塞填石棉绳；严禁用黄泥或其他包扎方式处理，以免形成煤气通路窜入停气一侧。如有漏气，应定时取空气样检测管内气体组成变化情况。

10）煤气管道停气作业时应有计划地安排排水器内清污，阀门检修和流量孔前管道清堵。

354. 带煤气作业前有哪些检查项目?

答：带煤气作业前应检查以下项目：

(1) 落实作业方案和作业时间，提前部署，并确保充足有利的作业条件。

(2) 搭设合格的作业逃生通道和平台，准备足够量的相应规格的法兰、螺栓。

(3) 确认管道测压点，准备测压用U形压力表及连接管等。

(4) 对控制煤气压力用的阀门、盲板进行加油、检查，使其灵活可靠，并确认其能关闭到位。

(5) 确认通氮气或蒸汽的扫气点、扫气管接到位并试验完好。

(6) 确认管道接地电阻不大于10Ω。

(7) 确认作业区通风良好，若作业区闭塞，需拆除建筑墙体通风，并准备CO报警仪、空气呼吸器、防爆风扇。

(8) 安排安全、消防和医务措施。准备足够、适用的消防器材。现场准备临时水源及适量灭火用耐火泥沙。作业时消防车、医务人员到现场。

(9) 检查作业点40m以内是否有火源或高温源，否则必须砌防火墙与之可靠隔离。消除带电裸露电线、接头和接触不良。

(10) 准备足够量对讲机，用于现场指挥、协调和控制压力操作等信息的联络。

(11) 按事故预案要求，逐一准备和安排一旦出现煤气事故的安全急救措施。

355. 带煤气抽堵盲板作业有哪些安全要求?

答: 带煤气抽堵盲板作业有较大的危险性，为确保安全，作业人员应注意遵循以下安全规定。

(1) 准备工作。准备工作内容包括：

1) 准备好盲板胶圈、螺栓等相关的备件和工具以及安全防护器具；抽堵DN1200mm以上盲板时，要考虑起吊装置和防止管道下沉措施。

2) 检查盲板电器设备、夹紧和松开器是否合格。旧螺栓提前加油、松动或更换。

(2) 抽堵作业安全要求。抽堵作业安全要求有：

1) 必须经煤气防护部门和施工部门双方全面检查确认安全条件后，方可作业。

2) 在抽堵盲板作业区域内严禁行人通过，在作业区40m以内禁止有火源和高温源，如在区域内有裸露的高温管道，则应在作业前将高温管道做绝热处理；抽堵盲板作业区要派专人警戒。

3) 煤气压力应保持稳定，不低于3000Pa；在高炉煤气管道上作业，压力最高不大于4500Pa；在焦炉煤气管道上作业，压力不大于3500Pa。

4) 在加热炉前的煤气管道进行抽堵盲板作业时，应先在管道内通入蒸汽以保持正压。

5) 在焦炉地下室或其他距火源较近的地方进行抽堵盲板作业时，禁止带煤气作业；作业前应事先通蒸汽清扫并在保持蒸汽正压的状态下方可操作。

6) 带煤气作业应使用铜质工具，以防产生火花引起着火和爆炸。

7) 参加抽堵盲板作业人员所使用的空气呼吸器及防护面罩均应安全可靠，如在作业中呼吸器空气压力低于5MPa或发生故障时，应立即撤离煤气区域。

8) 参加抽堵盲板作业人员严禁穿带钉鞋。

9) 在抽堵盲板作业时，法兰上所有螺栓应全部更新，卸不下来的螺栓可在正压状态下动火割掉，换上新螺栓拧紧，但是禁止同时割掉两个以上螺栓，以防煤气泄漏着火。

10）在抽堵盲板作业区内应清除一切障碍。

11）煤气管道盲板作业（高炉、转炉煤气管道除外）均需设接地线，用导线将作业处法兰两侧连接起来，其电阻应为零。

12）焦炉煤气或焦炉煤气与其他煤气的混合煤气管道，抽堵盲板时应在法兰两侧1.5～2.0m长管道上刷石灰浆，以防止管道及法兰上氧化铁皮被气冲击而飞散撞击产生火花。抽插焦炉煤气盲板时，盲板应涂以黄油或石灰浆，以免摩擦起火。

13）大型作业或危险作业事先应作好救护、消防等项准备工作，遇到雷雨天严禁作业。

356. 抽堵盲板作业中为什么要求接地线?

答：除了在高炉、转炉煤气管道上进行抽堵盲板作业可不设接地线外，其余均需设置接地线装置。这是为了防止在进行抽堵盲板作业中，当煤气管道的法兰撑开，一段管道分为两段时，可能产生静电而发生火花，造成煤气爆炸或着火事故。

因此，在从事抽堵盲板作业时，要求用导线将煤气管道断开处的法兰两侧永远保持相连，其电阻应为零。

357. 煤气管道盲板抽堵时发生故障事故如何处理?

答：煤气管道盲板抽堵时发生故障事故应采取以下措施：

（1）当使用远程控制倒阀发生故障时，应立即戴好空气呼吸器，到现场手动倒阀。

（2）当手动倒阀出现故障，泄漏煤气时，应立即通知用户停止使用煤气或停止回收煤气，并通知煤气调度。

（3）通知周围岗位，根据煤气含量对其进行隔离。

（4）通知维修人员对盲板阀进行维修或更换。

（5）根据煤气含量，通知周围人员解除警戒。

（6）认真做好记录，并向主管领导汇报。

358. 什么叫动火? 动火分析合格判定标准是什么?

答：在易燃爆物质存在的场所，如有着火源就可能造成燃烧爆炸。在这种场所进行可能产生火星、火苗的操作就叫作动火。

（1）动火作业包括以下几类：

1）一切能产生火星、火苗的作业，如检修时需要进行电焊、气割、气焊、喷灯等作业。

2）在煤气、氧气的生产设施、输送管道、储罐、容器和危险化学品的包装物、容器、管道及易燃爆危险区域内的设备上，能直接或间接产生明火的施工作业。

3）电路上安设刀形开关和非防爆型灯具，使用电烙铁等。

4）用铁工具进行敲打作业、凿打墙眼和地面。

凡动火作业，需要经过批准，并妥善安排落实保证安全的措施。

（2）动火分析合格判定标准如下：

1）使用煤气检测仪、氧气检测仪或其他类似手段时，动火分析的检测设备必须经被测对象的标准气体样品标定合格，被测的气体浓度应小于或等于爆炸下限的20%。

2）使用其他分析手段时，被测气体的爆炸下限大于等于4%时，其被测浓度小于等于0.5%；当被测气体的爆炸下限小于4%时，其被测浓度小于等于0.2%。

3）动火分析合格后，动火作业须经动火审批的安全主管负责人签字后方可实施。

359. 在停产的煤气设备上置换动火有哪些安全要求?

答: 在停产的煤气设备上动火，应严格遵守以下安全规定:

(1) 必须提前办理动火证，确定动火方案、安全措施、责任人，做到“三不动火”，即没有动火证不动火，防范措施不落实不动火，监护人不在现场不动火。

(2) 消除动火现场安全隐患，对动火区域火源和热源进行处理，移离易燃物。

(3) 可靠地切断煤气来源，堵盲板或封水封。

(4) 用蒸汽或氮气吹扫置换设备内部的煤气，不能形成死角，然后用可燃气体测定仪进行测定，煤气小于30mg/m^3 (24ppm)，并取空气样分析氧含量在19.5%后。必须打开上、下人孔、放散管等保持设施内自然通风。

(5) 在天然气、焦炉煤气、发生炉及混合煤气管道动火，必须向管道内通入大量蒸汽或氮气，在整个作业中不准中断。

(6) 将动火处两侧积污清除1.5~2m，清除的焦油、萘等可燃物要严格妥善处置，以防发生火灾。若无法清除，则应装满水或用砂子掩盖好。

(7) 进入煤气设备内工作时，安全分析取样时间不得早于动火前30min，检修动火中每2h必须重新分析，工作中断后恢复工作前30min也要重新分析。取样要有代表性，防止死角。当煤气密度大于空气时，中、下部各取一气样；煤气密度小于空气时，中、上部各取一气样。

(8) 经CO含量分析后，允许进入煤气设备内工作时，应采取防护措施，并设专职监护人。

(9) 动火完毕，施工部位要及时降温，清除残余火种，切断动火作业所用电源，还要验收、检漏，确保工程质量。

360. 动火作业许可证有哪些审批制度?

答: 动火作业许可证的审批制度有:

(1) 一级动火作业的动火作业许可证由动火地点、设施所在单位（管理权限的分厂）一级主管及安全主管审查签字，并报公司安全、消防主管部门审核批准后方可实施。

(2) 二级动火作业的动火作业许可证由动火地点、设施所在单位（管理权限的分厂）下属作业区作业长及安全主管审查签字后，报分厂一级主管审核批准后方可实施。

(3) 三级动火作业的动火作业许可证由动火地点、设施所在单位（管理权限的分厂）安全主管审查，落实安全防火措施后方可实施。

(4) 逢节假日、夜班的应急抢修一级动火作业由动火地点、设施所在单位（管理权限的分厂）值班作业长或安全主管审查并审核批准后实施，报送公司安全、消防主管部门备案。

(5) 动火作业许可证一式四份，安全主管部门、消防主管部门、动火作业所在单位和动火作业负责人各持一份存查。

361. 动火作业许可证有哪些办理程序和要求?

答: 动火作业许可证办理程序和要求有:

(1) 动火作业许可证由申请动火单位的动火作业负责人办理。办证人应按动火作业许可证的项目逐项填写，不得空项，然后根据动火等级，按动火作业许可证规定的审批权限办理审批手续。

(2) 动火作业负责人持办理好的动火作业许可证到现场，检查动火作业安全措施落实情况，确认安全措施可靠并向动火人和监护人交代安全注意事项后，将动火作业许可证交给动火人。

(3) 一份动火作业许可证只能适用在一个地点、设施动火。动火前，由动火人在动火作业许可证上签字。如果在同一动火地点、设施多人同时动火作业，可使用一份动火作业许可证。

(4) 审批后的动火作业必须在48h内实施，逾期应重新办理动火作业许可证。

(5) 审批后的动火时段延长，应办理延续手续。

(6) 动火作业许可证不能转让、涂改，不能异地使用或扩大使用范围。

362. 动火作业相关人员的职责要求有哪些?

答: 动火作业是一整套审批、检查、落实、监督、实施的过程，需要各部门之间的严密配合，如有某个环节的闪失，均会造成不可挽回的事故，具体职责如下:

(1) 动火作业负责人的职责。实施动火作业单位一级主管或外委项目负责人担任动火作业负责人，对动火作业负全面责任，必须在动火作业前详细了解作业内容和动火部位及周围情况，制定、落实动火安全措施，交待作业任务和防火安全注意事项。

(2) 动火人的职责。动火人在动火作业前须核实各项内容是否落实，审批手续是否完备，若发现不具备条件时，有权拒绝动火。动火前应主动向监护人呈验动火作业许可证，经双方签字并注明动火时间后，方可实施动火作业。做到“三不动火”，即没有动火证不动火，防范措施不落实不动火，监护人不在现场不动火。

(3) 监护人的职责。监护人应由动火地点、设施管理权限单位指定责任心强、掌握安全防火知识的人员担任。未划分管理权限的地点、设施动火作业，由动火作业单位指派监护人。监护人必须持公司统一的标志上岗，负责动火现场的监护与检查，随时扑灭动火飞溅的火花，发现异常情况应立即通知动火人停止动火作业。在动火作业期间，监护人必须坚守岗位，动火作业完成后，应会同有关人员清理现场，清除残火，确认无遗留火种后方可离开现场。

(4) 安全员的职责。实施动火作业单位和动火地点、设施所在单位（管理权限的分厂）安全员应负责检查动火作业执行情况和安全措施落实情况，随时纠正违章作业。

(5) 动火作业的审批人的职责。动火作业的审批人的职责有:

1) 一级动火作业的审批人是公司安全、消防主管部门，二级动火作业的审批人是分厂安全、消防主管部门。

2) 煤气、氧气生产设施（储罐、容器等）和输送管道的动火作业由安全主管部门审核后送消防主管部门复审。

3）审批人在审批动火作业前必须熟悉动火作业现场情况，确定是否需要动火分析，审查动火等级、安全保障措施。在确认符合要求后方可批准。

363. 运行的煤气管道出现孔洞如何焊补？

答：（1）准备工作。运行的煤气管道出现孔洞进行焊补的准备工作包括：

1）采取临时措施先堵塞洞孔，使之不外溢煤气以利于安全工作。

2）检查孔洞附近管壁情况确定修补范围，准备材料。

3）根据具体情况确定修补方案和安全防护措施。

（2）修补方法。运行的煤气管道出现孔洞进行焊补的方法有：

1）属于管道上部或侧面小洞孔，用与管壁同厚度同材质钢板，在监护煤气压力下先将贴补块点焊上，去掉临时堵塞物并清除干净补焊区后，顶煤气压力将钢板焊上。

2）在管道下部或其他部位有孔洞和较大面积的穿孔应将补贴钢板先成型，两端做成用螺栓收紧的卡子，待在管道上的贴补处安放收紧达到贴合严密，在监护煤气压力下，将贴补钢板四周满焊上（只允许使用电焊，不允许使用气焊）。

3）成串腐蚀的管道，可在上部或下部焊补中心角为90°的成型钢板。

4）如果煤气管道已大面积腐蚀穿孔，则应停气更换新管道。

364. 煤气管道脱水器定期检查清理内容有哪些？

答：煤气管道脱水器定期检查清理内容包括：

（1）检查煤气管道脱水管阀门是否完好。

（2）脱水器本体是否完好。

（3）脱水器溢流管是否溢流。

（4）定期对脱水器进行清淤。

（5）冬季还要检查保温情况。

365. 水封及排水器漏气处理方法有哪些？

答：水封及排水器漏气处理方法有：

（1）查找泄漏原因。造成泄漏原因主要有：

1）煤气管网压力波动值超过水封高度要求，将水封击穿。

2）水封亏水，使水封有效高度不够，又没有及时补水而冒煤气。

3）冬季由于伴热蒸汽不足，造成排水器内部结冰。

4）下水管插入水封部分腐蚀穿孔，或者排水器筒体、隔板等处腐蚀穿孔，形成煤气走近路。

5）水封及排水器下部放水阀门被人为卸掉，或冬季阀门冻裂，将内部水放空。

（2）水封及排水器泄漏煤气的处理。按前面提到的原因，当发生第1）、2）、5）种情况时，首先将水封及排水器上部阀门关闭，控制住跑气，待空气中的CO含量符合要求时，进行水封及排水器补水。如果加水仍不能制止窜漏，则表明是由于第3）、4）种情况造成的，应立即关闭排液管阀门并堵盲板，然后卸下排液管，更换新管或更换新水封。

处理水封及排水器冒煤气故障时，联系工作要畅通，人员到位要及时，要采取必要的安全措施。以上工作不能少于两人，戴好防毒面具。周围严禁有行人及火源，以免造成煤气中毒和着火、爆炸事故。新投产的项目，设备处于调试过程中，易发生压力波动，应将排水器排水截门关闭，进行定时排水，待压力稳定后投入正常运行。

（3）检查排水器是否亏水，具体方法是：

1）关闭排水器上部泄水截门，打开排水器上部高压侧阀门，探测高压侧是否满水。

2）管网运行压力在 15kPa 以下时，高压侧水面高度不变，说明排水器基本不亏水；反之则说明亏水，应及时补水。

3）低压侧探测排水器有水，易造成假象，不能说明排水器整体不亏水。

4）将高压阀门上好后，恢复正常运行。

366. 煤气阀门如何检修和维护？

答：（1）填料漏气。煤气阀类轴封填料一般采用石棉绳或盘根，因失水常引起泄漏，石棉绳吸水又易使轴杆锈蚀，油浸填料在水分、细菌和氧的作用下，长期使用后也发生变质。因此，需采用柔性石墨等盘根更换煤气阀。

（2）阀壳开裂。阀类外壳多数情况是铸铁件，开裂以后应先用石棉绳堵漏，待裂处不向外冒气滴水时，在挡风篷内使用预热的铜镍焊条或铜钢焊条施焊。

（3）加强维护。阀门应定期进行启闭性能试验，要定期更换填料、加油和清扫。无法启闭或关闭不严的阀门，应及时停气维修或更换。

367. 煤气补偿器如何检修和维护？

答：（1）补偿器开裂。补偿器开裂应采取以下维护方法：

1）补偿器在非应力集中区开裂时，同一般管壁开裂一样应进行顶压焊补。

2）补偿器在应力集中区开裂时不能焊补，应制作外罩将其封闭。罩上备有吹刷和放水管，待停气后更换新的。

（2）补偿器内导管受阻造成失效或变形时，应分析是由于气体的推力造成的，还是由于导管在内部焊死或异物卡住造成，应分别进行处理。属于外力原因应从管网布置上采取措施，属于本身失效就只有待停气时处理。

（3）应定期对补偿器进行接口严密性检查、注油、更换填料、排放积水及补偿调整等。

368. 煤气管道法兰漏煤气时应如何处理？

答：煤气管道法兰漏煤气有两种处理方法，如果不需要保持法兰完好，可将法兰焊死；如果仍需要保持法兰完好，在确保工作环境安全的情况下将法兰螺丝卸开，塞上石棉绳，再将法兰螺丝拧紧即可。无论是采取哪种处理方法，作业人员都应戴空气呼吸器，并在有人监护的状况下进行作业。

369. 排水器出现跑冒煤气的原因及其处理措施有哪些？

答：煤气管道排水器出现跑冒煤气情况的主要原因是：误操作，低压煤气管网窜入了大量的高压煤气，因排水器水封、筒体、隔板等处腐蚀漏孔致使排水器水封有效高度不够；自动排水器失灵，设备冻坏，排水器保温气量过大而又无法充水。

目前，各单位使用的排水器种类较多，处理方法也各不相同。排水器出现跑冒煤气时一般主要采取以下处理措施：

(1) 处理排水器跑冒煤气故障属于危险作业，作业前要做好防护准备工作，作业区域严禁有火源，禁止行人通过，以免因煤气泄漏对人身造成伤害。

(2) 作业人员应穿戴好防护用品，作业时要两人以上，设专人监护。处理故障之前应先将排水器下水管阀门关闭，查找跑冒煤气的原因。

(3) 如排水器本身跑冒煤气，只需予以更换即可；如果不是排水器本身缺陷，可重新装水运行。高压排水器装水时，应将高压放气头打开。旧立式排水器一般须用消防车配合强制装水。

(4) 自动排水器则往往需要用撬棍撬开。

370. 为什么室内煤气管道必须定期用肥皂水试漏?

答: 煤气管道虽经严密性试验合格，但并非一劳永逸，不能保证在长期运行中不产生新的泄漏点。如果没有及时发现新的泄漏点，泄漏在室内的煤气不易扩散出去，极易造成严重的煤气中毒事故，因此必须定期用肥皂水试漏。如果发现泄露煤气，应立即采取措施，进行处理，使煤气管道始终处于完好、严密状态，保证安全。

371. 煤气管网的巡检内容包括哪些?

答: 煤气管网的巡检是监护设备的运行状态，及时发现和处理运行中的故障，排除危害因素，完成日常的保修任务。工作的侧重点在于防火、防冻、防超载、防失效以及对已经发现的泄漏及时处理、及时汇报，以保证管网的安全运行和正常输气，巡检的内容包括：

(1) 煤气管道及附加管道有无漏气、漏水现象，一经发现应按分工及时进行处理。

(2) 检查架空管道跨间挠曲、支架倾斜、基础下沉及附属装置的完整情况，金属腐蚀和混凝土损坏情况。

(3) 地下管道上部回填层有无塌陷，是否有取土、堆重、铺路、埋设、种树和建筑情况。

(4) 架空煤气管道上方有无架设电线、增设管道或其他设施，管道下面有无存放易燃易爆物品，管线附近有无取土挖坑或增设建筑物。

(5) 煤气管道上及周围明火作业是否符合安全规定，防火措施是否得当，电焊作业是否利用煤气管道导电，附近管道漏气及含煤气废水是否危害附近人员。

(6) 排水器及水封的水位是否正常；排水是否正常。

(7) 冬季管道附属装置的保温是否齐全，有无冻结及堵塞情况。

(8) 管线附近施工有无利用管道及支架作为支点吊拉重物的情况，发现后应当即制止。

(9) 架空管道接地装置及线路是否完好。

(10) 各处消防、急救通道是否畅通。

372. 煤气管网的定期维护工作包括哪些?

答: 煤气管网维护的出发点是预防，基本内容是防火、防漏、防冻、防腐蚀、防超载和防失效，定期维护工作是煤气管道维护中工作量较大的专项工作，主要内容包括：

（1）每4~5年进行一次煤气管道及附属装置的金属表面涂刷防腐漆。

（2）每两年刷新一次管网标识，并测量一次标高。

（3）每年进行一次管网壁厚检测，并作详细记录。

（4）每年进行一次输气压降检测；主要气源流量孔到管道以及主管的沉积物厚度检测。

（5）每年入冬前和解冻后要检查一次泄漏，并填写记录限期整改处理。

（6）每年雨季到来之前要普遍检测一次接地电阻；检查一次防雷、防雨和防风装置，疏通清理一次下水井和排水道。

（7）每年一季度和三季度普遍进行阀门润滑查补的工作。

（8）每年入冬前进行一次防寒设备检查，制订检修改造计划，三季度完成施工。

（9）每年二季度普遍进行一次排水器清扫、除锈和刷油。

（10）每年三季度进行一次钢支架根部和混凝土支架补修。

（11）每年入冬前进行一次放散管开关试验，放掉阀前管内的积水，检查一次补偿器存油并随即补充。

5.3 煤气安全设施

373. 煤气吹扫放散管装置的安装有什么要求?

答: 吹刷煤气放散管安设位置及安装要求主要有：

（1）安装在煤气设备和管道的最高处。

（2）安装在煤气管道以及卧式设备的末端。

（3）安装在煤气设备和管道隔断装置前，管道网隔断装置前后，支管闸阀在煤气总管旁0.5m内，可不设放散管，但超过0.5m时，应设放散管。

（4）放散管距煤气管道1.5m高度处设置阀门，阀门前应装有取样管，并在阀门处设置平台和梯子。

（5）吹刷煤气放散管口必须高出煤气管道、设备和走台4m，离地面不小于10m。

（6）厂房内或距厂房20m以内的煤气管道和设备上的放散管，管口应高出房顶4m。厂房很高，放散管又不经常使用，其管口高度可适当减低，但必须高出煤气管道、设备和走台4m。

（7）放散管口应采取防雨、防堵塞措施。

（8）放散管根部应焊加强筋，上部用挣绳固定。

（9）煤气设施的放散管不应共用，放散气集中处理的除外。

（10）禁止在厂房内或向厂房内放散煤气。

煤气放散管直径要求为：吹刷放散管直径大小应能保证在1h内将残余煤气全部吹净。

一般管道直径是300~600mm时，放散管的直径为30~40mm；管道直径为700~1000mm时，放散管直径为40~60mm；管道直径为1000~1500mm时，放散管直径为125~200mm，工业炉支管放散管直径通常为20~60mm。

剩余煤气放散管安装要求为：

（1）剩余煤气放散管应安装在净煤气管道上。

（2）剩余煤气放散管应控制放散，其管口高度应高出周围建筑物，一般距离地面不小于30m，山区可适当加高，所放散的煤气应点燃，并有灭火设施。

（3）经常排放水煤气（包括半水煤气）的放散管，管口高度应高出周围建筑物，或安装在附近最高设备的顶部，且设有消声装置。

事故放散管安装要求为：当煤气不断向煤气柜输入时，活塞到达上部极限位置，为不再让活塞继续上升，以保护煤气柜设备的安全，可在煤气柜的侧壁上部设置事故煤气放散管，将这些煤气放散到大气中去。事故放散管通常还可设在洗涤塔顶、重力除尘器顶等，在管内压力超过最大工作压力时，可进行人工或自动放散。

374. 煤气冷凝排水器的安装有什么要求？

答：煤气冷凝排水器的安装要求有：

（1）排水器之间的距离一般为200~250m，排水器水封的有效高度应为煤气计算压力至少加500mm。高炉从剩余煤气放散管或减压阀组算起300m以内的厂区净煤气总管排水器水封的有效高度，应不小于3000mm。

（2）煤气管道的排水管宜安装闸阀或旋塞，排水管应加上、下两道阀门。

（3）两条或两条以上的煤气管道及同一煤气管道隔断装置的两侧，宜单独设置排水器。如设同一排水器，其水封有效高度按最高压力计算。

（4）排水器应设有清扫孔和放水的闸阀或旋塞；每只排水器均应设有检查管头；排水器的满流管口应设漏斗；排水器装有给水管的，应通过漏斗给水。

（5）排水器可设在露天，但寒冷地区应采取防冻措施；设在室内的，应有良好的自然通风。

（6）设在煤气管道支管末端。

375. 煤气管道蒸汽管、氮气管的安装有什么要求？

答：煤气管道蒸汽管、氮气管的安装要求有：

（1）具有下列情况之一，煤气设备及管道应安设蒸汽或氮气管接头：

1）停、送煤气时需用蒸汽和氮气置换煤气或空气。

2）需在短时间内保持煤气正压力。

3）需要用蒸汽扫除萘、焦油等沉积物。

（2）蒸汽或氮气管接头应安装在煤气管道的上面或侧面，管接头上应安旋塞或闸阀。

为防止煤气窜入蒸汽或氮气管内，只有在通蒸汽或氮气时，才能把蒸汽或氮气管与煤气管道连通，停用时应断开或堵盲板。

376. 煤气管道补偿器、泄爆阀的安装有什么要求？

答：煤气管道补偿器的安装要求有：

（1）补偿器宜选用耐腐蚀材料制造。

（2）带填料的补偿器，应有调整填料紧密程度的压环。补偿器内及煤气管道表面应经过加工，厂房内不得使用带填料的补偿器。

（3）补偿器有气流指示方向的必须按指定方向安装。

煤气泄爆阀的安装要求有：

（1）泄爆阀安装在煤气设备易发生爆炸的部位。

（2）泄爆阀应保持严密，泄爆膜的设计应经过计算。

（3）泄爆阀泄爆口不应正对建筑物的门窗。

377. 煤气管道人孔、手孔和检查管的安装有什么要求？

答：人孔是供人员进入煤气设备检修的出入口和通风口，在不同的煤气设备或管道上设置人孔有不同的要求。

煤气管道人孔、手孔和检查管的安装要求有：

（1）闸阀后、较低管段上、膨胀节或蝶阀组附近、设备的顶部和底部、煤气设备和管道需经常入内检查的地方，均应设人孔。

（2）在煤气设备或单独管段上设置人孔一般要求不少于两个。直管段每隔 150 ~ 200m 设置一个人孔。设置人孔的煤气管道直径应不小于 600mm，直径小于 600mm 的煤气管道设手孔时，其直径应与管道的直径相同。

（3）在直径不大于 1600mm 的煤气管道设置人孔时，一般设在管道的水平中心线上。直径大于等于 1700mm 煤气管道上设置的人孔应在管道水平中心线以下，人孔中心线距管底约为 600 ~ 800mm。

（4）在人孔盖上应设置把手和吹刷管头。

（5）有衬砖的管道其人孔圈的深度应与砖衬的厚度相同。

（6）人孔处还应设置梯子和平台。

（7）在容易积存沉淀物的管段上部，宜安设检查管。

378. 对煤气管道标志、警示牌和安全色有什么规定？

答：对煤气管道标志、警示牌和安全色有以下规定：

（1）厂区主要煤气管道应标有明显的煤气流向和煤气种类的标志，并按规定进行色标。

（2）所有可能泄漏煤气的地方均应挂有提醒人们注意的警示标志。

（3）煤气管道必须标有醒目的限高标志，避免过往车辆碰撞。

（4）煤气管道必须标有醒目的直径标志。

（5）煤气阀门必须有醒目的“开”“关”字样和箭头指示方向。

（6）煤气管道为黑色、蒸汽管道为红色、氮气管道为黄色。

379. 何谓煤气隔离水封?

答: 隔离水封是一种煤气隔离装置，为圆柱桩形筒体，上部设有法兰盖，下部为隔离水封，自顶部开始，沿纵向圆周中心设隔板，将筒体分成两个半圆柱体，隔板下部有一段插入隔离水封。隔离水封后半圆与粗煤气总管相连，下部隔离水封有一个正常溢流水阀和最高溢流水阀。当需要切断粗煤气总管与净化系统时，只要将隔离水阀注满水，直到最高溢水阀出水时，即将煤气来源切断。净水系统投入生产时，将最高溢流水阀关闭，开启正常溢流阀，就可使煤气自动通过。

煤气系统中的隔离水封要保持一定的高度，生产中要经常溢流。水封的有效高度室内为计算压力加1000mm，室外为计算压力加500mm。

380. 煤气管道上安装的水封有哪几种类型?

答: 煤气管道上安装的水封有缸式水封、隔板水封和U型水封三种类型，如图5-1～图5-3所示。

缸式水封一般用于炉前支管闸阀的后面，安放在室内使用，这对停气检修十分方便。缸式水封的主要缺点是插入管易腐蚀，日常无法检查，一旦出现穿孔就可能因水封失效酿成灾难；其次是煤气阻损较大，故使用范围受到了限制。

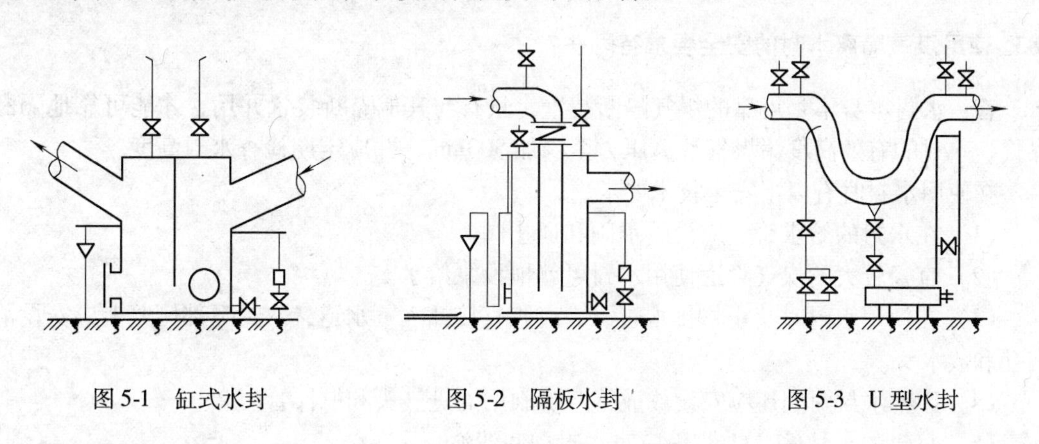

图5-1 缸式水封　　图5-2 隔板水封　　图5-3 U型水封

隔板水封一般附属某一设备使用，隔板水封的缺点和缸式水封相似，隔板漏气事先难于预防，阻损较大。

U型水封与前两者比较，它把水封高度的溢流管装在外面，便于维修检查，其煤气阻损相对小些，故使用比较普遍。

381. 煤气水封有哪些优缺点?

答: 水封是静置设备，开闭操作方便；水封设置简单、投资少；水封只要达到煤气计算压力要求的有效水封高度即可切断煤气，不致产生漏气问题。

但水封普遍存在以下的缺点:

(1) 必须有可靠的水源，重要部位设置的水封要有备用高位水箱，以保证断水时的操作。

（2）必须与蝶阀、闸阀等装置联合使用，否则一旦发生煤气压力升高（如爆炸）突破水封有效高度，水被气浪吹走就会造成严重事故。水封不能作为可靠的切断装置单独使用。

（3）操作时间长。注水和放水需要很长时间，不适应操作变化的需要。必要时应安装专用泵以保证5～15min注满水。

（4）冬季寒冷地区使用水封易出现冻结，因此维护量大。

（5）煤气阻损较大，不利于输气。

由于以上情况，在煤气管道上不宜广泛使用水封，当然也不能因此而禁止使用，要根据情况而定。

在停产检修用水封切断煤气时，要关闭联用阀门并打开停气侧放散管。生产时要保持水封连续排水。冬季要防寒保温，日常要注意防腐。

382. 为什么煤气水封不能单独作为可靠的隔断装置？

答：在生产实践中，由于煤气水封缺水，或由于煤气压力骤增冲破水封而造成煤气外溢的中毒事故屡有发生，因此国家标准中规定，煤气水封不能单独作为可靠的隔断装置。将水封装设在其他隔断装置之后才是可靠的隔断装置。

可靠的隔断装置包括插板阀、盲板、眼镜阀、闸阀或密封蝶阀加水封。

383. 使用煤气隔离水封的安全要求有哪些？

答：水封本身不是可靠的煤气隔断装置，只有与其他隔断装置并用，才能可靠地隔断煤气。水封的有效高度为煤气计算压力至少加500mm，并应定期检查水封高度。

在使用水封时有以下安全技术要求：

（1）在水封的给水管上应设给水阀和逆止阀。

（2）直径较大的煤气管道使用水封可就地设泵给水。

（3）在使用水封时禁止将排水管、满流管直接插入下水道，水封下部侧壁上应安设清扫孔和放水头。

（4）U型水封两侧还应安设放散管、吹刷用的进气头和取样管。

（5）每年的4月份、11月份应对水封彻底清淤。

384. 为什么说煤气管道排放的冷凝水有毒？

答：焦炉煤气冷凝物中含有挥发酚、硫化物、氰化物、苯等有害物质；高炉煤气冷凝液中含有酚、氰、硫等有害物质；转炉煤气凝液中含有硫、铅、锌等有害物质，铁合金煤气中含有硫、铅、铬、镉等有害物质。

煤气中各组成气体大多溶于水中，随温度的下降溶解量增加，但排放后又随压力降低释放出来。冷凝液从煤气管道流经排水器后与大气连通气相降压，溶解气体便随即释放出来，并扩散到周围空气里。

其中CO、H_2S、氨、苯、甲苯、酚等经呼吸道吸收后造成中毒，苯、酚还易经皮肤吸收。CO_2、CH_4 等滞留在不通风处（如地下井、阀室等）使人窒息，局部还有可能达到爆炸极限，因此，煤气管道排污区域应视为煤气危险区管理，排放不得与生活下水道连通，并限制在就地或有限的范围内集中处理。在企业内由于煤气管道冷凝液排放不加控制，造成的煤气中毒事故是屡见不鲜的；检修时动火造成下水道爆炸，未经检测空气中有害气体浓度而去地下井工作造成窒息死亡的情况也不乏其例。

385. 为什么要及时将煤气管道中的冷凝水排放掉？

答：煤气管道中的冷凝水积存在管道下部，如不及时排放将产生以下的不良影响：

（1）冷凝液在管道内形成浓差电池造成管壁的电化学腐蚀，如果煤气中含有 H_2S 等化学成分，腐蚀速度将加速进行。

（2）冷凝液较多时被煤气流推动将产生潮涌，造成煤气压力波动，严重时产生水垂现象致使管道震晃而坍塌。

（3）冷凝水积聚使管道断面减少，增加压力降，在低洼地段形成水封使输气停止，也有可能因积水过多，造成管道荷载过大而坍塌。

386. 煤气管道上的排水点如何布置？

答：为防止管道积水，在煤气管道上必须布置排水点，具体有两种布置方式：

（1）波浪式排放。将煤气管道分段，每 200～250m 设置一个低位排水点，每个排水点两侧的煤气管道相倾斜的坡度分别大于 0.03，通常最高点就在煤气管道的固定支架处。整个管线呈现上下起伏的波浪形。

（2）水平式排放。煤气管道水平敷设，每 100～150m 设置一个排放点。

以上两种布置方案比较，水平式排放显然具有很多优点，可以归纳为：

（1）水平式排放口多一倍，在相同的条件下冷凝液排放快。

（2）如果排放口出现堵塞，水平式可由相邻排放口承担，排放时间可能延长，但不致造成严重后果；波浪式则不然，积液不超过高标位管底不能溢流，轻则造成压力窜动，重则切断煤气流，甚至造成管道坍塌。

（3）为配合水流方面，波浪式管线部分补偿器导向板逆向安装，增加煤气摩擦阻损，不利于煤气输送。

（4）水平式煤气管道支架在设计、施工中比波浪式减少了工作量。

（5）波浪式使一半以上管段的水和气逆向流动，使冷凝液不能畅流，其中的固形物和胶质体滞留下来，增加管道内壁粗糙度，管道存在低洼段也必然集中沉积物使排放口易于堵塞。

5.4 事故预防和救护

387. 发生煤气中毒事故应如何处理？

答：发生煤气中毒事故应采取的措施有：

（1）立即启动煤气中毒紧急救援预案。具体内容包括：

1）首先以最快速度通知调度室、煤气防护站和医疗救护单位，同时应迅速弄清事故现场情况，采取有效措施，严禁冒险抢救致使事故扩大。

2）抢救事故的所有人员都必须服从统一指挥，事故现场应划出危险区域，布置岗哨，禁止非抢救人员进入事故现场。禁止在无防护的情况下盲目指挥和进行抢救，严禁佩戴纱布口罩或其他不适合防煤气中毒的器具进入危险区域。

3）煤气防护站应尽快组织好抢救人员，携带救护工具、设施，迅速赶赴现场。进入煤气危险区的抢救人员必须佩戴空气呼吸器；先关闭阀门切断毒源，防止煤气扩散；同时要打开门窗和通风装置，排除过量的CO气体。监测人员要赶赴现场，采集空气样品，分析CO浓度，为医师诊断抢救患者提供依据。

（2）对中毒者进行抢救。具体步骤包括：

1）将中毒者迅速及时地抢救出煤气危险区域，抬到空气新鲜地方，解除一切阻碍呼吸的衣物，并注意保暖。抢救现场应保持清静，通风，并派专人维护秩序。

2）对中毒者进行现场救治，或送往医院治疗。

①对于轻微中毒者，如出现头痛、恶心、呕吐等症状的，要立即吸入新鲜空气或补氧气，根据情况，可直接送附近医院治疗。

②对于中度中毒者，如出现失去知觉、口吐白沫等症状，应立即通知煤气防护站和医务部门到现场急救。并采取以下措施：将中毒者双肩垫高10~15cm，四肢伸开，头部尽量后仰，并将中毒者的头偏向一侧，以免呕吐物阻塞呼吸道引起窒息或吸入肺。要适当保暖，以防受凉；在中毒者有自主呼吸的情况下，让中毒者吸氧气。使用苏生器的自主呼吸功能调整好进气量，观察中毒者的吸氧情况。

在煤气防护站人员未到前，可将岗位用的氧气呼吸器的氧气瓶卸下，缓慢打开气瓶阀门对在中毒者口腔、鼻孔部位，让中毒者吸氧。

③对重度中毒患者，如出现失去知觉、呼吸停止等症状，应在现场立即做人工呼吸，或使用苏生器的强制呼吸功能，成人12~16次/min。对于心跳停止者，应立即进行人工复苏胸外挤压术，每分钟100次，恢复心跳功能。

中毒者未恢复知觉前，应避免搬动、颠簸，不得用急救车送往较远医院，需送往就近医院，进行高压氧舱抢救的，运送途中必须有医务人员护送。

（3）做好检查和复产工作。做好以上救护工作后，要认真检查事故发生原因，并进行处理。在未查明事故原因和采取必要安全措施前，不得实施任何动火作业和向煤气设施恢复送气。

388. 预防煤气中毒事故的制度有哪些？

答：预防煤气中毒事故的制度有：

（1）加强煤气安全管理，严格执行《工业企业煤气安全规程》（GB 6222—2005），建立与健全煤气安全管理的各项规章制度、措施。

（2）新安装使用的煤气设备、设施在设计上必须符合《工业企业煤气安全规程》规定的要求；煤气设备、设施新建、改建、扩建或经大修后，必须由主管部门检查、验收，经过试压、试漏合格后方可投入使用。

（3）从事煤气作业人员上岗前，必须经过煤气安全知识教育培训，考试合格后方能上岗工作。

（4）严格执行煤气岗位作业制度。这些制度包括：

1）双人操作制：操作煤气设备或在煤气区域工作，需配备两个以上的操作人员，最低要求是一人作业，另一人监护。

2）定期检测制度：对已确定煤气易泄漏区定时、定点进行检测，分析其产生较高浓度的原因，并作详细的记录，同时汇报安全部门，便于根据不同情况采取不同的安全防护措施。

3）监护制度：对于较大的煤气作业，临时抢修及有计划的煤气作业，应确定监护措施及监护人员。从作业准备开始，到作业全部工作完成，监护人员应始终监督措施的执行情况和人员的作业情况，发现异常应立即进行指正。

4）巡检制度：各设备管理部门对所属煤气设备、设施应建立巡回检查制度，除当班作业人员对岗位设备进行检查外，煤气管道、设施均应定期进行检查，使设备处于安全状况。

5）签证制度：进入煤气设备内部作业，应建立严格的签证制度，签证内容包括作业内容、作业时间、安全措施、监护人等，对设备内 CO 浓度进行严格的检测，同时必须进行氧含量测定，在作业期间发现异常情况立即停止作业。

（5）其他制度与规定包括：

1）在划定煤气危险区域之后，对进入危险区域作业的人员应配备 CO 便携式检测仪，在作业区域一旦发生 CO 超标，立即发出声光报警信号，作业人员可采取相应措施。

2）在煤气区域值班室、操作室、控制室及重要设备等有人作业固定场所设置固定式 CO 报警装置。装置一般采用集控方式（单点方式），在若干点设置探头，将报警信号传递监控室，监控人员根据不同地点，不同的超标浓度，采用有效的防护手段，并通知组织救护抢修人员赶赴现场，处理事故。

3）煤气区域应悬挂明显的安全警示牌，以防人员误入造成煤气中毒。

389. 防止煤气中毒有哪些安全作业规定？

答：防止煤气中毒有以下作业规定：

（1）在煤气设备上的动火，必须办理动火证，防护人员要到现场监护，否则不能施工。

（2）进入煤气设备内工作（如除尘器、煤气管道）必须先可靠地切断煤气来源，经过氮气置换，检测合格后，经煤防人员同意，方可入内工作，并设有专人监护。

（3）凡是从事带煤气作业，如抽堵盲板、堵漏等，必须佩戴防护面具，做好监护，防止无关人员进入煤气区域。

（4）在煤气放散过程中，放散上风侧 20m，下风侧 40m 禁止有人，并设有警示线，防止人员误入。

（5）煤气设备管道打开人孔时，要侧开身子，防止煤气中毒。

（6）高炉出铁口外溢煤气，要用明火点燃；到炉身以上作业时，要两人以上并携带 CO 报警仪。

（7）严禁在煤气地区停留、睡觉或取暖。高炉热风布袋除尘区域排水沟是极易发生煤气聚积的地方，因此禁止在排水沟周围停留。

（8）对煤气设备，特别是室内煤气设备（如水封、阀门、仪表管道），应有定期检查泄漏规定，发现泄漏及时处理。

(9) 煤气岗位人员检查时，必须携带CO报警器，发现CO超标及时处理。

(10) 在生产、操作、施工中，如CO含量超过50mg/m^3（40ppm）时，应采取通风或佩戴防护面具。

(11) 发生煤气中毒事故或煤气设备和管网发生泄漏时，抢救人员须佩戴空气呼吸器等隔绝式防毒面具，严禁冒险抢救或进入泄漏区域。

390. 在煤气区域内工作关于CO含量的规定有哪些？

答：在煤气设施内部和环境工作时，要遵守以下规定：

当CO含量不超过30mg/m^3(24ppm)时，可以较长时间工作。

当CO含量不超过50mg/m^3(40ppm)时，连续工作时间不得超过1h。

当CO含量在100mg/m^3(80ppm)时，连续工作时间不得超过30min。

当CO含量在200mg/m^3(160ppm)时，连续工作时间不得超过15～20min。

根据以上规定，在进入煤气区域工作时必须经煤气防护站工作人员检测确认达到规定标准后才能允许进入工作。

各岗位人员（指煤气区域内）也要随时对岗位中所安装的固定煤气检测仪进行观察，CO含量超过30mg/m^3(即24ppm)时，检测器就会发出报警。当发现煤气超标时要及时对工作区域进行通风，如开窗通风或用风机通风，以降低煤气含量，从而保证自身的安全。

391. 如何预防煤气着火事故？

答：在燃烧学中，着火有火源、燃料、空气或氧气三要素，其中任何一个要素与其他要素分开，燃烧就不能发生或持续进行。预防煤气着火事故的具体措施如下：

(1) 防止煤气着火事故的办法就是要严防煤气泄漏。煤气不泄漏就没有可燃物，也就不存在着火问题。因此，保证煤气管道和煤气设备经常处于严密状态，不仅是防止煤气中毒，也是防止着火事故的重要措施。

(2) 当无法避免泄漏煤气时（如带煤气作业等），防止着火事故的唯一办法就是防止火源存在，即：

1) 禁止明火。明火是指敞开的火焰、火花、火星。在工厂企业中常用的明火有：维修用火、加热用火和机车排放火星等。

2) 禁止摩擦与撞击引起的火花。

3) 禁止电器火花。

(3) 凡在煤气设备上动火，必须严格办理动火手续，并可靠地切断煤气来源，认真处理干净残余煤气（这时管道中的气体经取样分析含氧量接近19.5%），将煤气管道内的沉积物清除干净（动火处管道两侧各清除2～3m长）或通入蒸汽。凡通入蒸汽动火，气压不能太小，并且在动火过程中自始至终不能中断通入蒸汽。

(4) 不准在煤气设备上架设非煤气设备和专用电气设备。

(5) 动火时，应使煤气设备保持正压，压力最低不得低于3000Pa；严禁在负压状态下动火。动火时如放散阀位置较高抽力过大，允许一侧敞开，另一侧放散阀适当关小，以减小抽力，避免火势蔓延。在动火时，应尽可能向管道设备内通入适量氮气。

(6) 煤气设备的接地装置，应定期检查。接地电阻小于10Ω，以减少雷电造成的火灾，电气设备要有良好的接地装置。

(7) 对煤气设备和煤气管道应定期进行严密性试验，以防煤气泄漏。

(8) 在带煤气作业时，作业点附近的高温、明火及高温裸体管应做隔热处理。

(9) 在向煤气设备送煤气时，应先做防爆试验，经试验合格后方可送气。

392. 常用灭火器的类型及用途有哪些?

答: 灭火器由筒体、器头、喷嘴等部件组成，借助驱动压力将所充装的灭火剂喷出，达到灭火的目的，是扑救初期火灾常用的有效灭火设备。

灭火器的种类很多，按其移动方式可分为手提式和推车式；按所充装的灭火剂可分为干粉、二氧化碳、泡沫等类。灭火器应放置在明显、取用方便，又不易被损坏的地方，并应定期检查，过期更换，以确保正常使用。常用灭火器的性能及用途等见表5-3。

表5-3 常用灭火器的性能及用途

灭火器类		二氧化碳灭火器	干粉灭火器	泡沫灭火器
规格	手提式	<2kg; 2~3kg	8kg	10L
	推车式	5~7kg	50kg	65~130L
性能		接近着火地点保持3m距离	8kg喷射时间14~18s，射程4.5m；50kg喷射时间50~55s，射程6~8m	10L喷射时间60s，射程8m；65L喷射时间170s，射程13.5m
用途		扑救电器、精密仪器、油类、可燃气体等火灾	扑救可燃气体、油类有机溶剂等火灾	扑救固体物质或其他易燃液体等火灾
使用方法		一只手拿喇叭筒对准火源，另一只手打开开关即可喷出，应防止冻伤	先提起圈环，再按下压把，干粉即可喷出	倒置稍加摇动，打开开关，药剂即可喷出
保养及检查		每月检查一次，当小于原量1/10应充气	置于干燥通风处，防潮防晒，一年检查一次气压，若原量减少10%应充气	防止喷嘴堵塞，防冻防晒；一年检查一次，泡沫低于4倍应换药

393. 煤气生产区域如何配备灭火器?

答: 煤气生产区内应配备干粉型灭火器，但仪表控制室、计算机室、电信站、化验室等宜配备二氧化碳型灭火器。

甲、乙类生产单位配备灭火器数量应按1个/(50~100)m^2(占地面积大于1000m^2时选用小值，占地面积小于1000m^2时选用大值) 进行布置。

甲、乙类生产建筑物，灭火器数量应按1个/50m^2进行布置。生产区域内每一配置点的手提式干粉灭火器数量不应少于2个，多层框架应分层配置。

394. 发生煤气泄漏和着火事故后的首要工作有哪些?

答: 发生煤气泄漏和着火事故后的首要工作是:

(1) 进行事故报警和抢救事故的组织指挥。发生煤气大量泄漏或着火后，事故的第一发现者应立即打电话向119报警，同时向有关部门报告，各有关单位和有关领导应立即赶赴现场，现场应由事故单位、设备部门、公安消防部门、安全部门和煤气防护站人员组成临时指挥机构统一指挥事故处理工作。应根据事故大小划定警戒区域，严禁在该区域内有其他火种，严禁车辆和其他无关人员进入该区域。事故单位要立即组织人员进行灭火和抢救工作。灭火人员要做好自我防护准备。各单位要保持通信畅通。

（2）组织人员用水对其周围设备进行喷洒降温。着火事故发生后，应立即向煤气设备阀门、法兰喷水冷却，以防止设备烧坏变形。如煤气设备、管道温度已经升高几近红热时，不可喷水冷却，因水温度低，着火设备温度高，用水扑救会使管道和设备急剧收缩造成变形和断裂而泄漏煤气，造成事故扩大。

395. 处理煤气泄漏着火事故有哪些程序？

答：煤气着火可分为煤气管道附近着火、小泄漏着火、煤气设备大泄漏着火。

煤气设施着火时，处理正确，能迅速灭火；若处理错误，则可能造成爆炸事故。处理煤气泄漏及着火的基本程序是，一降压、二灭火、三堵漏，具体程序如下：

（1）由于设备不严密轻微小漏引起的着火，可用湿黄泥、湿麻袋等堵住着火处，使其熄火，然后再按有关规定处理泄漏。直径小于或等于100mm的煤气管道着火，可直接关闭煤气阀门灭火。

（2）当直径大于100mm的设备或管道因泄漏严重，管道着火，切记不能立即把煤气切断，以防回火爆炸。应采取的灭火方法是：停止该管道其他用户使用煤气，先将煤气来源的总阀门关闭2/3，适当降低煤气压力，应注意煤气压力不得低于100Pa，严禁突然关闭煤气总阀门。同时向管道内通大量蒸汽或氮气，降低煤气含量，水蒸气含量达到35%以上时火自灭。

（3）在通风不良的场所，煤气压力降低以前不要灭火，否则灭火后煤气仍大量泄漏，会形成爆炸性气体，遇烧红的设施或火花，可能引起爆炸。

（4）有关的煤气闸阀、压力表，灭火用的蒸汽和氮气吹扫点等应指派专人操作和看管。

（5）煤气设备烧红时不得用水骤然冷却，以防管道和设备急剧收缩造成变形和断裂。

（6）煤气设备附近着火，造成煤气设备温度升高，但还未引起煤气着火和设备烧坏时，可以正常生产，但必须采取措施将火源隔开，并及时熄火。当煤气设备温度不高时，可打水冷却设备。

（7）煤气管道内部着火，或者煤气设备内的沉积物（如萘、焦油等）着火时，可将设备的人孔、放散阀等一切与大气相通的附属孔关闭，使其隔绝空气自然熄火，或通入蒸汽或氮气灭火；灭火后切断煤气来源，再按有关规定处理。但灭火后不要立即停送蒸汽或氮气，以防设施内硫化亚铁（FeS）自燃引起爆炸。

（8）煤气管道的排水器着火时，应立即补水至溢流状态，然后再处理排水器。

（9）焦炉地下室煤气管道泄漏着火时，焦炉应停止出炉，切断焦炉磨电道及地下室照明电源，按煤气管道着火、泄漏处置程序进行灭火。灭火后打开窗户，进行临时堵漏，切忌立即切断煤气来源，防止回火爆炸。

（10）在灭火过程中，尤其是火焰熄灭后，要防止煤气中毒，扑救人员应配置煤气检测仪器和防毒面具。

（11）灭火后，要立即对煤气泄漏部位进行处理，对现场易燃物进行清理，防止复燃。

（12）火灾处理后恢复通气前，应仔细检查，保证管道设施完好并进行置换操作后才允许通气。

396. 着火烧伤应如何救治？

答：由于着火造成烧、烫伤要进行现场急救，具体方法是：

（1）迅速脱离热源，衣服着火时应立即脱去，用水浇灭或就地躺下，滚压灭火。冬天身穿棉衣时，有时明火熄灭，暗火仍燃，衣服如有冒烟现象应立即脱下或剪去，以免继续烧伤。

（2）身上起火不可惊慌奔跑，以免风助火旺。

（3）不要站立呼叫，以免造成呼吸道烧伤。

（4）若有烧、烫伤可对烫伤部位用自来水冲洗或浸泡，在可以耐受的前提下，水温越低越好。一方面，可以迅速降温，减少烫伤面积，减少热力向组织深层传导，减轻烫伤深度；另一方面，可以清洁创面，减轻疼痛。

（5）不要给烫伤口涂有颜色的药物如红汞、紫药水，以免影响对烫伤深度的观察和判断，也不要将牙膏、油膏等油性物质涂于烧伤创面，增加就医时处理的难度。

（6）如果出现水泡，要注意保留，不要将泡皮撕去，避免感染。

397. 发生煤气爆炸事故的原因有哪些？

答：煤气含有多种可燃气体成分，如 CO、H_2、CH_4 等混合气体。煤气与空气或氧气混合达到爆炸极限时，遇明火即可迅速发生氧化反应，瞬间可放出大量的热能，致使气压和温度急剧升高，这时气体具有较大的冲击力，遇到外力阻碍就会发生爆炸。

导致煤气爆炸事故有以下几方面原因：

（1）煤气来源中断，管道内压力降低，造成空气吸入，使空气与煤气混合物达到爆炸极限范围，遇火发生爆炸。

（2）停气的设备与运行的设备只用闸阀或水封断开，没有用盲板或水封与闸阀联合切断，造成煤气窜入停气设备，动火时引起煤气爆炸。

（3）煤气设备停气后，煤气未吹扫干净，又未做试验，急于动火造成残余煤气爆炸。

（4）盲板由于年久腐蚀造成泄漏；使用不符合要求的盲板，使煤气渗漏，动火前又未试验，造成爆炸。

（5）煤气设备在送气前未按规定进行吹扫，管道内的空气与煤气形成混合气体，在未做爆发试验的情况下，冒险点火造成煤气爆炸。

（6）加热炉、窑炉、烘烤炉等设备正压点火，易产生爆炸。

（7）违章操作，例如先送煤气，后点火，造成爆炸。

（8）强制供风的窑炉，如鼓风机突然停电，造成煤气倒流，致使煤气窜入风管道，也会发生爆炸。

（9）烧嘴不严，煤气泄漏炉内，或烧嘴点不着火时，点火前未对炉膛进行通风处理，二次点火时易发生爆炸。

（10）焦炉煤气管道的沉积物，如磷、硫受热挥发，特别是萘升华成气体与空气混合达到爆炸极限范围，遇火发生爆炸。

（11）电除尘器、电捕焦油器、煤气柜等设备中煤气含氧过高，遇火源引起爆炸。

（12）由于新建、改建、扩建的煤气管道未进行检查验收，就违规引气，在施工过程中容易发生爆炸。

398. 如何预防煤气爆炸事故？

答：为防止煤气爆炸事故的发生，首先应严格执行技术操作规程、设备使用维护规程和安全规程，以及相关煤气管理制度。

预防煤气爆炸事故的措施有：

（1）煤气设备和管道要保持严密，保证各水封装置正常溢流，防止煤气泄漏。

（2）保持煤气设备及管道压力为微正压，避免吸入空气。但煤气压力也不能太高，或瞬间升高，造成胀裂管道或击穿水封。

（3）停用煤气或在煤气设备上作业，必须取得动火证。可靠切断煤气来源（如盲板阀），打开末端放散和人孔。对煤气设备和管道进行蒸汽或氮气吹扫，连续作3次爆发试验或进行含氧量检测，爆发试验合格后或含氧量达到19.5%，由煤防人员监护方可动火。

（4）送煤气之前，要将煤气管道吹扫，驱除管道内的空气，检验合格后方可引气。

（5）长时间放置的煤气设备动火或引气，必须重新吹扫，合格后方可使用。

（6）工业炉点火前需作严格的检查，如烧嘴阀门是否关严、是否漏气，烟道阀门是否全部启开，确保炉膛或燃烧室内形成负压，然后进行吹扫干净，再进行点火操作。

（7）点火操作应先给明火，后稍开煤气，待点着后，再将煤气调整到适当位置。如点着火后又灭了，需再次点火时，应立即关闭煤气烧嘴，开启空气对炉膛内作负压处理，待炉内残余煤气排除干净后，再点火送煤气。

（8）在距煤气设备和煤气作业区40m范围内，严禁有火源，下风侧一定要管理好明火。煤气设备上的电器开关、照明均应采用防爆式。

（9）当煤气供应中断时，要迅速停止燃烧。如果煤气管道压力继续下降，低于1000Pa时，应采取紧急措施，即关闭煤气总阀门，封好水封，以防止回火爆炸（煤气用户通常将低压自动切断装置的压力设为3kPa）。

（10）在停煤气的煤气管段上动火，应将动火处两侧2～3m的沉积物清除干净，并在动火过程中始终不能中断通入蒸汽或氮气。

（11）在煤气回收工艺中必须严格控制煤气中的氧含量，一旦超过规定时，应停止回收。转炉煤气含氧不大于2%才允许入柜。一旦空气进柜，各转炉均应立即停止回收，查明原因并进行正确处理，才可恢复回收。

（12）煤气用户应装有煤气低压报警器和煤气低压自动切断装置，以防回火爆炸。

（13）经常检查设备设施的防爆装置是否灵活，隔离装置是否有效，水封水位是否正常。

399. 什么叫爆发试验？怎样做爆发试验？

答：用点火爆炸法检验煤气管道或煤气设备内纯净性的试验，叫做爆发试验。通过爆发试验来检验煤气管道或煤气设备在通入煤气后是否还残留有空气。

爆发试验装置是采用薄钢板（如马口铁）做成的。使用时手握环柄，拔下盖子，打开旋塞，将筒下口套在煤气系统末端取样口上，煤气便从下口进入，将筒内气体从排气管驱赶出去；待筒内完全充满煤气后，关上旋塞，移开取样口迅速盖上盖；到安全地点，划火柴后拔下盖子，从下口点燃筒内煤气（见图5-4）。

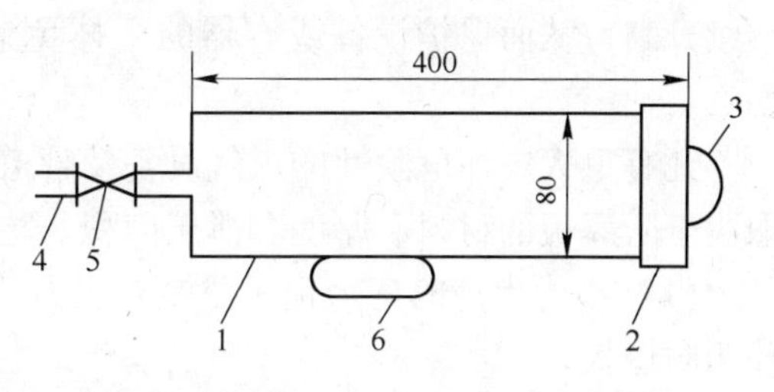

图5-4 爆发试验筒
1—筒体；2—盖子；3—环柄；4—排气口；5—旋塞；6—手柄

如果点不着，表明煤气管道内空气过多。

如果发生爆鸣，表明煤气管道内是混合气体且已达到爆炸极限范围。

如果点燃后能燃烧到筒顶部才能算合格，做爆发试验时应注意以下事项：

（1）取样时，一定要把试验筒的旋塞打开，以便将筒内原有的空气全部排净，否则试验就不真实，会得到错误的判断。

（2）做爆发试验必须 3 次全部合格，其中 1 次不合格，应重新做 3 次，直到全部合格。

（3）做爆发试验前，操作人员的脸部应避开筒口，以免烧伤。

400. 如何处理煤气爆炸事故？

答：发生煤气爆炸事故后，会造成煤气设备损坏、煤气泄漏或产生着火以至造成煤气中毒等严重事故。通常在发生煤气爆炸事故后，紧接着就会发生煤气着火和中毒事故，甚至会发生第二次爆炸，因此在处理煤气爆炸事故时要特别慎重，注意应采取以下措施：

（1）尽快通知煤气防护部门、消防队和医疗部门抢救，同时组织现有人员立即投入到抢救之中，抢救时应统一指挥。

（2）煤气发生设备出口闸门以外的设备或煤气管道爆炸，虽尚未着火，也应立即切断煤气源，向设备或管道内通入大量蒸汽冲淡设备或管道内的残余煤气以防再次爆炸。在彻底切断煤气源之前，有关用户必须熄火，停止使用煤气。

（3）煤气发生设备出口闸门以外设备或管道爆炸，又引发着火时，应按着火事故处理，严禁切断煤气源。

（4）煤气炉在焖炉过程中发生爆炸，通常只炸一次，随后应安装防爆铝板。

（5）因爆炸造成大量煤气泄漏，一时不能消除时，应先适当降低煤气压力，并立即指挥全部人员撤出现场以防煤气中毒，然后按煤气危险作业区的规定进行现场处理。

（6）如果发生煤气着火、中毒事故，应按照着火、中毒事故处理办法处理。

（7）处理煤气爆炸事故的现场人员要做好个人防护，以防中毒。

（8）在爆炸地点 40m 内严禁有火源和高温存在，以防着火事故。

（9）在煤气爆炸事故未查明原因之前不得恢复生产。

401. 煤气防爆板有何功能？其选用安装维护要求有哪些？

答：煤气防爆板（又称防爆膜、泄爆膜）的功用是当设备内发生化学爆炸或产生过高压力时，防爆板作为人为设计的薄弱环节自行破裂，将爆炸压力释放掉，使爆炸压力难以继续升高，从而保护设备或容器的主体免遭更大的损坏，使在场的人员不致遭受致命的伤亡。

凡有重大爆炸危险性的煤气设备及管道的场合都应安装防爆板。防爆板的安全可靠性取决于防爆板的材料、厚度和泄压面积。防爆板的选用要求如下：

（1）正常生产时压力很小或没有压力的设备，可用石棉板、塑料片、橡皮或玻璃片等作为防爆板。

（2）微负压生产情况的可采用20～30mm厚的橡胶板作为防爆板。

（3）操作压力较高的设备可采用铝板、铜板。铁片破裂时能产生火花，存在可燃性气体时不宜采用。

（4）防爆板的爆破压力一般不超过系统工作压力的1.25倍。若防爆板在低于操作压力时破裂，不能维持正常生产；若操作压力过高而防爆板未破裂，则不能保证安全。

（5）防爆板的泄放面积，一般按照0.035～0.1m^2/m^3选用。

防爆板的安装要可靠，夹持器和垫板表面不得有油污，夹紧螺栓应拧紧，防止螺栓受压后滑脱。运行中应经常检查连接处有无泄漏，由于特殊要求在防爆板和容器之间安装切断阀的，要检查阀门的开闭状态，并应采取措施保证此阀门在运行过程中处于开启位置。

防爆板一般每6～12个月应更换一次。

402. 空气呼吸器气瓶使用注意事项有哪些？

答：空气呼吸器气瓶材料为碳纤维复合材料，额定储气压力为30MPa，容积为6.8L。气瓶阀上装有过压保护膜片，当空气瓶内压力超过额定储气压力的1.5倍时，保护膜片自动卸压；气瓶阀上还设有开启后的止退装置，使气瓶开启后不会被无意地关闭。

气瓶使用过程中注意事项如下：

（1）不准在有标记的高压空气瓶内充装任何其他种类的气体，否则可能发生爆炸。

（2）避免将高压空气瓶暴露在高温下，尤其是太阳直接照射下。

（3）禁止沾染任何油脂。

（4）高压空气瓶和瓶阀每三年须进行复检，复检可以委托制造厂进行。

（5）不得改变气瓶表面颜色。

（6）避免气瓶碰撞。

（7）严禁混装、超装压缩空气。

（8）无充气设备，可到国家认可的充气站充气。

（9）气瓶内的空气不能全部用尽，应留下不小于0.05MPa压力的剩余空气。

自给式空气呼吸器瓶的储气量（指低压空气量）和对应的型号标志可见表5-4。

表5-4 自给式空气呼吸器瓶的型号标志和储气量

型号标志	额定储气量/L	型号标志	额定储气量/L
6	600	16	1200～1600
8	600～800	20	1600～2000
12	800～1200	24	2000～2400

403. 空气呼吸器的报警哨起到哪些作用?

答: 空气呼吸器报警哨的作用是为了防止佩戴者遗忘观察压力表指示压力，而出现的气瓶压力过低不能保证作业人员安全退出危险区域。报警哨的起始报警压力为5±0.5MPa。当气瓶的压力为报警压力时，报警哨发出哨声报警（但在刚佩戴时打开瓶阀后，由于输入给报警哨的压力由低逐渐升高，经过报警压力区间时，也要发出短暂的报警声，证明气瓶中有高压空气的存在，此时不是报警）。报警哨报警后（此时压力约5MPa），按一般人行走速度计算，到空气消耗到2MPa为止，可佩戴9~10min，行走距离为350m左右，但是由于佩戴者呼吸量不同，做功量不同，退出危险区的距离不同，佩戴者应根据不同的情况确定退出灾区所需的必要气瓶压力（由压力表显示），绝不能机械的理解为报警后，才开始撤离灾区。而且在佩戴过程中必须经常观察压力表，以防止报警哨失灵，而出现由于压力过低而无法安全地退出危险区的可能性。注意：报警哨出厂时已经调整好并固定，没有检测设备，不能擅自调整。

404. 空气呼吸器的减压阀、供气阀、面罩和压力表有何作用?

答: 减压器组件安装于背板上，通过一根高压管与气阀相连接，减压器的主要作用是将空气瓶内的高压空气降压为低而稳定的中压，供给供气阀使用。减压器属于逆流式减压器，这种减压器性能特点是腔室压力随着气瓶工作压力的下降而略有增加，使整个使用过程中自动供给流量不低于起始流量。

供气阀的主要作用是将中压空气减压为一定流量的低压空气，为使用者提供呼吸所需的空气。供气阀可以根据佩戴者呼吸量大小自动调节阀门开启量，保证面罩内压力长期处于正压状态。供气阀设有节省气源的装置，可防止在系统接通（气瓶阀开启）戴上面罩之前气源的过量损失。

面罩可根据需要进行配置，面罩一般为全面结构，面罩的橡胶材料是由天然橡胶和硅橡胶混合材料制成。面罩中的内罩能防止镜片现冷凝气，保证视野清晰，面罩上安装有传声器及呼吸阀，面罩通过快速接头与供气阀相连接。

压力表用来显示瓶内的压力。

405. 如何正确佩戴和使用空气呼吸器?

答:（1）使用前的准备。身体健康并经过训练的人员才允许佩戴呼吸器，使用前准备时应有监护人员在场，准备工作的内容如下：

1）从快速接头上取下中压管，观察压力表，读出压力值，若气瓶内压力小于25MPa，则应充气。

2）佩戴人员必须把胡须刮干净，以避免影响面罩和面部贴合的气密性。

3）擦洗面罩的视窗，使其有较好的透明度。

4）做2~3次深呼吸，感到畅通，可进入煤气地区。

（2）佩戴和使用。空气呼吸器佩戴和使用的方法有：

1）背气瓶。将气瓶阀向下背上气瓶，通过拉肩带上的自由端，调节气瓶的上下位置和松紧，直到感觉舒适为止。

2）扣紧腰带。将腰带公扣插入母扣内，然后将左右两侧的伸缩带向后拉紧，确保扣牢。

3）佩戴面罩。将面罩上的五根带子放松，把面罩置于使用者脸上，然后将头带从头部的上前方向后下方拉下，由上向下将面罩戴在头上。调整面罩位置，使下巴进入面罩下面凹形内，先收紧下端的两根颈带，然后收紧上端的两根头带及顶带，如果感觉不适，可调节头带松紧。

4）面罩密封。用手按住面罩接口处，通过吸气检查面罩密封是否良好。做深呼吸，此时面罩两侧应向人体面部移动，人体感觉呼吸困难，说明面罩气密良好，否则再收紧头带或重新佩戴面罩。

5）装供气阀。将供气阀上的接口对准面罩插口，用力往上推，当听到咔嚓声时，安装完毕。

6）检查仪器性能。完全打开气瓶阀，当压力降至 5 ± 0.5MPa 应能听到报警哨短促的报警声，否则，报警哨失灵或者气瓶内无气。同时观察压力表读数，气瓶压力应不小于 25MPa，通过几次深呼吸检查供气阀性能，呼气和吸气都应舒畅、无不适感觉。

7）使用。正确佩戴仪器，并且经认真检查后即可投入使用。

（3）使用过程中注意事项。使用过程中要注意随时观察压力表和报警器发出的报警信号，报警器音响在 1m 范围内声级为 90dB(A)。当报警器发出报警时，立即撤离现场，更换空气瓶后方可工作。

（4）使用结束后的主要注意事项：

1）使用结束后，先用手捏住下面左右两侧的颈带扣环向前一推，松开颈带，然后再松开头带，将面罩从脸部由下向上脱下。

2）转动供气阀上旋钮，关闭供气阀。

3）捏住公扣锁头，退出母扣。

4）放松肩带，将仪器从背上卸下，关闭气瓶阀。

406. 如何使用 CO-1A 型便携式 CO 报警仪？

答：（1）使用前的准备工作。CO-1A 型便携式 CO 报警仪（如图 5-5 所示）使用前应

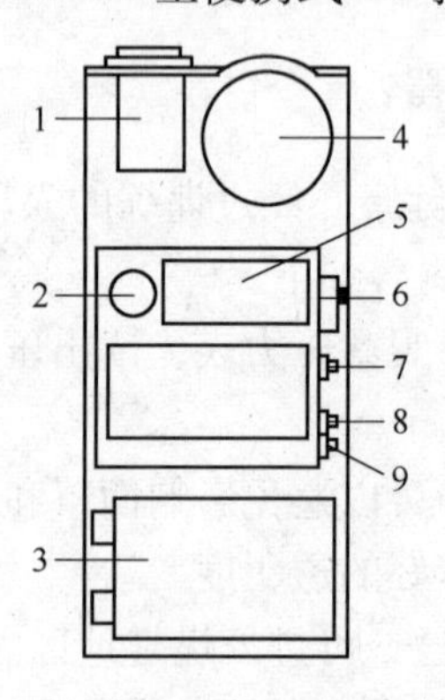

图 5-5　CO-1A 型便携式 CO 报警仪

1—蜂鸣器；2—发光管；3—电池；4—传感器；5—显示器；6—开关；
7—Z（调零电位器）；8—A（报警电位器）；9—S（标定电位器）

进行以下准备工作：

1）电池的安装：取下电池盖的两个螺丝打开电池盖，放入9V层叠电池，连接好电池扣。装入新电池后，蜂鸣器响几分钟，显示器从满量程逐步恢复到稳定状态（此时可关掉开关，节省电池）。严禁在有潜在危险环境下（如毒气、易爆气等）安装电池。

2）检查发光二极管是否每间隔10s左右闪烁一次。

3）新仪器装上电池后需放置24h，使系统稳定。更换电池后仪器放置2h，使系统稳定。

（2）仪器调整。安装好电池后的仪器经24h放置稳定后即可进行零点调整、标定调节和报警点的调整工作。取下电池盖，电池仓内可见到Z、S、A三个电位器，Z为调零电位器，S为标定电位器，A为报警电位器。

1）零点调整步骤。在使用过程中，随着时间的推移，仪表的传感器会不同程度地出现零点漂移现象，这样就会使所测气体的浓度产生偏差，因此，要定期调整零点，消除零点漂移。零点调整可在标准空气瓶或清洁空气环境中进行，可以用螺丝刀调节Z电位器，使显示器显示“000”。

2）标定调节。为保证仪器具有一定的测量精度，仪器在使用过程中应定期进行标定，本仪器的标定周期应根据现场有关规定进行，标定可按以下步骤进行：

①调整标准气瓶流量在50mL/min。

②使气体流进传感器约1min，使仪器显示读数稳定下来。

③调节S电位器，使仪器显示数字与标准气体浓度相同。

④移开气体管后显示值应复到“000”，否则重复调整零位和标定，使二者均得到满足。

3）报警点数值的调整。仪器出厂已调整在30mg/m^3报警，也可根据情况调整报警点数值。

（3）使用注意事项：

1）仪器在装配和更换电池时应在清洁环境下完成。

2）传感器和电路要注意防水和金属杂质。

3）不要在无线电发射台附近使用和校准仪器。

4）仪器长期不用时，应取下电池，置于干燥无尘的环境中。

5）传感器内含有硫酸溶液，在更换传感器时注意不要损坏。

6）调整仪器的专用工具应由专人保管。调整好的仪器不要随意打开，不要随意调整电位器。

407. 便携式煤气检测仪有哪些维护保养措施？

答：便携式煤气检测仪的维护保养措施有：

（1）检测仪显示屏要清洁干净，传感器窗口没有杂物堵塞。

（2）电池电量充足，数值显示准确，报警器能正常发出鸣叫。

（3）检测仪应轻拿轻放，避免激烈振动，以防止损坏传感器。

（4）新仪器装上电池后需放置24h，使系统稳定；更换电池后放置2h，使系统稳定后使用。

（5）仪器必须由专人负责保管，必须由受过专门培训的人员调试，严禁私自调试检测仪。不得随意打开或调整电位器。

（6）仪器使用人员不得用高浓度可燃气体靠近传感器，以免影响仪器的灵敏度和使用寿命。

（7）传感器和电路要注意防水和金属杂质。检测仪不用时，应放在通风场所，不应存放在潮湿高温场所。

408. 使用固定式 CO 检测报警器时应注意哪些事项？

答：使用固定式 CO 检测报警时应注意以下事项：

（1）仪器探头每隔三个月标定一次。

（2）探头的防虫网要定期清理，滤片要定期更换，否则灰尘杂质堵塞防护孔使探头的灵敏度下降。

（3）严禁人为用高浓度可燃气体靠近探头，以免影响仪器的灵敏度及使用寿命。

（4）使用人员不得自行拆卸及调整电位器。

（5）仪器每年送到技术监督部门检定一次。CO 检测仪必须由市级技术质量监督局进行校定。

6 锅炉、压力容器安全技能

钢铁企业使用的压力容器较多，本章节主要讲述锅炉、压力容器的基础知识、安全操作技能。

6.1 基础知识

409. 什么是压力容器？

答：容器器壁两边（即内、外部）存在一定压力差的所有密闭容器，均可称作压力容器，也称作受压容器。这也是压力容器在广义上的定义。从这个意义上来说，压力容器较为广泛地存在于现代社会中，小到日常生活中的抽真空罐头、汽水瓶、保温瓶、家用压力锅、液化石油气罐、杀虫喷雾剂瓶等，大到冶炼、医药、化工、热电、核电厂等生产装备中的压力容器，交通储运的罐车、气瓶甚至万吨巨轮、深水潜艇、大型高空喷气式飞机和导弹、火箭等军事装备以及“神七”返回舱等航空航天设备。

容器的压力来源有以下四种：

（1）各种类型的气体压缩机和泵产生的压力；

（2）蒸汽锅炉、废气热锅炉产生的压力；

（3）液化气体的蒸发压力；

（4）化学反应、核反应产生的压力。

410. 为什么将压力容器定为特殊设备？

答：压力容器器壁两边存在的压力差称作压力载荷，这种压力载荷等于人为地将能量进行提升、积蓄，使容器具备了能量随时释放的可能性和危险性，也就是会发生泄漏爆炸。这种可能性和危险性与容器的介质、容积、所承受的压力载荷以及结构、用途等有关。

例如，在常温下，一个容积为 $10m^3$、工作压力 1.1MPa 的容器，工作介质盛装空气或水时，它爆炸时所释放的能量，前者为后者的 6000 倍。再如将容器内介质水升温超过沸点，形成气液并存的饱和状态，此时爆炸所释放的能量，要比常温时提高几千倍。

实际上，只有一部分压力容器容易发生事故，而且事故的危害比较大，这部分压力容器大多都用在工业生产中。所以把这类容器划归为特殊设备进行管理，设立专门机构对其进行监督，建立健全各类规章制度，并要求严格按规范进行选材、设计、制造、安装、使用管理与维修改造和定期检验。目前，我国的这一专门的监督检验机构是国家质量监督检验检疫总局。习惯上，我们所说的压力容器就是指这一类作为特殊设备的压力容器。

411. 压力容器应同时具备哪些条件？

答：我国目前完全纳入《压力容器安全技术监察规程》适用范围的压力容器应同时具

备下列三个条件：

（1）高工作压力 $p_w \geq 0.1MPa$（不含液体静压）。

（2）内直径（非圆形截面指其最大尺寸）$\geq 0.15m$，且容积 $V \geq 0.025m^3$。

（3）盛装介质为气体、液化气体或最高工作温度高于或等于标准沸点的液体。

部分纳入《压力容器安全技术监察规程》适用范围的压力容器有：

（1）与移动压缩机一体的非独立的容积 $\leq 0.15m^3$ 的储罐、锅炉房内的分气缸。

（2）容积 $< 0.025m^3$ 的高压容器。

（3）深冷装置中非独立的压力容器、直燃型吸收式制冷装置中的压力容器、空分设备中的冷箱。

（4）螺旋板换热器。

（5）水力自动补气气压给水（无塔上水）装置中的气压罐，消防装置中的气体或气压给水（泡沫）压力罐。

（6）水处理设备中的离子交换或过滤用压力容器、热水锅炉用的膨胀水箱。

（7）电力行业专用的全封闭式组合电器（电容压力容器）。

（8）橡胶行业使用的轮胎硫化机及承压的橡胶模具。

412. 按生产工艺用途如何对压力容器进行划分？

答：根据压力容器在生产工艺过程中所起的作用可以将其归纳为反应压力容器、换热压力容器、分离压力容器、储存压力容器四大类。

（1）反应压力容器（代号 R）主要用于完成介质的物理、化学反应。这类容器的压力源于两种反应，即加压反应和反应升压。

常用的反应压力容器有各种反应器、反应釜、合成塔、变换炉、蒸煮锅、蒸球、蒸压釜、煤气发生炉等。

（2）换热压力容器（代号 E）主要用于完成介质的热量交换，达到生产工艺过程所需要的将介质加热或冷却的目的。其主要工艺过程是物理过程，按传热的方式分为蓄热式、直接式和间接式三种，较为常用的是直接式和间接式。

常用的换热压力容器有管壳式余热锅炉、热交换器、冷却器、冷凝器、蒸发器、加热器、消毒锅、染色器、烘缸、蒸炒锅、预热锅、溶剂预热器、蒸锅、蒸脱机、电热蒸汽发生器等。

（3）分离压力容器（代号 S）主要是用于完成介质的流体压力平衡缓冲和气体净化分离。分离压力容器的名称较多，按容器的作用命名为分离器、净化塔、回收塔等；按所用的净化方法命名为吸收塔、洗涤塔、过滤器等。

（4）储存压力容器（代号 C，其中球罐代号为 B）主要用于储存或盛装气体、液体、液化气体等介质，保持介质压力的稳定。常用的压缩气体储罐、压力缓冲罐、消毒锅、印染机、烘缸、蒸锅等都属于这类容器。

413. 按压力等级如何对压力容器进行划分？

答：压力是压力容器最主要的一个工作参数。从安全角度考虑，容器的工作压力越大，发生爆炸事故时的危害也越大。因此，必须对其设计压力进行分级，以便对压力容器进行分级管理与监督。按压力容器的设计压力（p）可划分为低压、中压、高压、超高压四个等级，具体的划分标准为：

（1）低压（代号L），$0.1\text{MPa} \leqslant p < 1.6\text{MPa}$；

（2）中压（代号M），$1.6\text{MPa} \leqslant p < 10.0\text{MPa}$；

（3）高压（代号H），$10.0\text{MPa} \leqslant p < 100.0\text{MPa}$；

（4）超高压（代号U），$p \geqslant 100.0\text{MPa}$。

外压容器中，当容器的内压力小于一个绝对大气压（约0.1MPa）时，又称为真空容器。

414. 按安装方式如何对压力容器进行划分?

答：按安装方式可将压力容器分为固定式压力容器和移动式压力容器。固定式压力容器指有固定的安装和使用地点，工艺条件和使用操作人员也比较固定，容器一般不是单独装设，而是用管道与其他设备相连接，如生产车间内的储罐、球罐、塔器、反应釜等。

移动式压力容器是指单个或多个压力容器罐体与行走装置、定型汽车底盘或者无动力半挂行走机构或框架组成，采用永久性连接，适用于铁路、公路、水路的运输装备，包括汽车罐车、铁路罐车、罐式集装箱、长管拖车等。这类压力容器使用时不仅承受内压或外压载荷，搬运过程中还会受到由于内部介质晃动引起的冲击力，以及运输过程中带来的外部撞击和振动载荷，因而在结构、使用和安全方面均有特殊的要求。

415. 按制造许可级别如何对压力容器进行划分?

答：国家质量监督检验检疫总局颁布的《锅炉压力容器制造监督管理办法》中，以制造难度、结构特点、设备能力、工艺水平、人员条件等为基础，将压力容器划分为A、B、C、D共4个许可级别。

（1）制造许可A级：超高压容器、高压容器（A1），第三类低、中压容器（A2），球形储罐现场组焊或球壳板制造（A3），非金属压力容器（A4），医用氧舱（A5）。

（2）制造许可B级：无缝气瓶（B1），焊接气瓶（B2），特种气瓶（B3）。

（3）制造许可C级：铁路罐车（C1），汽车罐车或长管拖车（C2），罐式集装箱（C3）。

（4）制造许可D级：第一类压力容器（D1），第二类低、中压容器（D2）。

416. 移动式压力容器如何分类?

答：移动式压力容器属于储运容器，它与储存容器的区别在于移动式压力容器没有固定的使用地点，一般也没有专职的操作人员，使用环境经常变换，不确定因素较多，管理复杂，容易发生事故。它的主要用途是盛装或运送压力气体或液化气体。容器在气体制造厂充气，然后运送到用气单位。移动式压力容器按其容积大小及结构形状可以分为气瓶和罐车两大类。

（1）气瓶。气瓶是使用最普遍的一种移动式压力容器。它的容积较小，一般在200L以下，常用的约为40L。气瓶的两端不对称，分头部和底部，头部缩颈收口装阀，整体形状似瓶，因此得名。另一种是桶状，两端封头，一般相互对称，形状似桶，其容积稍大，约为200~1000L。

按盛装气体的特性、用途或结构形式，气瓶可分为永久气体气瓶、液化气体气瓶、溶解气体气瓶三种。

1）永久气体气瓶也称压缩气体气瓶，一般都是以较高的压力充装气体。常用的充装压力为15~30MPa。所装的气体有氧、氮、空气、氢、甲烷、CO、NO及惰性气体。

2）液化气体气瓶在充装时都是以低温液态灌装。根据液化气体充装时的临界温度不同，充装压力不同，分为高压液化气体气瓶（常用气体有二氧化碳、乙烯、乙烷、氯化氢等）和低压液化气体气瓶（最常用的是硫化氢、氨、氯、液化石油气、丙烷、丁烷等)。

3）溶解气体气瓶主要指专供盛装乙炔气的气瓶。

其他气瓶指气瓶所盛装的气体介质的特性、制造工艺、结构形式、使用要求等不同于上述三类的气瓶。这类气瓶的产品技术要求因介质而异，最常用的是空分行业中的低温、超低温的气瓶，液氧、液氮瓶（罐）等均属于此类。

（2）罐车也称槽车是压缩气体、液化气体和溶解气体的储运式受压容器，固定安装在流动车架上的一种卧式储罐，有火车罐车和汽车罐车两种。它的容积较大，常达几十立方米。它的直径很大，一般不宜承受太高的压力。

417. 固定式压力容器的结构形式有哪些?

答: 固定式压力容器主要有球形容器、圆筒形容器、箱形容器和锥形容器几种结构形式。

（1）球形容器的本体是一个球壳，通常采用焊接结构如图6-1所示。由于球形容器一般直径都较大，难以整体成形，大多由许多块预先按一定尺寸压制成型的球面板拼焊而成。

球形容器受力时其应力分布均匀，在相同的压力载荷下，球壳体的应力仅为直径相同的圆筒形壳体的1/2。另外，相同的容积，球形的表面积最小。综合面积及厚度的因素，球形容器与相同容积、工作压力的圆筒形容器相比，材料可节省30%~40%。

球形容器制造复杂、拼焊要求高，而且作为传质、传热或反应的容器时，因工艺附件难以安装，介质流动困难，故广泛用作大型贮罐。

（2）圆筒形容器（见图6-2）的几何形状特点是轴对称，外观没有形状突变，因而受载应力分布均匀，承载能力较强，与球形容器相比，受力状态虽不如球形容器，但制造方便，质量易得到保证，工艺内件易于装拆，与其他形式的容器相比，受力状态要理想得多，可用作任何用途的容器，目前应用最广泛。

（3）箱形容器（见图6-3）结构分为正方形及长方形结构两种。由于其几何形状突变，应力分布不均匀，转角处局部应力较高，这类容器结构不合理，较少使用，一般仅用作压力较低的容器，如蒸汽消毒柜。

（4）锥形容器（见图6-4）其连接处因形状突变，受压力载荷时将会产生较大的附加弯曲应力。单纯的锥形容器在工程上很少见。

418. 压力容器的基本组成有哪些?

答: 常见的压力容器一般由筒体（也称壳体)、封头（端盖)、法兰、密封元件、开孔与接管（人孔、手孔、视镜孔、物料进出口接管)、附件（液位计、流量计、测温管、

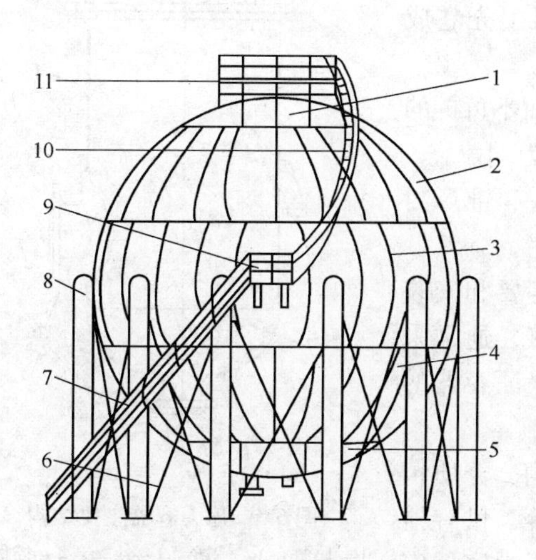

图6-1 球形容器

1—顶部极板；2—上温带板；3—赤道带板；4—下温带板；5—底部极板；6—拉杆；7—下部盘梯；8—支柱；9—中间平台；10—上部盘梯；11—顶部平台

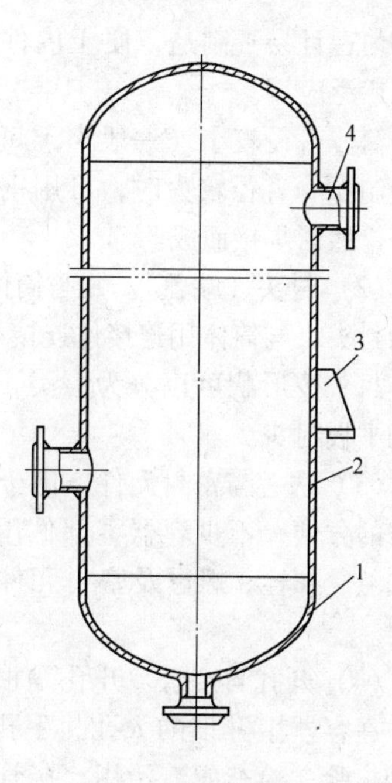

图6-2 圆筒形容器

1—封头；2—筒体；3—支座；4—接管

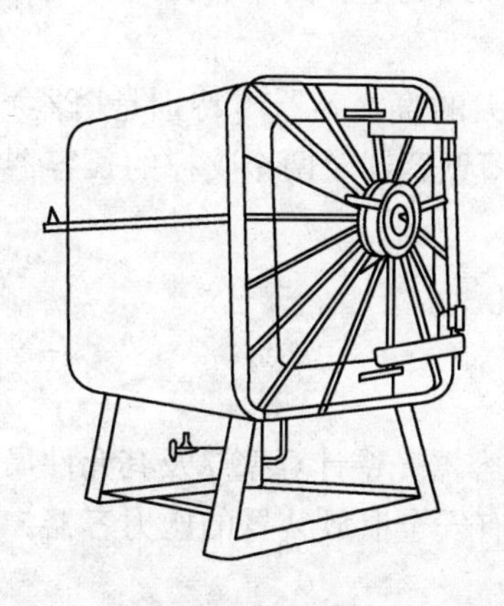

图6-3 箱形容器（消毒柜）

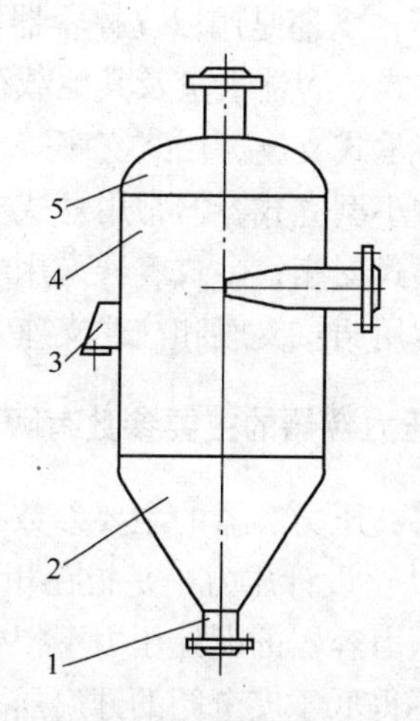

图6-4 锥形容器

1—接管；2—锥底；3—支座；4—筒体；5—封头

安全阀等）和支座等所组成，如图6-5所示。

（1）筒体是压力容器最主要的组成部分，与封头或端盖共同构成承压壳体，为储存介质或完成介质的物理、化学反应提供所必需的空间。

常见的是圆筒形筒体，其形状特点是轴对称，圆筒体是一个平滑的曲面，应力分布比较均匀；且易于制造，便于内件的设置与装拆，因而得到广泛应用。

筒体直径较小（一般小于500mm）时，可用无缝钢管制作。直径较大时，可用钢板在卷板机上先卷成圆筒，然后焊接而成。

（2）封头（端盖）。凡与筒体焊接连接而不可拆的称为封头；与筒体用连接件连接可拆的则称为端盖。

封头按形状可以分为三类，即凸形封头、锥形封头和平板封头。

（3）法兰与密封元件。由于生产工艺需要和安装检修的方便，不少容器零部件用连接件连接。通常采取法兰、螺栓、螺母及密封元件等连接，保证容器的密封。

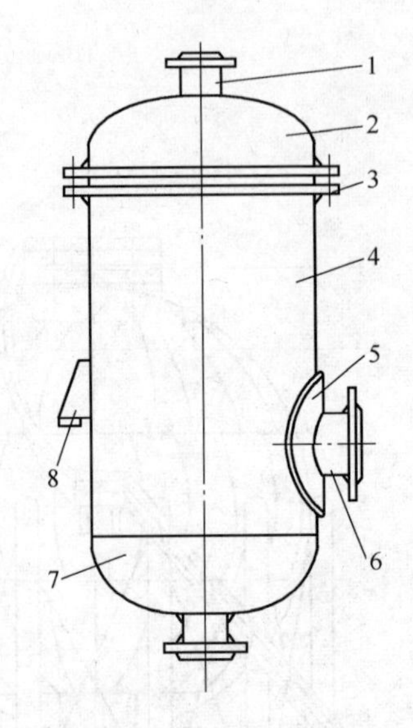

图6-5　压力容器主要结构

1—接管；2—端盖；3—法兰；4—筒体；5—加强圈；6—人孔；7—封头；8—支座

（4）开孔与接管。开孔是根据容器结构、介质情况，在容器上开设的人孔、手孔、视镜孔等，供容器定期检验、检查或清污用。接管是为适应压力容器安全运行及工艺生产的需要而设置于封头（端盖）及筒体上，用于介质的进出、安全附件（包括液位计、流量计、测温管和安全阀等）的安装等。常用的接管有螺纹短管、法兰短管和平法兰三种形式。

（5）支座是用以支撑容器、固定容器位置的一种附件。支座的结构形式决定于容器的安装方式、容器重量及其他载荷。常见的支座主要有鞍式支座、圈座、腿式支座、耳式支座、支承式支座、裙式支座等。

中小型立式容器常用耳式支座、支承式支座；高大的直立容器（特别是塔器），一般采用裙式支座；卧式容器采用鞍式支座；圈座适用于薄壁容器及两个支撑的长容器。球形容器常用裙式支座和柱式支座。

419. 压力容器的主要参数有哪些?

答: 压力容器的主要参数有：

（1）设计压力：是指在相应设计温度下用以确定容器壳壁计算壁厚及其元件尺寸的压力。压力容器的设计压力不得低于最高工作压力，装有安全泄放装置的压力容器，其设计压力不得低于安全阀的开启压力或爆破片的爆破压力。

（2）最高工作压力：是指容器顶部在正常工作过程中可能产生的最高表压力。

（3）工作压力：是指容器在满足工艺要求的条件下，所产生的表压力。

（4）试验压力：是指容器在压力试验时，容器顶部的压力。

（5）设计温度：是指容器在正常工作情况下，设定的元件的金属温度，标志在铭牌上的设计温度应是壳体设计温度的最高值或最低值。

（6）试验温度：是指压力容器在压力试验时，壳体的金属温度。

（7）计算厚度：是指压力容器各部分元件按公式计算出的厚度。

(8) 设计厚度：是指计算厚度与腐蚀裕量之和。

(9) 名义厚度：是指设计厚度加钢材负偏差后向上圆整至钢材标准规格的厚度。

(10) 有效厚度：是指名义厚度减去钢材负偏差和腐蚀裕量之后的厚度。

(11) 实测厚度：是指压力容器在检验时，用测厚仪所测出的实际厚度。

(12) 外径：是指圆柱形、球形压力容器外直径。

(13) 内径：是指圆柱形、球形压力容器内直径。

(14) 容器规格的表示：内径×壁厚×长度（高度），单位为mm。

420. 压力容器设计上应满足哪些要求？

答：压力容器设计上应满足以下要求：

(1) 各受压部件应有足够的强度，并装有可靠的安全保护设施，防止超压。

(2) 受压元件、部件结构形式、开孔和焊缝的布置应尽量避免或减小复合应力和应力集中。

(3) 承重结构在承受设计载荷时应具有足够的强度、刚度、稳定性及防腐蚀性。

(4) 容器的整体结构应便于安装、检修和清洗。

421. 压力容器的安全装置有哪些？

答：压力容器的安全装置有以下五种：

(1) 计量显示装置。指用以显示容器运行时容器内部介质的实际状况的装置，主要有压力表、温度计、液面计、自动分析仪等。

(2) 控制或显示控制装置。能依照设定的工艺参数自行调节，保证该工艺参数稳定在一定范围的装置，如减压阀、调节阀、电接点压力表、自动液面计等。

(3) 安全泄放装置。当容器或系统内介质的压力超过所定压力时，该装置自动泄放部分或全部气体，以防止压力增高而造成破坏，如安全阀、爆破片等。

(4) 截流止漏装置。可满足压力容器运行时进料和排放的需要或在紧急情况下紧急切断或快速排放，保证压力容器控制在规定的压力下运行或降低事故发生的危险性，如紧急切断装置、减压阀、止回阀等。

(5) 安全联锁装置。安全联锁装置的作用是防止误操作。联锁装置包括紧急切断装置、减压阀、调节阀、温控器、自动液面计、快开门式压力容器的安全联锁装置等。

在压力容器的安全装置中，最常用而且最关键的是防止压力容器爆炸的装置——安全泄压装置。它可以说是压力容器安全装置中的最后一道防线。

422. 压力容器安全附件及要求有哪些？

答：压力容器安全附件有安全阀、爆破片、安全阀与爆破片装置的组合、爆破帽、易熔塞、紧急切断阀、减压阀和压力表。

(1) 安全阀是一种由进口静压开启的自动泄压阀门，它依靠介质自身的压力排出一定数量的流体介质，以防止容器或系统内的压力超过预定的安全值。当容器内的压力恢复正常后，阀门自行关闭，并阻止介质继续排出。安全阀分为全启式安全阀和微启式安全阀。根据安全阀的整体结构和加载方式可以分为静重式、杠杆式、弹簧式和先导式四种。

（2）爆破片是一种非重闭式泄压装置，由进口静压使爆破片受压爆破而泄放出介质，以防止容器或系统内的压力超过预定的安全值。

爆破片又称为爆破膜或防爆膜，是一种断裂型安全泄放装置。与安全阀相比，它具有结构简单、泄压反应快、密封性能好、适应性强等特点。

（3）安全阀与爆破片装置并联组合时，爆破片的标定爆破压力不得超过容器的设计压力。安全阀的开启压力应略低于爆破片的标定爆破压力。

（4）爆破帽为一端封闭，中间有一薄弱层面的厚壁短管，爆破压力误差较小，泄放面积较小，多用于超高压容器。超压时其断裂的薄弱层面在开槽处。由于其工作时通常还有温度影响，一般均选用热处理性能稳定，且随温度变化较小的高强度材料（如 $34CrNi_3Mo$ 等）制造，其破爆压力与材料强度之比一般为0.2～0.5。

（5）易熔塞属于“熔化型”安全泄放装置，它的动作取决于容器壁的温度，主要用于中、低压的小型压力容器，在盛装液化气体的钢瓶中应用更为广泛。

（6）紧急切断阀是一种特殊结构和特殊用途的阀门，它通常与截止阀串联安装在紧靠容器的介质出口管道上。其作用是在管道发生大量泄漏时紧急止漏，一般还具有过流闭止及超温闭止的性能，并能在近程和远程独立进行操作。紧急切断阀按操作方式的不同，可分为机械（或手动）牵引式、油压操纵式、气压操纵式和电动操纵式等多种，前两种目前在液化石油气槽车上应用非常广泛。

（7）减压阀的工作原理是利用膜片、弹簧、活塞等敏感元件改变阀瓣与阀座之间的间隙，在介质通过时产生节流，使压力下降而使其减压的阀门。

（8）压力表是指示容器内介质压力的仪表，是压力容器的重要安全装置。按其结构和作用原理，压力表可分为液柱式、弹性元件式、活塞式和电量式四大类。活塞式压力计通常用作校验用的标准仪表，液柱式压力计一般只用于测量很低的压力，压力容器广泛采用的是各种类型的弹性元件式压力计。

（9）液位计又称液面计是用来观察和测量容器内液体位置变化情况的仪表。特别是对于盛装液化气体的容器，液位计是一个必不可少的安全装置。

（10）温度计是用来测量物质冷热程度的仪表，可用来测量压力容器介质的温度。对于需要控制壁温的容器，还必须装设测试壁温的温度计。

423. 压力容器安全装置的安装有哪些原则？

答：压力容器安全装置的安装原则是：

（1）压力容器应根据设计要求，装设安全泄放装置（安全阀或爆破片装置），若压力来源于压力容器外部且可控制时，可以不直接安装在压力容器上。

（2）在生产过程中可能因物料的化学反应使其内压增加的容器、盛装液化气体的容器、压力来源处没有安全阀和压力表的容器，最高工作压力小于压力来源处压力的容器等必须装设安全阀（或爆破片）和压力表。

（3）当容器内的介质具有黏性大、腐蚀或有毒等特性时，如安全阀不能可靠地工作，则应装设爆破片或采用爆破片与安全阀共用的组合式结构。凡串联在组合结构中的爆破片在动作时不允许产生碎片。

（4）对易燃介质或毒性程度为极度、高度或中度危害介质的压力容器，应在安全阀或爆破片的排出口装设导管，将排放介质引至安全地点，并进行妥善处理，不得排入大气。

（5）压力容器最高工作压力低于压力源压力时，在通向压力容器进口的管道上必须装设减压阀；如因介质条件影响减压阀可靠地工作，可用调节阀代替减压阀。在减压阀或调节阀的低压侧，必须装安全阀和压力表。

（6）压力容器液面计应根据压力容器的介质、最高工作压力和温度正确选用。

424. 压力容器的安全泄放量如何确定?

答：压力容器的安全泄放量是指压力容器在超压时为保证其压力不再升高，在单位时间内所必须泄放的量。压力容器的安全泄放量具体要求如下：

（1）当装有单个泄放装置时，在泄放期间应能防止容器内的压力增加不超过其最大允许压力的10%或20kPa中的较大值。

（2）当具有多个泄放装置时，在泄放期间应能防止容器内的压力增加不超过其最大允许压力的12%或30kPa中的较大值。

（3）当容器与火焰或其他不能预料的外来热源接近能酿成意外危险时，应安装辅助的泄放装置，使容器内的压力增加不超过其最大允许压力的16%。

显然，所有容器或系统上安装的各种泄放装置可泄放的总容量应满足泄放该容器或系统所产生的、或供给附属设备的最大量。否则容器内的压力就要上升，并可能超过允许值而发生意外爆炸事故。

对于各种不同用途的压力容器，应分别按不同的容器内径、受热面积、介质性质、流速、压力、饱和温度等来确定其安全泄放量。

425. 简述有关容器压力的概念。

答：压力是压力容器中最主要的参数，本书除特别标明“绝对压力”外，均为表压。

（1）压力：指垂直作用在单位面积上的力（实际是压强），用符号 p 表示，单位是MPa。

（2）大气压力：围绕在地球表面上的空气由于受到地球引力的作用，对在大气里面的物体都产生压力，这种压力称为大气压力。工程应用中，常把周围环境中的大气压力定为约0.0981MPa。

（3）表压力：指以大气压力为测量起点，即压力表指示的压力。

（4）绝对压力：指以压力为零，作为测量起点，即实际压力。绝对压力应为压力表显示的压力加上大气压力，即 $p_{绝}=(p_{表}+0.0981)$ MPa。

（5）真空：低于大气压时称为真空（负压）。

（6）工作压力：指在正常工艺操作时容器顶部的压力。

（7）最高工作压力：对承受内压的压力容器，最高工作压力是指在正常使用过程中，容器顶部可能出现的最高压力。

（8）设计压力：设定的容器顶部的最高压力，其值不得低于最高工作压力。装有安全泄放装置的压力容器，其设计压力不得低于安全阀的开启压力或爆破片的爆破压力。

（9）最大允许工作压力：在指定温度下，压力容器安装后，顶部所允许的最大工作压力。最大允许工作压力可作为确定保护容器的安全泄放装置动作压力的依据。

（10）计算压力：指在相应设计温度下，用以确定壳体各部位厚度的压力，其中包括液柱静压力。当壳体各部位或元件所承受的液柱静压力小于5%设计压力时，可忽略不计。

（11）试验压力：指压力试验时，压力容器顶部的压力。

（12）安全阀的公称压力：表示安全阀在常温状态下的最高许用压力，高温设备用的安全阀还应考虑高温下材料许用应力的降低。安全阀是按公称压力标准系列进行设计制造的。

（13）安全阀开启压力：安全阀开启压力也称整定压力，是安全阀阀瓣在运行条件下开始起升时的介质压力。

（14）安全阀排放压力：是指阀瓣达到规定开启高度时进口侧的压力。

（15）安全阀回座压力：是指安全阀排放后，阀瓣重新压紧阀座，介质停止排出时的进口压力。回座压力是表现安全阀使用品质的一个重要参数，一般要求其至少为工作压力的80%，上限以不产生阀瓣频繁跳动为宜。

426. 什么是锅炉？

答：锅炉是利用燃料或其他能源的热能加热水或其他工质，用以生产规定参数（温度、压力）和品质的蒸汽、热水或其他工质的设备。

锅炉由“锅”和“炉”以及相配套的附件、自控装置、附属设备组成。

“锅”是指锅炉接受热量，并将热量传给水、汽、导热油等工质的受热面系统，是锅炉中储存或输送水或蒸汽的密闭受压部分。“锅”主要包括锅筒（或锅壳）、水冷壁、过热器、再热器、省煤器、对流管束及集箱等。

“炉”是指燃料燃烧产生高温烟气，将化学能转化为热能的空间和烟气流通的通道，即炉膛和烟道。“炉”主要包括燃烧设备和炉墙等。

锅炉产生的热水或蒸汽可直接为生产和生活提供所需的热能，也可通过蒸汽动力装置转换为机械能，或再通过发电机将机械能转换为电能。提供热水的锅炉称为热水锅炉，主要用于生活，工业生产中也有少量应用。产生蒸汽的锅炉称为蒸汽锅炉，也称蒸汽发生器，常简称为锅炉，是蒸汽动力装置的重要组成部分，多用于火电站、船舶、机车和工矿企业。

锅炉承受高温高压，安全问题十分重要。因此，对锅炉的材料选用、设计计算、制造和检验等都有严格的法规。

427. 锅炉的工作特性有哪些？

答：锅炉的工作特性有：

（1）爆炸危害性。锅炉具有爆炸性。锅炉在使用中发生破裂，使内部压力瞬时降至等于外界大气压的现象称为爆炸。

（2）易于损坏性。锅炉由于长期运行在高温高压的恶劣工况下，局部损坏如不能及时发现处理，会进一步导致重要部件和整个系统的全面受损。

（3）使用的广泛性。由于锅炉为整个社会生产提供了能源和动力，因而其应用范围极其广泛。

（4）连续运行性。锅炉一旦投用，一般要求连续运行，不能任意停车，否则会影响一条生产线、一个厂甚至一个地区的生产和生活，其间接经济损失巨大，有时还会造成恶劣的后果。

428. 如何对锅炉进行分类?

答: 锅炉应用广泛，可以从不同角度对锅炉进行分类。

（1）按烟气在锅炉流动的状态可分为锅壳锅炉（火管锅炉）、水管锅炉和水火管组合式锅炉。

（2）按用途不同可分为电站锅炉、工业锅炉、生活锅炉和车船用锅炉等。

（3）按蒸发量大小可分为大型锅炉（>75t/h）、中型锅炉（20~75t/h）和小型锅炉（<20t/h）。

（4）按蒸汽压力大小可分为低压锅炉（≤2.45MPa）、中压锅炉（2.45~4.90MPa）、高压锅（7.84~10.8MPa）、超高压锅炉（11.8~14.7MPa）、亚临界锅炉（15.7~19.6MPa）和超临界锅炉（≥22.1MPa）等。

（5）按载热介质可分为蒸汽锅炉（介质为饱和蒸汽）、热水锅炉（120℃）、汽水两用（既产蒸汽又产热水）锅炉。

（6）按燃料和能源种类不同可分为燃煤锅炉、燃油锅炉、燃气锅炉、废热（余热）锅炉、电热（余热）锅炉等。

（7）按燃料在锅炉中的燃烧方式可分为层燃炉、沸腾炉、室燃炉。

（8）按工质在蒸发系统的流动方式可分为自然循环锅炉、强制循环锅炉、直流锅炉等。

429. 锅炉压力容器安全附件及要求有哪些?

答: 锅炉压力容器安全附件有：

（1）安全阀。安全阀是锅炉上的重要安全附件之一，它对锅炉内部压力极限值的控制及对锅炉的安全保护起着重要的作用。安全阀应按规定配置，合理安装，结构完整，灵敏、可靠。应每年对其检验、定压一次并铅封完好，每月自动排放试验一次，每周手动排放试验一次，做好记录并签名。

（2）压力表。压力表用于准确地测量锅炉上需测量部位压力的大小。

1）锅炉必须装有与锅筒（锅壳）蒸汽空间直接相连接的压力表。

2）根据工作压力选用压力表的量程范围，一般应在工作压力的1.5~3.0倍。

3）表盘直径不应小于100mm，表的刻盘上应划有最高工作压力红线标志。

4）压力表装置齐全（压力表、存水弯头、三通旋塞）。应每半年对其校验一次，并铅封完好。

（3）水位计。水位计用于显示锅炉内水位的高低。水位计应安装合理，便于观察，且灵敏可靠。每台锅炉至少应装两只独立的水位计，额定蒸发量≤0.2 t/h的锅炉可只装一只。水位计应设置放水管并接至安全地点。玻璃管式水位计应有防护装置。

（4）温度测量装置。温度是锅炉热力系统的重要参数之一，为了掌握锅炉的运行状况，确保锅炉的安全、经济运行，在锅炉热力系统中，锅炉的给水、蒸汽、烟气等介质均需依靠温度测量装置进行测量监视。

（5）保护装置。保护装置有超温报警和联锁保护装置、高低水位警报和低水位联锁保护装置、超压报警装置和锅炉熄火保护装置。

（6）排污阀或放水装置。排污阀或放水装置的作用是排放锅水蒸发残留下的水垢、泥渣及其他有害物质，将锅水的水质控制在允许的范围内，使受热面保持清洁，以确保锅炉的安全、经济运行。

（7）防爆门。为防止炉膛和尾部烟道再次燃烧造成破坏，常在炉膛和烟道易爆处装设防爆门。

（8）锅炉自动控制装置。通过工业自动化仪表对温度、压力、流量、物位、成分等参数进行测量和调节，达到监视、控制、调节生产的目的，使锅炉在最安全、经济的条件下运行。

430. 锅炉的安全保护装置起到哪些作用？

答：锅炉安全保护装置是指为保证锅炉安全运行而装设在锅炉上的一种附属装置，按其使用性能或用途的不同，分为联锁装置、报警装置、计量装置、泄压装置、喷淋装置。

（1）联锁装置的作用。燃气锅炉应装有联锁装置，锅炉运行中一旦出现下述情况，能够自动切断燃气供应；对装设鼓风燃烧器的锅炉，能够自动切断给风气源。

1）热水锅炉压力降低到会发生汽化或水温升高到超过规定值。

2）蒸汽锅炉压力超过规定值或水位低到最低值。

3）当燃气压力过高时，还会出现脱火现象，甚至在炉膛内发生爆炸，因此燃烧器必须在设计的燃气压力下运行，超高或过低均应启动切断装置。

4）送风机、引风机以及热水锅炉的循环水泵突然停电或停止运行及发生变频故障、接触点故障等故障时启动切断装置。

5）烟温的情况也反映了锅炉的运行正常与否，一旦烟温超过设定值就应启动切断装置。

（2）报警装置的作用。燃气锅炉运行时，锅炉内水与汽的温度、压力以及蒸汽锅炉中的水位，是保证其安全运行的监控参数，当这些参数出现异常时，自动报警装置应发出声光信号。

1）超温报警。《压力容器安全技术监察规程》规定：燃气热水锅炉额定出口热水温度高于或等于120℃，以及额定出口热水温度虽低于120℃，但额定功率大于或等于4.2MW时，应该设超温报警装置，并有联锁保护，一旦超温，PLC立即进行紧急停炉。

2）超压报警。蒸汽锅炉额定蒸发量大于或等于6t/h时，应装有蒸汽超压报警，并设联锁保护超压报警，同时关闭电磁阀，切断燃气气源，引风机仍运行，锅炉蒸汽压力一般由压力控制器进行自动控制。

3）水位报警。蒸汽锅炉额定蒸发量大于或等于2t/h时，应装设高低水位报警，高低水位报警信号要能区分，发生低水位报警时，关闭电磁阀，切断燃气气源，鼓风机30s后停机，引风机仍运行。

4）流量报警。直流锅炉应装设给水流量低于启动流量时的报警装置。

5）熄火报警。当锅炉炉膛熄火时，锅炉熄火保护装置作用，切断燃料供应，并发出相应信号。

(3) 计量装置的作用:

1) 水位表是用来显示锅筒(锅壳)内水位高低的仪表。锅炉工可以通过水位表观察并相应调节水位，防止发生锅炉缺水或满水事故。使用锅炉水位表应注意以下几点:

①水位表应有指示高、低安全水位和正常水位的安全明显标志。

②玻璃管式水位表应有防碰装置。

③水位表应有防水阀门和接到安全地点的放水管。

2) 压力表是显示锅炉汽水系统压力大小的仪表。严密监视锅炉受压元件的承压情况，把压力控制在允许的压力范围之内，是锅炉实现安全运行的基本条件和基本要求。

(4) 泄压装置的作用。泄压装置是指锅炉超压时能自动泄放压力的装置，如安全阀。锅炉的安全装置是锅炉安全运行不可缺少的部件，其中安全阀、压力表和水位表被称为锅炉的三大安全附件。

安全阀是锅炉设备中重要的安全附件之一。它的作用是当锅炉压力超过预定的数值时，自动开启，排气泄压，将压力控制在允许范围之内，同时发出报警；当压力降到允许值后，安全阀又能自动关闭，使锅炉在允许的压力范围内继续运行。

(5) 喷淋装置的作用。蒸汽锅炉装有再热器时，应装设自动喷淋装置。当再热器出口蒸汽温度达到最高允许值时，喷淋装置能够自动投入，喷水降温。

431. 锅炉安全阀的安装技术要求是什么?

答: 锅炉安全阀的安装技术要求是:

(1) 每台锅炉至少应装设两个安全阀(不包括省煤器安全阀)，符合下面规定之一的，可只装一个安全阀:

1) 额定蒸发量小于或等于0.5t/h的蒸汽锅炉及额定供热量小于或等于0.35MW的热水锅炉。

2) 额定蒸发量小于4t/h的蒸汽锅炉及额定供热量小于2.8MW的热水锅炉，或装有可靠的超压联锁保护装置的锅炉。

蒸汽锅炉的可分式省煤器出口处和蒸汽过热器出口处，都必须装设安全阀。

(2) 额定蒸汽压力小于0.10MPa的蒸汽锅炉，应采用静重式安全阀或水封式安全装置。水封装置的水封管内径不应小于25 mm，且不得装设阀门，同时应有防冻措施。热水锅炉上设有水封式安全装置时，可不装设安全阀。

(3) 安全阀应垂直安装，并尽可能装在锅筒、集箱的最高位置。在安全阀和锅筒之间或安全阀和集箱之间，不得装有取用蒸汽的出气管和阀门。

(4) 安全阀的数量及阀座内径，应根据计算确定。蒸汽锅炉上安全阀的总排放量，必须大于锅炉最大连续蒸发量，并且在锅筒和过热器的所有安全阀开启后，锅筒内蒸汽压力上升幅度不得超过设计压力的1.1倍。蒸汽过热器出口处安全阀的排放量，应保证在安全阀的总排放量下，过热器有足够的冷却，不致被烧坏。在整定安全阀开启压力时，应保证过热器上的安全阀先开启。

(5) 安全阀上必须有下列装置:

1）杠杆式安全阀要有防止重锤自行移动的装置和限制杠杆越出的导架。

2）弹簧式安全阀要有提升手把和防止随便拧动调整螺钉的装置。

3）静重式安全阀要有防止重片飞脱的装置。

（6）对于额定蒸汽压力小于或等于3.82 MPa的蒸汽锅炉及热水锅炉，安全阀流道直径不应小于25mm。

（7）几个安全阀如共同安装在与锅筒直接相连接的短管上，短管的通路截面积应不小于所有安全阀排汽面积之和。

（8）采用螺纹连接的弹簧式安全阀，其规格应符合《弹簧式安全阀参数》JB2202的要求。此时，安全阀应与带有螺纹的短管相连接，而短管与锅筒（锅壳）或集箱的筒体应采用焊接连接。

（9）蒸汽锅炉安全阀一般应装设排气管，热水锅炉安全阀应装设泄放管。排气管与泄放管上均不允许装设阀门，应直通安全地点，并有足够的截面积，保证排泄畅通。

（10）在用锅炉的安全阀每年至少应校验一次，安全阀经校验后，应铅封。严禁用加重物、移动重锤、将阀芯卡死等手段任意提高安全阀始启压力或使安全阀失效。锅炉运行中，安全阀严禁解列（即切断）。

（11）为防止安全阀的阀芯和阀座粘住，应定期对安全阀进行手动的排放试验。

（12）安全阀出厂时，应标有金属铭牌。铭牌上至少应载明安全阀型号、制造厂名、产品编号、出厂年月、公称压力（MPa）、阀门流道直径（mm）、开启高度（mm）、排量和压力等级等各项内容。

432. 什么是省煤器？其构造和作用有哪些？

答：省煤器是布置在锅炉尾部烟道内加热给水的部件其结构如图6-6所示。钢管式省煤器由水平布置的并联弯头管子（习惯称为蛇形管）组成。

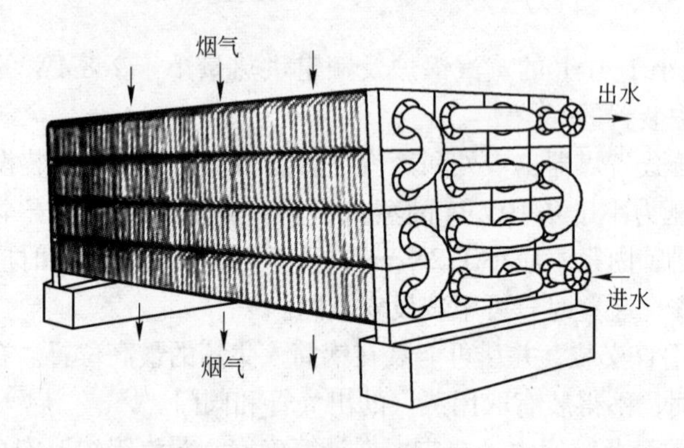

图6-6 省煤器结构示意图

省煤器的作用是吸收锅炉尾部烟气中的部分热量，降低排烟温度，以节省燃料。现代锅炉一般都有省煤器。省煤器一词源于燃煤锅炉，对于燃油、燃气和其他燃料的锅炉习惯上也称为省煤器。省煤器按出口水是否汽化分为沸腾式和非沸腾式。省煤器按结构和材料又可分为铸铁式和钢管式。

6.2 安全附件

433. 安全泄压装置的类型及特点有哪些?

答: 安全泄压装置一般分为阀型安全泄压装置、断裂型安全泄压装置、熔化型安全泄压装置、组合型安全泄压装置几种。

安全泄压装置的特点有:

(1) 阀型安全泄压装置是指常用的安全阀。其优点是仅排放容器内高于规定部分的压力,节约原料或能源;缺点是密封性能较差,会有轻微泄漏,由于惯性作用常有“滞后”现象,用于含固体颗粒或液滴的气体时可能会造成堵塞或粘连。它被广泛使用在高、中、低压容器上,特别是弹簧式安全阀使用最广泛。

(2) 断裂型安全泄压装置是指爆破片及防爆帽等。爆破片用于中、低压容器,防爆帽常用于超高压容器。断裂型安全泄压装置的优点是密封性能好、反应快及气体内污物对其影响小,适用于工作介质黏性大、腐蚀性强、有毒的容器及低温型汽车罐车上,缺点是会造成生产中断和原料浪费。

(3) 熔化型安全泄压装置是指常用的易熔合金塞,一般用于液化气体气瓶(不包括盛装有毒或剧毒的气体气瓶)、溶解乙炔气瓶等。其优点是密封性能好,但要求其动作温度准确,且不与介质发生化学反应。

(4) 组合型安全泄压装置一般有阀型和断裂型组合、阀型和熔化型组合两类。最常见的是弹簧式安全阀和爆破片的组合,它具有二者的优点。

安全阀与爆破片最常见的组合类型有安全阀与爆破片装置并联使用、爆破片装在安全阀的进口侧、爆破片装在安全阀的出口侧三种。

434. 安全阀与爆破片装置的组合应遵循哪些原则?

答: 安全阀与爆破片装置的组合应遵循以下原则:

(1) 安全阀与爆破片装置并联组合时,爆破片的标定爆破压力不得超过容器的设计压力;安全阀的开启压力应略低于爆破片的标定压力。

(2) 当安全阀进口和容器之间串联安装爆破片装置时,应满足下列条件:

1) 安全阀和爆破片装置组合的泄放能力应满足要求。

2) 爆破片破裂后的泄放面积应不小于安全阀进口面积,同时应保证爆破片破裂的碎片不影响安全阀的正常动作。

3) 爆破片装置与安全阀之间应装设压力表、旋塞、排气孔或报警指示器,以检查爆破片是否破裂或渗漏。

(3) 当安全阀出口侧串联安装爆破片装置时,应满足下列条件:

1) 容器内的介质应是洁净的,不含有胶着物质或阻塞物质。

2) 安全阀的泄放能力应满足要求。

3) 当安全阀与爆破片之间存在背压时,阀仍能在开启压力下准确开启。

4) 爆破片的泄放面积不得小于安全阀的进口面积。

5) 安全阀与爆破片装置之间应设置放空管或排污管,以防止该空间的压力累积。

435. 安全阀的作用有哪些?

答: 压力容器是按照等于或略高于容器在正常工作过程中可能产生的最高压力进行设计的。因此，在内压低于该设计值的情况下使用，压力容器可以安全运行，当压力超过设计压力时，容器发生破坏的可能性大大增加。

安全阀的作用就是当压力容器内的压力超过正常工作压力时，能自动开启将容器内的气体排出一部分，而当压力降至正常工作压力时，又能自动关闭，以保证压力容器不致因超压运行而发生事故。此外，安全阀开放时，由于容器内的气体从阀中高速喷出，常常发出较大的声响，从而也起到了报警的作用。但这类安全泄放装置的密封性能较差，在不超压时也常伴有轻微的泄露，且由于弹簧等的惯性作用，阀的开放常有滞后，阀口有被气体中的污物堵塞或阀瓣粘住的可能。

为了防止超压运行，除在运行中压力不能超过压力容器的设计压力外，原则上所有压力容器都应装设安全阀。

436. 安全阀的基本结构及工作原理有哪些?

答: 安全阀的基本结构是由阀体、阀瓣和加载机构等三个主要部分组成。在安全阀内阀瓣通过加载机构被压紧在阀体的阀座上。当容器内压力为正常工作压力时，加载机构施加于阀瓣上的载荷略大于流体压力所产生的作用于阀瓣上的总压力，安全阀处于关闭状态。当容器的内压超过设计压力时，内压对阀瓣的作用力将大于加载机构施加的载荷，于是阀瓣被顶离阀座，安全阀开启，气体从阀瓣与阀座间的缝隙处向外排出。在排放气体的同时，容器内的压力下降，当内压降至正常值时，阀瓣在加载机构载荷的作用下重新被压紧在阀座上，安全阀又处于关闭状态。因此，通过调节加载机构施加在阀瓣上的载荷，便可获得所需的安全阀开启压力。开启压力即指安全阀阀瓣在运行条件下开始升起、介质连续排出时的瞬时压力。

437. 安全阀的种类有哪些?

答: 一般安全阀可按照加载机构的不同或阀瓣提升高度的不同进行分类。

（1）按整体结构和加载机构的形式可分为重锤杠杆式、弹簧式和先导式三种 。

1）重锤杠杆式安全阀。利用杠杆原理，在杠杆的一端使用重量较小的重锤，以此获得较大的作用力来平衡内部流体作用在阀瓣上的力，其结构如图 6-7 所示。

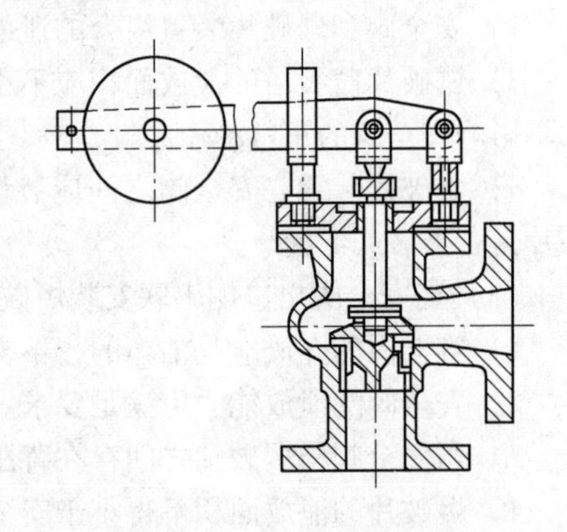

图 6-7 重锤杠杆式安全阀

重锤杠杆式安全阀结构简单，调整容易比较准确，所加的载荷不会因阀瓣的升高而有较大的增加，适用于温度较高的场合，特别是用在锅炉和温度较高的压力容器上。但重锤杠杆式安全阀结构比较笨重，加载机构容易振动，并常因振动而产生泄漏。其回座压力较低，开启后不易关闭及保持严密。

2）弹簧式安全阀。利用压缩弹簧的力来平衡作用在阀瓣上的力，其结构如图6-8所示。螺旋圈形弹簧的压缩量可以通过转动它上面的调整螺母来调节，利用这种结构就可以根据需要校正安全阀的开启（整定）压力。弹簧式安全阀结构轻便紧凑，灵敏度也比较高，安装位置不受限制，而且因为对振动的敏感性小，可用于移动式的压力容器上。这种安全阀的缺点是所加的载荷会随阀的开启而发生变化，即随着阀瓣的升高，弹簧的压缩量增大，作用在阀瓣上的力也跟着增加，这对安全阀的迅速开启是不利的。另外，阀上的弹簧会由于长期受高温的影响而使弹力减小。用于温度较高的容器上时，常常要考虑弹簧的隔热或散热问题，从而使结构变得复杂。

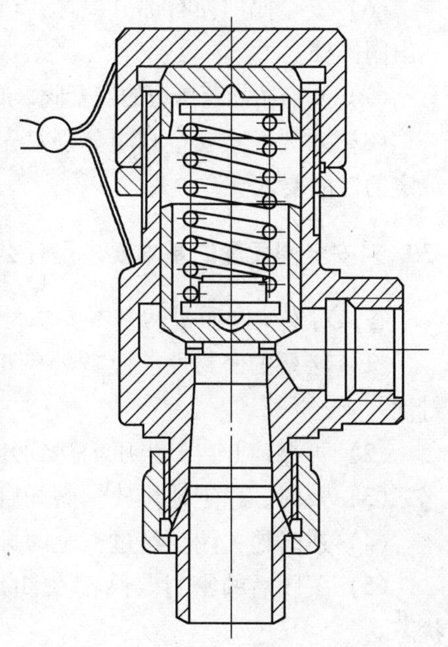

图6-8 弹簧式安全阀

3）先导式安全阀是由一个主阀（安全阀）和一个先导阀（直接作用式安全阀）组成，主阀是真正的安全阀，先导阀是用来感受受压系统的压力并使主阀开启和关闭。通过先导阀的脉冲作用带动主阀动作，也称作脉冲式安全阀。先导式安全阀结构复杂，通常只适用于安全泄放量很大的锅炉和压力容器。

以上三种形式安全阀中，应用比较广泛的是弹簧式安全阀。

（2）按阀瓣开启高度与阀流通直径之比可以分为微启式和全启式安全阀两种。

（3）按气体排放的方式可以分为全封闭式、半封闭式和敞开式三种。

全封闭式安全阀排放时，介质全部通过管道排放到回收装置，介质不向外泄漏，被收集起来重新利用或做其他处理，因此，全封闭式安全阀主要用于有毒、易燃介质。

半封闭式安全阀所排出的介质大部分经管道排放到回收装置，但仍有一部分从阀盖与阀杆之间的间隙中漏出，多用于介质为不会污染环境的气体的容器。

开放式安全阀排放的气体直接进入周围的空间，主要适用于介质为蒸汽、压缩空气以及对大气不产生污染的高温气体的容器。

438. 对安全阀的基本技术要求有哪些？

答：对安全阀的基本技术要求有：

（1）整定压力大于3.0MPa的蒸汽用安全阀，介质温度大于235℃的空气或其他气体用安全阀，应能防止排出的介质直接冲蚀弹簧。

（2）蒸汽用安全阀必须带有扳手，当介质压力达到整定压力75%以上时，能利用扳手将阀瓣提升，该扳手对阀的动作不应造成阻碍。

（3）对有毒或易燃性介质必须采用封闭式安全阀，且要防止阀盖和保护罩垫片处的泄漏。

（4）为防止调整弹簧压缩量的机构松动，以及随意改变已调好的压力，必须设有防松装置并加铅封。

（5）阀座应固定在阀体上，不得松动，全启式安全阀应设有限制开启高度的机构。

（6）安全阀即使有部分损坏，仍应能达到额定排量，当弹簧破损时，阀瓣等零件不会飞出阀体外。

（7）对有附加背压力的安全阀，应根据其压力的大小和变动情况，设置背压平衡机构。

（8）对先导式安全阀应分别对先导阀和主阀做密封性开启动作试验，且都应达到标准规定的性能要求。

439. 对安全阀质量的基本要求是什么？

答： 对安全阀质量的基本要求是：

（1）必要的密封性。设备处于正常工作压力时，关闭状态的安全阀应具有必要的密封性。

（2）可靠地开启。当压力达到开启压力时，安全阀应能可靠地开启。

（3）及时、稳定地排放。阀开启后，应达到规定的开启高度，达到规定的排放量。

（4）适时地关闭。经过安全阀排放使器内压力降低后，安全阀应适时地关闭。

（5）关闭后的密封。阀门关闭后，应能有效阻止介质的继续流出，重新达到密封状态。

440. 安全阀的选用有哪些注意事项？

答： 选用安全阀的依据：安全阀的选用应根据工作压力、工作温度、介质特性（如黏性、清洁程度，毒性、腐蚀性）以及容器有无振动等因素综合决定。

具体选用安全阀时注意的事项有：

（1）压力较低、温度较高且无振动的容器可采用杠杆式安全阀。

（2）对一般低、中、高压容器选用弹簧式安全阀。

（3）对有毒介质、易燃爆介质的压力容器应采用封闭式安全阀，并将排放管导入回收器内或引至安全地点，以避免发生中毒、燃烧、爆炸事故。

（4）对蒸汽、压缩空气类介质的压力容器可选用敞开式或半封闭式安全阀。

（5）高压容器及安全泄放装置较大而壁厚又不太富裕的中、低压容器，最好采用全启式安全阀，而安全泄放量较小和要求压力平稳的容器宜采用微启式安全阀。

（6）对黏性大或有腐蚀性介质的压力容器宜采取爆破片。

（7）安全阀规格选用时应注意：

1）安全阀的排放能力必须大于等于压力容器安全泄放量。

2）安全阀工作压力范围与容器相适应。安全阀的公称压力应不小于压力容器的设计压力；安全阀弹簧刚度应能满足开启压力调整范围。

（8）选用安全阀时，须根据介质特性确定阀芯、阀体的材料。

（9）对于开启压力大于3MPa的蒸汽用安全阀或介质温度超过235℃的气体用安全阀，宜采用带散热器的安全阀，以防止介质直接冲蚀弹簧。

（10）当安全阀有可能承受附加背压时，应选用带波纹管的安全阀。

（11）医用氧舱舱体和配套的压力容器上必须装设安全阀，多人医用氧舱舱体上的安全阀应选用带扳手的弹簧直接载荷式安全阀。

441. 安全阀中有哪些保险装置?

答: 安全阀中保险装置有:

(1) 杠杆式安全阀应有防止重锤自由移动的装置和限制杠杆超出的导架。

(2) 弹簧式安全阀应有防止随便拧动调整螺丝的铅封装置。

(3) 静重式安全阀应有防止重片飞脱的装置。

442. 安全阀安装时应注意哪些事项?

答: 安装安全阀时应注意:

(1) 压力容器安全附件的设计、制造应符合《压力容器安全技术监察规程》和相应国家标准或行业标准的规定。必须使用有制造许可证单位生产的产品。

(2) 安全阀应垂直安装,并应装设在压力容器液面以上的气相空间部分,或装设在与压力容器气相空间相连的管道上。

(3) 安全阀与压力容器的连接管的通孔,其截面积不得小于安全阀的进口截面积,并且避免管路急弯,其接管尽量短而直。

(4) 压力容器一个连接口上装设两个或两个以上安全阀时,该连接口的截面积至少应等于这些安全阀的进口截面积的总和。

(5) 压力容器与安全阀之间不宜装设截止阀门。为方便安全阀的在线校验,可在安全阀与压力容器之间装设爆破片装置。对于盛装毒性、易燃、腐蚀、黏性或贵重介质的压力容器,为便于安全阀的更换与清洗,经使用单位主管压力容器安全的技术负责人批准,并制定可靠的防范措施后,方可在安全阀(爆破片装置)与压力容器之间装截止阀。压力容器正常运行期间,截止阀必须保证全开(加铅封或锁定),截止阀的结构和通径应不妨碍泄放。

(6) 安全阀装设位置应便于检查和维修。安装在室外露天的安全阀,应有防止气温低于0℃时阀内水分冻结,影响安全排放的可靠措施。

(7) 安全阀用于泄放可燃和有毒介质时,应在安全阀的排出口装设排放导管,将排放的介质引至安全地点,并进行妥善处理,不得直接排入大气,排放导管内径不得小于安全阀公称直径,并有防止排放导管内积液的措施。

(8) 一般安全阀可就地放空,放空口应高出操作人员1m以上,且不应朝向15m以内的明火地点、散发火花地点及高温设备。室内容器的安全阀放空口应引出房顶,并高出房顶2m以上。

443. 必须单独装设安全泄放装置的压力容器有哪些?

答: 在压力容器中,并不是每一台都必须装设安全泄放装置。例如,在连续的操作系统中,如果几台容器的许用压力相同,压力来源也相同,而且气体的压力在每个容器中又不会自行升高时,可以在整个压力系统(连接管道或其中的一个容器上)内装设一个安全泄放装置。只有那些由于某种原因,压力在器内有可能升高的容器,才需要单独装设安全泄放装置。

在常用的压力容器中,必须单独装设安全泄放装置的有以下几种:

(1) 液化气体储罐。

(2) 压气机附属气体储罐。

(3) 器内进行放热或分解等化学反应，使气体压力升高的反应容器。

(4) 高分子聚合设备。

(5) 由载热体加热，使器内液体蒸发气体的换热容器。

(6) 用减压阀降压后进气（汽），且其许用压力小于压源设备的容器。

凡属于下列情况之一的压力系统必须安装安全阀：

(1) 容器的压力来源于没有安全阀的场合。

(2) 设计压力小于压力来源处压力的容器及管道。

(3) 容积泵和压缩机的出口管道。

(4) 由于不凝气的累积产生超压的容器。

(5) 加热炉出口管道上如设有切断阀或拉制阀时，在该阀前部位应设置安全阀。

(6) 由于工艺事故、自控事故、电力事故和公用工程事故引起的超压部位。

(7) 液体因两端阀门关闭而产生热膨胀的部位。

(8) 凝气透平机的蒸汽出口管道。

(9) 某些情况下，由于泵出口止回阀的泄漏，在泵的入口管道上设置安全阀。

(10) 经常超压的场合以及温度波动很大的场合。

下列场合不适合安装安全阀：

(1) 系统压力有可能迅速上升，如化学爆炸等场合。

(2) 泄放介质含有颗粒，易沉淀、易结晶、易聚合和介质黏度较大。

(3) 泄放介质有强腐蚀性，使用安全阀价格过高。

(4) 工作压力很低或很高，此时安全阀制造比较困难。

(5) 需要较大的泄放面积。

(6) 系统温度较低，影响安全阀动作。

444. 安全阀泄漏的原因是什么？

答：安全阀泄漏是指在规定的密封试验压力下，介质从阀座与阀瓣密封面之间泄漏出来的量超过允许值的现象。安全阀泄漏的原因有以下几方面：

(1) 阀座或阀瓣密封面损伤。造成密封面损伤的原因可能是由于腐蚀性介质对金属密封面的侵蚀而引起；也可能是在安装过程中带入阀腔室或密封面的电焊渣、铁锈等杂物随安全阀排放冲刷密封面而造成的伤痕。

(2) 安装不当。安装不当主要指安全阀进出口连接管道因安装不正确形成的不均匀载荷，使阀门同轴度遭受破坏或变形等引起泄漏。

(3) 高温。在高温介质或高温环境中，阀座或阀芯密封面堆焊层周围可能会产生不均匀的热膨胀，以及弹簧受热后刚度变软，使密封压力下降等从而引起泄漏。

(4) 选用不当。当所选用安全阀的开启压力与设备实际工作压力过于接近时，由于设备工作压力的波动范围接近或超过安全阀的密封压力也可能引起阀门的泄漏。

(5) 脏物夹在密封面上。由于装配不当使脏物夹在密封面上，或设备和管道的脏物冲夹在密封面上等都将造成阀门密封不严而泄漏。

445. 如何对安全阀进行校验与定压？

答：（1）安全阀的校验原则。弹簧直接载荷式安全阀定期校验原则上应在校验室内进行，进行拆卸校验有困难时，可在两个校验周期进行一次校验室校验和一次在线校验，但安装在介质为有毒、易燃爆的压力容器上的安全阀，不允许进行在线校验。杠杆式安全阀和静重式安全阀一般不宜在校验室进行校验。

（2）安全阀的定压原则：

1）固定式压力容器按《压力容器安全技术监察规程》规定：固定式压力容器上只装一只安全阀时，安全阀的开启压力（p_Z）不应大于该容器的设计压力（p），即 $p_Z \leqslant p$，且安全阀的密封试验压力（p_t）应大于压力容器的最高工作压力（p_w），即 $p_t > p_w$；固定式压力容器上安装多个安全阀时，其中一只安全阀的开启压力不应大于压力容器的设计压力，其余安全阀的开启压力可适当提高，但不得超过设计压力的1.05倍。

2）移动式压力容器（液化气体汽车罐体）安全阀的开启压力应为罐体设计压力的1.05~1.10倍；安全阀的额定排放压力不得超过罐体设计压力的1.2倍，安全阀的回座压力不低于开启压力的0.8倍；开启高度应不小于阀座喉径的1/4；低温型罐车的安全阀开启压力不得超过罐体的设计压力。

（3）安全阀的校验要求：

1）安全阀在安装前以及在容器定期检验时应进行水压试验和密封试验，合格后才能进行调整校正。

2）校正是通过调节施加在阀瓣上的载荷来确定安全阀的开启压力。对于杠杆式安全阀就是调节重锤的位置；对于弹簧式安全阀就是调节弹簧的压缩量。这种校正工作最好在专用的气体检验台上进行，没有条件时也可用水作为试验介质进行初步校正，然后再在容器上校正。

3）通过调整安全阀调节圈与阀瓣的间隙，来精确地确定排放压力和回座压力，这种调整工作要在容器上进行。如果安全阀在开启压力下仅有泄漏而不起跳，或虽起跳但压力下降后有剧烈振动和蜂鸣声，则是间隙偏大，应调整得小一些；如果回座压力过低，则是调节圈的间隙过小，应适当调大。在一般情况下，安全阀的开启压力应调整为容器工作压力的1.05~1.10倍。

4）在线进行安全阀压力调整时，必须有使用单位主管压力容器安全的技术人员在场，调校时应由有资格的检验员在场确认，调整及校验装置用压力表的精度应不低于1级。在线调校时应有可靠的安全防护措施。

5）校验定压工作完成之后，须将其安全装置固定牢靠，加铅封或加锁，并将安全阀的开启压力、回座压力、阀芯提升高度、调整日期和调整人员姓名等填入“安全阀校验记录”，校验合格后，合验单位应出具校验报告书。

（4）校验定压方法：

1）对弹簧式安全阀，要先拆下提升手柄和顶盖，用扳手慢慢拧动螺丝；调紧弹簧为加压，调松弹簧为减压。当弹簧调整到安全阀能在规定的开启压力下自动排气（汽）时，就可以拧紧紧固螺丝。

2）对杠杆式安全阀，先松动重锤的固定螺丝，再慢慢地移动重锤。移远重锤为加压，移近重锤为减压。当重锤移动到安全阀能在规定的开启压力下自动排气（汽）时，就可以拧紧重锤的紧固螺丝。

3）对静重式安全阀，要在减压或无压下调整铁盘；增加铁盘为加压，减少铁盘为减压。每次升压都必须把阀罩放上并固定好，严禁边升压边取出铁盘，以防铁盘突然飞出发生意外事故。

446. 安全阀有哪些常见故障及消除方法?

答: 安全阀故障的主要原因是由于设计、制造、选择或使用不当造成的。这些故障如不及时消除，就会影响安全阀的功效和使用寿命，甚至不能起到安全保护作用。常见的故障及消除方法如下：

（1）阀瓣不能及时回座原因及故障的排除：

1）阀瓣在导向套中摩擦阻力大，间隙太小或不同轴，需进行清洗、修磨或更换部件。

2）阀瓣的开启和回座机构未调整好，应重新调整。对弹簧式安全阀，通过调节弹簧压缩力可调整其开启压力，通过调节下调节圈位置可调整其回座压力。

（2）泄漏。在设备正常工作压力下，阀瓣与阀座密封面之间发生超过允许程度的渗漏。其原因及排除方法有：

1）氧化皮、水垢、杂物等落在密封面上，可用手动排气（汽）吹除或拆开清理。

2）密封面机械损伤或腐蚀，可用研磨或车削后研磨的方法修复或更换。

3）弹簧因受载过大而失效或弹簧因腐蚀弹力降低，应更换弹簧。

4）阀杆弯曲变形或阀芯与阀座支承面偏斜，应找明原因，重新装配或更换阀杆等部件。

5）杠杆式安全阀的杠杆与支点发生偏斜，使阀芯与阀座受力不均，应校正杠杆中心线。

（3）到规定压力时不开启。造成这种情况的原因及排除方法有：

1）定压不准。应重新调整弹簧的压缩量或重锤的位置。

2）阀瓣与阀座粘住。应定期对安全阀作手动放气或放水试验。

3）重锤杠杆式安全阀的杠杆被卡住或重锤被移动。应重新调整重锤位置并使杠杆运动自如。

（4）排气后压力继续上升原因及解决方法：

1）这主要是因为选用的安全阀排量小于设备的安全泄放量，应重新选用合适的安全阀。

2）阀杆中线不正或弹簧生锈，使阀瓣不能开到应有的高度，应重新装配阀杆或更换弹簧。

3）排气管截面不够，应采取符合安全排放面积的排气管。

（5）阀瓣振荡原因与故障的排除：

1）调节圈与阀瓣间隙太大，需重新调整。

2）弹簧刚度太大，应改用刚度适当的弹簧。

3）安全阀进口管截面积太小或阻力大，使安全阀的排气（汽）量供应不足，需更换或调整安全阀进口管路。

4）排入管路阻力太大，应对管路进行调整以减小阻力。

（6）达不到全开状态的原因与故障的排除：

1）选用的公称压力过大或弹簧刚度太大，需重新选用安全阀。

2）调节圈调整不当，需重新调整。

3）阀芯在导向套中摩擦阻力太大，应清洗、修磨或更换部件。

4）安全阀排放管设置不当，气（汽）体流动阻力大，需重新调整排放管路。

（7）不在调定的开启压力下动作故障的排除：

1）安全阀调压不当，调定压力时忽略了容器实际工作介质特性和工作温度的影响，需重新调定。

2）密封面因介质污染或结晶产生粘连或生锈，需吹洗安全阀，严重时则需研磨阀芯、阀座。

3）阀杆与衬套间的间隙过小，受热时膨胀卡住，需适当增大阀杆与衬套的间隙。

4）调整或维护不当，弹簧式安全阀的弹簧收缩过紧或紧度不够，杠杆式安全阀的生铁盘过重或过轻，需重新调定安全阀。

5）阀门通道被盲板等障碍物堵住，应清除障碍物。

6）弹簧产生永久变形，应更换弹簧。

7）安全阀选用不当，如在背压波动大的场合，选用了非衡式的安全阀等，需更换相应类型安全阀。

447. 如何对安全阀进行维护？

答：安全阀在使用过程中应加强日常的维护保养，具体要求如下：

（1）经常保持安全阀清洁，采取有效措施，使安全阀防锈、防黏、防堵、防冻。

（2）经常检查其铅封是否完好。对杠杆式安全阀应检查重锤是否松动、移动及另挂重物。

（3）发现泄漏应及时更换和维修，禁止用加大载荷（拧紧弹簧或加重物）的方法来消除泄漏。

（4）为防止阀瓣和阀座被脏物粘住，对用于空气、蒸汽等及带有黏滞性介质，并不会造成污染和危害的安全阀，可根据气体的具体情况进行定期人工手提排气试验。

（5）定期检验，包括清洗、研磨、试验及校验调整。

448. 安全阀的检验期限有哪些规定？

答：（1）安全阀一般每年至少校验一次。对于弹簧直接载荷式安全阀，当满足以下所规定的条件时，经过使用单位技术负责人批准可以适当延长校验周期。

1）满足以下全部条件的弹簧直接载荷式安全阀，其校验周期最长可以延长至3年：

①安全阀制造企业已取得国家质检部门颁发的制造许可证。

②安全阀制造企业能提供证明，证明其所用弹簧按《弹簧直接载荷式安全阀标准》（GB/T 12243—2005）进行了强压处理或者加温强压处理，并且同一热处理炉同规格的弹簧取10%（但不得少于2个）测定规定负荷下的变形量或者刚度，其变形量或者刚度的偏差不大于15%。

③安全阀内件的材料耐介质腐蚀。

④安全阀在使用过程中未发生过开启。

⑤压力容器及安全阀阀体在使用时无明显锈蚀。

⑥压力容器内盛装非黏性及毒性程度中度及中度以下的介质。

2）使用单位建立、实施了健全的设备使用、管理与维修保养制度，并且能满足以下各项条件也可以延长至3年：

①在连续2次的运行检查中，所用的安全阀未发现下列应停止使用情况之一：安全阀泄漏；安全阀超过校验有效期；选型错误；铅封损坏。

②使用单位建立了符合《压力容器定期检验规则》规定的安全阀校验要求的安全阀校验站，自行进行安全阀校验。

3）满足1）款中①③④⑤和2）款要求的弹簧直接载荷式安全阀，如果同时满足以下各项条件，其校验周期最长可以延长至5年。

①安全阀制造企业能提供证明，证明其所用弹簧按《弹簧直接载荷式安全阀标准》（GB/T 12243—2005）进行了强压处理或者加温强压处理，并且同一热处理炉同规格的弹簧取20%（但不得少于4个）测定规定负荷下的变形量和刚度，其变形量或者刚度的偏差不大于10%。

②压力容器内盛装毒性程度低度以及低度以下的气体介质，工作温度不大于200℃。

4）凡是校验周期延长的安全阀，使用单位应当将延期校检情况书面告知发证机构。

（2）新安全阀在安装前应根据使用情况调试后，才准安装使用。

449. 压力表的作用和类型有哪些?

答: 压力表是压力容器上不可缺少的、重要的安全附件。

（1）压力表的作用。压力表是用来测量容器内介质压力的一种计量仪表，它可以显示压力容器内的压力，使操作人员能够正确操作，保证容器内压力控制在规定的范围内，满足生产工艺和安全生产的需要，防止设备超压，发生事故。

（2）压力表类型及工作原理。压力表的种类较多，有液柱式、弹性元件式、活塞式和电量式四大类。但压力容器上使用的压力表一般为弹性元件式，且大多数又是弹簧管压力表；只有在少数压力容器中由于工作介质有较大的腐蚀性才采用波纹平膜式压力表。因此，本书主要介绍单弹簧管式压力表的结构及工作原理。

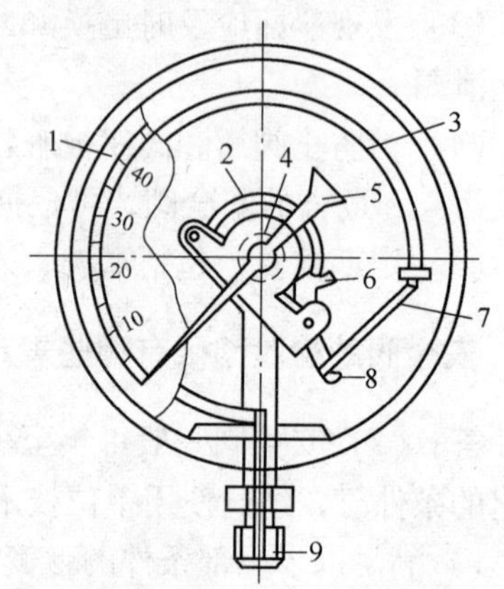

图6-9 弹簧管式压力表结构
1—表盘；2—游丝；3—弹簧弯管；4—中心齿轮；5—指针；6—扇形齿轮；7—拉杆；8—调节螺钉；9—接头

450. 简述单弹簧管压力表的结构和工作原理。

答:（1）压力表结构。单弹簧管压力表按其位移的转变机构可分为扇形齿轮式和杠杆式两种。最常用的是扇形齿轮单弹簧管压力表（图6-9），它主要由弹簧弯管、支承座、表盘、管接头、连杆、扇形齿轮、指针、中心轴等部分组成。

（2）工作原理。单弹簧管压力表是根据弹簧弯管在容器内部压力作用下发生位移的原理制成的。压力表内部的一个主要部件是一根横断面呈椭圆形或扁平形的中空长管，通过压力表的接头与压力容器相连接。当容器内气（汽）体进入这根弹簧弯曲管时，由于内压的作用使弯管向外伸展发生变形，产生位移。这一位移通过一套扇形齿轮传动带动压力表的指针转动。进入弯管内的气（汽）体压力越高，弯管位移越大，指针转动的角度也越大，这样压力容器内的压力就能在压力表上显示出来。

451. 压力表的选用有哪些要求？

答：（1）装在压力容器上的压力表，其最大量程应与容器的工作压力相适应。压力表的量程最好为容器工作压力的2倍，最小不应小于1.5倍，最大不应大于3倍。

（2）压力表的精度是以它的允许误差占表盘刻度极限值的百分数按级别来表示的，例如，精度为1.6级的压力表，其允许误差为表盘刻度极限值的1.6%，精度级别一般都标在表盘上。

低压容器使用的压力表精度不应低于2.5级；中压及高压容器使用的压力表精度不应低于1.6级。

（3）压力表盘刻度极限值为最高工作压力的1.5~3.0倍，最好选用2倍。为了使操作人员能准确地看清压力指示值，压力表表盘直径不能太小，一般不应小于100mm。如果压力距离观察地点较远，表盘直径还应增大。

452. 压力表的安装要求有哪些？

答：压力表的安装要求有：

（1）压力表的装设位置应便于操作人员观察和清洗，且应避免受到辐射热、冻结或振动的不利影响。同时还应考虑安装位置，避开设备操作或检修对压力表造成的碰撞。

（2）压力表与压力容器之间，应装设三通旋塞或针形阀；三通旋塞和针形阀上应有开启标记和锁紧装置；压力表与压力容器之间，不得连接其他用途的任何配件或接管。

（3）用于水蒸气介质的压力表，在压力表与容器之间应装有存水弯管，使水蒸气在弯管内冷凝，以避免高温水蒸气直接进入压力表的弹簧管内，致使表内元件过热变形而影响压力表精度。

（4）用于具有腐蚀性或高黏度介质的压力表，在压力表与容器之间应装设有隔离介质的缓冲装置。对于具有腐蚀性介质，如果限于操作条件不能采用这种缓冲装置时，则应选用抗腐蚀的压力表，如波纹平膜式压力表等。

（5）压力表安装前应进行校验，根据压力容器的最高许用压力在刻度盘标出最高工作压力的警戒红线，并注明下次校验的日期，加铅封。但应特别注意的是，警戒红线不要涂画在压力表的玻璃上，以免玻璃转动使操作人员产生错觉而造成事故。

453. 压力表的维护和检查工作有哪些？

答：要使压力表保持灵敏准确，除了合理选用和正确安装以外，在锅炉压力容器运行过程中还应加强对压力表的维护和检查。操作人员对压力表的维护和检查应做好以下几项工作：

（1）压力表应保持洁净，表盘上的玻璃应明亮清晰，使表盘内指针指示的压力值能清楚易见，表盘玻璃破碎或表盘刻度模糊不清的压力表应停止使用。

（2）压力表的连接管要定期吹洗，以免堵塞。特别是用于有较多油垢或其他黏性物质的气体压力表连接管，更应经常吹洗。

（3）要经常检查压力表指针的转动与波动是否正常，检查连接管上的旋塞是否处于全开位置。

（4）压力表必须定期校验，每半年至少经有资格的计量单位校验一次。校验后应认真填写校验记录和校验合格证并加铅封。已经超过校检期限的压力表应停止使用。在锅炉压力容器正常运行程中，如果发现压力表指示不正常或有其他可疑迹象，应立即进行检验校正。

454. 压力表的校验有哪些规定？

答：压力表的校验：

（1）压力表的校验应符合国家计量部门的有关规定。医用氧舱压力表校验期为1年。

（2）压力表应由国家法定的计量检验单位进行定期校验，并按计量部门规定的期限校验。压力表安装前应进行校验。

（3）经调校的压力表应在刻度盘上画出指示最高工作压力的红线，并注明下次校验日期，压力表校验合格后应加铅封。

压力表遇有下列情况之一时，应停止使用：

（1）选型错误。

（2）表盘封面玻璃破裂或表盘刻度模糊不清。

（3）封印损坏或超过校验有效期限。

（4）表内弹簧管泄漏或压力表指针松动。

（5）指针扭曲断裂或外壳腐蚀严重。

（6）三通旋塞或针形阀开启标记不清或者锁紧装置损坏。

455. 简述液位计的作用、类型和工作原理。

答：液位计又称液面计是监视压力容器安全运行的重要安全附件。

（1）液位计的作用。液位计是用于观察、测量容器内液面变化情况的装置。它用来指示容器内的液位高低，使液面控制在规定的范围内，保证压力容器的安全运行。

（2）液位计的分类。液位计主要有玻璃管液位计、板式液位计、浮子液位计、浮标液位计、防霜液位计、自动化液位指示仪（如同位素液位计、指针式液位计、电容式液位计、差压式液位计）、其他型液位计（如磁性液位计、夹套型液位计、保温型液位计等）。

（3）液位计的结构及工作原理。压力容器最常用的液面计有玻璃管式和平板玻璃式两种。其结构及工作原理如下：

1）玻璃液位计（图6-10（a））主要由玻璃管、气（汽）旋塞、液（水）旋塞和放液（水）旋塞等部分组成。

2）工作原理。液位计是根据连通管原理制成的，气（汽）旋塞、液（水）旋塞分别由气（汽）连管及液（水）连管和压力容器气（汽）、液（水）空间相连通，所以压力容器液面能够在玻璃管中显示出来。平板玻璃液位计（见图6-10（b））是用经过热处理，具有足够强度和稳定性的玻璃板，嵌在一个锻钢盒内以代替玻璃管。

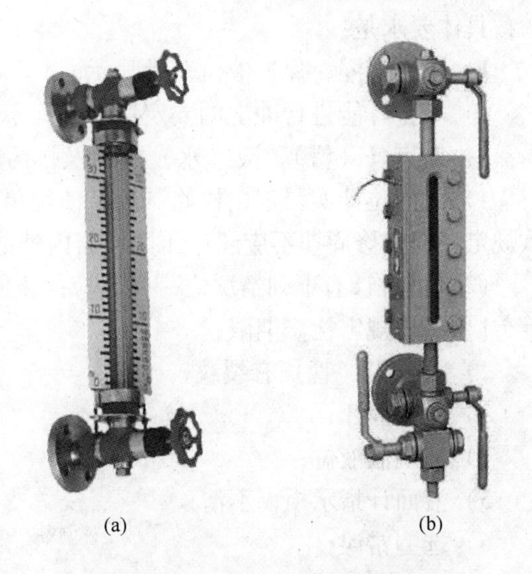

图6-10　玻璃管式和平板式液位计
（a）玻璃管式；（b）平板式

456. 液位计选用的原则有哪些？

答：液位计选用原则是：

（1）根据容器设备高度选择：当容器设备高度不高（3m以下），且物料没有结晶等易堵固体时，对承压低的可选用玻璃管式，承压高的可选用板式液位计。

（2）根据液体的透光度选择：对于洁净或无色透明的液体可选用透光式玻璃板液位计，对非洁净或稍有色泽的液体可选用反射式玻璃板液位计。

（3）根据液面变化范围选择：对需观测的液面变化范围很小的容器，可不设液位计而选用视镜。对承压低的（0.4MPa以下）地下槽可采用浮子液位计。

（4）根据介质特性选择：对盛装易燃、毒性程度为极度、高度危害的液化气体容器，应采用磁性液位计或自动液面指示计，并应有防止泄漏的保护装置；对大型储槽还应装设安全可靠的液面指示器。

（5）根据介质温度及环境温度选择：对盛装0℃以下介质的压力容器，应采用防霜液位计；对寒冷地区的室外，应选用夹套型或保温型结构的液位计。

457. 液位计的安装有哪些要求？

答：液位计的安装要求有：

（1）液位计应安装在便于观察的位置，如液位计的安装位置不便于观察，则应增加其他辅助设施。

（2）液位计的最高和最低安全液位应做出明显的标记。

（3）液位计的排污管应接至安全地点。

（4）在安装使用前，低、中压容器用液位计应以液位计公称压力的1.5倍压力进行液压试验；高压容器用的液位计应以液位计公称压力的1.25倍压力进行液压试验；试验合格后，方能进行安装。

458. 液位计的使用维护有哪些规定？

答：液位计使用维护有以下规定：

（1）压力容器运行操作人员，应加强液位计的使用维护管理，保持液位计完好和清晰，具体要求是：

1）防止泄漏，保证液位正常显示。

2）液位计能进行冲洗的要定期冲洗，不能冲洗的在停车时需做保养。

3）对有气（汽）、液（水）旋塞及排污旋塞的要加强维护保养，保持其灵敏可靠。

4）对液位计实行定期检修制度，使用单位可根据运行实际情况在管理制度中加以具体规定，但检修周期不应超过压力容器内外部检验周期。

（2）液位计有下列情况之一时，应停止使用：

1）超过规定检修期限；

2）玻璃板（管）有裂纹、破碎；

3）阀件固死；

4）出现假液位；

5）液面计指示模糊不清；

6）选型错误；

7）防止泄漏的保护装置损坏。

459. 安装锅炉水位计应符合哪些安全要求？

答：水位计的安装应符合以下安全要求：

（1）每台锅炉至少应装两个彼此独立的水位计。但符合下列条件之一的，可只装一个直读式水位计：

1）额定蒸发量≤0.5t/h的锅炉；

2）电加热锅炉；

3）额定蒸发量≤2t/h，且装有一套可靠的水位示控装置的锅炉；

4）装有两套各自独立的远程水位显示装置的锅炉。

（2）水位计应装在便于观察的地方。水位计距离操作地面高于6m时，应加装远程水位显示装置。远程水位显示装置的信号不可取自一次仪表。

（3）用远程水位显示装置监视水位的锅炉，控制室内应有两个可靠的远程水位显示装置，同时运行中必须保证有一个直读式水位计正常工作。

（4）水位计应有下列标志和防护装置：

1）水位计应有指示最高、最低安全水位和正常水位的明显标志；

2）为防止水位计损坏时伤人，玻璃管式水位计应有防护装置；

3）水位计应有放水阀门并接上通往安全地点的放水管。

460. 锅炉使用水位计应注意哪些事项？

答：水位计在使用中应注意以下事项：

（1）水位计在运行中要定期冲洗，每班至少冲洗1次。

（2）及时检查和消除水位计各结合面的漏水漏气现象。水位计如果严重漏水、漏气，会造成锅炉假水位，还会使泄漏处金属表面产生严重的腐蚀。

（3）锅炉正常运行时，水位计的水位要有轻微的波动。如发现水位计的水位静止不动，则可能是汽水连接管被堵塞，这时水位计所显示的水位是假水位。遇到这种情况，要立即检查，冲洗水位计，确认被堵通路，采取措施，予以消除。

（4）水位计上的旋塞手柄应齐全，旋转灵活。禁止用加力杆去开关水位计上的汽、水旋塞。

（5）锅炉上装有几个水位计时，司炉人员在运行中每班至少要互相校对3~4次，并把校对的结果记入运行记录中。

461. 什么是爆破片？爆破片的作用及适用范围是什么？

答：压力容器的爆破片（又称防爆片、防爆膜）是与安全阀一样的安全泄压装置，且动作准确可靠。爆破片是一种断裂型的安全泄压装置，由于只能一次性使用，且泄压时不可调控，生产必须由此而终止，因此只适用于安全阀不宜使用的场合。

（1）爆破片的作用。当压力容器内的压力超过爆破片爆破压力时，爆破片即自行爆破泄压，防止压力容器发生爆炸事故。

（2）按照爆破片的断裂特征可以将爆破片分为以下几种形式：

1）平板型爆破片。平板型爆破片由塑性金属或石墨制成，前者受载后引起拉伸破坏，后者则引起剪切或弯曲破坏。

2）普通正拱型爆破片。普通正拱型爆破片由单层塑性金属材料制成，凹面侧向介质，受载后引起拉伸破坏。

3）开缝正拱型爆破片。开缝正拱型爆破片由两片曲率相同的普通正拱型爆破片组合而成，凹面侧向介质。与介质接触的一片由耐介质腐蚀的金属或非金属材料制成，另一片由金属材料制成，拱型部分开设若干条穿透的槽隙，受载后引起拉伸破坏。

4）反拱型爆破片。反拱型爆破片由单层塑性金属材料制成，凸面侧向介质，受载后引起失稳破坏。

（3）爆破片的适用范围。爆破片和安全阀可以组合成一种组合型的安全泄放装置。当安全阀和爆破片装置并联组合时，对受压设备起到双重保护的作用，能进一步提高安全性。当串联组合时，它既可防止安全阀的泄漏，又可避免爆破片爆破后使容器不能再继续运行。

爆破片要定期更换，每年至少更换一次。当发现容器超压时爆破片未破裂或者正常运行中爆 破片已有明显变形时，应立即更换。符合下列条件之一者，必须采用爆破片装置：

1）容器内储存的物料会导致安全阀失灵时。

2）不允许有物料泄漏的容器。

3）容器内的压力增长过快，以致安全阀不能适应时。

4）安全阀不能适应的其他情况。

462. 爆破片的选用必须遵循哪些原则？

答：爆破片的选用必须遵循的原则有：

（1）压力容器上装设的爆破片应保证当容器的压力增高时能迅速爆破泄放，爆破片的设计爆破压力（p_B）不得大于压力容器的设计压力（p），且爆破片的最小设计爆破压力（p_{Bmin}）不应小于压力容器的最高工作压力（p_w）的1.5倍，即：$p_B \leqslant p$；$p_{Bmin} \geqslant 1.05p_w$。

（2）爆破片的排放能力必须大于或等于压力容器的安全泄放量。

（3）压力容器设计时，如采用最大允许工作压力作为选用爆破片的依据，应在设计图纸上和压力容器铭牌上注明。

（4）必须选用国家定点制造厂生产的、符合《压力容器安全技术监察规程》等有关标准规定的爆破片。对拱型金属爆破片应符合《拱形金属爆破片技术条件》(GB 567—2012) 的要求。

（5）选用时应考虑容器内介质的特性，以确定爆破片的材料。

当压力容器内介质为腐蚀性、易燃性或毒性程度为极度或高度危害时，应在容器设计总图纸上注明选用爆破片的材质。对有腐蚀性介质的容器，必要时，宜采用开缝正拱型爆破片，或采用在与腐蚀性介质的接触面上覆盖有金属或非金属保护膜的普通正拱型爆破片。

（6）对于正拱型爆破片，若在泄放侧承受背压有可能失稳时，应加装真空托架。

（7）对承受脉动载荷的中低压容器（如反应釜）用的爆破片，可优先采用反拱型爆破片。

（8）医用氧舱舱体上不得装设爆破片。

463. 对爆破片的装设有哪些要求？

答：爆破片的装设要求有：

（1）对于盛装有腐蚀性、易燃或有毒介质的容器，当设置爆破片时，设计人员必须在图纸上注明爆破片的材料和设计时所确定的爆破压力，以免错用爆破片而发生事故。

（2）爆破片与容器的连接管线应为直管，阻力要小。管线通道横截面积不得小于爆破元件的泄放面积。

（3）爆破片的泄放管线应尽可能垂直安装，该管线应避开邻近的设备和一般操作人员所能接近的空间。对易燃、毒性介质的压力容器，应在爆破片的排出口装设导管，将排放介质引至安全地点，并进行妥善处理，不得直接排入大气。

（4）爆破片排放管线的内径应不小于爆破元件的泄放口径。若爆破片破裂有碎片产生，则应装设拦网或采用其他不使碎片堵塞管道的措施。

（5）爆破片应与容器液面以上的气相空间相连。对普通正拱型爆破片也可安装在正常液位以下。

（6）爆破片的安装要可靠，夹紧装置和密封垫圈表面不得有油污，夹持螺栓要上紧，以防爆破元件受压后滑脱。

（7）由于特殊要求，在爆破片和容器间必须装设切断阀时，要检查阀的开闭状态，并应有具体措施确保运行中使阀处于全开位置。

（8）爆破片或安全阀装置的结构、所在部位及安装都应便于检查和修理，且不应失灵。

464. 爆破片的更换有哪些规定？

答：爆破片应定期更换。更换期限除制造单位确保使用者外，一般为2~3年，使用单位可根据本单位的实际情况确定；对超过爆破片最大爆破压力而未爆破的应予更换；在苛刻条件下使用的爆破片应每年更换。爆破片如有下列情况之一时，应停止使用：

（1）超过规定使用期限的。

（2）安装方向错误的。

（3）爆破片装置标定的爆破压力、温度和运行要求不符合的。

（4）使用中超过标定爆破压力而未爆破的。

（5）爆破片装置泄漏的。

（6）爆破片装在安全阀进口侧与安全阀串联使用时，爆破片与安全阀之间的压力表有压力显示或截止阀打开后有气体漏出的。

465. 截流止漏装置的作用有哪些？

答：截流止漏装置装于压力容器的进出口处，以满足容器运行时进料和排放的需要，同时还可在非常情况下起紧急切断或快速排放、控制流量、降低压力来源处的压力等作用，保证容器在限定的压力下运行或降低发生事故的危险性。

截流止漏装置主要有紧急切断装置、减压阀、止回阀、截止阀、闸阀、节流阀等。

466. 紧急切断装置的作用和设置原则有哪些？

答：（1）紧急切断装置的作用。当系统内管路或附件突然破裂，其他阀门密封失效，装卸物料时流速过快，环境发生火灾等情况出现时，紧急切断装置能迅速切断通路，防止储运容器内物料大量外泄，避免或缩小事故的发展。

（2）紧急切断装置的设置原则。在下列情况下一般应考虑设置紧急切断装置：

1）在液化石油气储罐及可燃性液化气体的低温储罐的液体入口及出口处应设置紧急切断装置。

2）流体入口开孔在球型储罐的气相部分，当事故发生时，储罐内的液体一般不会通过流体入口流出，但为防止万一，也可以在该液体入口处安装紧急切断装置。

（3）为防止负荷阀不能完全切断液体的流入和排出，因此它不能单独作为紧急切断阀，但可将此阀与紧急切断阀同时并用。

（4）紧急切断阀的分类。紧急切断阀按形式可分为角式和直通式，从结构上又可分为有过流保护与无过流保护，按操纵方式可分为机械（手动）牵引式、油压操纵式、气动操纵式和电动操纵式等。

467. 简述紧急切断装置的工作原理。

答：目前，液化石油气罐车及储罐等设备都使用紧急切断装置，而且多为机械（手动）牵引式或油压操纵式，其工作原理如下：

（1）机械（手动）牵引式紧急切断阀工作原理。机械（手动）牵引式紧急切断阀常用于液化石油气汽车罐车上。该装置通常安装在罐体底部的液相和气相接管凸缘处，通过软钢索与近程和远程操纵机构连接。

开始装卸时，利用近程操纵机构使软钢索牵动紧急切断阀杠杆，凸轮把阀杆向上顶起后，先导阀首先开启，此时通过先导阀作用于主阀（过流阀）上的大弹簧弹力消失，罐内介质穿过阀杆与主阀座之间的间隙，流入阀腔并逐渐汽化，充满主阀以下的低压腔和管路。当其压力升至接近主阀上部压力时，主阀下部的流体作用力加上小弹簧压力向上推开主阀，紧急切断阀处于全启状态。这时即可缓缓打开其后的截止阀，进行装卸作业。

介质装卸完毕后，再利用近程操纵机构，使杠杆在拉簧作用下带动凸轮离开先导阀杆。由于大弹簧弹力大于小弹簧弹力，大弹簧将推动先导阀与主阀阀瓣回复到关闭状态，保持密封。

如因管道破裂，介质大量外泄而无法接近阀门进行操作时，可利用远程操纵机构牵动紧急切断阀上的杠杆，使阀门关闭。

紧急切断阀与软钢索用易熔合金接头连接，在火灾事故中，如遇温度骤升至70±5℃时，易熔合金熔化，使软钢索与紧急切断阀脱开，在拉簧作用下杠杆复位，从而使阀门关闭。

（2）油压式紧急切断阀工作原理。油压式紧急切断阀常用于液化石油气储罐，与手摇油泵配套使用，在紧急情况时能远距离控制该阀的启闭。

油压式紧急切断阀工作原理基本与机械（手动）牵引式紧急切断阀相似，所不同的是开启时利用手摇油泵将油压入油缸，油推动活塞，活塞杆推动凸轮顶起阀杆。关闭时油缸内高压油泄压，靠拉簧使凸轮复位。

该油路系统中设有易熔塞，当火灾造成高温时，易熔塞熔化，油缸泄压，使紧急切断阀关闭。

468. 对紧急切断装置有哪些要求？

答：对紧急切断装置的要求有：

（1）每个紧急切断阀在出厂前必须进行耐压、密封、动作时间及过流闭止等试验，并具有合格证书、试验或检验报告。

（2）紧急切断装置（包括紧急切断阀、远控系统以及易熔塞、自动切断装置等），要求动作灵活、性能可靠且便于维修。

（3）易熔塞的易熔合金熔融温度应为70±5℃。

（4）油压式或气压式紧急切断阀应保证在工作压力下全开，并持续放置48h不致引起自然闭止。

（5）紧急切断阀自关闭时起，应在10s内关闭。

（6）紧急切断装置不得兼作阀门使用。

（7）紧急切断装置在使用过程中应进行定期检验和试验，以保证其灵敏可靠。

469. 简述减压阀的作用及原理。

答：（1）减压阀主要有两种作用，一是将较高的气（汽）压自动降低到所需的低气（汽）压；二是当高压侧的气（汽）压波动时，能起自动调节作用，使低压侧的气（汽）压稳定。

（2）减压阀的原理。减压阀主要是依靠膜片、弹簧等敏感元件来改变阀芯与阀座之间的间隙，使流体通过时产生节流，从而达到对压力自动调节的目的。

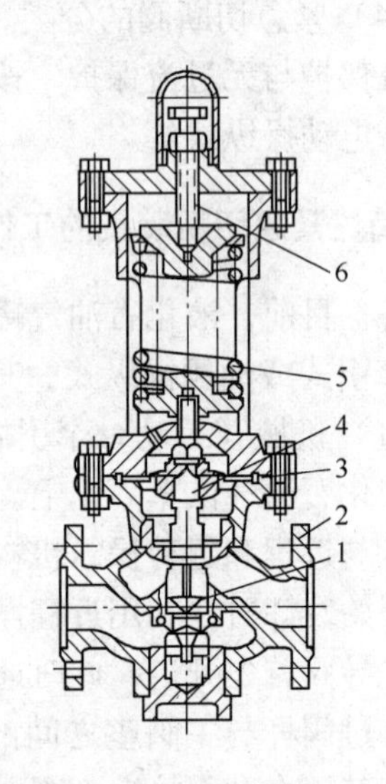

图6-11 弹簧薄膜式减压阀

1—阀芯；2—阀体；3—阀杆；4—薄膜；5—弹簧；6—调节螺栓

（3）减压阀的选用：

1）弹簧薄膜式减压阀（图6-11）灵敏度较高，调节比较方便，只需旋转手轮调节弹簧的松紧度即可。但是，其薄膜行程大时，橡胶薄膜容易损坏，同时承受温度和压力亦不能太高。因此，弹簧薄膜式减压阀普遍使用在温度和压力不太高的蒸汽和空气介质管道上。

2）活塞式减压阀（图6-12）由于活塞在汽缸中的摩擦较大，因此灵敏度比弹簧薄膜式减压阀差，制造工艺要求亦严格，所以它适用于温度、压力较高的蒸汽和空气等介质管道和设备上。

3）波纹管式减压阀（图6-13）适用于介质参数不高的蒸汽和空气管路上。

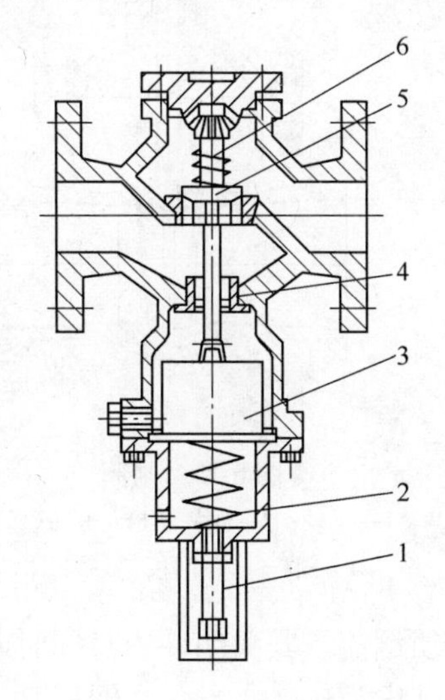

图6-12 活塞式减压阀

1—调节弹簧；2—薄膜；3—辅阀瓣；4—活塞；5—主阀瓣；6—主阀弹簧

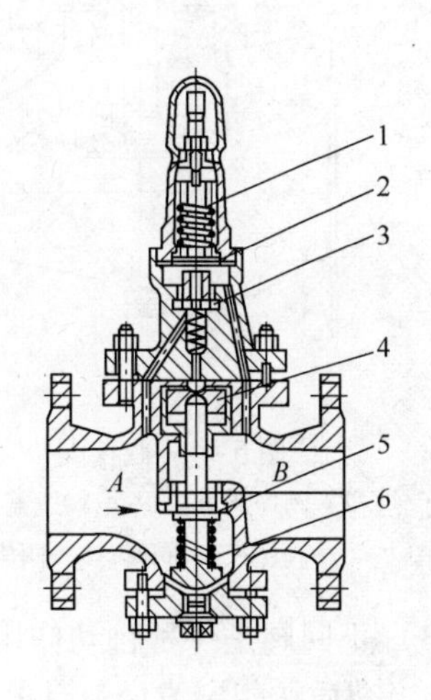

图6-13 波纹管式减压阀

1—调整螺栓；2—调整弹簧；3—波纹管；4—压力通道；5—阀瓣；6—顶紧弹簧

470. 压力容器上其他常用阀门还有哪些？

答：压力容器上常用阀门还有：

（1）截止阀（图6-14）由阀体、阀杆、阀座、阀盖、填料、阀瓣等部分组成。阀杆穿过紧密固定在阀壳上的阀盖，阀杆周围用填料加以密封，阀杆下端固定有阀瓣，阀门关闭时，阀瓣就紧密地压在阀座的密封面上，而阀门打开时，阀瓣即离开阀座。

截止阀的制造工艺较简单，密封性能好，密封面的研磨也较方便，因此检修也较容易，应用较为广泛，但其缺点是通道截面变化大，导致介质流动阻力较大，阀体较长，占地较大。

（2）闸阀（图6-15）。按闸板构造的不同闸阀可分为楔式和平行式两大类，由阀体、阀杆、阀盖、填料、闸板等部分组成。阀体内有两个密封面。阀杆穿过紧密固定在阀体上的阀盖，周围用填料加以密封，下端装有闸板；闸板上也有两个密封面，通过闸板与阀体的密封面紧密贴合使之密封。

闸阀的优点是流动阻力较少，且开启、关闭通道时的力较小，因此在介质流量相同的情况下，截面比截止阀要小，外形尺寸也较小；其缺点是密封面加工、修整较困难，启闭时易擦伤密封面，因而一般适用于中、低压容器的管道。

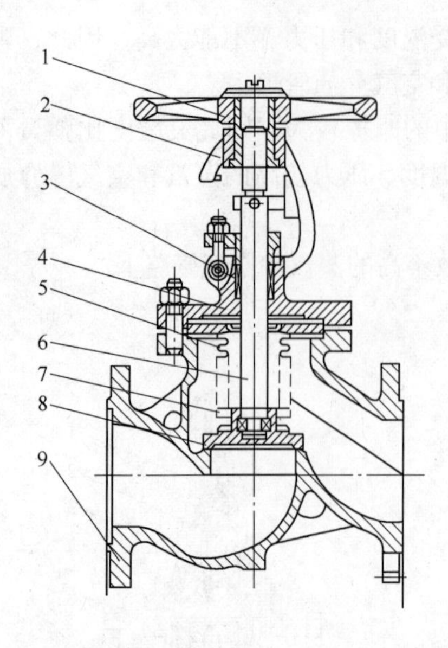

图 6-14　截止阀

1—手轮；2—阀杆螺母；3—填料压盖；4—阀盖；
5—填料；6—阀杆；7—阀瓣；8—阀座；9—阀体

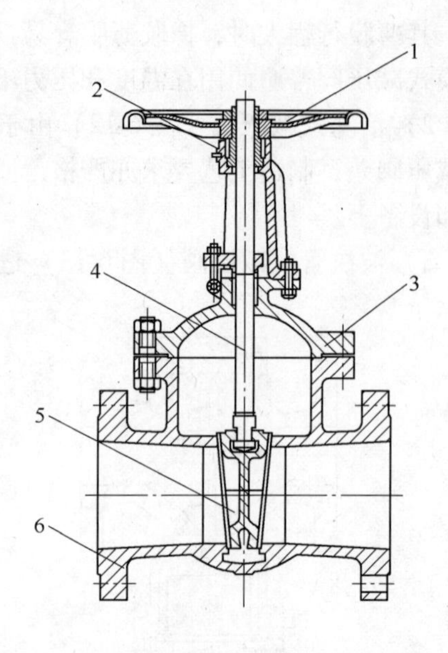

图 6-15　闸阀

1—手轮；2—阀杆螺母；3—阀盖；
4—阀杆；5—闸板；6—阀体

(3) 止回阀是一种自动作用的阀门，用于防止介质倒流。其关闭件本身同时起着驱动作用，当介质按规定方向流动时，阀门关闭件被介质顶开而开启；当介质倒流时，倒流的介质就把关闭件推到关闭位置。

止回阀从构造上分为截门型（升降式，见图 6-16（a））和摆动型（旋启式，见图 6-16（b））两种。截门型止回阀又可分成带弹簧的和不带弹簧的。

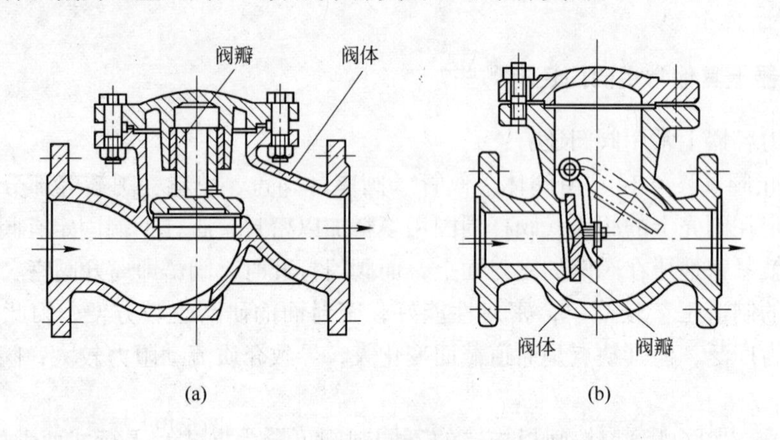

图 6-16　止回阀示意图

(a) 升降式；(b) 旋启式

(4) 节流阀又名针形阀（图 6-17（a）、(b)），主要由手轮、阀杆、阀体、阀芯和阀座等部分组成。节流阀阀芯直径较小，呈针形或圆锥形。通过细微改变阀芯与阀座之间的间隙，能精细地调节流量或通过节流调节压力。节流阀的优点是：外形尺寸小、重量轻、密封性能好；缺点是：制造精度要求高，加工较困难。

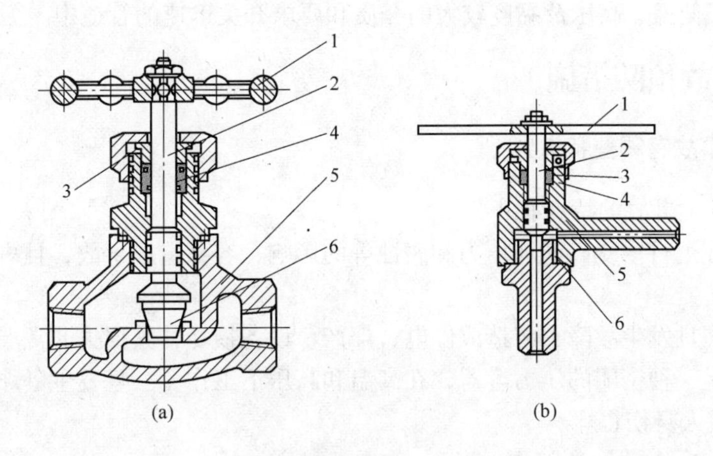

图6-17 节流阀
1—手轮；2—阀杆；3—填料盖；4—填料；5—阀体；6—阀芯

(5) 旋塞阀又称考克也称转心门。它是利用带孔的锥形栓塞来控制启闭的，在管道上起启闭、分配和改变介质流动方向的作用，其构造如图6-18所示。它具有结构简单，启闭迅速，操作方便，流体阻力小，可输送含颗粒及杂质的流体等优点。缺点是密封面易磨损，在输送高温高压介质时开关力大，只适用于低温、低压、小直径管道中作开闭用，不宜作调节流量用，不得用于蒸汽或急启、急闭有水锤的液体管道中。

根据介质的流动方向不同，旋塞阀可分为直通式、三通式和四通式。

(6) 球阀的结构及动作原理与旋塞阀十分相似，它是利用带孔的球体来控制阀的启闭的，其结构如图6-19所示。

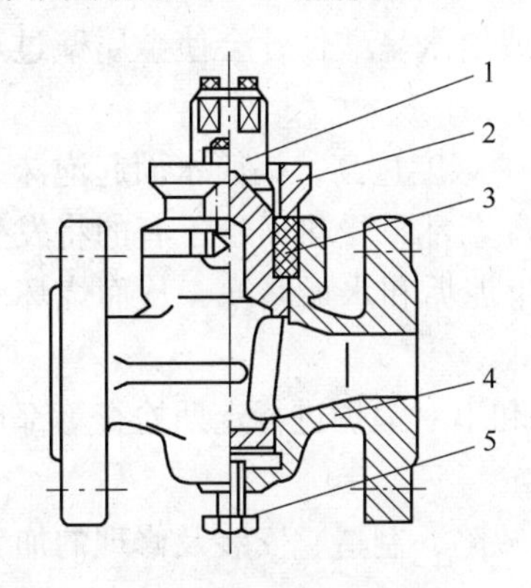

图6-18 旋塞阀
1—旋塞；2—压盖；3—填料；
4—阀体；5—退塞螺栓

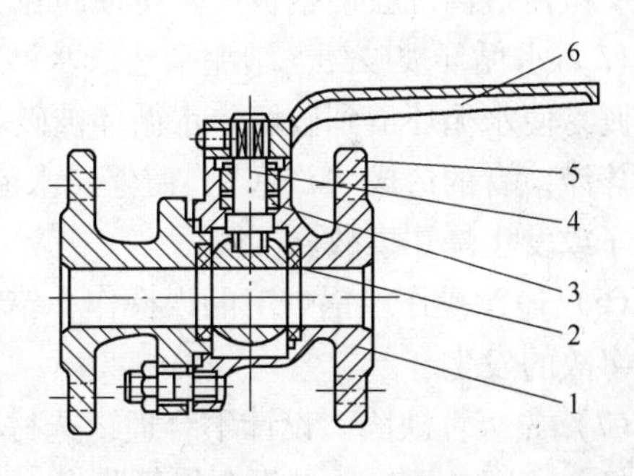

图6-19 浮动式球阀
1—阀体；2—球体；3—填料；4—阀杆；
5—阀盖；6—手柄

该阀在管路中主要起切断、分配和变向的作用，它和旋塞阀一样可制成直通式、三通式或四通式，是近几年发展较快的阀之一。

球阀结构简单、体积小、零件少、重量轻、开关迅速、操作方便、流体阻力小、制作精度高，但由于密封结构及材料的限制，目前生产的球阀不宜用在高温介质中，不能作节流用，只适用于低温、高压及黏度较大的介质和要求开关迅速的管道中。

6.3　锅炉事故预防措施

471. 锅炉发生事故有哪些特点？

答：锅炉发生事故的特点有：

（1）锅炉在运行中受高温、压力和腐蚀等的影响，容易造成事故，且事故种类呈现出多种多样的形式。

（2）锅炉一旦发生故障，将造成停电、停产、设备损坏，其损失非常严重。

（3）锅炉是一种密闭的压力容器，在高温和高压下工作，一旦发生爆炸，将摧毁设备和建筑物，造成人身伤亡。

472. 锅炉容易发生哪些事故？

答：锅炉容易发生以下事故：

（1）超压运行。如安全阀、压力表等安全装置失灵，或者在水循环系统发生故障时，造成锅炉压力超过许用压力，严重时会发生锅炉爆炸。

（2）超温运行。由于烟气流差或燃烧工况不稳定等原因，使锅炉出口气温过高、受热面温度过高，造成金属壁烧损或发生爆管事故。

（3）锅炉水位过低会引起严重缺水事故；锅炉水位过高会引起满水事故。低水位运行，容易发生爆炸；长时间高水位运行，容易使压力表管口结垢堵塞，使压力表失灵而导致锅炉超压事故。

（4）水质管理不善。锅炉水垢太厚，又未定期排污，会使受热面水侧积存泥垢和水垢，热阻增大，而使受热面金属烧坏；给水中带有油质或给水呈酸性，会使金属壁过热或腐蚀；碱性过高，会使钢板产生苛性脆化。

（5）水循环被破坏。结垢会造成水循环被破坏；锅炉碱度过高，锅筒水面起泡沫、汽水共腾易使水循环遭到破坏。水循环被破坏，锅内的水况紊乱，受热面管子有的将发生倒流或停滞，有的造成“汽塞”，使停滞水流的管子内产生泥垢和水垢堵塞，从而烧坏受热面管子或发生爆炸事故。

（6）违章操作。锅炉工的误操作，错误的检修方法和不对锅炉进行定期检查等都可能导致事故的发生。

（7）先天性缺陷。设计不合理，选材不当或材料有缺陷，制造、安装及修理的加工工艺不好，特别是焊接质量不合格等隐患。

473. 锅炉发生事故的应急措施有哪些？

答：锅炉发生事故的应急措施有：

（1）锅炉一旦发生事故，司炉人员一定要保持清醒的头脑，不要惊慌失措，应立即判断和查明事故原因，并及时进行事故处理。发生重大事故和爆炸事故时应启动应急预案，保护现场，并及时报告有关领导和监察机构。

（2）发生锅炉爆炸事故时，必须设法躲避爆炸物和高温水、汽，在可能的情况下尽快将人员撤离现场；爆炸停止后立即查看是否有伤亡人员，并进行救助。

（3）发生锅炉重大事故时，要停止供给燃料和送风，减弱引风；熄灭和清除炉膛内的燃料（指火床燃烧锅炉），注意不能用向炉膛浇水的方法灭火，应用黄砂或湿煤灰将红火压灭；打开炉门、灰门、烟风道闸门等，以冷却炉子；切断锅炉同蒸汽总管的联系，打开锅筒上放空排放或安全阀以及过热器出口集箱和疏水阀；向锅炉内注水和放水，以加速锅炉的冷却；但是发生严重缺水事故时，切勿向锅炉内注水。

474. 锅炉爆炸事故有哪些类型？

答：锅炉爆炸事故主要有以下几种类型：

（1）水蒸气爆炸。锅炉中容纳水及水蒸气较多的大型部件，如锅筒及水冷壁集箱等，在正常工作时，处于水汽两相共存的饱和状态，容器内的压力接近锅炉的工作压力，水的温度则是该压力对应的饱和温度。一旦该容器破裂，容器内液面上的压力瞬间下降为大气压力，与大气压力相对应的水的饱和温度是100℃。而原工作压力下高于100℃的饱和水此时极不稳定，瞬时即会汽化，体积骤然膨胀许多倍，形成爆炸。

（2）超压爆炸。超压爆炸指由于安全阀、压力表不齐全、损坏或安装错误，操作人员擅离岗位或放弃监视责任，关闭或关小出汽通道，无承压能力的生活锅炉改作承压蒸汽锅炉等原因，致使锅炉主要承压部件筒体、封头、管板、炉胆等承受的压力超过其承载能力而造成的锅炉爆炸。

超压爆炸是小型锅炉最常见的爆炸情况之一。预防这类爆炸的主要措施是加强运行管理。

（3）缺陷导致爆炸。缺陷导致爆炸指锅炉承受的压力并未超过额定压力，但因锅炉主要承压部件出现裂纹、严重变形、腐蚀、组织变化等情况，导致主要承压部件丧失承载能力，突然大面积破裂爆炸。

缺陷导致的爆炸也是锅炉常见的爆炸情况之一。预防这类爆炸，除加强锅炉的设计、制造、安装、运行中的质量控制和安全监察外，还应加强锅炉检验，锅炉缺陷及时处理，避免锅炉主要承压部件带缺陷运行。

（4）严重缺水导致爆炸。锅炉的主要承压部件如锅筒、封头、管板、炉胆等，不少是直接受火焰加热的。锅炉一旦严重缺水，上述主要受压部件得不到正常冷却，甚至被烧红。这样的缺水情况是严禁加水的，应立即停炉。如给严重缺水的锅炉上水，往往酿成爆炸事故。长时间缺水干烧的锅炉也会爆炸。

防止发生这类爆炸的主要措施是加强运行管理。

475. 锅炉爆炸的特征是什么？

答：锅炉爆炸的特征是：

（1）锅炉爆炸时，大量的汽、水从裂口处急速冲出，由于具有很高的速度，当与空气或地面接触后，便产生了巨大的反作用力而获得动能，使锅炉腾空而起。

（2）立式锅炉的爆炸部位大多发生在锅壳及炉胆与下脚的连接处。这是因为下脚部位最易积水垢和被腐蚀，特别是当采用不合理的连接时，由于承受弯曲应力，更容易从焊缝处撕裂。如果操作不慎，造成严重缺水，则爆破部位常在炉排以上的炉胆处。因此，立式锅壳锅炉爆炸时，汽水向下喷射，从而推动锅炉向上腾空而起，直冲房顶。

（3）当卧式锅炉的封头（或管板）与锅壳连接处采用不合理的角焊时，其破口多发生在焊缝处。当卧式锅炉炉膛火焰直接烧锅壳时，如因水质不良，造成其底部结成厚垢或沉积过多水渣，锅壳前下部严重过热，其破口多发生在此处。因此，卧式锅炉爆炸时，汽水向前或向后喷射，推动锅炉平行飞动。

（4）锅炉爆炸时所放出的能量，其中很小部分消耗在了撕裂锅炉钢板、拉断固定锅炉的地脚螺栓和与锅炉连接的各种汽水管道、将锅炉整体或碎块抛离原地；大部分的能量在空气中产生冲击波，破坏周围的设备和建筑物。

476. 防止锅炉爆炸的措施有哪些？

答：为了杜绝锅炉发生爆炸事故，除按标准设计、选材、制造，同时安装防爆门、燃烧自动调节、熄火保护等安全装置，以及进行定期检验，保持设备完好外，在运行中还要特别采取以下措施：

（1）正确点火。点火前，必须仔细吹扫炉膛和烟道，排除炉内可能积存的可燃气体，并按点火程序进行操作。

（2）防止超压，具体方法是：

1）保持锅炉负荷稳定，防止骤然降低负荷，导致气压上升。

2）保持安全阀灵敏可靠，防止安全阀失灵。应每隔一定时间人工排放一次，并且定期作自动排汽试验。如发现动作呆滞，必须及时修复。

3）定期校验压力表，确保压力表指示准确。如发现压力表不准确或动作不正常，必须及时调换。

（3）防止过热，即：

1）防止缺水。控制水位在正常水位，经常冲洗水位计，定期维护、检查水位警报装置或超温警报装置。

2）防止积垢。正确使用水处理设备，保持锅炉水质量符合标准。认真进行排污，及时清除水垢、水渣。

（4）防止腐蚀。采取有效的水处理和除氧措施，保证给水和炉水质量合格。加强炉内停炉保养工作，及时清除烟灰，涂防锈油漆，保持炉内干燥。

（5）防止裂纹和起槽。保持燃烧稳定，防止锅炉骤冷骤热。加强对封头、板边等集中部位的检查，一旦发现裂纹和起槽必须及时修理。

477. 什么是锅炉缺水事故？缺水事故有何现象？

答：当锅炉水位低于水位表最低安全水位刻度线时，即造成锅炉缺水事故。

锅炉缺水是锅炉运行中最常见的事故之一，常常造成严重后果。严重缺水会使锅炉受热面钢材过热或过烧，降低或丧失承载能力，管子爆破，炉墙损坏。如对锅炉缺水处理不当，甚至会导致锅炉爆炸。锅炉缺水会出现以下现象：

（1）水位低于最低安全水位线，或看不见水位，水位表玻璃管上呈白色。

（2）双色水位计呈全部气相指示颜色。

（3）高、低水位警报器发生低水位报警信号。

(4) 低水位联锁装置使送风机、引风机、炉排减速器电动机停止运行。

(5) 过热器气温急剧上升，高于正常出口气温。

(6) 锅炉排烟温度升高。

(7) 给水流量小于蒸汽流量，若因炉管或省煤器管破裂造成缺水时，则出现相反现象。

(8) 缺水严重时，可嗅到焦味。从炉门可见到烧红的水冷壁管。

(9) 缺水严重时，炉管可能破裂，这时可听到有爆破声，蒸汽和烟气将从炉门、看火门处喷出。

478. 常见的锅炉缺水事故的原因有哪些?

答: 常见的锅炉缺水事故的原因有:

(1) 司炉工疏忽大意，对水位监视不严；或者擅离职守，放弃了对水位及其他仪表的监视。

(2) 司炉工或维修工冲洗水位表或维修水位表时，使水位表水连管堵塞，或误将汽、水旋塞关闭，造成假水位。

(3) 给水设备发生故障，给水自动调节器失灵或水源中断，停止供水。

(4) 水位报警器失灵，不发出铃声和光信号，又未及时发现。

(5) 给水设备或给水管路故障，无法给水或水量不足。

(6) 操作人员排污后忘记关排污阀，或者排污阀泄漏。

(7) 给水管道被污垢堵塞或破裂；给水系统的阀门关闭或损坏。

(8) 水冷壁、对流管束或省煤器管子爆破漏水。

(9) 并列运行的锅炉的司炉工相互联系不够，邻炉工况变动时，本炉未能及时调整给水。

479. 发生锅炉缺水事故后应如何处理?

答: 锅炉缺水的处理方法如下:

(1) 当锅炉水位表见不到水位时，首先用冲洗水位表的方法判断缺水还是满水。如果判断为缺水，对于水位表的水连管低于最高火界，应立即紧急停炉，降低炉膛温度，关闭主汽阀和给水阀。对于水容量较大，并且水连管高于锅炉最高火界的锅炉，可用“叫水”法判断缺水严重程度，以便采取相应措施。

(2) 通过“叫水”，判断缺水不严重时，可以继续向锅炉给水，恢复正常水位后，可启动燃烧设备逐渐升温、升压投入运行。

(3) 通过“叫水”，判断为严重缺水时，必须紧急停炉，严禁盲目向锅炉给水。决不允许有侥幸心理，企图掩盖造成锅炉缺水的责任而盲目给水。这种错误的做法往往酿成大祸，扩大事故，甚至造成锅炉爆炸而炉毁人亡。

480. 如何进行“叫水”操作?

答: “叫水”的操作方法是：打开水位表的放水旋塞冲洗汽连管及水连管，关闭水位表的汽连接管旋塞，然后缓慢关闭放水旋塞，观察水位表内是否有水位出现。此时，水位表的上部没有压力，只要水位不低于水连管孔，借助锅筒内的汽压就能将水位表内的水位升高，表明是轻微缺水；如果经过“叫水”，水位表内仍无水位出现，表明是严重缺水。

必须注意：“叫水”操作一般只适用于相对容水量较大的小型锅炉，不适用于相对容水量很小的电站锅炉或其他锅炉。对相对容水量小的电站锅炉或其他锅炉，以及最高火界在水连管以上的锅壳锅炉，一旦发现缺水，应立即停炉。

481. 什么是锅炉满水事故？满水事故有何现象？

答：锅炉水位高于水位表最高安全水位刻度线的现象，称为锅炉满水。

严重满水时，锅水可进入蒸汽管道和过热器，造成水击及过热器结垢。因而满水的主要危害是降低蒸汽品质，影响正常供汽，损害以致破坏过热器。锅炉发生满水事故的现象有以下几种：

（1）锅炉满水时，水位表内也往往看不到水位，但表内发暗，这是满水与缺水的重要区别。双色水位计呈全部水相指示颜色。

（2）满水发生后，高水位报警器动作并发出警报，过热蒸汽温度降低。

（3）过热蒸汽温度明显下降。

（4）给水流量不正常地大于蒸汽流量。

（5）分汽缸大量存水，疏水器剧烈动作。

（6）严重时蒸汽大量带水，含盐量增加，蒸汽管道内发生水锤现象，连接法兰处向外冒汽滴水。

482. 常见的满水事故的原因和处理办法有哪些？

答：常见的满水事故的原因如下：

（1）司炉工疏忽大意，对水位监视不严；或者擅离职守，放弃了对水位及其他仪表的监视。

（2）水位表故障造成假水位，司炉工未及时发现。

（3）水位报警器及给水自动调节器失灵且未能及时发现等。

锅炉满水事故的处理方法如下：

（1）冲洗水位表，检查是否有假水位，确定是轻微满水还是严重满水。

（2）轻微满水，应减弱燃烧，给水改为手动，部分或全部关闭给水阀门，减少或停止给水，打开省煤器再循环管阀门或旁通烟道。必要时开启排污阀，放出少量锅水，同时开启蒸汽管道和过热器上的疏水阀门，加速疏水，待水位降到正常水位线后，再恢复正常运行。

（3）严重满水，应作紧急停炉处理，停止给水，迅速放水，加速疏水，待水位恢复正常，管道、阀门等经检查可以使用，待查清原因并消除后，方可恢复运行。

483. 什么是汽水共腾事故？如何处理和预防？

答：（1）汽水共腾的后果。锅炉蒸发表面（水面）汽水共同升起，产生大量泡沫并上下波动翻腾的现象，叫做汽水共腾。发生汽水共腾时，水位表内也出现泡沫，水位急剧波动，汽水界线难以分清；过热蒸汽温度急剧下降；严重时，蒸汽管道内发生水冲击。汽水共腾与满水一样，会使蒸汽带水，降低蒸汽品质，造成过热器结垢及水击振动，损坏过热器或影响用汽设备的安全运行。

（2）形成汽水共腾的原因：

1）锅水品质太差。由于给水品质差、排污不当等原因，造成锅水中悬浮物或含盐量太高，碱度过高。由于汽水分离，锅水表面层附近含盐浓度更高，锅水黏度很大，气泡上升阻力增大。在负荷增加、汽化加剧时，大量气泡被黏阻在锅水表面层附近来不及分离出去，形成大量泡沫，使锅水表面上下翻腾。

2）负荷增加和压力降低过快。当水位高、负荷增加过快、压力降低过速时，会使水面汽化加剧，造成水面波动及蒸汽带水。

（3）汽水共腾的处理。发现汽水共腾时，应减弱燃烧，降低负荷，关小主汽阀；全开连续排污阀，并适当打开定期排污阀放水；同时加大上水量，以改善锅水品质；开启蒸汽管道和过热器的疏水；增加对锅水的分析次数，待水质改善、入水位清晰时，可逐渐恢复正常运行。

（4）汽水共腾的预防措施。加强锅炉给水的处理及分析监视；根据炉水的质量注意排污量，当水中含盐量高时应加大排污量。中压以上锅炉最好采用连续排污；负荷增加时，要注意抽汽速度不能过快，保证水位处于正常状态；并炉时，注意开主汽阀门的速度不能太快。

484. 什么是锅炉爆管事故?

答:（1）锅炉爆管的后果。锅炉爆管指锅炉蒸发受热面管子在运行中爆破，包括水冷壁、对流管束管子爆破及烟管爆破。锅炉爆管时，往往能听到爆破声，随之水位降低，蒸汽及给水压力下降，炉膛或烟道中有汽水喷出的声响，负压减小，燃烧不稳定，给水流量明显大于蒸汽流量，有时还有其他比较明显的症状。

（2）锅炉爆管原因：

1）水质不良、管子结垢并超温爆破。

2）水循环故障。

3）严重缺水。

4）制造、运输、安装中管内落入异物，如钢球、木塞等。

5）烟气磨损导致管减薄。

6）运行或停炉的管壁因腐蚀而减薄。

7）管子膨胀受阻碍，由于热应力造成裂纹。

8）吹灰不当造成管壁减薄。

9）管路缺陷或焊接缺陷在运行中发展扩大。

（3）锅炉爆管的处理。锅炉爆管时，通常必须紧急停炉修理。由于导致锅炉爆管的原因很多，有时往往是几方面因素共同影响而造成的事故，因而防止锅炉爆管必须从锅炉设计、制造、安装、运行管理、检验等各个环节入手。

485. 什么是省煤器损坏事故?

答:（1）省煤器损坏的后果。省煤器损坏指由于省煤器管子破裂或省煤器其他零件损坏所造成的事故。省煤器损坏时，给水流量不正常地大于蒸汽流量；严重时，锅炉水位下降，过热蒸汽温度上升；省煤器烟道内有异常，烟道潮湿或漏水，排烟温度下降，烟气阻力增大，引风机电流增大。省煤器损坏会造成锅炉缺水而被迫停炉。

（2）省煤器损坏原因如下：

1）烟速过高或烟气含灰量过大，飞灰磨损严重。

2）给水品质不符合要求，特别是未进行除氧，管子被严重腐蚀。

3）省煤器出口烟气温度低于其露点，在省煤器出口段烟气侧产生酸性腐蚀。

4）材质缺陷或制造安装时的缺陷导致破裂。

5）水击或炉膛、烟道爆炸剧烈振动省煤器并使之损坏等。

（3）省煤器损坏的处理。省煤器损坏时，如能经直接上水管给锅炉上水，并使烟气经旁通烟道流出，则可不停炉进行省煤器修理，否则必须停炉进行修理。

486. 什么是过热器损坏事故？原因有哪些？如何处理？

答：（1）过热器损坏的后果。过热器损坏主要指过热器爆管。这种事故发生后，蒸汽流量明显下降，且不正常地小于给水流量；过热蒸汽温度上升，压力下降；过热器附近有明显声响，炉膛负压减小，过热器后的烟气温度降低。

（2）过热器损坏的原因如下：

1）锅炉满水、汽水共腾或汽水分离效果差而造成过热器内进水结垢，导致过热爆管。

2）受热偏差或流量偏差使个别过热器管子超温而爆管。

3）启动、停炉时对过热器保护不善而导致过热爆管。

4）工况变动（负荷变化、给水温度变化、燃料变化等）使过热蒸汽温度上升，造成金属超温爆管。

5）材质缺陷或材质错用（如在需要用合金钢的过热器上错用了碳素钢）。

6）制造或安装时的质量问题，特别是焊接缺陷。

7）管内异物堵塞。

8）被烟气中的飞灰严重磨损。

9）吹灰不当，损坏管壁等。

由于在锅炉受热面中过热器的使用温度最高，致使过热蒸汽温度变化的因素很多，相应造成过热器超温的因素也很多。因此过热器损坏的原因比较复杂，往往和温度工况有关，在分析问题时需要综合各方面的因素考虑。

（3）过热器损坏处理。过热器损坏通常需要停炉修理。

487. 什么是水击事故？原因有哪些？如何预防与处理？

答：（1）水击事故的后果。水在管道中流动时，因速度突然变化导致压力突然变化，形成压力波并在管道中传播的现象，叫水击。发生水击时管道承受的压力骤然升高，发生猛烈振动并发出巨大声响，常常造成管道、法兰、阀门等的损坏。

（2）水击事故原因。锅炉中易于产生水击的部位有：

1）给水管道、省煤器、过热器、锅筒等。给水管道的水击常常是由于管道阀门关闭或开启过快造成的。比如阀门突然关闭，高速流动的水突然受阻，其动压在瞬间转变为静压，造成对内门、管道的强烈冲击。

2）省煤器管道的水击分两种情况：一种是省煤器内部分水变成了蒸汽，蒸汽与温度较低的（未饱和）水相遇时，水将蒸汽冷凝，原蒸汽区压力降低，使水速突然发生变化并造成水击；另一种则和给水管道的水击相同，是由阀门的突然开闭造成的。

3）过热器管道的水击常发生在满水或汽水共腾事故中，在暖管时也可能出现。造成水击的原因是蒸汽管道中出现水，水使部分蒸汽降温甚至冷凝，形成压力降低区，蒸汽携水向压力降低区流动，使水速突然变化而产生水击。

4）锅筒的水击也有两种情况：一是上锅筒内水位低于给水管出口而给水温度又较低时，大量低温进水造成蒸汽凝结，使压力降低而导致水击；二是下锅筒内采用蒸汽加热时，进汽速度太快，蒸汽迅速冷凝形成低压区，造成水击。

（3）水击事故的预防与处理。为了预防水击事故，给水管道和省煤器管道的阀门启闭不应过于频繁，开闭速度要缓慢；对可分式省煤器的出口水温要严格控制，使之低于同压力下的饱和温度40℃；防止满水和汽水共腾事故，暖管之前应彻底疏水；上锅筒进水速度应缓慢，下锅筒进汽速度也应缓慢。发生水击时，除立即采取措施使之消除外，还应认真检查管道、阀门、法兰、支撑等，如无异常情况，才能使锅炉继续运行。

488. 什么是炉膛爆炸事故？原因有哪些？如何预防？

答：（1）炉膛爆炸事故。炉膛爆炸是指炉膛内积存的可燃性混合物瞬间同时爆燃，从而使炉膛烟气侧压力突然升高，超过了设计允许值而造成水冷壁、刚性梁及炉顶、炉墙破坏的现象，即正压爆炸。此外还有负压爆炸，即在送风机突然停转时，引风机继续运转，烟气侧压力急降，造成炉膛、刚性梁及炉墙破坏的现象。

炉膛爆炸（外爆）要同时具备三个条件：一是燃料必须以游离状态存在于炉膛中；二是燃料和空气的混合物达到爆燃的浓度；三是有足够的点火能源。炉膛爆炸常发生于燃油、燃气、燃煤粉的锅炉。不同可燃物的爆炸极限和爆炸范围各不相同。

由于爆炸过程中火焰传播速度非常快，每秒达数百米甚至数千米，火焰激波以球面向各方向传播，邻近燃料同时被点燃，烟气容积突然增大，因来不及泄压而使炉膛内压力陡增发生爆炸。

（2）引起炉膛爆炸的主要原因：

1）在设计上缺乏可靠的点火装置，可靠的熄火保护装置及联锁、报警和跳闸系统，炉膛及刚性梁结构抗爆能力差，制粉系统及燃油雾化系统有缺陷。

2）在运行过程中操作人员误判断、误操作，此类事故占炉膛爆炸事故总数的90%以上。有时因采用“爆燃法”点火而发生爆炸。此外，还有因烟道闸板关闭而发生炉膛爆炸事故。

（3）炉膛爆炸事故预防。为防止炉膛爆炸事故的发生，应根据锅炉的容量和大小，装设可靠的炉膛安全保护装置，如防爆门、炉膛火焰和压力检测装置，联锁、报警、跳闸系统及点火程序，熄火程序控制系统。同时，尽量提高炉膛及刚性梁的抗爆能力。此外应加强管理，提高司炉工人技术水平。在启动锅炉点火时要认真按操作规程进行点火，严禁采用“爆燃法”，点火失败后先通风吹扫5～10min后才能重新点火；在燃烧不稳，炉膛负压波动较大时，如除大灰、燃料变更、制粉系统及雾化系统发生故障、低负荷运行时应精心控制燃烧，严格控制负压。

489. 什么是尾部烟道二次燃烧事故？原因有哪些？如何预防？

答：（1）尾部烟道二次燃烧事故的后果。尾部烟道二次燃烧主要发生在燃油锅炉上。当锅炉运行中燃烧不完好时，部分可燃物随着烟气进入尾部烟道，积存于烟道内或黏附在尾部受热面上，在一定条件下这些可燃物自行着火燃烧。尾部烟道二次燃烧常破坏空气预热器、省煤器。引起尾部烟道二次燃烧的条件是：在锅炉尾部烟道上有可燃物堆积下来，并达到一定的温度，有一定量的空气可供燃烧。这三个条件同时满足时，就有可能自燃或被引燃着火。

（2）尾部烟道二次燃烧事故原因。尾部烟道二次燃烧易在停炉之后不久发生，具体原因是：

1）可燃物在尾部烟道积存。锅炉启动或停炉时燃烧不稳定、不完全，可燃物随烟气进入尾部烟道，积存在尾部烟道；燃油雾化不良，来不及在炉膛完全燃烧而随烟气进入尾部烟道；鼓风机停转后炉膛内负压过大，引风机有可能将尚未燃烧的可燃物吸引到尾部烟道上。

2）可燃物着火的温度条件是：刚停炉时尾部烟道上尚有烟气存在，烟气流速很低甚至不流动，受热面上沉积有可燃物，传热系数差，难以向周围散热；在较高温度的情况，可燃物自氧化加剧放出一定能量，从而使温度更进一步上升。

3）保持一定空气量。尾部烟道门孔和挡板关闭不严密；空气预热器密封不严，空气泄漏。

（3）尾部烟道二次燃烧的预防。为防止产生尾部二次燃烧，要提高燃烧效率，尽可能减少不完全燃烧损失，减少锅炉的启停次数；加强尾部受热面的吹灰；保证烟道各种门孔及烟气挡板的密封良好；应在燃油锅炉的尾部烟道上装设灭火装置。

490. 什么是锅炉结渣事故？原因有哪些？如何预防？

答：（1）锅炉结渣后果。锅炉结渣指灰渣在高温下黏结于受热面、炉墙、炉排之上并越积越多的现象。燃煤锅炉结渣是个普遍性的问题，层燃炉、沸腾炉、煤粉炉都有可能结渣。由于煤粉炉炉膛温度较高，煤粉燃烧后的细灰呈飞腾状态，因而更易在受热面上结渣。结渣使受热面吸热能力减弱，降低锅炉的出力和效率；局部水冷壁管结渣会影响和破坏水循环，甚至造成水循环故障；结渣会造成过热蒸汽温度的变化，使过热器金属超温；严重的结渣会妨碍燃烧设备的正常运行，甚至造成被迫停炉。结渣对锅炉的经济性、安全性都有不利影响。

（2）产生结渣的原因主要是：煤的灰渣熔点低，燃烧设备设计不合理，运行操作不当等。

（3）锅炉结渣预防。预防结渣的主要措施有：

1）在设计上要控制炉膛燃烧热负荷，在炉膛中布置足够的受热面，控制炉膛出口温度，使之不超过灰渣变形温度；合理设计炉膛形状，正确设置燃烧器，在燃烧器结构性能设计中充分考虑结渣问题；控制水冷壁间距不要太大，而要把炉膛出口处受热面管间距拉开；炉排两侧装设防焦集箱等。

2）在运行上要避免超负荷运行；控制火焰中心位置，避免火焰偏斜和火焰冲墙；合理控制过量空气系数和减少漏风。

3）对沸腾炉和层燃炉，要控制送煤量，均匀送煤，及时调整燃料层和煤层厚度。

4）发现锅炉结渣要及时清除。清渣应在负荷较低、燃烧稳定时进行，操作人员应注意防护和安全。

6.4 锅炉安全操作技能

491. 锅炉启动步骤的注意事项有哪些?

答：锅炉启动步骤的注意事项有：

（1）检查准备。对新装、移装和检修后的锅炉，启动之前要进行全面检查。主要内容有：检查受热面、承压部件的内外部，看其是否处于可投入运行的良好状态；检查燃烧系统各个环节是否处于完好状态；检查各类门孔、挡板是否正常，使之处于启动所要求的位置；检查安全附件和测量仪表是否齐全、完好并使之处于启动所要求的状态；检查锅炉、楼梯、平台等钢结构部分是否完好；检查各种辅助机构特别是转动机械是否完好。

（2）上水。从防止产生过大热应力出发，上水温度最高不超过90℃，水温与筒壁温差不超过50℃。对水管锅炉，全部上水时间在夏季不小于1h，冬季不小于2h。冷炉上水至最低安全水位时应停止上水，防止受热膨胀后水位过高。

（3）烘炉。新装、移装、大修或长期停用的锅炉，其炉膛和烟道的墙壁非常潮湿，一旦骤然接触高温烟气，将会产生裂纹、变形，甚至发生倒塌事故。因此锅炉在上水后，启动前要进行烘炉。

（4）煮炉。对新装、移装、大修或长期停用的锅炉，在正式启动前必须煮炉。煮炉的目的是清除蒸发受热面中的铁锈、油污和其他污物，减少受热面腐蚀，提高锅水和蒸汽品质。

（5）点火升压。一般锅炉上水后即可点火升压。点火方法因燃烧方式和燃烧设备而异。层燃炉一般用木材引火，严禁用挥发性强烈的油类或易燃物引火，以免造成爆炸事故。

对于自然循环锅炉来说，其升压过程与日常的压力锅升压相似，即锅内压力是由烧火加热产生的，升压过程与受热过程紧紧地联系在一起。

（6）暖管与并汽。暖管即用蒸汽慢慢加热管道、阀门、法兰等部件，使其温度缓慢上升，避免向冷态或较低温度的管道突然供入蒸汽，以防止热应力过大而损坏管道、阀门等部件；同时将管道中的冷凝水驱出，防止在供汽时发生水击。

并汽也叫并炉、并列，指新投入运行锅炉向共用的蒸汽母管供汽的过程。并汽前应减弱燃烧，打开蒸汽管道上的所有疏水阀；充分疏水以防水击；冲洗水位表，并使水位维持在正常水位线以下；使锅炉的蒸汽压力稍低于蒸汽母管内气压，缓慢打开主汽阀及隔绝阀，使新启动锅炉与蒸汽母管连通。

492. 锅炉点火升压阶段的安全注意事项有哪些?

答：锅炉点火升压阶段的安全注意事项有：

（1）防止炉膛爆炸。锅炉点火时需防止炉膛爆炸。锅炉点火前，锅炉炉膛中可能残存有可燃气体或其他可燃物，也可能预先送入可燃物，如不注意清除，这些可燃物与空气的混合物遇明火即可发生爆炸，这就是炉膛爆炸。燃气锅炉、燃油锅炉、煤粉锅炉等点火时必须特别注意防止炉膛爆炸。

防止炉膛爆炸的措施是：点火前，开动引风机给锅炉通风5～10min，没有风机的可自然通风5～10min，以清除炉膛及烟道中的可燃物质。点燃气、油、煤粉炉时，应先送风，后投入点燃火炬，最后送入燃料。一次点火未成功需重新点燃火炬时，一定要在点火前给炉膛烟道重新通风，待充分清除可燃物之后再进行点火操作。

（2）控制升温升压速度。升压过程也就是锅水饱和温度不断升高的过程。由于锅水温度的升高，锅筒和蒸发受热面的金属壁温也随之升高，金属壁面中存在不稳定的热传导，需要注意热膨胀和热应力问题。

为防止产生过大的热应力，锅炉的升压过程一定要缓慢进行。点火过程中，应对各热承压部件的膨胀情况进行监督。发现有卡住现象应停止升压，待排除故障后再继续升压。发现膨胀不均匀时也应采取措施消除。

（3）严密监视和调整仪表。点火升压过程中，锅炉的蒸汽参数、水位及各部件的工作状况在不断地变化，为了防止异常情况及事故的出现，必须严密监视各种指示仪表，将锅炉压力、温度和水位控制在合理的范围之内。同时，各种指示仪表本身也要经历从冷态到热态、从不承压到承压的过程，也要产生热膨胀，在某些情况下甚至会产生卡住、堵塞、转动或开关不灵等，使得仪表无法投入运行或工作不可靠的故障。因此点火升压过程中，保证指示仪表的准确可靠十分重要。

在一定的时间内压力表上的指针应离开原点。如锅炉内已有压力而压力表指针不动，则须将火力减弱或熄火，校验压力表并清洗压力表管道，待压力表正常后方可继续升压。

（4）保证强制流动受热面的可靠冷却。自然循环锅炉的蒸发面在锅炉点火后开始受热，即产生循环流动。由于启动过程加热比较缓慢，蒸发受热面中产生的蒸汽量较少，水循环还不正常，各水冷壁受热不均匀的情况也比较严重，但蒸发受热面一般不至于在启动过程中烧坏。

由于锅炉在启动中不向用户提供蒸汽及不连续经省煤器上水，省煤器、过热器等强制流动受热面中没有连续流动的水汽介质冷却，因而可能被外部连续流过的烟气烧坏。所以，必须采取可靠措施，保证强制流动受热面在启动过程中不致过热损坏。

对过热器的保护措施是：在升压过程中，开启过热器出口集箱疏水阀、对空排气阀，使一部分蒸汽流经过热器后被排除，从而使过热器得到足够的冷却。

对省煤器的保护措施是：对钢管省煤器，在省煤器与锅筒间连接再循环管，在点火升压期间，将再循环管上的阀门打开，使省煤器中的水经锅筒、再循环管（不受热）重回省煤器，进行循环流动。但在上水时应将再循环管上的阀门关闭。

493. 锅炉正常运行中的监督调节措施有哪些？

答：锅炉正常运行中的监督调节措施有：

（1）锅炉水位的监督调节。锅炉运行中，运行人员应不间断地通过水位表监督锅炉内的水位。锅炉水位应经常保持在正常水位线处，并允许在正常水位线上下50mm内波动。

由于水位的变化与负荷、蒸发量和气压的变化密切相关，水位的调节常常不是孤立地进行，而是与气压、蒸发量的调节联系在一起。

为了使水位保持正常，锅炉在低负荷运行时，水位应稍高于正常水位，防止负荷增加时水位降得过低；锅炉在高负荷运行时，水位应稍低于正常水位，以免负荷降低时水位升得过高。

（2）锅炉气压的监督调节。在锅炉运行中，蒸汽压力应基本保持稳定。锅炉气压的变动通常是由负荷变动引起的，当锅炉蒸发量和负荷不相等时，气压就要变动。若负荷小于蒸发量，气压就上升；负荷大于蒸发量，气压就下降。所以，调节锅炉气压就是调节其蒸发量，而蒸发量的调节是通过燃烧调节和给水调节来实现的。司炉工根据负荷变化，通过相应增减锅炉的燃料量、风量、给水量来改变锅炉蒸发量，使气压保持相对稳定。

对于间断上水的锅炉，为了保持气压稳定，要注意上水均匀。上水间隔的时间不宜过长，一次上水不宜过多。在燃烧减弱时不宜上水，人工烧炉在投煤、扒渣时也不宜上水。

（3）气温的调节。锅炉负荷、燃料及给水温度的改变，都会造成过热气温的改变。过热器本身的传热特性不同，上述因素改变时气温变化的规律也不相同。

（4）燃烧的监督调节。燃烧调节的任务是：使燃料燃烧供热适应负荷的要求，维持气压稳定；使燃烧完好正常，尽量减少未完全燃烧损失，减轻金属腐蚀和大气污染；对负压燃烧锅炉，维持引风和鼓风的均衡，保持炉膛一定的负压，以保证操作安全和减少排烟损失。

（5）排污和吹灰。锅炉运行中，为了保持受热面内部清洁，避免锅水发生汽水共腾及蒸汽品质恶化，除了对给水进行必要而有效的处理外，还必须坚持排污。

燃煤锅炉的烟气中含有许多飞灰微粒，在烟气流经蒸发受热面、过热器、省煤器及空气预热器时，一部分烟灰就积沉到受热面上，不及时吹扫清理，往往越积越多。由于烟灰的导热能力很差，受热面上积灰会严重影响锅炉传热，降低锅炉效率，影响锅炉运行工况特别是蒸汽温度，对锅炉安全也造成不利影响。因此，应定期吹灰。

494. 锅炉正常运行中应注意的事项是什么？

答：锅炉在正常运行中应注意以下事项：

（1）锅炉在运行时，水位表的水位须保持在正常水位附近，并有轻微波动。水位表每班至少要冲洗一次，并应保持水位表的明亮、清晰、清洁、不漏水和不漏气。

（2）锅炉运行时，应经常注意压力表，保持正常压力，不让指针超过锅炉许可工作压力的红线标记。

（3）安全阀每月至少要试验一次，即用升压使其自动排汽或抬动手柄、杠杆的办法使安全阀排汽一次，以免阀芯和阀座粘住。

（4）定期排污。每班至少排污一次，定期排污宜在低负荷高水位时进行。如果排污设备不正常，应禁止排污。禁止用手锤和其他物体敲击排污阀或用加长手柄强力开启排污阀。

（5）每班必须检查锅炉和水冷壁的排污阀以及过热器、省煤器疏水阀的严密性。

（6）非沸腾式省煤器的锅炉，必须使水不间断地通过省煤器，省煤器出口水温应低于锅内水温40℃，防止水在省煤器内沸。

（7）运行中应保持锅炉本体、附属设备及锅炉房的清洁。

495. 锅炉进行排污操作时应注意哪些事项？

答：锅炉进行排污操作时应注意以下事项：

（1）慢开式排污阀与快开式排污阀的串联，应把慢开式排污阀装在靠近锅筒的位置。这种装置的好处在于：因快开阀一般容易损坏，当快开阀在运行中需要修理时，可在不停炉的情况下把快开阀拆下来，修好后再装上。

按上述串联方式装置后，排污操作一般应按下列顺序进行：

先打开慢开阀→然后微开快开阀开始排污，待管路预热后再慢慢开大（在排污过程中可反复关开快开阀，使积存在锅筒底部的泥渣受关闭时产生的水流冲力而泛起，再次打开快开阀时排出炉外）→关闭快开阀→关闭慢开阀→再打开快开阀泄放存水后关闭。按这种操作顺序，可减轻对排污阀的磨损，排污效果也较好。

（2）定期排污的间隔时间，应根据炉水水质来决定。水渣较多时，间隔时间应短些；水质较好时，间隔时间可长些，一般每班至少排污一次。

（3）定期排污宜在锅炉低负荷高水位时进行。因为此时水循环速度低，水渣下沉，排污的效果较好。

（4）定期排污前应适当提高水位，而且不允许两个或两个以上排污点同时排污，以免锅炉缺水。

（5）排污阀或排污旋塞开不动时，不要用锤打或加长手柄的办法来硬扳排污阀柄，以免将阀杆上的方头扳断，或使阀体破裂，造成事故。

（6）锅炉发生事故时（满水事故除外），应立即停止排污。

（7）正确操作时，应避免排污发生水冲击。如发生水冲击时，应关小或关闭排污阀，待冲击消失后再进行排污。

496. 锅炉停炉操作及停炉期间保养注意事项有哪些?

答：（1）停炉操作。正常停炉是预先计划内的停炉。停炉中应注意的主要问题是防止降压降温过快，以避免锅炉部件因降温收缩不均匀而产生过大的热应力。

停炉操作应按规程规定的顺序进行。锅炉正常停炉的顺序应该是先停燃料供应，随之停止送风，减少引风；与此同时，逐渐降低锅炉负荷，相应地减少锅炉上水，但应维持锅炉水位稍高于正常水位。对于燃气、燃油锅炉，炉膛停火后，引风机至少要继续引风5min以上。锅炉停止供汽后，应隔断与蒸汽母管的连接，排气降压。为保护过热器，防止其金属超温，可打开过热器出口集箱疏水阀适当放气。降压过程中，司炉人员应连续监视锅炉，待锅内无气压时，开启空气阀，以免锅内因降温形成真空。

停炉时应打开省煤器旁通烟道，关闭省煤器烟道挡板，但锅炉进水仍需经省煤器。对钢管省煤器，锅炉停止进水后，应开启省煤器再循环管；对无旁通烟道的可分式省煤器，应密切监视其出口水温，并连续经省煤器上水、放水至水箱中，使省煤器出口水温低于锅筒压力下饱和温度20℃。

为防止锅炉降温过快，在正常停炉的4~6h内，应紧闭炉门和烟道挡板。之后打开烟道挡板，缓慢加强通风，适当放水。停炉18~24 h，在锅水温度降至70℃以下时，方可全部放水。

（2）停炉期间的保养。锅炉停炉以后，本来容纳水汽的受热面及整个汽水系统，依旧是潮湿的或者残存有剩水。由于受热面及其他部件置于大气之中，空气中的氧有充分的条件与潮湿的金属接触或者更多地溶解于水，使金属的电化学腐蚀加剧。另外，受热面的烟气侧在运行中常常黏附有灰粒及可燃质，停炉后在潮湿的气氛下，也会加剧对金属的腐蚀。实践表明，停炉期的腐蚀往往比运行中的腐蚀更为严重。

停炉保养主要指锅内保养，即汽水系统内部为避免或减轻腐蚀而进行的防护保养。常用的保养方式有：压力保养、湿法保养、干法保养和充气保养。

497. 什么状况下必须进行紧急停炉？停炉操作步骤有哪些？

答：（1）锅炉遇有下列情况之一，应紧急停炉：

1）锅炉水位低于水位表的下部可见边缘；不断加大向锅炉进水及采取其他措施，但水位仍继续下降。

2）锅炉水位超过最高可见水位（满水），经放水仍不能见到水位。

3）给水泵全部失效或给水系统故障，不能向锅炉进水。

4）水位表或安全阀全部失效；设置在汽空间的压力表全部失效；锅炉元件损坏，危及操作人员安全。

5）燃烧设备损坏、炉墙倒塌或锅炉构件被烧红等，严重威胁锅炉安全运行。

6）其他异常情况危及锅炉安全运行。

（2）紧急停炉的操作顺序。立即停止添加燃料和送风，减弱引风；与此同时，设法熄灭炉膛内的燃料，对于一般层燃炉可以用砂土或湿灰灭火，链条炉可以开快挡使炉排快速运转，把红火送入灰坑；灭火后即把炉门、灰门及烟道挡板打开，加强通风冷却；锅内可以较快降压并更换锅水，锅水冷却至70℃左右允许排水。

因缺水紧急停炉时，严禁给锅炉上水，并不得开启空气阀及安全阀快速降压。

紧急停炉是为防止事故扩大，不得不采用的非常停炉方式，有缺陷的锅炉应尽量避免紧急停炉。

498. 锅炉定期检验类别和周期有哪些规定？

答：（1）按照国家质检总局特种设备监察局颁布的《锅炉定期检验规则》，锅炉定期检验工作包括外部检验、内部检验和水压试验三种。

1）外部检验是指锅炉在运行状态下对锅炉安全状况进行的检验。

2）内部检验是指锅炉在停炉状态下对锅炉安全状况进行的检验。

3）水压试验是指以水为介质，以规定的试验压力对锅炉受压部件强度和严密性进行的检验。

（2）锅炉定期检验周期。锅炉的外部检验一般每年进行一次，内部检验一般每两年进行一次，水压试验一般每3年进行一次。除进行正常的定期检验外，还应进行下述的检验：

1）锅炉有下列情况之一，应进行外部检验：

①移装锅炉开始投运时。

②锅炉停止运行一年以上恢复运行时。

③锅炉的燃烧方式和安全自控系统有改动后。

2）锅炉有下列情况之一，应进行内部检验：

①新安装的锅炉在运行一年后。

②移装锅炉投运前。

③锅炉停止运行一年以上恢复运行前。

④受压元件经重大修理或改造后及重新运行一年后。

⑤根据上次内部检验结果和锅炉运行情况，对设备安全可靠性有怀疑时。

⑥根据外部检验结果和锅炉运行情况，对设备安全可靠性有怀疑时。

（3）锅炉有下列情况之一，应进行水压试验：

1）移装锅炉投运前。

2）受压元件经重大修理或改造后。

499. 锅炉定期检验内容有哪些？

答：（1）内部检验内容包括：

1）检验锅炉承压部件是否在运行中出现裂纹、起槽、过热、变形、泄漏、腐蚀、磨损、水垢等影响安全的缺陷。承压部件包括：锅筒（壳）、封头、管板、炉胆、回燃室、水冷壁、烟管、对流管束、集箱、过热器、省煤器、外置式汽水分离器、导气管、下降管、下脚圈、冲天管和锅炉范围内的管道等部件。对于高温承压部件还应进行金属监测，检验材质劣化情况。

2）检验承受锅炉本身质量的主要支撑件是否有过热、过烧、变形等现象。

3）检验燃烧设备（如燃烧器、炉排等）是否有烧损、变形；炉拱、保温是否有脱落；炉排是否有卡死；燃油、燃气锅炉是否有漏油、漏气现象。

4）检验成型件和阀体（如水位示控装置、安全阀、排污阀、主蒸汽阀等）的外部件是否有明显缺陷。

5）检验安全附件是否有明显缺陷。

（2）外部检验内容。外部检验包括锅炉管理检查、锅炉本体检验、安全附件、自控调节及保护装置检验、辅机和附件检验、水质管理和水处理设备检验等方面；检验方法以宏观检验为主，并配合对一些安全装置、设备的功能确认。

（3）水压试验内容。缓慢升压至工作压力，检查是否有泄漏或异常现象；继续升压至试验压力，至少保持20min，再缓慢降压至工作压力，检查所有参加水压试验的承压部件表面、焊缝、胀口等处是否有渗漏、变形，以及管道、阀门、仪表等连接部位是否有渗漏。

500. 锅炉检验检修前应做好哪些准备工作？

答：锅炉检验检修前应做好以下准备工作：

（1）锅炉检修前，锅炉要按正常停炉程序停炉，缓慢冷却，用锅水循环和炉内通风等方式，逐步把锅内和炉膛内的温度降下来。当锅水温度降到80℃以下时，把被检验锅炉上的各种门孔打开。打开门孔时注意防止被蒸汽、热水或烟气烫伤。

（2）风、烟、水、汽、电和燃料系统必须可靠隔断；将被检验锅炉上蒸汽、给水、排污等管道，与热力系统和其他运行中锅炉相应管道的通路隔断，并切断电源。被检验锅炉的燃烧室和烟道，要与总烟道隔断后进行通风。隔断用的盲板要有足够的强度，以免被运行中的高压介质鼓破。隔断位置要明确指示出来。对于燃油、燃气的锅炉还须可靠地隔断油、气来源，并进行通风置换。

（3）检验部位的人孔门、手孔盖全部打开，并经通风换气冷却。

（4）拆除妨碍检查的汽水挡板、分离装置及给水、排污装置等锅筒内件，炉膛及后部受热面清理干净，露出金属表面。

（5）清理锅炉内的垢渣、炉渣、烟灰等污物；拆除受检部位的保温材料。

（6）根据检验检修需要搭设必要的脚手架。

（7）准备好安全照明和工作电源。

501. 锅炉检验检修中的安全注意事项有哪些？

答：锅炉检验检修中的安全注意事项有：

（1）注意通风和监护。在进入锅筒、炉膛、烟道前，必须将人孔和集箱上的手孔全部打开，使空气对流一定时间，充分通风。进入锅筒、炉膛、烟道进行检验时，炉外必须有人监护。在进入烟道或燃烧室检查前，也必须进行通风。

（2）注意用电安全。在锅筒和潮湿的烟道内检验而用电灯照明时，照明电压不应超过24 V；在比较干燥的烟道内，在有妥善的安全措施情况下，可采用不高于36V的照明电压。检验仪器和修理工具的电源电压超过36 V时，必须采用绝缘良好的软线和可靠的接地线。锅炉内严禁采用明火照明。

（3）禁止带压拆装连接部件。检验检修锅炉时，如需要卸下或上紧承压部件的紧固件，必须将压力全部泄放以后方能进行，不能在器内有压力的情况下卸下或上紧螺栓或其他紧固件，以防发生意外事故。

6.5 压力容器事故及预防

502. 压力容器事故有哪些特点？

答：压力容器事故的特点是：

（1）压力容器在运行中由于超压、过热，而超出受压元件可以承受的压力；或由于腐蚀、磨损，而造成受压元件承受能力下降到不能承受正常压力的程度，发生爆炸、撕裂等事故。

（2）压力容器发生爆炸事故后，不但事故设备被毁，而且还波及周围的设备、建筑和人群。其爆炸所直接产生的碎片能飞出数百米远，并能产生巨大的冲击波，破坏力与杀伤力极大。

（3）压力容器发生爆炸、撕裂等重大事故后，有毒物质的大量外溢会造成人畜中毒的恶性事故；而可燃性物质的大量泄漏，还会引起火灾和二次爆炸事故，后果十分严重。

压力容器发生事故，除了因容器本体直接爆炸而造成重大的伤亡和损失外，其间接事故所造成的危害也不容忽视。这些间接事故一般是压力容器因腐蚀穿孔泄漏造成的，这些泄漏既会导致直接的人员伤亡，也会引发间接的事故。如容器的泄漏点刚好正对着操作者和经过的人，一旦突然发生泄漏，高温高压气液介质喷射而出即可直接造成人员伤亡。

503. 压力容器事故的主要原因有哪些？

答：据统计，压力管道事故的原因主要集中在压力设计失误、材料缺陷、阀体和管件缺陷、施工安装质量差及腐蚀等方面。据中国石化总公司对83起压力容器事故的原因分析，因设计问题引起的事故占34%，因阀体和管件制造缺陷引起的事故占13%，因施工安装质量差引起的事故占33%，因腐蚀引起的事故占13%。具体原因可分为：

(1) 设备本身有质量问题，这包括：

1) 设计问题。设计无资质，特别是中小厂的技术改造项目设计往往自行设计，设计方案未经有关部门备案。

2) 焊接缺陷。无证焊工施焊；焊接不开坡口，焊缝未焊透，焊缝严重错边或其他超标缺陷造成焊缝强度低下；焊后未进行检验和无损检测查出超标焊接缺陷。

3) 材料缺陷。材质不符合要求，材料质量差。

4) 附件缺陷。阀门失效、磨损，阀体、法兰材质不合要求，阀门公称压力、适用范围选择不合适。

5) 没有严格按设计图纸加工，给设备事故留下隐患。

(2) 使用管理方面原因：

1) 使用不合法。购买一些没有压力容器制造资质的工厂生产的设备作为承压设备，并非法当做压力容器使用。

2) 操作不合理。企业不配备或缺乏懂得压力容器专业知识和了解国家对压力容器的有关法规、标准的技术管理人员。压力容器操作人员未经必要的专业培训和考核，无证上岗，违章操作，极易造成操作事故。

3) 管理不善。压力容器管理处于“四无”状态（即无安全操作规程、无建立压力容器技术档案、无压力容器持证上岗操作人员和相关管理人员、无定期检验管理），使压力容器和安全附件处于失控状态。

4) 擅自改造。没有资质，擅自改变使用条件，擅自修理改造，甚至是带“病”操作。

5) 超压生产。盲目追求产量，超压超负荷运行。

6) 腐蚀严重。压力管道超期服役造成腐蚀，未进行在用检验评定安全状况。

504. 发生压力容器事故后应采取哪些应急措施？

答：发生压力容器事故后应采取以下应急措施：

(1) 压力容器发生超压超温时应立即切断进汽阀门；对于反应容器要停止进料；对于无毒非易燃介质，要打开放空管排汽；对于有毒易燃易爆介质要打开放空管，将介质通过接管排至安全地点。

(2) 如果是超温引起的超压，除采取上述措施外，还要通过水喷淋冷却以降温。

(3) 压力容器发生泄漏时，要立即切断进料阀门及泄漏处前端阀门。

(4) 压力容器本体泄漏或第一道阀门泄漏时，要根据容器、介质不同使用专用堵漏技术和堵漏工具进行堵漏。

(5) 易燃易爆介质泄漏时，要对周边明火进行控制，切断电源，严禁一切用电设备运行，并防止静电产生。

(6) 采取其他有效的降压、降温措施。必要时应采取紧急停车措施，停止该设备运行。

505. 预防压力容器事故的措施有哪些?

答: 为防止压力容器发生爆炸、泄漏事故，应采取下列措施:

(1) 在设计上，应采用合理的结构，如采用全焊透结构，能自由膨胀等，避免应力集中、几何突变。针对设备使用工况，选用塑性、韧性较好的材料。强度计算及安全阀排量计算符合标准。

(2) 制造、修理、安装、改造时，加强焊接管理，提高焊接质量并按规范要求进行热处理和探伤；加强材料管理，避免采用有缺陷的材料或用错钢材、焊接材料。

(3) 在压力容器的使用过程中，加强管理，避免操作失误、超温、超压、超负荷运行、失检、失修、安全装置失灵等。

(4) 加强检验工作，及时发现缺陷并采取有效措施。

(5) 在压力容器的使用过程中，发生下列异常现象时，应立即采取紧急措施，停止容器的运行:

1) 超温、超压、超负荷时，采取措施后仍不能得到有效控制。

2) 压力容器主要受压元件发生裂纹、鼓包、变形等现象。

3) 安全附件失效。

4) 接管、紧固件损坏，难以保证安全运行。

5) 发生火灾、撞击等直接威胁压力容器安全运行的情况。

6) 充装过量。

7) 压力容器液位超过规定，采取措施仍不能得到有效控制。

8) 压力容器与管道发生严重振动，危及安全运行。

506. 压力容器事故和故障处理的原则有哪些?

答: 压力容器事故和故障处理的原则是:

(1) 判断、处理压力容器事故要“稳”“准”“快”。“稳”指压力容器一旦发生事故，操作人员一定要保持镇静，不能惊慌失措；“准”指对事故的原因判断要准；“快”指对事故的处理要快，防止事故扩大。要做到“稳”“准“快”地处理事故，这就要求每个容器操作工具备一定技术素质，能熟练掌握压力容器基本知识和所操作压力容器的操作要领，以及设备在运行中可能出现的各种事故的应对处理方法。

(2) 压力容器操作工一时查不清事故原因时，应迅速报告上级，不得盲目处理，延误时机。在事故未得到妥善处理之前，不得擅离岗位。

(3) 压力容器发生爆炸事故或造成人员伤亡、设备损坏事故后，事故发生单位应采用快捷方式，将设备名称、事故类别、地点、时间、人员伤亡及事故破坏简要情况报告主管部门和当地特种设备安全监察机构，当地特种设备安全监察机构应逐级上报。

507. 压力容器事故和故障处理的一般方法有哪些?

答: 压力容器事故和故障处理的一般方法为:

(1)“关”: 若压力容器内的压力来自外部，此时当压力容器发生超压时，应迅速关闭外来压力源的进气（汽）阀门，使压力容器内部的压力迅速降低。

（2）“开”：迅速开启能安全泄压的阀门。

（3）“加”：为防止反应容器内的介质局部超温，应加速搅拌，加快冷却循环。

（4）“喷”：采取喷淋水降温。

（5）“停”：对反应容器必须立即停止向容器内加料或滴定，当故障无法排除时，必须采取紧急停车措施，停止该设备运行。

6.6 压力容器安全操作技能

508. 压力容器安全操作规程应包括哪些基本内容？

答：为了保证压力容器的正确使用，防止因盲目操作而发生事故，压力容器使用单位必须根据生产工艺的要求和设备的技术性能，制定压力容器安全操作规程。安全操作规程至少应有下列内容：

（1）压力容器的操作工艺控制指标及调控方法和注意事项。工艺控制指标包括最高工作压力、最高或最低工作温度、压力及温度波动幅度的控制值、介质成分特别是有腐蚀性的成分控制值等，容器充装液位充装最高量、液位的最高或最低控制值，投料量或进出口物料流量的控制值及介质物料的配比控制值等。

（2）压力容器岗位操作方法，包括开、停车的操作程序和安全注意事项。

（3）压力容器运行中重点检查的部位和项目。

（4）现场、岗位操作安全的基本要求，包括上、下作业时放空排污等的注意事项，岗位操作人员穿戴劳动用品的要求，操作中易燃、易爆介质的防静电、防爆要求等。

（5）压力容器运行中可能出现的异常现象的判断和处理方法以及防范措施。

（6）压力容器的防腐蚀措施和停用时的维护保养方法。

509. 对压力容器操作人员有哪些安全要求？

答：尽管压力容器的技术性能、使用工况不尽一致，但其操作却有共同的安全操作要求，操作人员必须按规定的程序和要求进行操作。压力容器的安全操作要求主要有：

（1）压力容器操作人员必须取得当地安全生产监督管理部门颁发的“压力容器操作人员合格证”后，方可独立承担压力容器的操作。

（2）压力容器操作人员要熟悉本岗位的工艺流程，熟悉容器的结构、类别、主要技术参数和技术性能。严格按操作规程操作，掌握处理一般事故的方法，认真填写有关记录。

（3）压力容器要平稳操作。加载和卸载应缓慢，并保持运行期间载荷的相对稳定。压力容器开始加载时，速度不宜过快，尤其要防止压力的突然升高。过高的加载速度会降低材料的断裂韧性，可能使存在微小缺陷的容器在压力的快速冲击下发生脆性断裂。

高温容器或工作壁温在0℃以下的容器，加热和冷却都应缓慢进行，以减小壳壁中的热应力。

操作中压力频繁和大幅度地波动，对容器的抗疲劳强度是不利的，应尽可能避免，保持操作压力平稳。

（4）压力容器要防止超载、超温操作。防止压力容器过载主要是防止超压。压力来自外部（如气体压缩机、蒸汽锅炉等）的容器，超压大多是由于操作失误而引起的。为了防止操作失误，除了装设联锁装置外，可实行安全操作挂牌制度。在一些关键性的操作装置上挂牌，牌上用明显标记或文字注明阀门等的开闭方向、开闭状态、注意事项等。对于通过减压阀降低压力后才进气的容器，要密切注意减压装置的工作情况，并装设灵敏可靠的安全泄压装置。

由于内部物料的化学反应而产生压力的容器，往往因加料过量或原料中混入杂质，使反应后生成的气体密度增大或反应过速而造成超压。要预防这类容器超压，必须严格控制每次投料的数量及原料中杂质的含量，并有防止超量投料的严密措施。

储装液化气体的容器，为了防止液体受热膨胀而超压，一定要严格计量。对于装有液化气体的储罐和槽车，除了密切监视液位外，还应防止容器意外受热，造成超压。如果容器内的介质是容易聚合的单体，则应在物料中加入阻聚剂，并防止混入可促进聚合的杂质。物料储存的时间也不宜过长。

除了防止超压以外，压力容器的操作温度也应严格控制在设计规定的范围内，长期的超温运行也可以直接或间接地导致容器的破坏。

（5）严禁带压拆卸压紧螺栓。

（6）坚持容器运行期间的巡回检查，及时发现操作中或设备上出现的不正常状态，并采取相应的措施进行调整或消除。

（7）正确处理紧急情况。

510. 压力容器在投用前的准备工作有哪些？

答：做好压力容器投用前的准备工作，对压力容器顺利投入运行，保证整个生产过程安全有着重要的意义。

压力容器投用前，压力容器的使用单位及有关人员应对压力容器本体、附属设备、安全装置等进行必要的检查，还应做好必要的管理工作。具体有以下一些准备工作：

（1）检查容器的安装、检验、修理工作中使用的辅助设施，如脚手架、临时平台、临时电线等是否全部拆除；容器内有无遗留工具、杂物等。

（2）检查水、电、气等的供给是否恢复，道路是否畅通；操作环境是否符合安全运行的要求。

（3）检查容器本体表面有无异常；是否按规定做好防腐和保温及绝热工作。

（4）检查系统中压力容器连接部位、接管等的连接情况，该抽的盲板是否抽出，阀门是否处于规定的启闭状态。

（5）检查附属设备及安全防护设施是否完好。

（6）检查安全附件、仪器仪表是否齐全，并检查其灵敏程度及校验情况，若发现安全附件无产品合格证或规格、性能不符合要求或逾期未校验等情况，不得使用。

（7）编制压力容器的有关管理制度及安全操作规程，操作人员应熟悉和掌握有关内容。

（8）制订压力容器的开车方案，呈请有关部门批准。

511. 压力容器运行中的检查工作有哪些？

答：压力容器运行中检查的主要内容有以下几方面：

（1）工艺条件方面的检查。主要是检查操作压力、操作温度、液位是否在安全操作规程规定的范围内；检查工作介质的化学成分，特别是那些影响容器安全（如产生应力腐蚀、压力或温度升高等）的成分是否符合要求。

(2) 设备状况方面的检查。设备状况方面的检查主要是检查容器各连接部分有无泄漏、渗漏现象；容器有无明显的变形、鼓包；容器外表面有无腐蚀，保温层是否完好；容器及其连接管道有无异常振动、磨损等现象；支撑、支座、紧固螺栓是否完好，基础有无下沉、倾斜；重要阀门的"启""闭"与挂牌是否一致，联锁装置是否完好。

(3) 安全装置方面的检查。安全装置方面的检查主要是检查安全装置以及与安全有关的器具（如温度计、计量用的衡器及流量计等）是否保持良好状态。如压力表的取压管有无泄漏或堵塞现象，同一系统上的压力表读数是否一致；弹簧式安全阀是否有生锈、被油污粘住等情况；杠杆式安全阀的重锤有无移动的迹象；冬季气温过低时，装设在室外露天的安全阀有无冻结的迹象等。检查安全装置和计量器具表面是否被油污或杂物覆盖，是否达到防冻、防晒和防雨淋的要求。检查安全装置和计量器具是否在规定的使用期限内，其精度是否符合要求。

512. 压力容器运行期间的维护保养工作有哪些？

答：压力容器日常维护保养工作的重点是防腐、防漏、防振以及仪器仪表、阀门、安全装置等的维护保养。

压力容器运行期间的维护保养工作有：

(1) 保持完好的防腐层。通常采用防腐层来防止介质对器壁的腐蚀，如涂层、搪瓷等。同时要求容器在使用过程中注意以下几点：

1) 要经常检查防腐层是否脱落，检查衬里、焊缝是否开裂，发现防腐层损坏时，即使是局部的，也应经过修补等妥善处理后才能继续使用。

2) 装入固体物料或安装内部附件时，应注意避免刮落或碰坏防腐层。带搅拌器的容器应防止搅拌器叶片与器壁碰撞。

3) 内装填料的容器，填料应布放均匀，防止流体介质运动的偏流磨损。

(2) 消除容器的"跑、冒、滴、漏"。压力容器的连接部位及密封部位由于磨损、连接不良，经常会产生"跑、冒、滴、漏"现象。这不仅浪费原料和能源、污染环境，还常常引起器壁穿孔或局部腐蚀加速，导致容器破坏事故。

(3) 保护好保温层。对于有保温层的压力容器要检查保温层是否完好，防止容器壁裸露，影响正常运行。

(4) 减小或消除容器的振动。容器的振动对其正常运行影响也是很大的。振动不但会使容器上的紧固螺栓松动，影响连接效果。同时由于振动的方向性，使得容器接管根部产生附加应力和共振现象，造成容器接管断裂和倒塌。

(5) 维护保养好安全装置。安全装置和计量仪表应定期进行检查、试验和校正，发现不准确或不灵敏时，应及时检修和更换。容器上的安全装置不得任意拆卸或封闭不用。没有按规定装设安全装置的容器不能使用。

513. 压力容器紧急停运的情况有哪些？

答：压力容器遇到下列情况时，应立即停止运行：

(1) 容器的工作压力、介质温度或容器壁温度超过允许值，在采取措施后仍得不到有效控制。

(2) 容器的主要承压部件出现裂纹、鼓包、变形、泄漏、穿孔、局部严重超温等危及安全的缺陷。

(3) 压力容器的安全装置失效，连接管件断裂，紧固件损坏，难以保证安全运行。

(4) 压力容器充装过量或反应容器内介质配比失调，造成压力容器内部反应失控。

(5) 压力容器液位失去控制，采取措施仍得不到有效控制。

(6) 压力容器出口管道堵塞，危及容器安全。

(7) 容器与管道发生严重振动，危及容器安全运行。

(8) 压力容器内件突然损坏，危及压力容器运行安全。

(9) 换热容器内件开裂或严重泄漏，介质的不同相或不能互混的不同介质互串，造成水击或严重物理、化学反应。

(10) 发生火灾直接威胁到容器的安全。

(11) 高压容器的信号孔或警告孔泄漏。

(12) 主要通过化学反应维持压力的容器，因管道堵塞或附属设备、进口阀等失灵，造成容器突然失压，后工序介质倒流，危及容器安全。

514. 压力容器停用期间的维护保养工作有哪些?

答: 长期停用或临时停用的压力容器，不仅会受到大气的腐蚀，也会受到停用时未清除干净的容器内残余介质的腐蚀。可以这样讲，一台停用期间保养不善的容器甚至比正常使用的容器损坏得更快，所以一定要重视压力容器停用期间的保养问题。

停用压力容器的维护保养工作主要有以下几方面:

(1) 停用的压力容器尤其是长期停用的容器，一定要将其内部介质排除干净，清除内壁的污垢、附着物和腐蚀产物等。对于腐蚀性介质，要经过排放、置换、清洗、吹干等技术处理，保证容器内部干燥和洁净。要注意防止容器的“死角”内积存腐蚀性介质。

(2) 为了减轻大气对停用容器的腐蚀，应保持容器内、外壁的干燥和清洁，经常将散落在上面的灰尘、灰渣及其他污垢等擦洗干净，并保持容器及周围环境的干燥。

(3) 保持容器外表面的防腐油漆等完整无损，发现油漆脱落或刮落要及时补涂。还要注意保温层下和支座处的防腐。

(4) 螺栓的螺纹部分要涂以防锈脂，较大的螺母应加防护罩。

(5) 对于液位计和仪表管等，要经常清理，冬季还应注意防冻。

515. 压力容器定期检验类别、周期有哪些规定?

答: 压力容器定期检验分为年度检查和全面检验。年度检查是指为了确保压力容器在检验周期内的安全而实施的运行过程中的在线检查，每年至少一次。全面检验是指压力容器停机时的检验。

压力容器定期检验周期。压力容器一般应当于投用满3年时进行首次全面检验。下次的全面检验周期，由检验机构根据本次全面检验结果按照下列规定确定:

(1) 安全状况等级为1、2级的，一般每6年一次。

(2) 安全状况等级为3级的，一般3~6年一次。

(3) 安全状况等级为4级的，应当监控使用，其检验周期由检验机构确定，累计监控使用时间不得超过3年。

压力容器有以下情况之一，全面检验周期应当适当缩短：

(1) 介质对压力容器材料的腐蚀情况不明或者介质对材料的腐蚀速率每年大于0.25 mm，以及设计者所确定的腐蚀数据与实际不符的。

(2) 材料表面质量差或者内部有缺陷的。

(3) 使用条件恶劣或者使用中发现应力腐蚀现象的。

(4) 使用超过20年，经过技术鉴定或者由检验人员确认按正常检验周期不能保证安全使用的。

(5) 停止使用时间超过2年的。

(6) 改变使用介质并且可能造成腐蚀现象恶化的。

(7) 设计图样注明无法进行耐压试验的。

(8) 检验中对其他影响安全的因素有怀疑的。

(9) 介质为液化石油气且有应力腐蚀现象的，每年或根据需要进行全面检验。

(10) 采用"亚铵法"造纸工艺，且无防腐措施的蒸球根据需要每年至少进行一次全面检验。

(11) 球形储罐（使用标准抗拉强度下限大于等于540MPa材料制造的，投用一年后应当开罐检验)。

(12) 搪玻璃设备。

516. 压力容器定期检验内容有哪些?

答: (1) 年度检查内容。压力容器年度检查包括对使用单位压力容器安全管理情况检查、压力容器本体及运行状况检查和压力容器安全附件检查等。

检查方法以宏观检查为主，必要时进行测厚、壁温检查和腐蚀介质含量、真空度测试等。

安全附件的检验包括对压力表、液位计、测温仪表、爆破片装置、安全阀的检查和校验，安全阀一般每年至少校验一次。

(2) 全面检验内容。检验的具体项目包括宏观（外观、结构以及几何尺寸)、保温层隔热层衬里、壁厚、表面缺陷、埋藏缺陷、材质、紧固件、强度、安全附件以及其他必要的项目。

517. 压力容器检验检修前的准备工作有哪些?

答: 压力容器检验检修前的准备工作有：

(1) 影响全面检验的附属部件或者其他物件，应当按检验要求进行清理或者拆除。

(2) 为检验而搭设的脚手架、轻便梯等设施必须安全牢固（对离地面3m以上的脚手架设置安全护栏)。

(3) 需要进行检验的表面，特别是腐蚀部位和可能产生裂纹性缺陷的部位，必须彻底清理干净，母材表面应当露出金属本体，进行磁粉、渗透检测的表面应当露出金属光泽。

（4）被检容器内部介质必须排放、清理干净，用盲板从被检容器的第一道法兰处隔断所有液体、气体或者蒸汽的来源，同时设置明显的隔离标志。禁止用关闭阀门代替盲板隔断。

（5）盛装易燃、助燃、毒性或者窒息性介质的，使用单位必须进行置换、中和、消毒、清洗，取样分析，分析结果必须达到有关规范、标准的规定。取样分析的间隔时间，应当在使用单位的有关制度中做出规定。盛装易燃介质的，严禁用空气置换。

（6）人孔和检查孔打开后，必须清除所有可能滞留的易燃、有毒、有害气体。压力容器内部空间的气体含氧量应当在18%～23%（体积比）之间。必要时，还应当配备通风、安全救护等设施。

（7）高温或者低温条件下运行的压力容器，按照操作规程的要求缓慢地降温或者升温，使之达到可以进行检验工作的程度，防止造成伤害。

（8）能够转动的或者其中有可动部件的压力容器，应当锁住开关，固定牢靠。移动式压力容器检验时，应当采取措施防止移动。

（9）切断与压力容器有关的电源，设置明显的安全标志。检验照明用电不超过24 V，引入容器内的电缆应当绝缘良好，接地可靠。

（10）如果需现场射线检测时，应当隔离出透照区，设置警示标志。

518. 锅炉压力容器检验检测技术有哪些？

答：锅炉压力容器的种类、结构、类型繁多，其设计参数和使用条件各不相同，压力容器所盛装的介质可能具有不同程度的腐蚀或磨损性。因此，对它们进行检验时，必须采用各种不同的检验方法，这样才能对特种设备的安全使用性能作出全面、正确的评价。

（1）宏观检查。直观检查和量具检查通常称为宏观检查，是对在用承压类特种设备进行内、外部检验常用的检验方法。宏观检查的方法简单易行，可以直接发现和检验容器内、外表面比较明显的缺陷，为进一步利用其他方法做详细的检验提供线索和依据。

1）直观检查。直观检查是承压类特种设备最基本的检验方法，常在采用其他检验方法之前进行，是进一步检验的基础。它主要是凭借检验人员的感觉器官，对设备的内、外表面进行检查，以判别其是否有缺陷。

2）量具检查。量具检查是采用简单的工具和量具对直观检查所发现的缺陷进行测量，以确定缺陷的严重程度，是直观检查的补充手段。

（2）无损检测。在承压类特种设备构件的内部，常常存在着不易发现的缺陷，如焊缝中的未熔合、未焊透、夹渣、气孔、裂纹等。要想知道这些缺陷位置、性质，对每一台设备进行破坏性检查是不可能的，为此出现了无损探伤法，它是在不损伤被检工件的情况下，利用材料和材料中缺陷所具有的物理特性探查其内部是否存在缺陷的方法。

无损检测主要有：射线检测、超声波检测、磁粉检测、渗透检测、涡流检测、声发射探伤法、磁记忆检测。

（3）其他检测技术还有：测厚、化学成分分析、金相检验、硬度测试、断口分析、耐压试验、气密试验、爆破试验、力学性能试验、应力应变测试、应力分析、安全评定、基于风险的检验。

复 习 题

1. 绪论复习试题

一、单选题

1. 生产经营单位未建立健全特种作业人员档案的，给予警告，并处（　）元以下的罚款。

A. 1万　　B. 2万　　C. 5万　　D. 10万

2. 生产经营单位使用未取得特种作业操作证的特种作业人员上岗作业的，责令限期改正；逾期未改正的，责令停产停业整顿，可以并处（　）元以下的罚款。

A. 2万　　B. 3万　　C. 5万　　D. 10万

3. 生产经营单位非法印制、伪造、倒卖特种作业操作证，或者使用非法印制、伪造、倒卖的特种作业操作证的，给予警告，并处1万元以上（　）元以下的罚款；构成犯罪的，依法追究刑事责任。

A. 2万　　B. 3万　　C. 5万　　D. 10万

4. 特种作业人员伪造、涂改特种作业操作证或者使用伪造的特种作业操作证的，给予警告，并处1000元以上（　）元以下的罚款。

A. 2000　　B. 5000　　C. 10000　　D. 15000

5. 特种作业人员转借、转让、冒用特种作业操作证的，给予警告，并处2000元以上及（　）元以下的罚款。

A. 2000　　B. 5000　　C. 10000　　D. 15000

6. 特种设备包括其所用的材料、附属的安全附件、（　）和与安全保护装置相关的设施。

A. 安全网　　B. 安全罩　　C. 安全护栏　　D. 安全保护装置

7. 压力容器是指盛装气体或者液体，承载一定（　）的密闭设备。

A. 流量　　B. 温度　　C. 容积　　D. 压力

8. 锅炉是指利用各种燃料、电或者其他能源，将所盛装的（　）加热到一定的参数。

A. 液体　　B. 气体　　C. 固体　　D. 物质

9. 出现下列情形，考核发证机关不应当注销特种作业操作证（　）。

A. 特种作业人员死亡的

B. 特种作业人员提出注销申请的

C. 特种作业操作证被依法撤销的

D. 操作证到期

二、判断题

1. 特种作业是指容易发生事故，对操作者本人、他人的安全健康及设备、设施的安全可

能造成重大危害的作业。( )

2. 特种作业人员的安全技术培训、考核、发证、复审工作实行统一监管、分级实施、教考分离的原则。( )
3. 特种作业人员应当接受与其所从事的特种作业相应的安全技术理论培训和实际操作培训。( )
4. 特种作业操作资格考试包括安全技术理论考试和实际操作考试两部分。考试不及格的，允许补考1次。经补考仍不及格的，重新参加相应的安全技术培训。( )
5. 特种作业操作证有效期为5年。( )
6. 特种设备安全法突出了特种设备生产、经营、使用单位的安全主体责任，明确规定：在生产环节，生产企业对特种设备的质量不负责。( )
7. 特种设备一般具有在高压、高温、高空、高速条件下运行的特点，易燃、易爆、易发生高空坠落等，对人身和财产安全有较大危险性。( )
8. 压力管道，是指利用一定的压力，用于输送气体或者液体的管状设备，其范围规定为最高工作压力大于或者等于0.5MPa（表压）。( )
9. 起重机械，是指用于垂直升降或者垂直升降并水平移动重物的机电设备。( )
10. 特种设备包括其所用的材料、附属的安全附件、安全保护装置和与安全保护装置相关的设施。( )

2. 焊接与热切割作业复习试题

一、单选题

1. 低碳钢的燃点约为（ ），具备金属气割最基本的条件。
   A. 1250℃　　B. 1350℃　　C. 1450℃　　D. 1500℃
2. 当含碳量大于（ ）时，燃点就比熔点高了。
   A. 0.3%　　B. 0.5%　　C. 0.7%　　D. 1.0%
3. 含铬镍多的不锈钢不能气割的原因主要是氧化铬熔点高达（ ）。
   A. 1500℃　　B. 1600℃　　C. 1750℃　　D. 1990℃
4. 在氧气生产、充灌、贮运和使用场所，要求其空气的含氧量小于（ ）。
   A. 18%　　B. 19%　　C. 21%　　D. 23%
5. 当受限空间内氧气含量（按体积）小于（ ）时就能使人窒息死亡。
   A. 16%　　B. 18%　　C. 20%　　D. 21%
6. 人如果在大于（ ）的纯氧环境中，就可能发生“氧中毒”。
   A. 0.01MPa　　B. 0.02MPa　　C. 0.05MPa　　D. 0.1MPa
7. 在（ ）的纯氧环境中，人只能存活24h。
   A. 0.02MPa　　B. 0.04MPa　　C. 0.06MPa　　D. 0.1MPa
8. 乙炔是不饱和的碳氢化合物，分子式（ ），又名电石气，密度1.17kg/m^3。
   A. CH_4　　B. C_2H_2　　C. CH_3　　D. CH
9. 乙炔它与空气混合燃烧时所产生的火焰温度为（ ）。
   A. 1500℃　　B. 1800℃　　C. 2350℃　　D. 2500℃

10. 乙炔与氧气混合燃烧时所产生的火焰温度可达（ ）。
A. 2500℃ B. 2800℃ C. 3000℃ D. 3300℃
11. 我国规定乙炔工作压力禁止超过（ ）。
A. 0.05MPa B. 0.08MPa C. 0.12MPa D. 0.147MPa
12. 乙炔在使用、运输和贮存时，环境温度不得超过（ ）。
A. 20℃ B. 25℃ C. 30℃ D. 40℃
13. 氢气是一种无色无味的气体，在已知气体中最轻，是空气的（ ）。
A. 1/4 B. 1/8 C. 1/14 D. 1/20
14. 金属气割过程中的预热主要靠（ ）。
A. 反应热 B. 物理热 C. 化学热 D. 燃烧热
15. 乙炔气瓶不能靠近热源和电气设备，与明火的距离一般不小于（ ）。
A. 7m B. 10m C. 15m D. 20m
16. 乙炔瓶与氧气瓶使用距离不得低于（ ）。
A. 5m B. 6m C. 7m D. 10m
17. 对已经卧倒的乙炔气瓶不准直接开气使用，必须先直立，静置（ ）后才能接乙炔减压器使用。
A. 5min B. 10min C. 15min D. 20min
18. 氧气瓶外表面漆成（ ），并用黑漆喷上明显的“氧气”字样。
A. 黄色 B. 红色 C. 银灰色 D. 天蓝色
19. 乙炔瓶体外表面漆白色，并标注“乙炔”和“不可近火”的（ ）字样。
A. 黄色 B. 红色 C. 银灰色 D. 天蓝色
20. 液化石油气瓶漆（ ），并用红色喷写上“液化石油气”字样。
A. 黄色 B. 红色 C. 银灰色 D. 天蓝色
21. 根据国家标准规定，氧气胶管为蓝色或黑色，乙炔胶管为暗红色，胶管长度一般为（ ）为宜。
A. 5~10m B. 10~15m C. 15~20m D. 25~30m
22. 我国交流焊条电弧电源的空载电压为（ ）。
A. 65~85V B. 60~95V C. 55~90V D. 65~90V
23. 我国直流焊条电弧电源的空载电压为（ ）。
A. 65~85V B. 60~95V C. 55~90V D. 65~90V
24. 焊机的电源与插座连接的电源线电压较高，触电危险性大，接线端应在防护罩内。一般情况下，电焊机的一次电源线长度宜在（ ）。
A. 1~2m B. 2~3m C. 3~4m D. 4~5m
25. 连接焊机与焊钳的导线（即二次线），其长度一般以（ ）为宜。
A. 10~20m B. 20~30m C. 30~40m D. 40~50m
26. 焊机的电缆线应使用整根导线，中间不应有接头。当工作需要接长导线时，应使用接头连接器牢固连接，连接处应保持绝缘良好，而且接头不要超过（ ）。
A. 2个 B. 3个 C. 4个 D. 5个
27. 我国规定严禁纯铜、银等及其制品与乙炔接触。必须使用合金器具或零件时，合金含铜量不超过（ ）。

A. 90% B. 80% C. 75% D. 70%

28. 根据《焊接与切割安全》的规定，弧焊电源接地装置的接地电阻不得大于（ ）。

A. 4Ω B. 14Ω C. 24Ω D. 34Ω

29. 弧焊电源的接地极可以用打入地里深度不小于（ ）。

A. 1m B. 3m C. 5m D. 6m

30. 在管道焊补操作过程中，必须保证管道内正压。压力一般控制在（ ）为宜。

A. 200～500Pa B. 500～1000Pa C. 1000～15000Pa D. 1500～5000Pa

二、判断题

1. 焊接与热切割作业指运用焊接或热切割方法对材料进行加工的作业。（ ）
2. 熔化焊接与热切割作业指使用局部加热的方法将连接处的金属或其他材料加热至熔化状态而完成焊接与切割的作业。（ ）
3. 金属的气割过程实质上是金属在纯氧中爆炸的过程。（ ）
4. 氧-乙炔切割割炬最为普遍是射吸式割炬。（ ）
5. 减压器有自动调节作用，使低压室内气体的压力稳定地保持为工作压力。（ ）
6. 乙炔回火防止器的最高工作压力为0.15MPa。工作环境温度为－20～60℃。（ ）
7. 氧气本身不燃烧，但能助燃，为Ⅰ类火灾危险物质。（ ）
8. 氧气的化学性质极为活泼，它几乎能与所有的可燃性气体、蒸汽、可燃粉尘混合而形成爆炸性混合物。（ ）
9. 人正常生活环境中，空气的含氧量应为18%～20.9%。（ ）
10. 在光线不足的环境下焊接作业时，必须使用手提工作行灯，电压不超过36V。（ ）
11. 在潮湿、金属容器内等危险环境下使用的行灯，电压不得超过12V。（ ）
12. 在使用时不得将瓶内乙炔全部用尽，必须留有0.05MPa以上剩余表压，并将阀门拧紧，防止空气进入，并写上“空瓶”标记。（ ）
13. 氧气瓶中的氧气不允许全部用完，必须留有0.1～0.2MPa剩余表压，并将阀门拧紧，防止空气进入，并写上“空瓶”标记。（ ）
14. 禁止多台电焊机共用一个电源开关。（ ）
15. 电焊机二次线禁止带两个以上焊钳作业。（ ）
16. 焊接作业现场周围10m范围内不得堆放易燃易爆物品。（ ）
17. 取样时间与动火作业的时间不得超过60min，如超过此间隔时间或动火停歇时间超过60min以上，必须重新取样分析。（ ）
18. 当水面风力超过6级，作业区水流速度超过0.1m/s时，禁止水下焊接与热切割作业。（ ）
19. 当有临时任务需要较长电源线时，应沿墙布线，高度必须距地面2.5m以上，并在焊机近旁加设专用开关，不允许将电源线拖在地面上。（ ）
20. 禁止用建筑物金属构架和设备等作为焊接电源的连接回路。（ ）

3. 电工作业复习试题

一、单选题

1. 凡额定电压在（　）以上者称为高压。
   A. 36V　B. 250V　C. 500V　D. 1000V
2. 对地电压在（　）以上者为高压电气设备。
   A. 36V　B. 250V　C. 500V　D. 1000V
3. 目前我国电力系统中，（　）及以上电压等级多用于大电力系统的架空线路。
   A. 36kV　B. 220kV　C. 250kV　D. 500kV
4. 电流通过人体时，对人体机能组织不造成伤害的（　），即为安全电流。
   A. 电压值　B. 电流值　C. 电阻值
5. 感知电流指引起感觉的（　）电流。
   A. 最大　B. 正常　C. 最小
6. 摆脱电流指能自主摆脱带电体的（　）电流。
   A. 最大　B. 正常　C. 最小
7. 室颤电流指引起心室发生心室纤维性颤动的（　）电流。
   A. 最大　B. 正常　C. 最小
8. 干燥的情况下，人体电阻约为（　）。
   A. 500Ω　B. 1000～3000Ω　C. 3000～4000Ω
9. 潮湿的情况下，人体电阻约为（　）。
   A. 500～800Ω　B. 1000～3000Ω　C. 3000～4000Ω
10. 安全电压交流上限值为（　）。
    A. 12V　B. 24V　C. 36V　D. 50V
11. 携带式电动工具等，若无特殊安全装置和措施，均采用（　）以下安全电压。
    A. 12V　B. 36V　C. 48V　D. 50V
12. 低压配电装置正面通道宽度，单列布置时一般不小于（　）。
    A. 1.0m　B. 1.5m　C. 3.0m　D. 6.0m
13. 室内吊灯灯具高度一般应大于（　）。
    A. 1.0m　B. 1.5m　C. 2.5m　D. 3.0m
14. 架空线路1kV及以下线路与地面或水面的最小距离，对于居民区其最小距离为（　）。
    A. 1.0m　B. 1.5m　C. 2.5m　D. 6.0m
15. 导线1kV以下，与树木的最小垂直距离为（　）。
    A. 1.0m　B. 1.5m　C. 2.5m　D. 6.0m
16. 高压线路与高压线路之间的距离不小于（　）。
    A. 0.5m　B. 0.8m　C. 1.0m　D. 2.0m
17. 直接埋地电缆埋地深度不应小于（　）。
    A. 0.5m　B. 0.7m　C. 1.0m　D. 1.5m
18. 工作接地的接地电阻一般不应超过（　）。

A. 1Ω　　B. 2Ω　　C. 3Ω　　D. 4Ω

19. 工程上应用的绝缘材料电阻率一般都不低于（　）。

A. 50Ω · m　　B. 80Ω · m　　C. 107Ω · m　　D. 150Ω · m

20. 任何情况下绝缘电阻不得低于每伏工作电压（　），并应符合专业标准的规定。

A. 500Ω　　B. 1000Ω　　C. 1500Ω　　D. 2000Ω

21. 独立避雷针接地电阻值不大于（　）。

A. 5Ω　　B. 10Ω　　C. 15Ω　　D. 20Ω

22. 变压器中性点直接接地不大于（　）。

A. 2Ω　　B. 3Ω　　C. 4Ω　　D. 5Ω

23. 绝缘材料的电阻通常用（　）测量。

A. 万用表　　B. 低压验电器　　C. 钳形电流表　　D. 欧姆表

24. 钳形电流表不得测量高压线路的电流，通常测（　）以下电路中的电流。

A. 300V　　B. 400V　　C. 500V　　D. 1000V

25. 低压验电器又称测电笔或称试电笔，一般只能在（　）以下使用

A. 380V　　B. 500V　　C. 1000V　　D. 2000V

26. 临时用电线使用不得超过（　）天。

A. 10　　B. 15　　C. 20　　D. 30

27. 油浸式变压器上层油温最高限制温度不得超过（　）。

A. 65℃　　B. 75℃　　C. 85℃　　D. 95℃

28. 电工单人梯与地面夹角不应大于（　），上下端均应放置牢靠。

A. 55°　　B. 60°　　C. 65°　　D. 70°

29. 软电缆或软线中的绿黄双色线在任何情况下只能用作（　）。

A. 保护线　　B. L_1 相线　　C. L_2 相线　　D. L_3 相线

30. 10kV 及以下线路变压器的工作接地装置，每（　）年一次。

A. 1　　B. 2　　C. 3　　D. 4

二、判断题

1. 使用 36V 或 12V 电压应由隔离变压器提供，禁止采用由电阻降压或自耦变压器降压的方法提供。（　）
2. 通常以一臂长的距离作为安全距离。（　）
3. 保护接地是限制设备漏电后的对地电压，使之不超过安全范围。（　）
4. IT 系统的字母 I 表示配电网不接地或经高阻抗接地，字母 T 表示电气设备外壳接地。（　）
5. TT 系统中第一个字母“T”表示配电网中性点接地，第二个字母“T”表示电气设备金属外壳接地。（　）
6. 保护接零系统 PE 线和 PEN 线上可以安装单级开关和熔断器。（　）
7. 在同一低压供电系统中不允许保护接地和保护接零混用。（　）
8. 直接触电是人体直接接触或过分接近带电体而触电；绝缘、屏护和间距是直接接触电击的基本防护措施。（　）

9. 间接触电是人体触及正常时不带电，而发生故障时才带电的金属体。间接触电的预防措施有加强绝缘和电气隔离 2 种。( )
10. 电气火灾应使用不导电的灭火器，现在主要有二氧化碳灭火器、化学干粉灭火器和喷雾水枪。( )
11. 电弧烧伤是由弧光放电造成的烧伤，是最危险的电伤。( )
12. 一火一地是非常危险的，危险就在接地的那根线上。( )
13. 实验研究与统计表明，如果触电后 10min 开始救治，触电者 90% 可以救活。( )
14. 触电者如果意识丧失，应在 100s 内，用“看”、“听”、“试”的方法，判定触电者呼吸心跳情况。( )
15. 良好的绝缘是保证电气设备和线路正常运行的必要条件，是防止触电事故的重要措施。( )
16. 电气火灾的引燃源种类很多，归纳起来有危险温度、电火花和电弧两大类。( )
17. 导线流过的电流超过了安全载流量就叫导线过载，即导线不超负荷。( )
18. 火灾发生后，由于受潮和烟熏，开关设备绝缘能力降低，因此拉闸时最好用绝缘工具操作。( )
19. 变压器室应为Ⅰ级耐火建筑；应有良好的通风，最高排风温度不宜超过 45℃，进风好和排风差的不宜超过 15℃。( )
20. 高压倒闸操作必须使用操作票。( )

4. 起重作业复习试题

一、单选题

1. 我国起重伤害事故的工亡人数占产业部门全部工亡总人数的（ ）左右。
   A. 3%　B. 6%　C. 12%　D. 18%
2. 升降机，包括电梯、升降机、升船机。此类起重机械的特点是（ ）。
   A. 通过臂架旋转实现的
   B. 导轨实现人员或重物的升降
   C. 由大、小车在一定的空间范围内实现水平移动
3. 根据起升高度不同，钢丝绳在卷筒上有单层缠绕和（ ）。
   A. 二层缠绕　B. 三层缠绕　C. 四层缠绕　D. 多层缠绕
4. 铸钢卷筒的壁厚都大于（ ），铸钢卷筒的壁厚约等于钢丝绳直径。
   A. 4mm　B. 8mm　C. 12mm　D. 16mm
5. 单层卷绕卷筒的内壁，除两端用幅板支撑外，里面是（ ）的。
   A. 空心　B. 实心　C. 夹心
6. 卷筒组的安全技术要求提到：取物装置在下极限位置时，每个固定处都应有 1.5～2.0 圈固定钢丝绳用槽和（ ）以上的安全槽。
   A. 1 圈　B. 2 圈　C. 3 圈　D. 4 圈
7. 卷筒壁磨损达原壁厚的（ ）时卷筒报废，应立即更换。
   A. 5%　B. 10%　C. 20%　D. 30%

8. 卷筒与绕出钢丝绳的偏斜角对于单层缠绕机构不应大于（ ）。
   A. 1.5° B. 2.5° C. 3.5° D. 4.5°
9. 多层缠绕的卷筒凸缘应比最外层钢丝绳或链条高出（ ）的钢丝绳直径或链条的宽度。
   A. 1 倍 B. 2 倍 C. 3 倍 D. 4 倍
10. 起重机的制动器既是工作装置，又是（ ）装置。
   A. 加速 B. 减速 C. 填充 D. 安全
11. 制动带摩擦垫片与制动轮的实际接触面积，不应小于理论接触面积的（ ）。
   A. 30% B. 50% C. 70% D. 90%
12. 制动带通往电磁铁系统的“空行程”，不应超过电磁铁行程的（ ）。
   A. 10% B. 20% C. 30% D. 35%
13. 对于分别驱动的运行机构，其制动器制动力矩应调得（ ）相等，避免引起桥架歪斜，车轮啃轨。
   A. 偏大 B. 偏小 C. 相等 D. 根据机构不同而不同
14. 制动轮的温升，一般不应高于环境温度的（ ），防止将制动带烧焦
   A. 30℃ B. 50℃ C. 80℃ D. 120℃
15. 控制制动器的操纵部位，如踏板、操纵手柄等，应有（ ）性能。
   A. 防滑 B. 反光 C. 助力 D. 以上均对
16. 齿面点蚀损坏达啮合面的（ ），应予报废。
   A. 20% B. 30% C. 35% D. 以上均对
17. 吊钩断面形状有矩形、梯形、丁字形等。吊钩的主要尺寸之间有一定的关系，如开口度 S 与钩孔直径 D 之间，$S\approx$( )D。
   A. 0.5 B. 0.75 C. 1.0 D. 1.25
18. 为防止脱钩，吊钩上应设置防止意外脱钩的（ ）装置。
   A. 安全 B. 预警 C. 减速 D. 以上均对
19. 吊钩的安全检查根据使用状况定期进行检查，但至少每（ ）检查一次。
   A. 3 月 B. 半年 C. 一年 D. 二年
20. 轨道安装应具备的技术要求提到钢轨接头可做成直接头，也可以制成（ ）角的斜接头。
   A. 30° B. 45° C. 60° D. 70°
21. 港口起重机在（ ）级以上大风不准作业。
   A. 四 B. 五 C. 六
22. 在提升重物时，应力求使吊索的各分支受力均匀，支间夹角一般不超过 90°，最大时不得超过（ ）。
   A. 100° B. 120° C. 135° D. 140°
23. 桥式起重机主梁跨中起吊额定负荷时，其下挠值超过跨度的（ ）时，如不能修复应报废。
   A. 1/500 B. 1/600 C. 1/700 D. 1/800
24. 天车由起吊位置在到达吊运通道前的运行中，吊物应高出其越过地面最高设备（ ）为宜。

A. 0.5m　　B. 1.5m　　C. 2.5m　　D. 3m

25. 汽车起重机允许工作风力一般规定在（　）级以下。

A. 4　　B. 5　　C. 6　　D. 7

二、判断题

1. 使用超载保护装置应降低起重能力。（　）
2. 钢丝绳的材质要求要有很高的强度与韧性，通常采用含碳量0.5%～0.8%的优质碳素钢制作。（　）
3. 钢丝绳的破断拉力和它的实际使用拉力（许用拉力）的比值叫做钢丝绳的安全系数。（　）
4. 钢丝绳常用的绳芯有有机芯、纤维芯、石棉芯、金属芯4种。（　）
5. 在起重作业中，合理选择、正确使用钢丝绳是关系到作业人员人身安全的一个重要的环节。（　）
6. 吊运熔化或炽热金属（如吊运钢水、铁水、热钢坯等）所使用的钢丝绳，应选用有机芯等耐高温的钢丝绳。（　）
7. 在高温作用下使钢丝绳的颜色改变或过火者（退火）时，应立即报废。（　）
8. 天车司机操作中严格执行“十不吊”规定 。（　）
9. 工作环境温度高于35℃的和在高温下工作的起重机，如冶金起重机的司机室应设置降温装置，工作温度低于5℃的司机，应设置安全可靠的采暖装置。（　）
10. 天车使用期间多人绑挂时，应由两人统一指挥。（　）

5. 煤气作业复习试题

一、单选题

1. 高炉煤气主要成分为CO占（　）。

A. 15%　　B. 18%　　C. 23%～30%　　D. 30%以上

2. 每生产1t生铁大约可得到大约（　）m^3 高炉煤气。

A. 600　　B. 1200　　C. 1500　　D. 1800

3. 车间CO的允许含量为（　）mg/m^3。

A. 20　　B. 30　　C. 50　　D. 100

4. 转炉煤气CO含量比高炉（　）。

A. 低　　B. 高　　C. 相等

5. 焦炉煤气中可燃物比高炉煤气（　）。

A. 少　　B. 多　　C. 一样

6. 当人体20%血红蛋白被CO凝结时，人即发生（　）。

A. 喘息　　B. 昏迷　　C. 死亡　　D. 无事

7. 煤气管道接地电阻不大于（　）Ω。

A. 1　　B. 5　　C. 10　　D. 15

8. 煤气区域作业审批后的动火作业必须在（　）h内实施，逾期应重新办理动火作业许可证。

A. 8　　B. 16　　C. 32　　D. 48

9. 成串腐蚀的管道，可在上部或下部焊补中心角为（　）的成型钢板。

A. 30°　　B. 45°　　C. 60°　　D. 90°

10. 厂房内或距厂房20m以内的煤气管道和设备上的放散管，管口应高出房顶（　）m。

A. 2　　B. 3　　C. 4　　D. 5

11. 吹刷放散管直径大小应能保证在（　）h内将残余煤气全部吹净。

A. 0.5　　B. 1　　C. 2　　D. 4

12. 煤气冷凝排水器安装时，排水器之间的距离一般为（　）m

A. 50　　B. 100　　C. 150　　D. 200~250

13. 在煤气设备或单独管段上设置人孔一般要求不少于（　）个。

A. 1　　B. 2　　C. 3　　D. 4

14. 煤气管道为（　）色，蒸汽管道为（　）色，氮气管道为（　）色。

A. 白　　B. 黑　　C. 红　　D. 黄

15. 煤气系统中的隔离水封要保持一定的高度，生产中要经常溢流。水封的有效高度室内为计算压力加（　）mm。

A. 500　　B. 1000　　C. 1500　　D. 2000

16. 在煤气管道动火时，应使煤气设备保持正压，压力最低不得低于（　）Pa。

A. 1000　　B. 2000　　C. 3000　　D. 5000

17. 使用固定式CO检测报警器时仪器探头每隔（　）个月标定一次。

A. 1　　B. 2　　C. 3　　D. 6

二、判断题

1. 高炉煤气含有大量的CO，但毒性很弱。（　）
2. 转炉煤气是无色、无味、有剧毒的可燃气体，极易造成中毒。（　）
3. 炼焦过程中所产生的煤气叫做荒煤气。（　）
4. CO与血红蛋白的结合能力比氧与血红蛋白的结合能力大240~300倍。（　）
5. 急性煤气中毒是指一个工作日或更短的时间内接触了高浓度毒物所引起的中毒。（　）
6. 慢性中毒是指长时期不断接触某种较低浓度工业毒物所引起的中毒。（　）
7. 火灾指凡是在生产过程中，超出有效范围的燃烧。（　）
8. 化学性爆炸是物质在短时间内完成化学变化，形成其他物质，同时产生大量气体和能量，使温度和压力骤然剧增引起的。（　）
9. 可燃物质的爆炸下限越低，爆炸上限越高，爆炸极限范围越宽，则爆炸的危险性越大。（　）
10. 作业环境CO最高允许浓度为30mg/m^3（24ppm）。（　）

6. 锅炉、压力容器复习试题

一、单选题

1. 容器器壁两边存在着一定（　）的所有密闭容器，均可称作压力容器。

A. 流量差　　B. 压力差　　C. 温度差

2. 反应压力容器，主要用于完成介质的（　）反应。

A. 物理　　B. 化学　　C. 物理、化学

3. 储存压力容器，主要用于储存或盛装气体、液体、液化气体等介质，保持介质（　）的稳定。

A. 温度　　B. 压力　　C. 流量

4. 从安全角度考虑，容器的工作压力越大，发生爆炸事故时的危害也（　）。

A. 越小　　B. 正常　　C. 越大

5. 低压容器规定压力在 0.1MPa $\leqslant p <$（　）MPa。

A. 0.5　　B. 1.2　　C. 1.6

6. 中压容器规定压力在 1.6 MPa $\leqslant p <$（　）MPa。

A. 2　　B. 5　　C. 10

7. 外压容器中，当容器的内压力小于一个约（　）MPa 时，又称为真空容器。

A. 0.1　　B. 0.2　　C. 0.3

8. 液化气体气瓶在充装时都是以（　）灌装。

A. 低温液态　　B. 低温固态　　C. 气态

9. 压力容器的设计压力不得低于（　）工作压力。

A. 最低　　B. 正常　　C. 最高

10. 试验压力是指容器在压力试验时，容器（　）的压力。

A. 底部　　B. 中间　　C. 顶部

11. 安全泄放装置指当容器或系统内介质的压力超过所定压力时，该装置（　）泄放部分或全部气体。

A. 手动　　B. 自动　　C. 半自动

12. 安全联锁装置的作用是为防止（　）。

A. 停机　　B. 开机　　C. 误操作

13. 安全泄压装置是压力容器（　）中的最后一道防线.

A. 操作装置　　B. 停车装置　　C. 安全装置

14. 安全阀是一种由进口静压开启的（　）阀门，它依靠介质自身的压力排出一定数量的流体介质，以防止容器或系统内的压力超过预定的安全值。

A. 手动泄压　　B. 自动卸压　　C. 半自动泄压

15. 易熔塞属于（　）安全泄放装置。

A. 自毁型　　B. 熔化型　　C. 爆炸型

16. 液位计又称液面计，是用来（　）和测量容器内液体位置变化情况的仪表。

A. 计算　　B. 观察　　C. 称量

17. 在一般情况下，安全阀的开启压力应调整为容器工作压力的（　）倍。

A. 1～1.05　　B. 1.05～1.10　　C. 1.10～1.15

18. 装在压力容器上的压力表，其最大量程应与容器的工作压力相适应。压力表的量程最好为容器工作压力的（　）倍。

A. 2　　B. 3　　C. 4

19. 锅炉水位计在运行中要定期冲洗，每班至少冲洗（ ）次。
A. 1 B. 2 C. 3
20. 在启动锅炉点火时要认真按操作规程进行点火，点火失败后先通风（ ）吹扫后才能重新点火。
A. 1～3min B. 2～4min C. 5～10min

二、判断题

1. 按压力容器的设计压力可划分为低压、中压、高压、超高压四个等级。（ ）
2. 气瓶是使用最为普遍的一种固定式压力容器。（ ）
3. 按盛装气体的特性、用途或结构形式，气瓶可分为永久气体、液化气体气瓶、溶解气体气瓶三种。（ ）
4. 溶解气体气瓶。主要指专供盛装乙炔气的气瓶。（ ）
5. 球形容器受力时其应力分布均匀，在相同的压力载荷下，球壳体的应力仅为直径相同的圆筒形壳体的1/3。（ ）
6. 筒体直径较小，一般<500mm时，可用无缝钢管制作。（ ）
7. 中小型立式容器常用耳式支座、支承式支座。（ ）
8. 当装有单个泄放装置时，在泄放期间应能防止容器内的压力增加不超过其最大允许压力的10%或20kPa中的较大值。（ ）
9. 当具有多个泄放装置时，在泄放期间应能防止容器内的压力增加不超过其最大允许压力的12%或30kPa中的较大值。（ ）
10. “叫水”操作一般只适用于相对容水量较大的小型锅炉，不适用于相对容水量很小的电站锅炉或其他锅炉。（ ）

复习题答案

1. 绪论答案

一、单选题

1. A; 2. B; 3. B; 4. B; 5. C; 6. D; 7. D; 8. A; 9. D

二、判断题

1. (√); 2 (√); 3. (√) 4. (√); 5. (×); 6. (×); 7. (√) 8. (×); 9. (√); 10. (√)。

2. 焊接与热切割作业答案

一、单选题

1. B; 2. C; 3. D; 4. D; 5. A; 6. C; 7. D; 8. B; 9. C; 10. D; 11. D; 12. D; 13. D; 14. D; 15. B; 16. A; 17. D; 18. D; 19. B; 20. C; 21. C; 22A; 23. C; 24. B; 25. B; 26. A; 27. D; 28. A; 29. A; 30. D。

二、判断题

1. (√); 2. (√); 3 (×); 4. (√); 5. (√); 6. (√); 7. (√); 8. (√); 9. (√); 10. (√); 11. (√); 12. (√); 13. (√); 14. (√); 15. (√); 16. (√); 17. (×); 18. (√); 19. (√); 20. (√)。

3. 电工作业答案

一、单选题

1. D; 2. B; 3. B; 4. B; 5. C; 6. A; 7. C; 8. B; 9. A; 10. D; 11. B; 12. B; 13. C; 14. D; 15. A; 16. B; 17. B; 18. D; 19. C; 20. B; 21. B; 22. C; 23. D; 24. B; 25. A; 26. B; 27. C; 28. B; 29. A; 30. B。

二、判断题

1. (√); 2 (√); 3. (√); 4. (√); 5. (√); 6. (×); 7. (√); 8. (√); 9. (×); 10. (√); 11. (√); 12. (√); 13. (×); 14. (×); 15. (√); 16. (√); 17. (√); 18. (√); 19. (√); 20. (√)。

4. 起重作业答案

一、单选题

1. C；2. B；3. D；4. C；5. A；6. B；7. C；8. C；9. B；10. D；11. C；12. A；13. C；14. D；15. A；16. B；17. B；18. A；19. B；20. B；21. C；22. B；23. C；24. A；25. B。

二、判断题

1. （×）；2. （√）；3. （√）；4. （√）；5. （√）；6. （×）；7. （√）；8. （√）；9. （√）；10. （×）。

5. 煤气作业答案

一、单选题

1. C；2. D；3. B；4. B；5. B；6. A；7. C；8. D；9. D；10. C；11. B；12. D；13. B；14. B、C、D；15. B；16. C；17. C。

二、判断题

1. （×）；2. （√）；3. （√）；4. （√）；5 （√）；6. （√）；7. （√）；8. （√）；9. （√）；10 （√）。

6. 锅炉、压力容器答案

一、单选题

1. B；2. C；3. B；4. C；5. C；6. C；7. A；8. A；9. C；10. C；11. B；12. C；13. C；14. B；15. B；16. B；17. B；18. A；19. A；20. C。

二、判断题

1. （√）；2. （×）；3. （√）；4. （√）；5. （×）；6. （√）；7. （√）；8. （√）；9. （√）；10. （√）。

参 考 文 献

[1] 朱兆华，徐丙根．焊接与热切割作业安全技术[M]. 北京：化学工业出版社，2013.

[2] 中国就业培训技术指导中心．焊工（初级技能）国家职业资格培训教程[M]. 北京：中国劳动社会保障出版社，2008.

[3] 北京市工伤及职业危害预防中心．焊工[M]. 北京：机械工业出版社，2005.

[4] 徐红升，吉红．图解电工操作技能[M]. 北京：化学工业出版社，2009.

[5] 崔政斌，武凤银．起重安全技术[M]. 北京：化学工业出版社，2009.

[6] 纪胜利，周殿华．起重安全知识 [M]. 北京：中国劳动社会保障出版社，2010.

[7] 马恩远．起重机司机（特种作业人员安全技术培训考核统编教材）[M]. 2 版．北京：中国劳动社会保障出版社，2008.

[8] 张天启．煤气安全知识 300 问[M]. 北京：冶金工业出版社，2012.

[9] 武汉安全环保研究院．GB 6222—2005 工业企业煤气安全规程[S]. 北京：中国标准出版社，2006.

[10] 张和官．压力容器安全运行与管理[M]. 合肥：安徽科学技术出版社，2008.

[11] 崔政斌，王明明．压力容器安全技术[M]. 北京：中国劳动社会保障出版社，2009.

[12] 国家安全生产监督管理总局第 30 号令《特种作业人员安全技术培训考核管理规定》.

[13] 中国安全生产协会注册安全工程师工作委员会，中国安全生产科学研究院．安全生产技术（全国注册安全工程师执业资格考试辅导教材）[M]. 北京：中国大百科全书出版社，2011.

[14] 中国安全生产协会注册安全工程师工作委员会，中国安全生产科学研究院．安全生产法及相关法律知识（全国注册安全工程师执业资格考试辅导教材）[M]. 北京：中国大百科全书出版社，2011.

[15] 中国安全生产协会注册安全工程师工作委员会，中国安全生产科学研究院．安全生产管理知识（全国注册安全工程师执业资格考试辅导教材）[M]. 北京：中国大百科全书出版社，2011.